电气工程、自动化专业系列教材

电能变换与控制

（修订版）

巫付专　沈　虹　焦岳超　主编

赵强松　彭　圣　王　耕　刘小勇　参编

电子工业出版社

Publishing House of Electronics Industry

北京·BEIJING

内 容 简 介

本书为河南省"十四五"普通高等教育规划教材。全书共 8 章。第 1 章介绍电能信号检测与处理需要的基础知识,包括坐标变换、信号滤波器、信号检测方法、锁相环技术等。第 2 章介绍 PWM 技术和系统的控制方法,包括正弦脉宽调制(SPWM)、空间矢量脉宽调制(SVPWM)、滞环比较控制和三角波比较控制、PI 控制、PR 控制等。第 3~5 章介绍常用的 DC/DC 变换、DC/AC 变换和 AC/DC 变换的基本原理、建模及控制方法、仿真及 DSP实现。第 6 章介绍电能变换装置中常用变压器和电感的设计方法。第 7 章介绍电能变换中硬件电路设计,包括检测调理电路设计、光电隔离驱动电路设计、保护电路设计和辅助电源电路设计。第 8 章介绍几种典型电能变换装置原理及实现的方法,包括静止无功发生器(SVG)、有源电力滤波器(APF)、动态电压恢复器(DVR)、有源功率因数校正器(APFC)和统一电能质量调节器(UPQC)。

本书可作为电气工程及其自动化、自动化等专业本科生的教材,也可作为研究生和智能电网、柔性输电及新能源发电等方向科技人员的参考书。

图书在版编目(CIP)数据

电能变换与控制/巫付专,沈虹,焦岳超主编 . —修订本 . —北京:电子工业出版社,2022.7
ISBN 978-7-121-43938-4

Ⅰ.①电… Ⅱ.①巫… ②沈… ③焦… Ⅲ.①电能-变换器-高等学校-教材 Ⅳ.①TN712

中国版本图书馆 CIP 数据核字(2022)第 119297 号

责任编辑:凌　毅
印　　刷:三河市鑫金马印装有限公司
装　　订:三河市鑫金马印装有限公司
出版发行:电子工业出版社
　　　　　北京市海淀区万寿路 173 信箱　邮编 100036
开　　本:787×1 092　1/16　印张:17.75　字数:488 千字
版　　次:2014 年 5 月第 1 版
　　　　　2022 年 7 月第 2 版
印　　次:2023 年 5 月第 2 次印刷
定　　价:59.80 元

凡所购买电子工业出版社图书有缺损问题,请向购买书店调换。若书店售缺,请与本社发行部联系。联系及邮购电话:(010)88254888,88258888。

质量投诉请发邮件至 zlts@phei.com.cn,盗版侵权举报请发邮件至 dbqq@phei.com.cn。

本书咨询联系方式:(010)88254528,lingyi@phei.com.cn。

前　言

《电能变换与控制》第一版于 2014 年由电子工业出版社出版,书中分析了常用变换电路的原理、设计、检测算法、控制策略及仿真,同时附有典型的 DSP 程序代码,以方便读者更加深刻地理解电能变换与控制技术的原理及应用。第一版由于编写时间仓促,参考的资料有限,系统性不十分完善,缺少控制系统设计等内容。近年来,电力电子技术又取得了较大发展与进步,新的知识需要补充,编者结合多年的教学与科研工作,把取得的教学科研成果与心得做了归纳总结,加入本次教材修订的内容中。一方面,可满足电力电子化的电网对电能变换与控制技术的需求;另一方面,可适应新工科、工程专业认证和实现"双碳"目标等对人才培养的要求。

考虑到内容的完善性,本次修订由第一版的 6 章内容修订为 8 章内容。其中,第 1 章介绍电能信号检测与处理需要的基础知识,包括坐标变换、信号滤波器、信号检测方法、锁相环技术等。第 2 章介绍 PWM 技术和系统的控制方法,包括正弦脉宽调制(SPWM)、空间矢量脉宽调制(SVPWM)、滞环比较控制和三角波比较控制、PI 控制、PR 控制等。第 3～5 章介绍常用的 DC/DC 变换、DC/AC 变换和 AC/DC 变换的基本原理、建模及控制方法、仿真及 DSP 实现。第 6 章介绍电能变换装置中常用变压器和电感的设计方法。第 7 章介绍电能变换中硬件电路设计,包括检测调理电路设计、光电隔离驱动电路设计、保护电路设计和辅助电源电路设计。第 8 章介绍几种典型电能变换装置原理及实现的方法,包括静止无功发生器(SVG)、有源电力滤波器(APF)、动态电压恢复器(DVR)、有源功率因数校正器(APFC)和统一电能质量调节器(UPQC)。

本次修订延续了第一版的编写思路,为避免重复,将常用三种变换通用的一些技术放在第 1～2 章进行统一介绍,教师可根据教学情况进行更改和取舍。第 3～5 章按产品开发的流程即原理分析、主电路设计、控制系统设计、仿真和 TMS320F28335 实现进行组织,并配有例程,目的是通过本书的学习使读者具备电能变换产品设计与研发的能力。由于本书的定位及篇幅所限,对电能变换中的多电平、Vienna 整流器等新技术并未涉及,期待下次修订与读者见面。

本书由巫付专、沈虹、焦岳超担任主编,具体编写分工如下:中原工学院巫付专编写 1.1 节、1.6 节和 2.1 节;刘小勇编写 1.2 节、1.3 节、4.2 节和 5.2 节;赵强松编写 2.2 节和第 3～5 章中建模与控制内容;焦岳超编写第 3～5 章中理论分析内容;王耕编写第 6 章;彭圣编写第 7 章和第 3、4 章中代码调试部分;燕山大学沈虹编写第 8 章。巫曦和研究生陈蒙娜、周元浩、向乃皇、齐伟立、苗斌玉、李冰参与了应用实例调试和部分图例的输入工作。参与第一版工作的王双红、裴素萍和王晓雷等对本次修订提出了许多宝贵的意见。本书最后由巫付专、焦岳超统稿。

在本书编写过程中,参考了有关方面的文献,在此向文献作者表示诚挚的感谢。同时得到了电子工业出版社凌毅编辑的支持和帮助;河南能创电子科技有限公司张保山总经理及郑州易帝普思电子科技有限公司为本书实验调试提供了可靠的设备,在此表示衷心的感谢。

本书提供配套的电子课件和源代码,读者可登录华信教育资源网(www.hxedu.com.cn),注册后免费下载。

由于编者水平所限,书中的缺点和错误在所难免,欢迎广大读者批评指正。

编者

2022 年 6 月

目　　录

第1章　电能信号的检测与处理 ……………………………………………… 1

　1.1　坐标变换 ……………………………………………………………… 1

　　1.1.1　三相静止坐标系 abc 到两相静止坐标系 $\alpha\beta$ 的变换 ………… 1

　　1.1.2　两相静止坐标系 $\alpha\beta$ 到两相旋转坐标系 dq 的变换 ………… 2

　　1.1.3　三相静止坐标系 abc 到两相旋转坐标系 dq 的变换 ………… 3

　　1.1.4　三相线电压到三相相电压的变换 ………………………………… 6

　1.2　信号滤波器 …………………………………………………………… 6

　　1.2.1　滤波器的基本原理与分类 ………………………………………… 7

　　1.2.2　模拟滤波器 ………………………………………………………… 9

　　1.2.3　数字滤波器 ………………………………………………………… 14

　1.3　信号检测方法 ………………………………………………………… 22

　　1.3.1　均方根法 …………………………………………………………… 22

　　1.3.2　傅里叶法 …………………………………………………………… 22

　　1.3.3　基于坐标变换的实时检测法 ……………………………………… 26

　　1.3.4　其他检测方法简介 ………………………………………………… 27

　1.4　锁相环技术 …………………………………………………………… 28

　　1.4.1　锁相环基本原理 …………………………………………………… 28

　　1.4.2　电能变换中的锁相技术 …………………………………………… 30

　思考与练习 …………………………………………………………………… 36

第2章　PWM 及系统控制技术 …………………………………………… 37

　2.1　PWM 控制原理与方法 ……………………………………………… 37

　　2.1.1　正弦脉宽调制(SPWM) …………………………………………… 37

　　2.1.2　空间矢量脉宽调制(SVPWM) …………………………………… 49

　　2.1.3　滞环比较控制 ……………………………………………………… 61

　　2.1.4　三角波比较控制 …………………………………………………… 65

　2.2　控制调节技术 ………………………………………………………… 67

　　2.2.1　电能变换系统控制 ………………………………………………… 67

　　2.2.2　PI 控制原理 ……………………………………………………… 68

　　2.2.3　PR 控制原理 ……………………………………………………… 73

　　2.2.4　其他控制技术 ……………………………………………………… 77

　思考与练习 …………………………………………………………………… 80

第3章　DC/DC 变换原理与控制 ………………………………………… 82

　3.1　Buck 变换电路 ……………………………………………………… 82

　　3.1.1　Buck 变换电路组成及工作原理 ………………………………… 82

　　3.1.2　Buck 变换电路稳态分析 ………………………………………… 82

　　3.1.3　Buck 变换电路建模及控制 ……………………………………… 87

3.1.4 Buck 变换电路仿真及软件编程 ·············· 95

3.2 Boost 变换电路 ·············· 100

3.2.1 Boost 变换电路组成及工作原理 ·············· 100

3.2.2 Boost 变换电路稳态分析 ·············· 101

3.2.3 Boost 变换电路建模及控制 ·············· 105

3.2.4 Boost 变换电路仿真及软件编程 ·············· 108

3.3 其他形式的 DC/DC 变换电路 ·············· 113

3.3.1 半桥 DC/DC 变换电路 ·············· 113

3.3.2 全桥 DC/DC 变换电路 ·············· 116

思考与练习 ·············· 118

第 4 章 **DC/AC 变换原理与控制** ·············· 119

4.1 DC/AC 变换的工作原理 ·············· 119

4.1.1 单相全桥 DC/AC 变换电路 ·············· 119

4.1.2 三相 DC/AC 变换电路 ·············· 120

4.1.3 DC/AC 变换电路交直流侧电压的关系 ·············· 122

4.2 DC/AC 变换主电路的设计 ·············· 122

4.2.1 开关器件的选取 ·············· 123

4.2.2 滤波器参数的计算 ·············· 123

4.3 DC/AC 变换控制策略 ·············· 129

4.3.1 单相 DC/AC 变换器的建模及控制 ·············· 129

4.3.2 三相 DC/AC 变换器的建模及控制 ·············· 134

4.4 DC/AC 变换仿真及软件编程 ·············· 139

4.4.1 单相全桥 DC/AC 变换仿真及软件编程 ·············· 139

4.4.2 三相 DC/AC 变换仿真及软件编程 ·············· 144

思考与练习 ·············· 151

第 5 章 **AC/DC 变换原理与控制** ·············· 153

5.1 PWM 型 AC/DC 变换器的工作原理 ·············· 153

5.1.1 PWM 型 AC/DC 变换器的分类 ·············· 153

5.1.2 PWM 型 AC/DC 变换器的原理 ·············· 153

5.1.3 PWM 型 AC/DC 变换器的数学模型 ·············· 155

5.2 PWM 型 AC/DC 变换器的主电路设计 ·············· 157

5.2.1 开关器件选型 ·············· 157

5.2.2 交流侧电感设计 ·············· 158

5.2.3 直流侧电容设计 ·············· 162

5.3 AC/DC 变换控制策略 ·············· 165

5.3.1 PWM 型 AC/DC 变换器的控制策略 ·············· 165

5.3.2 基于 SVPWM 的控制方法分析 ·············· 167

5.3.3 PWM 型 AC/DC 变换器仿真及软件编程 ·············· 172

思考与练习 ·············· 174

第 6 章 **磁性元件的设计** ·············· 175

6.1 磁性元件概述 ·············· 175

6.2 磁性材料及磁芯结构 ······························· 176
  6.2.1 磁性材料的基本特性 ····················· 176
  6.2.2 磁性材料的分类 ························· 178
  6.2.3 磁芯材料的选择 ························· 181
  6.2.4 磁芯结构 ····························· 183
6.3 变压器的设计 ································· 183
  6.3.1 变压器概述 ··························· 183
  6.3.2 变压器的设计方法 ······················· 184
6.4 电感的设计 ································· 195
  6.4.1 电感的种类与特性 ······················· 195
  6.4.2 电感量计算 ··························· 197
  6.4.3 电感的设计 ··························· 198
思考与练习 ···································· 205

第7章 硬件电路 ································· 206
7.1 检测调理电路设计 ····························· 206
  7.1.1 检测元件及电路 ························· 207
  7.1.2 调理电路 ····························· 211
7.2 光电隔离驱动电路设计 ························· 215
  7.2.1 基于智能模块的光电隔离电路 ················· 215
  7.2.2 基于分立开关器件的光电隔离驱动电路设计 ·········· 216
7.3 保护电路设计 ································· 216
  7.3.1 软件保护电路设计 ······················· 216
  7.3.2 硬件保护电路设计 ······················· 217
7.4 辅助电源电路设计 ····························· 220
  7.4.1 基于三端稳压器的辅助电源系统 ················ 220
  7.4.2 基于DC/DC模块构成辅助电源系统 ·············· 222
思考与练习 ···································· 223

第8章 电能变换的其他应用 ······················· 224
8.1 静止无功发生器(SVG) ························· 224
  8.1.1 SVG的工作原理及系统组成 ················· 224
  8.1.2 SVG的检测算法 ······················· 226
  8.1.3 SVG的控制策略 ······················· 228
  8.1.4 SVG仿真 ··························· 230
8.2 有源电力滤波器(APF) ························· 232
  8.2.1 APF的工作原理及系统组成 ················· 232
  8.2.2 APF的指令电流检测方法 ················· 236
  8.2.3 APF的控制策略 ······················· 238
  8.2.4 APF仿真 ··························· 238
8.3 动态电压恢复器(DVR) ························· 240
  8.3.1 DVR的工作原理及分类 ··················· 241
  8.3.2 DVR的检测方法 ······················· 242

　　　8.3.3　DVR 的补偿策略 ·· 243

　　　8.3.4　DVR 的系统组成及主要参数的确定 ······························· 245

　　　8.3.5　DVR 仿真 ·· 252

　8.4　有源功率因数校正器(APFC) ·· 253

　　　8.4.1　APFC 的工作原理 ·· 253

　　　8.4.2　APFC 的控制策略 ·· 255

　　　8.4.3　APFC 的实例分析与仿真 ·· 257

　　　8.4.4　UC3854 简介 ·· 259

　8.5　统一电能质量调节器(UPQC) ·· 263

　　　8.5.1　UPQC 的工作原理 ·· 263

　　　8.5.2　UPQC 的系统组成 ·· 266

　　　8.5.3　UPQC 的控制策略 ·· 267

参考文献 ··· 274

第1章　电能信号的检测与处理

电能变换主要包括 AC/DC、DC/DC、DC/AC 和 AC/AC 这 4 种变换,要使这些变换能够准确地完成相应的功能,需要对信号进行检测与处理。电能信号检测与处理的实时性和准确性是完成电能变换系统控制的关键,所以在分析各种变换与控制之前首先介绍信号检测与处理的基本知识。本章主要讲述坐标变换、滤波器、信号的检测方法和锁相环(PLL)技术。

1.1　坐标变换

在电能变换系统的检测与控制过程中,常用到如下几类坐标变换:①三相静止坐标系 abc 变换成两相静止坐标系 $\alpha\beta$ 及其反变换;②两相静止坐标系 $\alpha\beta$ 变换成两相旋转坐标系 dq 及其反变换;③三相静止坐标系 abc 变换成两相旋转坐标系 dq 及其反变换。坐标变换实际上是通用矢量分解等效的结果。所谓通用矢量就是一个空间旋转矢量,该空间旋转矢量既可以用三个静止对称轴 a、b、c 上的投影来表示,也可以用两个静止对称轴 α、β 或两个旋转坐标轴 d、q 上的投影来表示。在电路系统中,三相物理量既可以是三相电流、三相电压,也可以是三相功率等。上述三种坐标变换又可分成"等量"和"等功率"两种变换。本书主要讨论在实际中应用较多的"等量"变换。

所谓"等量"变换,是指将某一坐标系中的通用矢量变换到另一坐标系,且变换前后相等的坐标变换。本节以电流矢量 I(大小用 I_m 表示)为例分析这三类坐标变换,除此之外还对电能变换中经常用到的线电压到相电压的变换进行了分析。

1.1.1　三相静止坐标系 *abc* 到两相静止坐标系 *αβ* 的变换

从三相静止坐标系 abc 到两相静止坐标系 $\alpha\beta$ 的变换 abc-$\alpha\beta$ 也称为 Clark 变换,从两相静止坐标系到三相静止坐标系的 $\alpha\beta$-abc 变换称为反 Clark 变换(或逆 Clark 变换)。图 1-1 表示了三相静止坐标系 abc 与两相静止坐标系 $\alpha\beta$ 的空间位置关系。其中 α 轴与 a 轴重合,而 β 轴超前 a 轴 $90°$。

若 I 与 α 轴的夹角为 θ,则 I 在 α、β 轴上的投影应满足

$$\begin{cases} i_\alpha = I_m\cos\theta \\ i_\beta = I_m\sin\theta \\ I_m = \sqrt{i_\alpha^2 + i_\beta^2} \end{cases} \tag{1-1}$$

其次,I 在 a、b、c 三轴上的投影为

$$\begin{cases} i_a = I_m\cos\theta \\ i_b = I_m\cos(\theta - 120°) \\ i_c = I_m\cos(\theta + 120°) \end{cases} \tag{1-2}$$

根据三角函数关系式,$\cos\theta$ 和 $\sin\theta$ 可表示为

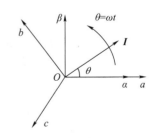

图 1-1　三相静止坐标系 abc 和两相静止坐标系 $\alpha\beta$ 的空间位置关系

$$
\begin{cases}
\cos\theta = \dfrac{2}{3}\left[\cos\theta + \cos(\theta-120°)\cos(-120°) + \cos(\theta+120°)\cos120°\right] \\[2mm]
\qquad = \dfrac{2}{3}\left[\cos\theta - \dfrac{1}{2}\cos(\theta-120°) - \dfrac{1}{2}\cos(\theta+120°)\right] \\[2mm]
\sin\theta = \dfrac{2}{3}\left[\cos(\theta-120°)\sin120° - \cos(\theta+120°)\sin120°\right] \\[2mm]
\qquad = \dfrac{2}{3}\left[\dfrac{\sqrt{3}}{2}\cos(\theta-120°) - \dfrac{\sqrt{3}}{2}\cos(\theta+120°)\right]
\end{cases}
\tag{1-3}
$$

对式(1-3)两端同乘以 I_m,结合式(1-1)、式(1-2)可得

$$
\begin{cases}
i_\alpha = \dfrac{2}{3}\left[I_m\cos\theta - \dfrac{1}{2}I_m\cos(\theta-120°) - \dfrac{1}{2}I_m\cos(\theta+120°)\right] \\[2mm]
\quad = \dfrac{2}{3}\left(i_a - \dfrac{1}{2}i_b - \dfrac{1}{2}i_c\right) \\[2mm]
i_\beta = \dfrac{2}{3}\left[\dfrac{\sqrt{3}}{2}I_m\cos(\theta-120°) - \dfrac{\sqrt{3}}{2}I_m\cos(\theta+120°)\right] \\[2mm]
\quad = \dfrac{2}{3}\left[\dfrac{\sqrt{3}}{2}i_b - \dfrac{\sqrt{3}}{2}i_c\right]
\end{cases}
\tag{1-4}
$$

把式(1-4)写成矩阵形式为

$$
\begin{bmatrix} i_\alpha \\ i_\beta \end{bmatrix} = \frac{2}{3}\begin{bmatrix} 1 & -1/2 & -1/2 \\ 0 & \sqrt{3}/2 & -\sqrt{3}/2 \end{bmatrix}\begin{bmatrix} i_a \\ i_b \\ i_c \end{bmatrix}
\tag{1-5}
$$

由三相关系,可令零轴分量为 $i_0 = \dfrac{1}{3}(i_a + i_b + i_c)$,则式(1-5)可改写为

$$
\begin{bmatrix} i_\alpha \\ i_\beta \\ i_0 \end{bmatrix} = \frac{2}{3}\begin{bmatrix} 1 & -1/2 & -1/2 \\ 0 & \sqrt{3}/2 & -\sqrt{3}/2 \\ 1/2 & 1/2 & 1/2 \end{bmatrix}\begin{bmatrix} i_a \\ i_b \\ i_c \end{bmatrix} = C_{3s/2s}\begin{bmatrix} i_a \\ i_b \\ i_c \end{bmatrix}
\tag{1-6}
$$

矩阵 $C_{3s/2s}$ 即为三相静止坐标系到两相静止坐标系的转换矩阵。求 $C_{3s/2s}$ 逆矩阵即可实现两相静止坐标系到三相静止坐标系的变换,即

$$
\begin{bmatrix} i_a \\ i_b \\ i_c \end{bmatrix} = \begin{bmatrix} 1 & 0 & 1 \\ -1/2 & \sqrt{3}/2 & 1 \\ -1/2 & -\sqrt{3}/2 & 1 \end{bmatrix}\begin{bmatrix} i_\alpha \\ i_\beta \\ i_0 \end{bmatrix} = C_{3s/2s}^{-1}\begin{bmatrix} i_\alpha \\ i_\beta \\ i_0 \end{bmatrix}
\tag{1-7}
$$

1.1.2 两相静止坐标系 $\alpha\beta$ 到两相旋转坐标系 dq 的变换

图 1-2 表示了两相静止坐标系 $\alpha\beta$ 与两相旋转坐标系 dq 的空间位置关系。图中 dq 坐标系与 I 以同步角频率 ω 旋转,I 与 d 轴的夹角为 φ,d 轴与 α 轴的夹角为 θ,I 在两个坐标系上的投影如图 1-2 所示。

由图 1-2 可知各投影之间的关系为

$$
\begin{cases}
i_d = I_m\cos\varphi \\
i_q = I_m\sin\varphi
\end{cases}
\tag{1-8}
$$

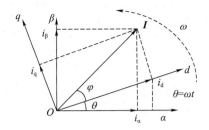

图 1-2 两相静止坐标系 $\alpha\beta$ 和两相旋转坐标系 dq 的空间位置关系

为分析方便,有时可选择 $\varphi=0°$,即 $\boldsymbol{I}$ 与 d 轴的夹角为 $0°$,此时 $i_d=I_m,i_q=0$。一般情况下,有

$$\begin{cases} i_\alpha=i_d\cos\theta-i_q\sin\theta \\ i_\beta=i_d\sin\theta+i_q\cos\theta \end{cases} \tag{1-9}$$

写成矩阵形式为

$$\begin{bmatrix} i_\alpha \\ i_\beta \end{bmatrix}=\begin{bmatrix} \cos\theta & -\sin\theta \\ \sin\theta & \cos\theta \end{bmatrix}\begin{bmatrix} i_d \\ i_q \end{bmatrix}=\boldsymbol{C}_{2r/2s}\begin{bmatrix} i_d \\ i_q \end{bmatrix} \tag{1-10}$$

式中,$\boldsymbol{C}_{2r/2s}=\begin{bmatrix} \cos\theta & -\sin\theta \\ \sin\theta & \cos\theta \end{bmatrix}$ 是两相旋转坐标系 dq 到两相静止坐标系 $\alpha\beta$ 的变换矩阵。

由于 $\boldsymbol{C}_{2r/2s}$ 是一个正交矩阵,则 $\boldsymbol{C}_{2r/2s}^T=\boldsymbol{C}_{2r/2s}^{-1}$。因此,从两相静止坐标系 $\alpha\beta$ 到两相旋转坐标系 dq 的变换为

$$\begin{bmatrix} i_d \\ i_q \end{bmatrix}=\begin{bmatrix} \cos\theta & \sin\theta \\ -\sin\theta & \cos\theta \end{bmatrix}\begin{bmatrix} i_\alpha \\ i_\beta \end{bmatrix} \tag{1-11}$$

式中,$\boldsymbol{C}_{2s/2r}=\boldsymbol{C}_{2r/2s}^{-1}=\begin{bmatrix} \cos\theta & \sin\theta \\ -\sin\theta & \cos\theta \end{bmatrix}$ 为两相静止坐标系 $\alpha\beta$ 到两相旋转坐标系 dq 的变换矩阵。

1.1.3 三相静止坐标系 abc 到两相旋转坐标系 dq 的变换

1. 三相静止坐标系 abc 到两相旋转坐标系 dq 的变换

从三相静止坐标系 abc 变换到两相旋转坐标系 dq 称为 Park 变换,从两相旋转坐标系 dq 到三相静止坐标系 abc 的变换称为反 Park 变换(或逆 Park 变换)。如图 1-3 所示。如果要从三相静止坐标系 abc 变换到两相旋转坐标系 dq,可先将三相静止坐标系 abc 变换到两相静止坐标系 $\alpha\beta$,其中取 α 轴与 a 轴一致,然后从 $\alpha\beta$ 坐标系变换到 dq 坐标系。

将式(1-11)加上一个假想的零轴 i_0,则式(1-11)可改写为

$$\begin{bmatrix} i_d \\ i_q \\ i_0 \end{bmatrix}=\begin{bmatrix} \cos\theta & \sin\theta & 0 \\ -\sin\theta & \cos\theta & 0 \\ 0 & 0 & 1 \end{bmatrix}\begin{bmatrix} i_\alpha \\ i_\beta \\ i_0 \end{bmatrix}=\boldsymbol{C}_{2s/2r}'\begin{bmatrix} i_\alpha \\ i_\beta \\ i_0 \end{bmatrix} \tag{1-12}$$

式中,矩阵 $\boldsymbol{C}_{2s/2r}'$ 即为在加上假想零轴的情况下两相静止坐标系 $\alpha\beta$ 到两相旋转坐标系 dq 的变换矩阵。

结合式(1-6)和式(1-12)可得从三相静止坐标系 abc 到两相旋转坐标系 dq 的变换矩阵为

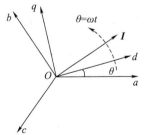

图 1-3 三相静止坐标系 abc 和两相旋转坐标系 dq 的空间位置关系(余弦 Park 变换)

$$C_{3s/2r}=C'_{2s/2r}C_{3s/2s}=\frac{2}{3}\begin{bmatrix}\cos\theta & \sin\theta & 0\\ -\sin\theta & \cos\theta & 0\\ 0 & 0 & 1\end{bmatrix}\begin{bmatrix}1 & -1/2 & -1/2\\ 0 & \sqrt{3}/2 & -\sqrt{3}/2\\ 1/2 & 1/2 & 1/2\end{bmatrix}$$

$$=\frac{2}{3}\begin{bmatrix}\cos\theta & \cos(\theta-120°) & \cos(\theta+120°)\\ -\sin\theta & -\sin(\theta-120°) & -\sin(\theta+120°)\\ 1/2 & 1/2 & 1/2\end{bmatrix} \tag{1-13}$$

其反变换为

$$C_{2r/3s}=C_{3s/2r}^{-1}=\begin{bmatrix}\cos\theta & -\sin\theta & 1\\ \cos(\theta-120°) & -\sin(\theta-120°) & 1\\ \cos(\theta+120°) & -\sin(\theta+120°) & 1\end{bmatrix} \tag{1-14}$$

即矩阵 $C_{2r/3s}$ 为两相旋转坐标系 dq 到三相静止坐标系 abc 的变换矩阵。

三相电流 i_a、i_b、i_c 到 i_d、i_q 的变换形式为

$$\begin{bmatrix}i_d\\ i_q\\ i_0\end{bmatrix}=\frac{2}{3}\begin{bmatrix}\cos\theta & \cos(\theta-120°) & \cos(\theta+120°)\\ -\sin\theta & -\sin(\theta-120°) & -\sin(\theta+120°)\\ 1/2 & 1/2 & 1/2\end{bmatrix}\begin{bmatrix}i_a\\ i_b\\ i_c\end{bmatrix} \tag{1-15}$$

其反变换为

$$\begin{bmatrix}i_a\\ i_b\\ i_c\end{bmatrix}=\begin{bmatrix}\cos\theta & -\sin\theta & 1\\ \cos(\theta-120°) & -\sin(\theta-120°) & 1\\ \cos(\theta+120°) & -\sin(\theta+120°) & 1\end{bmatrix}\begin{bmatrix}i_d\\ i_q\\ i_0\end{bmatrix} \tag{1-16}$$

上述主要针对在 $\omega t=0$ 时 d 轴与 a 轴重合,而 q 轴超前 a 轴 90° 的情况。这种类型的 Park 变换也称为余弦 Park 变换。但在实际应用中也可选择在 $\omega t=0$ 时 q 轴与 a 轴重合,d 轴滞后 a 轴 90° 情况的变换。这种类型的 Park 变换也称为正弦 Park 变换,如图 1-4 所示。

利用正弦 Park 变换时,三相电流 i_a、i_b、i_c 到 i_d、i_q 的变换形式为

$$\begin{bmatrix}i_d\\ i_q\\ i_0\end{bmatrix}=\frac{2}{3}\begin{bmatrix}\sin\theta & \sin(\theta-120°) & \sin(\theta+120°)\\ \cos\theta & \cos(\theta-120°) & \cos(\theta+120°)\\ 1/2 & 1/2 & 1/2\end{bmatrix}\begin{bmatrix}i_a\\ i_b\\ i_c\end{bmatrix} \tag{1-17}$$

其反变换为

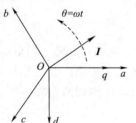

图 1-4 三相静止坐标系 abc 和
两相旋转坐标系 dq 的空间
位置关系(正弦 Park 变换)

$$\begin{bmatrix}i_a\\ i_b\\ i_c\end{bmatrix}=\begin{bmatrix}\sin\theta & \cos\theta & 1\\ \sin(\theta-120°) & \cos(\theta-120°) & 1\\ \sin(\theta+120°) & \cos(\theta+120°) & 1\end{bmatrix}\begin{bmatrix}i_d\\ i_q\\ i_0\end{bmatrix} \tag{1-18}$$

注意:若三相 i_a、i_b 和 i_c 为三相对称正序单位正弦信号,选择余弦 Park 变换时,dq 分量为 $i_d=0$,$i_q=-1$;当选择正弦 Park 变换时,dq 分量为 $i_d=1$,$i_q=0$。

2. 含有导数的三相静止坐标系 abc 到两相旋转坐标系 dq 的变换

在 DC/AC 和 AC/DC 变换中经常用到带有导数形式的坐标变换,例如,在 PWM 型 AC/DC 变换器中,数学模型如式(1-19)所示,为了控制方便,通常需要将式(1-19)带有导数的三相电流变换到 dq 坐标系中。

$$\begin{cases} u_a = e_a - Ri_a - L\dfrac{di_a}{dt} \\[2mm] u_b = e_b - Ri_b - L\dfrac{di_b}{dt} \\[2mm] u_c = e_c - Ri_c - L\dfrac{di_c}{dt} \end{cases} \tag{1-19}$$

式中，u_a、u_b、u_c 和 e_a、e_b、e_c 分别为 PWM 型 AC/DC 变换器交流侧电压和电网电压，R、L 为滤波器等效电阻和电感，i_a、i_b、i_c 为交流侧电路电流。

用矩阵的形式可表示为

$$\boldsymbol{u}_{abc} = \begin{bmatrix} u_a \\ u_b \\ u_c \end{bmatrix} = \begin{bmatrix} e_a \\ e_b \\ e_c \end{bmatrix} - \begin{bmatrix} R \cdot i_a \\ R \cdot i_b \\ R \cdot i_c \end{bmatrix} - \begin{bmatrix} L\,\dfrac{di_a}{dt} \\[2mm] L\,\dfrac{di_b}{dt} \\[2mm] L\,\dfrac{di_c}{dt} \end{bmatrix} \tag{1-20}$$

记 $\boldsymbol{u}_{dq} = \begin{bmatrix} u_d \\ u_q \end{bmatrix}$，$\boldsymbol{e}_{abc} = \begin{bmatrix} e_a \\ e_b \\ e_c \end{bmatrix}$，$\boldsymbol{i}_{abc} = \begin{bmatrix} i_a \\ i_b \\ i_c \end{bmatrix}$，将式 (1-20) 变换到 dq 坐标系下，有

$$\boldsymbol{u}_{dq} = \boldsymbol{C}_{3s/2r} \cdot \boldsymbol{u}_{abc} = \boldsymbol{C}_{3s/2r} \cdot \boldsymbol{e}_{abc} - R \cdot \boldsymbol{C}_{3s/2r} \cdot \boldsymbol{i}_{abc} - L \cdot \boldsymbol{C}_{3s/2r} \cdot \dfrac{d\boldsymbol{i}_{abc}}{dt} \tag{1-21}$$

由数学原理可知

$$\dfrac{d(\boldsymbol{C}_{3s/2r} \cdot \boldsymbol{i}_{abc})}{dt} = \boldsymbol{C}'_{3s/2r} \cdot \boldsymbol{i}_{abc} + \boldsymbol{C}_{3s/2r} \cdot \dfrac{d\boldsymbol{i}_{abc}}{dt}$$

代入式 (1-21) 可得

$$\boldsymbol{u}_{dq} = \boldsymbol{C}_{3s/2r} \cdot \boldsymbol{u}_{abc} = \boldsymbol{C}_{3s/2r} \cdot \boldsymbol{e}_{abc} - R \cdot \boldsymbol{C}_{3s/2r} \cdot \boldsymbol{i}_{abc} - L \cdot \dfrac{d(\boldsymbol{C}_{3s/2r} \cdot \boldsymbol{i}_{abc})}{dt} + L \cdot \boldsymbol{C}'_{3s/2r} \cdot \boldsymbol{i}_{abc} \tag{1-22}$$

对式 (1-13) 求导可得

$$\boldsymbol{C}'_{3s/2r} = \dfrac{d\boldsymbol{C}_{3s/2r}}{dt} = \dfrac{2}{3} \cdot \omega \begin{bmatrix} -\sin\theta & -\sin(\theta-120°) & -\sin(\theta+120°) \\ -\cos\theta & -\cos(\theta-120°) & -\cos(\theta+120°) \\ 0 & 0 & 0 \end{bmatrix} \tag{1-23}$$

对比式 (1-16) 可得

$$\boldsymbol{C}'_{3s/2r} \cdot \boldsymbol{i}_{abc} = \omega \cdot \begin{bmatrix} i_q \\ -i_d \end{bmatrix} \tag{1-24}$$

将式 (1-24) 代入式 (1-22) 可得式 (1-20) dq 坐标系下的数学模型为

$$\begin{bmatrix} u_d \\ u_q \\ u_0 \end{bmatrix} = \begin{bmatrix} e_d \\ e_q \\ e_0 \end{bmatrix} - R \begin{bmatrix} i_d \\ i_q \\ i_0 \end{bmatrix} - L \begin{bmatrix} \dfrac{di_d}{dt} \\[2mm] \dfrac{di_q}{dt} \\[2mm] \dfrac{di_0}{dt} \end{bmatrix} + \omega \begin{bmatrix} i_q \\ -i_d \\ 0 \end{bmatrix}$$

$$\begin{cases} u_d = e_d - Ri_d - L\dfrac{di_d}{dt} + \omega L i_q \\[2mm] u_q = e_q - Ri_q - L\dfrac{di_q}{dt} - \omega L i_d \end{cases} \tag{1-25}$$

采用正弦 Park 变换的推导过程与此类似，请读者自己推导。

1.1.4 三相线电压到三相相电压的变换

在三相供电系统中,线电压不受系统供电线路结构的影响,测量比较方便。而系统的控制往往需要相电压参与,三相三线制供电系统的中性点往往不引出,相电压无法直接测量,所以本节讨论三相线电压到三相相电压的变换。

设三相相电压为

$$
\begin{cases}
u_a = U_m\cos(\omega t) \\
u_b = U_m\cos(\omega t - 120°) \\
u_c = U_m\cos(\omega t + 120°)
\end{cases}
\tag{1-26}
$$

对于对称三相系统,有

$$
u_a + u_b + u_c = 0
\tag{1-27}
$$

线电压为

$$
\begin{cases}
u_{ab} = u_a - u_b \\
u_{bc} = u_b - u_c \\
u_{ca} = u_c - u_a
\end{cases}
\tag{1-28}
$$

结合式(1-27)和式(1-28)有

$$
\begin{cases}
u_{ab} - u_{ca} = u_a - u_b - (u_c - u_a) = 2u_a - (u_b + u_c) = 3u_a \\
u_{bc} - u_{ab} = u_b - u_c - (u_a - u_b) = 2u_b - (u_a + u_c) = 3u_b \\
u_{ca} - u_{bc} = u_c - u_a - (u_b - u_c) = 2u_c - (u_b + u_c) = 3u_c
\end{cases}
$$

三相线电压到三相相电压的变换为

$$
\begin{cases}
u_a = \dfrac{u_{ab} - u_{ca}}{3} \\[2mm]
u_b = \dfrac{u_{bc} - u_{ab}}{3} \\[2mm]
u_c = \dfrac{u_{ca} - u_{bc}}{3}
\end{cases}
\tag{1-29}
$$

对于对称三相系统,利用式(1-29),可将测得的线电压转换为相电压。

1.2 信号滤波器

滤波器是一种能使信号中特定频率成分通过,同时极大地衰减或者抑制其他频率成分的装置。它广泛应用于电子、电气、通信和计算机等领域。在实际应用中,经常会遇到有用信号叠加了干扰噪声的问题,这类噪声可能与信号同时产生,也可能在传输过程中被混入。有时噪声信号甚至大于所需信号,因此消除或减弱噪声对有用信号的干扰是信号处理中的一项基本而重要的技术。根据有用信号与噪声的不同特性,消除或抑制无用的噪声或干扰,提取出有用信号的过程称为"滤波",完成此功能所用的装置称为"滤波器"。随着信号分析处理技术的发展及应用领域的扩大,滤波的概念也得以拓展,滤波也可以理解为从原始信号中获取目标信息的过程。第8章静止无功发生器和有源电力滤波器中指令电流的获取就是这样一个过程,详细内容将在第8章中进行介绍。

1.2.1 滤波器的基本原理与分类

1. 滤波器的基本原理

从系统的角度看,滤波器是在时域具有冲激响应 $h(t)$ 或脉冲响应 $h(n)$ 的线性时不变系统。如果利用模拟系统对模拟信号进行滤波处理,则构成模拟滤波器 $h(t)$,它是一个连续时不变系统;如果利用离散时间系统对数字信号进行滤波处理,则构成数字滤波器 $h(n)$。线性时不变系统的输入、输出关系如图 1-5 所示。

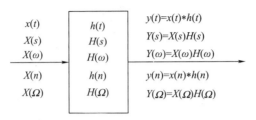

图 1-5　线性时不变系统的输入、输出关系

图 1-5 中上半部分别为模拟滤波器传输特性的时域和频域表示,$H(s)$ 和 $H(\omega)$ 为频域中的传递函数和频率特性函数。图 1-5 中下半部分别为数字滤波器传输特性的时域和频域表示,$H(\Omega)$ 为频域中的传递函数。

2. 滤波器的分类

滤波器的种类很多,按元件类型可分为有源滤波器、无源滤波器、陶瓷滤波器、晶体滤波器、机械滤波器、锁相环滤波器和开关电容滤波器等;按通带滤波特性可分为最大平坦型(巴特沃思)滤波器、等纹波型(切比雪夫)滤波器、线性相移型(贝塞尔)滤波器等;按由运放电路构成有源滤波器,又可分为无限增益单反馈环型滤波器、无限增益多反馈环型滤波器、压控电源型滤波器、负阻变换器型滤波器和回转器型滤波器等;按信号处理的方式可分为模拟滤波器、数字滤波器;按通频带可分为低通滤波器、高通滤波器、带通滤波器和带阻滤波器等,其相应的幅频特性如图 1-6 所示。

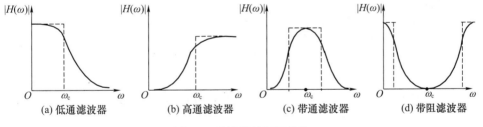

图 1-6　滤波器的幅频特性

① 低通滤波器:使具有某一截止频率以下频带的信号能够顺利通过,而超过截止频率以上频带的信号则给予很大的衰减,阻止其通过。

② 高通滤波器:使超过截止频率以上频带的信号能够顺利通过,而低于截止频率以下的信号给予很大的衰减,阻止其通过。

③ 带通滤波器:使某一频带的信号通过,而超过该频带范围以外的其他信号给予很大的衰减,阻止其通过。

④ 带阻滤波器:抑制某一频带的信号,而让具有该频带以外的其他信号通过。

⑤ 全通滤波器:使某一指定 $(0,\infty)$ 内所有频率分量全部无衰减地通过。

通常将信号能通过滤波器的频率范围称为滤波器的"通频带",简称"通带";而阻止信号通过滤波器的频率范围称为滤波器的"阻频带",简称"阻带"。

3. 滤波器的主要技术参数

理想滤波器所具有理想的矩形幅频特性是无法物理实现的,实际滤波器不可能实现从一个频带到另一个频带之间的突变。因此,为了使滤波器具有物理可实现性,必须对理想滤波器的特性进行如下修改:

① 滤波器的幅频特性在通带和阻带内有一定的衰减范围,且幅频特性在这一范围内允许有一定的起伏;

② 在通带和阻带之间有一定的过渡带。

物理可实现的滤波器特性如图 1-7 所示。

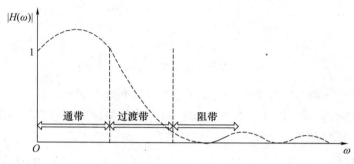

图 1-7　滤波器特性

工程上,对于频率特性函数为 $H(\omega)$ 的滤波器,假设 $|H(\omega)|$ 的峰值为 1,通带定义为满足 $|H(\omega)| \geqslant \dfrac{1}{\sqrt{2}} = 0.707$ 的所有频率 ω 的集合,即 $|H(\omega)|$ 从 0dB 的峰值点下降到不小于 $20\lg|H(\omega)| = 20\lg 0.707 = -3\text{dB}$ 的频率 ω 的集合。

由于不同滤波器对信号产生的影响不同,因此需要根据信号的传输要求对滤波器规定一些技术指标,它们主要包括:

(1) 中心频率 ω_0

$$\omega_0 = \sqrt{\omega_{c1}\omega_{c2}} \tag{1-30}$$

式中,ω_{c1} 为上截止频率,ω_{c2} 为下截止频率。

(2) 通带波动 Δ_α

在滤波器的通带内,频率特性曲线的最大峰值与谷值之差为通带波动。

(3) 群延迟 τ_g

又称为包络延迟,它是用相移对频率的变化律来衡量的,即

$$\tau_g = -\frac{\mathrm{d}\varphi(\omega)}{\mathrm{d}\omega} \tag{1-31}$$

对于实际的滤波器,$\dfrac{\mathrm{d}\varphi(\omega)}{\mathrm{d}\omega}$ 为负值,因而 τ_g 为正值。

(4) 相移 φ

某一特定频率的信号通过滤波器时,滤波器输入端和输出端的相位之差称为相移。

(5) 衰减系数 α

又称为工作损耗,其定义为

$$\alpha = 20\lg \left| \frac{H(0)}{H(\omega)} \right| = -20\lg |H(\omega)| = -10\lg |H(\omega)|^2 \qquad (1\text{-}32)$$

式中，$H(0)$归一化为 1，单位为分贝（dB）。所以，衰减系数取决于系统特性的幅度平方函数 $|H(\omega)|^2$。对于理想滤波器，通带衰减为 0，阻带衰减为无穷大。对于实际的低通滤波器，通带的最大衰减简称为通带衰减，通常记为 α_p，此值越小越好；阻带的最小衰减简称阻带衰减，通常记为 α_s，此值越大越好。分别定义为

$$\alpha_p = 20\lg \left| \frac{H(0)}{H(\omega_p)} \right| = -20\lg |H(\omega_p)| \qquad (1\text{-}33)$$

$$\alpha_s = 20\lg \left| \frac{H(0)}{H(\omega_s)} \right| = -20\lg |H(\omega_s)| \qquad (1\text{-}34)$$

式(1-33)和式(1-34)中，$H(0)$假定归一化为 1，ω_p 为通带截止频率，ω_s 为阻带截止频率。

1.2.2　模拟滤波器

模拟滤波器是运用模拟系统处理模拟信号或连续时间信号的滤波器，是一种选择频率的装置，故又称为频率选择滤波器。

$H(s)$是模拟滤波器的系统传递函数，它决定了某些频率分量通过或者被阻止，因此设计模拟滤波器的核心问题就是得到一个物理上可以实现的系统传递函数 $H(s)$，使其频率响应尽可能地逼近理想的频率特性。

模拟滤波器的主要参数为阻带和通带的工作损耗，即衰减系数。由式(1-32)可知，衰减系数取决于系统特性的幅度平方函数 $|H(\omega)|^2$。因此模拟滤波器的设计过程，就是根据系统特性的幅度平方函数 $|H(\omega)|^2$，求系统传递函数 $H(s)$ 的过程。

模拟滤波器的设计一般分两步：① 根据设计的技术指标（滤波器的频率特性要求），寻找一种可实现的有理函数 $H(s)$，使它满足设计要求，这类问题称为"逼近"；② 设计一个实际系统实现上述传递函数 $H(s)$。

在实际工程设计中，往往采用逼近理论找到一些可实现的逼近函数，这些函数应具有优良的幅度逼近性能，以它们为基础可以设计出具有优良特性的滤波器。目前应用较多的逼近函数主要有巴特沃思（Butterworth）函数、切比雪夫（Chebyshev）函数等。下面主要讨论在电能变换系统中常用的巴特沃思低通滤波器，其他请参阅相关文献。

1. 巴特沃思低通滤波器

（1）巴特沃思低通滤波器的幅频特性

巴特沃思函数是最基本的逼近函数形式之一。它的幅度平方函数为

$$|H(\omega)|^2 = \frac{1}{1 + (\omega/\omega_c)^{2n}} \qquad (1\text{-}35)$$

式中，n 为滤波器的阶数；ω_c 为滤波器的截止频率，当 $\omega = \omega_c$ 时，$|H(\omega_c)|^2 = 1/2$，所以 ω_c 对应滤波器的 $-3\mathrm{dB}$ 点。图 1-8 为不同阶数时巴特沃思函数的幅频特性曲线。

由图 1-8 可以看出，巴特沃思函数具有以下特点。

① 最大平坦性：在 $\omega = 0$ 点，它的前 $(2n-1)$ 阶导数等于零，表明巴特沃思函数在 $\omega = 0$ 附近非常平直，具有最大平坦的幅频

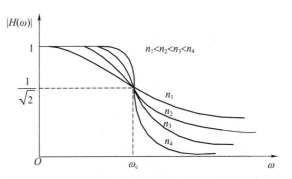

图 1-8　不同阶数时巴特沃思函数的幅频特性曲线

特性。

② 通带、阻带下降的单调性。

③ -3dB 的不变性：随着滤波器阶数 n 的增加，频带边缘下降越陡峭，越接近理想特性；但不管 n 为多少，所有的幅频特性曲线都通过 -3dB 点。

④ 当 ω 趋于无穷时，幅值趋于零，即 $|H(\infty)|=0$。

根据式(1-32)，巴特沃思函数构成的低通滤波器的衰减系数 α 为

$$\alpha=-20\lg|H(\omega)|=-20\lg\left|\frac{1}{\sqrt{1+(\omega/\omega_c)^{2n}}}\right|=-20\lg\left|1+(\omega/\omega_c)^{2n}\right|^{-\frac{1}{2}}=10\lg\left|1+(\omega/\omega_c)^{2n}\right| \tag{1-36}$$

当 $\omega=\omega_p$ 时，巴特沃思低通滤波器的通带衰减系数 α_p 为

$$\alpha_p=10\lg[1+(\omega_p/\omega_c)^{2n}] \tag{1-37}$$

设计低通滤波器时，通常取幅值下降 3dB 时所对应的频率为通带截止频率 ω_c，即当 $\omega=\omega_c$ 时，$\alpha=3$dB。由式(1-37)可知，$\omega=\omega_p$，$\alpha=\alpha_p=3$dB。

当 $\omega=\omega_s$ 时，巴特沃思低通滤波器的阻带衰减系数 α_s 为

$$\alpha_s=10\lg[1+(\omega_s/\omega_c)^{2n}] \tag{1-38}$$

由此可以得到滤波器的阶数 n（取整数）为

$$n\geqslant\frac{\lg\sqrt{10^{0.1\alpha_s}-1}}{\lg(\omega_s/\omega_c)} \tag{1-39}$$

由上述分析可知，截止频率 ω_c 可以由通带损耗 α_p 决定，阶数 n 由阻带损耗 α_s 决定。换言之，已知通带损耗 α_p 和阻带损耗 α_s，就可以求得所需要的巴特沃思低通滤波器的截止频率 ω_c 和阶数 n，从而可获得巴特沃思低通滤波器的传递函数。巴特沃思低通滤波器的阶数越高，其幅值特性就越接近于理想低通滤波器，同时，当阶数增加时，电路元件的数量也增加。因此，滤波器设计的根本问题就是在满足滤波要求条件下，尽量降低阶数 n。在电能变换系统中，截止频率通常根据功率开关管的开关频率按经验直接给出，此时无须采用式(1-37)计算。滤波器的阶数通常也可根据经验选择，一般不超过 3 阶。

（2）巴特沃思低通滤波器的传递函数

为得到稳定的传递函数 $H(s)$，取全部左半 s 平面的极点作为 $H(s)$ 的极点，而对称分布的右半 s 平面的极点对应 $H(-s)$ 的极点，可求出对应的传递函数为

$$H(s)=\frac{\omega_c^n}{\prod\limits_{k=1}^{n}(s-s_k)} \tag{1-40}$$

当 n 为偶数时，得

$$H(s)=\frac{\omega_c^n}{\prod\limits_{k=1}^{n/2}(s-s_k)(s-s_k^*)}=\frac{\omega_c^n}{\prod\limits_{k=1}^{n/2}\left(s^2-2\omega_c\cos\left(\frac{2k-1}{2n}\pi+\frac{\pi}{2}\right)s+\omega_c^2\right)} \tag{1-41}$$

当 n 为奇数时，得

$$H(s)=\frac{\omega_c^n}{\prod\limits_{k=1}^{(n-1)/2}(s+\omega_c)\left(s^2-2\omega_c\cos\left(\frac{2k-1}{2n}\pi+\frac{\pi}{2}\right)s+\omega_c^2\right)} \tag{1-42}$$

式(1-41)和式(1-42)中,对于不同的截止频率 ω_c,所得到的同一阶次巴特沃思低通滤波器的传递函数也不同。为了分析简单方便,并使滤波器的设计具有一致性,对上面的式子进行归一化处理,式(1-41)和式(1-42)的分子、分母同时除以 ω_c^n,并令 $\bar{s}=s/\omega_c$($\bar{s}$ 称为归一化复频率)。

当 n 为偶数时,有

$$H(\bar{s})=\frac{1}{\displaystyle\prod_{k=1}^{n/2}\left(\bar{s}^2-2\cos\left(\frac{2k-1}{2n}\pi+\frac{\pi}{2}\right)\bar{s}+1\right)} \tag{1-43}$$

当 n 为奇数时,有

$$H(\bar{s})=\frac{1}{\displaystyle\prod_{k=1}^{(n-1)/2}(\bar{s}+1)\left(\bar{s}^2-2\cos\left(\frac{2k-1}{2n}\pi+\frac{\pi}{2}\right)\bar{s}+1\right)} \tag{1-44}$$

对于归一化频率,任意阶次巴特沃思低通滤波器传递函数的极点是固定值,因此,传递函数的分母多项式也是固定的(见表1-1)。显然,巴特沃思低通滤波器的设计问题可以归纳为确定滤波器的阶次问题。

表 1-1 归一化频率的不同阶次巴特沃思多项式

n	巴特沃思多项式
1	$\bar{s}+1$
2	$\bar{s}^2+\sqrt{2}\bar{s}+1$
3	$\bar{s}^3+2\bar{s}^2+2\bar{s}+1$
4	$\bar{s}^4+2.613\bar{s}^3+3.414\bar{s}^2+2.613\bar{s}+1$
5	$\bar{s}^5+3.236\bar{s}^4+5.236\bar{s}^3+5.236\bar{s}^2+3.236\bar{s}+1$
6	$\bar{s}^6+3.864\bar{s}^5+7.464\bar{s}^4+9.142\bar{s}^3+7.464\bar{s}^2+3.864\bar{s}+1$
7	$\bar{s}^7+4.494\bar{s}^6+10.098\bar{s}^5+14.592\bar{s}^4+14.592\bar{s}^3+10.098\bar{s}^2+4.494\bar{s}+1$
8	$\bar{s}^8+5.153\bar{s}^7+13.137\bar{s}^6+21.864\bar{s}^5+25.688\bar{s}^4+21.864\bar{s}^3+13.137\bar{s}^2+5.153\bar{s}+1$

【例 1-1】若巴特沃思低通滤波器的频域指标为 $f_p=2kHz$,$\alpha_p\leqslant 3dB$;$f_s=4kHz$,$\alpha_s\geqslant 15dB$,求此滤波器的传递函数 $H(s)$。

解:(1)求阶数 n

令

$$\omega_c=\omega_p=2\pi f_p=2\pi\times 2\times 10^3 rad/s$$

$$\omega_s=2\pi f_s=2\pi\times 4\times 10^3 rad/s$$

则

$$\bar{\omega}_c=\frac{\omega_p}{\omega_c}=1,\alpha_p=3dB;\bar{\omega}_s=\frac{\omega_s}{\omega_c}=2,\alpha_s=15dB$$

由式(1-39)可求得滤波器的阶数为

$$n\geqslant\frac{\lg\sqrt{10^{0.1\alpha_s}-1}}{\lg(\omega_s/\omega_c)}=2.47$$

取整后得滤波器的阶数为 $n=3$。

(2)求滤波器的传递函数 $H(s)$

查表 1-1 得此滤波器的归一化传递函数为

$$H(\bar{s})=\frac{1}{(\bar{s}+1)(\bar{s}^2+\bar{s}+1)}=\frac{1}{\bar{s}^3+2\bar{s}^2+2\bar{s}+1}$$

通过反归一化处理,令 $s=\bar{s}\omega_c$,可求出实际滤波器的传递函数为

$$H(s) = \frac{1}{(s/\omega_c)^3 + 2(s/\omega_c)^2 + 2(s/\omega_c) + 1}$$

其中 $\omega_c = 2\pi \times 2 \times 10^3 \,\mathrm{rad/s}$。

2. 模拟滤波器的 MATLAB 设计

例 1-1 为传统模拟滤波器的设计过程,但随着计算机技术的发展,上述的设计过程可通过计算机软件来完成。目前 MATLAB 是最为常用软件之一,本节主要介绍利用 MATLAB 对模拟滤波器的设计过程。

MATLAB 的信号处理工具箱里提供了许多函数,可用来对模拟滤波器进行设计,其中 buttord、buttap 函数用来设计巴特沃思滤波器,cheb1ord、cheb2ord、Cheb1ap、Cheb2ap 函数分别用来设计 Ⅰ 型和 Ⅱ 型切比雪夫滤波器。这里主要以巴特沃思滤波器为例进行介绍。

MATLAB 程序中定义滤波器的通带截止频率为 wp,通带衰减系数为 Ap,阻带截止频率为 ws,阻带衰减系数为 As,wc 为截止频率。

① 根据设计要求的指标计算低通模拟滤波器的阶数和截止频率。具体可利用 buttord 函数实现,实现语句如下:

```
[n,wc]=buttord(wp,ws,Ap,As,'s');
```

② 求低通模拟原型滤波器。可以利用 buttap 函数来实现,实现语句如下:

```
[z,p,k]=buttap(n);
```

上面所得的结果为零极点型,这里需要转换成 b/a 型,可用函数 zp2tf 实现,实现语句如下:

```
[bap,aap]=zp2tf(z,p,k);
```

③ 将模拟低通原型滤波器经频率变换为所需的模拟滤波器(低通、高通、带通、带阻),可用函数 lp2lp、lp2hp、lp2bs、lp2bp 实现。

```
[b,a]=lp2lp(bap,aap,wc);
[b,a]=lp2hp(bap,aap,wc);
[b,a]=lp2bs(bap,aap,wc);
[b,a]=lp2bp(bap,aap,wc);
```

在 MATLAB 程序中,标准的滤波器设计程序得到的是一个归一化截止频率为 1rad/s 的低通滤波器。若要得到其他类型的滤波器,首先需要得到具有归一化截止频率的巴特沃思低通滤波器或切比雪夫低通滤波器,然后应用 lp2lp、lp2hp、lp2bs、lp2bp 函数变换即可。

【例 1-2】若巴特沃思低通滤波器的频域指标为:当 $\omega_p = 1000\mathrm{rad/s}$ 时,通带衰减系数不大于 3dB,当 $\omega_s = 5000\mathrm{rad/s}$ 时,阻带衰减系数至少为 20dB,求此滤波器的传递函数 $H(s)$ 及其幅频特性曲线。

解:先确定滤波器的阶数,并求其传递函数,程序如下:

```
wp=1000;
ws=5000;
Ap=3;
As=20;
[n,wc]=buttord(wp,ws,Ap,As,'s')
[z,p,k]=buttap(n);    ％归一化原型滤波
[b,a]=zp2tf(z,p,k)％归一化 b/a 原型滤波
[B,A]=lp2lp(b,a,wc)％实际滤波
[H,W]=freqs(B,A);
plot(W/(2*pi),abs(H))
grid on
```

程序执行结果为:

```
n=2
wc=1.5851e+03    %截止频率252Hz
b=[0  0  1]    %归一化原型滤波系数
a=[1.0000  1.4142  1.0000]
B=2.5126e+06    %滤波系数
A=1.0e+06 * [0.0000  0.0022  2.5126]
```

结果显示,滤波器的阶数为2,截止频率为1585.1rad/s,即该滤波器的传递函数为

$$H(s)=\frac{2512600}{s^2+2200s+2512600}$$

该滤波器的幅频特性曲线如图1-9所示。

例2-2也可采用如下编程实现,其效果相同。

```
wp=1000;
ws=5000;
Ap=3;
As=20;
[n,wc]=buttord(wp,ws,Ap,As,'s')
[B,A]=butter(n,wc,'s')    %实际滤波
[H,W]=freqs(B,A);
plot(W/(2 * pi),abs(H))
grid on
```

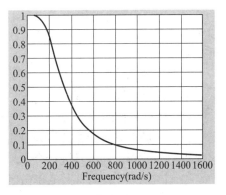

图1-9　例2-2的幅频特性曲线

3. 模拟滤波器的物理实现

模拟滤波器通常可采用无源网络或有源网络实现。无源网络一般由 R、L 和 C 组成,其缺点为在较低频率工作时,电感 L 的体积和重量较大,滤波效果也较差。有源网络一般由 R、C 和运算放大器(简称运放)组成,除能减小重量和体积外,还能增加输入阻抗、减小输出阻抗,实现阻抗匹配,提高系统性能。在要求不太高的工业测控系统中,采用RC无源网络居多,要求较高时,可采用有源网络实现。设计步骤如下:

第1步,根据要求首先选定电路结构(无源网络或有源网络);

第2步,根据阶数要求也可采用多级串联,其总输出特性等于各阶特性之和;

第3步,运放一般可选择通用运放,开环增益在80dB以上,频率特性要求由工作频率的上限确定,小信号应选择低温漂运放;

第4步,通常首先选定一个或几个元件的值,再计算其他元件的值。

当阶数较低时,可选择Sallen-Key滤波器(1955年R. P. Sallen与E. L. Key提出的由单个运放、电阻和电容组成的低通滤波器);当为高次谐波、失真率要求较高时,可选择多重反馈型滤波器;当高频噪声较大时,可选择奇次Sallen-Key滤波器和多重反馈型滤波器。设计方法主要有理论分析法和计算机辅助设计法等。下面以Sallen-Key滤波器为例进行简单介绍。

（1）理论分析法

二阶Sallen-Key滤波器的典型电路如图1-10所示。

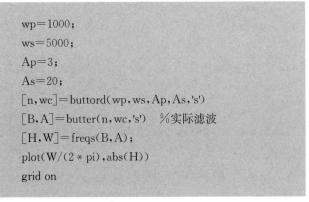

图1-10　二阶Sallen-Key滤波器的典型电路

令 $R_1 = R_2 = R$，$\omega_c = 1/R\sqrt{C_1 C_2}$，则其传递函数为

$$H(s) = \frac{u_0(s)}{u_1(s)} = \frac{\omega_c^2}{s^2 + 2\omega_c\sqrt{\dfrac{C_2}{C_1}}\,s + \omega_c^2} \tag{1-45}$$

令 $Q = \dfrac{1}{2}\sqrt{\dfrac{C_1}{C_2}}$，则

$$H(s) = \frac{u_0(s)}{u_1(s)} = \frac{\omega_c^2}{s^2 + \dfrac{\omega_c s}{Q} + \omega_c^2} \tag{1-46}$$

Q 为滤波器的品质因数，改变 Q 值可以实现巴特沃思滤波器、贝塞尔滤波器或切比雪夫滤波器的特性。根据图 1-8 可知，要使式(1-46)满足巴特沃思滤波器的要求，则有

$$\left| H(\omega) \right|_{\omega=\omega_c} = \left| \frac{\omega_c^2}{\omega_c^2 + \dfrac{\omega_c\omega_c}{Q} + \omega_c^2} \right| = \frac{1}{\sqrt{2}} \tag{1-47}$$

可得 $Q = 1/\sqrt{2}$。

根据模拟滤波器的要求选定截止频率和 Q 值，由经验选取 R 后，可计算出 C_1 和 C_2 的值，从而完成滤波器的物理实现。

（2）计算机辅助设计法

目前市场上有多种滤波器设计工具，这为滤波器的设计带来了极大的方便，下面仅就 TI 公司提供的滤波器设计工具进行介绍。

① 首先在 TI 公司官网上单击"设计资源"后，选择"滤波器设计器"设计界面。

② 单击启动工具，进入界面后选择滤波器类型。

③ 选择滤波器类型后，可进行参数选择、滤波器类型和特性显示等。

④ 选择 Butterworth 并单击 SELECT 按钮。

⑤ 单击创建设计。

按提示步骤进行操作，可以查看最终的设计结果。

4. 模拟滤波器小结

模拟滤波器的设计过程主要包括：根据技术指标要求选择逼近函数、求解滤波器阶数和截止频率、求解传递函数、物理实现（选择电路确定电路元件参数），如图 1-11 所示。

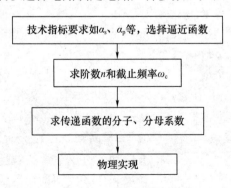

图 1-11　模拟滤波器的设计过程

1.2.3　数字滤波器

模拟滤波器用来处理连续时间信号，在处理离散时间信号时需使用数字滤波器。数字滤波

器是具有一定传输特性的数字信号处理装置，其输入、输出都是数字信号，它借助于数字器件和一定的数值计算方法，对输入信号的波形或频谱进行加工和处理，从而去除信号中无用成分而保留有用成分。与模拟滤波器相比，数字滤波器具有精度高和灵活性高等优点。

数字滤波器种类繁多，和模拟滤波器相似，按照频率响应的通带特性，可分为低通、高通、带通和带阻滤波器；根据冲激响应的时间特性，可分为无限冲激响应滤波器（IIR）和有限冲激响应滤波器（FIR）。

设输入序列 $x(n)$，输出序列 $y(n)$，数字滤波器可用线性时不变离散系统的差分方程表示为

$$y(n) + \sum_{k=1}^{N} a_k y(n-k) = \sum_{k=1}^{M} b_k x(n-k) \tag{1-48}$$

令 $X(z) = Z[x(n)]$，$Y(z) = Z[y(n)]$，对式(1-48)两边求 z 变换得

$$Y(z) + a_1 z^{-1} Y(z) + \cdots + a_N z^{-N} Y(z) = b_0 X(z) + b_1 z^{-1} X(z) + \cdots + b_M z^{-M} X(z) \tag{1-49}$$

所以，数字滤波器的脉冲传递函数为

$$H(z) = \frac{Y(z)}{X(z)} = \frac{b_0 + b_1 z^{-1} + \cdots + b_M z^{-M}}{1 + a_1 z^{-1} + \cdots + a_N z^{-N}} = \frac{\sum_{j=1}^{M} b_j z^{-j}}{1 + \sum_{i=1}^{N} a_i z^{-i}} \tag{1-50}$$

若 $a_i = 0$，则

$$H(z) = \sum_{j=0}^{M} b_j z^{-j} = b_0 + b_1 z^{-1} + \cdots + b_M z^{-M} \tag{1-51}$$

这时，数字滤波器的脉冲传递函数是 z^{-1} 的多项式，其相应的单位冲激响应的时间长度是有限的，即

$$h(n) = b_0 \delta(n) + b_1 \delta(n-1) + b_2 \delta(n-2) + \cdots + b_M \delta(n-M) \tag{1-52}$$

$h(n)$ 最多有 $M+1$ 项，因此称为有限冲激响应滤波器（FIR）。

若至少有一个 a_i 的值不为零，并且分母至少存在一个根不被分子抵消，则对应的数字滤波器称为无限冲激响应滤波器（IIR）。即

$$H(z) = \frac{b_0}{1 - z^{-1}} = b_0(1 + z^{-1} + z^{-2} + \cdots) \quad |z| > 1 \tag{1-53}$$

所以

$$h(n) = b_0[\delta(n) + \delta(n-1) + \delta(n-2) + \cdots] = b_0 u(n) \tag{1-54}$$

式(1-54)说明该数字滤波器的单位冲激响应是无穷多项，时间长度持续到无限长，所以它是无限冲激响应滤波器。

1. 数字滤波器设计

（1）无限冲激响应滤波器（IIR）

IIR 的设计方法有两种：直接法和间接法。间接法是先根据技术指标设计一个满足要求的模拟滤波器，然后采用某种映射方法将其变换为数字滤波器。因为模拟滤波器技术已经非常成熟，有很多简单而现成的设计公式，并且设计参数已经形成表格，所以间接法用得非常普遍。直接法是在时域或频域中直接设计数字滤波器，这种方法要求大量的迭代运算，必须采用计算机辅助设计，而且一般得不到闭合形式的频率响应函数表达式。本节主要介绍采用间接法设计数字滤波器的方法。

间接法的原理是借助模拟滤波器的传递函数 $H(s)$，求出相应的数字滤波器的脉冲传递函数 $H(z)$。具体来讲，即根据给定技术指标的要求，先确定一个满足技术指标的模拟滤波器 $H(s)$，

再寻找一种变换关系把 s 平面映射到 z 平面，使 $H(z)$ 变换成所需的数字滤波器的脉冲传递函数。工程上常用的映射方法是冲激响应不变法和双线性变换法。

（2）有限冲激响应滤波器（FIR）

由于 IIR 的设计利用了模拟滤波器设计的结果，因此工作量小，设计方便简单，并且能得到较好的幅频特性，特别是采用双线性变换法设计 IIR 没有频谱混叠现象。但是，IIR 的传递函数是一个具有零点和极点的有理函数，因此 IIR 存在稳定性问题，而且相频特性常常是非线性的。而 FIR 则能够获得严格的线性相频特性。

FIR 的冲激响应是有限长的，其传递函数是一个多项式，所包含的极点都位于原点，因而该滤波器一定是稳定的。FIR 还可以用快速傅里叶变换（FFT）实现，从而大大提高滤波器的运算效率。

FIR 最突出的优点是稳定、易实现严格的线性相位和多频带（多通带或多阻带），后两者是 FIR 所难以达到的。FIR 的设计过程主要是建立在对理想滤波器的频率响应做某种近似逼近基础上进行的，其中最基本的方法是窗函数法。

窗函数法的基本思想是先构造一个线性相位理想滤波器的频率响应 $H_d(\Omega)$，然后用一个有限长的窗函数 $w(n)(0 \leqslant n \leqslant N-1)$ 去截取理想滤波器的单位脉冲响应（通常为无限长），从而得到具有线性相位的实际滤波器的有限单位脉冲响应 $h(n)(0 \leqslant n \leqslant N-1)$。更进一步的分析请参阅相关文献。

2. MATLAB 的数字滤波器设计器

前面简单介绍了设计数字滤波器的方法，在实际应用中计算比较复杂。本节主要介绍利用 MATLAB 中提供的"滤波器设计器"（Filter Designer）设计数字滤波器的方法。

Filter Designer 是 MATLAB 信号处理工具箱中用于设计和分析滤波器的强大图形用户界面（GUI）工具。Filter Designer 通过设置滤波器的性能规范、从 MATLAB 工作区导入滤波器或通过添加、移动或删除极点和零点来快速设计 FIR 或 IIR。Filter Designer 还提供了滤波器分析功能，如幅值、相位响应图和零极点分布图等。

（1）开始

在 MATLAB 命令行输入≫filterDesigner 或在应用程序图标中选择 Filter Design & Analysis，将显示"每日提示"对话框，其中包含使用滤波器设计的建议。然后，使用默认滤波器显示 GUI，设计界面如图 1-12 所示。该界面有三个主要区域：当前滤波器信息区、滤波器显示区和参数设计区。

（2）滤波器设计示例

要求设计一个低通滤波器。使用 FIR 等纹波滤波器，具体参数如下：通带衰减 1dB，阻带衰减 80dB，通带频率 0.2[归一化（0～1）]，阻带频率 0.5[归一化（0～1）]。具体过程如下：

① 如图 1-13 所示在 Response Type（响应类型）下选择 Lowpass（低通），在 Design Method（设计方法）的 FIR 下选择 Equiripple（等纹波）。通常，当更改响应类型或设计方法时，当前滤波器信息区和滤波器显示区会自动更新。

② 在 Filter Order（滤波器阶次）下选中 Specify order，并指定阶次为 30。

③ FIR 等纹波滤波器有一个 Density Factor（密度因子）选项，用于控制频率网格的密度。增大该值，将创建一个更接近理想等纹波滤波器的滤波器，但计算量也相应增加，需要的时间会更长。将此值设置为 20。

④ 在 Frequency Specifications（频率设置）下的 Units 下拉列表中选择 Normalized(0 to 1)。

⑤ 在 Frequency Specifications 中，设置 wpass 为 0.2，wstop 为 0.5。

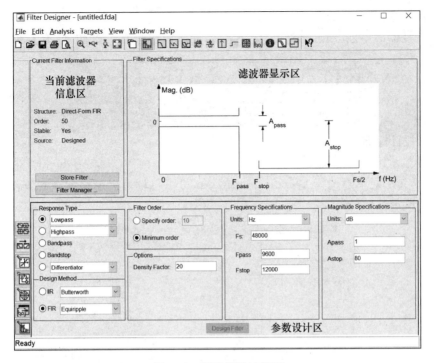

图 1-12 滤波器设计界面

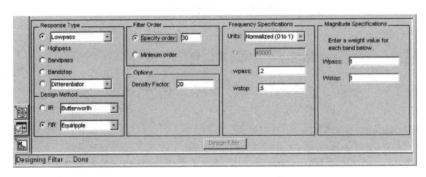

图 1-13 滤波器的参数设计区

⑥ 在 Magnitude Specifications 中，Wpass 和 Wstop 是正权重，每个频带一个，用于 FIR 等纹波滤波器的优化，将这些值保留为 1。

⑦ 设置完成后，单击图 1-12 底部的 Design Filter 按钮，完成滤波器的设计。

计算系数后，滤波器的幅值响应可以显示在滤波器显示区，如图 1-14 所示。

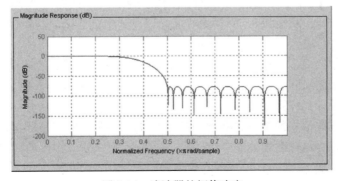

图 1-14 滤波器的幅值响应

（3）查看其他分析

设计好滤波器后，可以通过单击工具栏上的不同按钮在滤波器显示区中查看滤波器分析。

幅值　　相位　　幅值和　　群延迟　　相位延　　脉冲　　阶跃　　零极点　　滤波器
响应　　响应　　相位响应　响应　　迟响应　　响应　　响应　　分布图　　系数

（4）叠加设计标准

在滤波器显示区中显示幅值响应图时，右键单击 Y 轴标签 Magnitude(dB)并选择 Magnitude，然后从 View 菜单中选择 Specification Mask，可以将设计标准叠加到滤波器幅值响应图上，如图 1-15 所示。

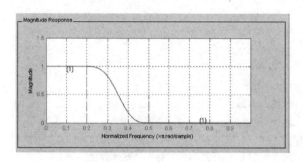

图 1-15　叠加设计标准

（5）更改轴单位

在轴标签上右键单击并选择所需的单位，可以更改 X 轴或 Y 轴的单位，如图 1-16 所示。

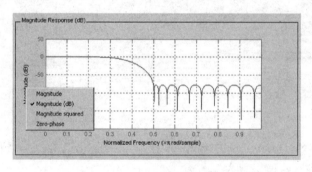

图 1-16　更改轴单位

（6）标记数据点

在滤波器显示区中，单击图中的任何点可以添加数据标记，该标记显示该点的值。右键单击数据标记，将显示一个菜单，可以移动、删除数据标记或调整数据标记的外观，如图 1-17所示。

（7）优化设计

为了实现滤波器的成本最小化，可以使用最小阶选项来减少系数的数量。在参数设计区中，选中 Filter Order 下的 Minimum Order(最小阶次)，并保留其他参数。单击 Design Filter 按钮完成更新滤波器的设计，如图 1-18 所示。

此时在当前滤波器信息区中可看到，滤波器阶次从 30 减少到 16，纹波数减少，过渡带变宽，但通带和阻带仍然符合设计要求。

（8）更改分析参数

右键单击幅值响应图并选择分析参数，可以显示用于更改分析参数的对话框（也可以从

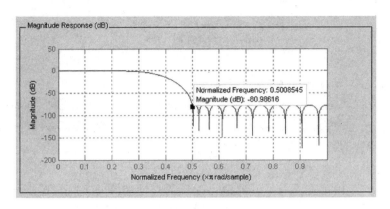

图 1-17 标记数据点

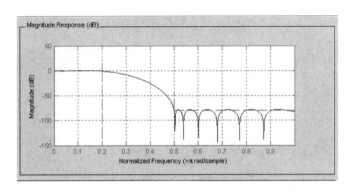

图 1-18 优化设计后的滤波器幅值响应

Analysis菜单中选择),如图 1-19 所示。

要将显示的参数保存为默认值,可单击 Save as Default 按钮;要恢复 MATLAB 定义的默认值,可单击 Restore Original Defaults 按钮。

(9) 导出滤波器

如图 1-20 所示,若对设计结果满意,就可以将滤波器导出到以下目标:

MATLAB Workspace   //MATLAB工作区
MAT-file   // mat 文件
Text-file   //文本文件

从 File 菜单中选择 Export 导出即可。

图 1-19 分析参数对话框   图 1-20 导出对话框

当选择导出到 MATLAB 工作区或 mat 文件时,可以将滤波器导出为系数;如果 DSP System Toolbox 可用,还可以将滤波器导出为系统对象。

(10) 生成 MATLAB 文件

Filter Designer 允许生成 MATLAB 代码来重新创建滤波器。

从 File 菜单中选择 Generate MATLAB Code(生成 MATLAB 代码),再选择 Filter Design function(滤波器设计函数),在 Generate MATLAB Code 对话框中指定文件名。

其他应用请参考 MATLAB 的有关帮助文献。

3. 数字滤波器 C 语言代码实现

本节以电能变换中常用的数字滤波器为例,介绍数字滤波器的实现及 C 语言代码编写。首先利用 MATLAB 设计滤波器,其次根据求得的传递函数列出差分方程,最终用 C 语言编写代码。

例如,要求对三相电压信号经 $abc\text{-}dq$ 变换后得到的 u_d 和 u_q 进行数字滤波。系统的开关频率为 12.8kHz(利用 DSP,每个 PWM 驱动一次 A/D 采样,因此 12.8kHz 也是采样频率),截止频率为 30Hz。

利用 MATLAB 设计的滤波器参数如图 1-21 所示。按前面所述步骤选择参数进行设计,设计完成后,单击 按钮生成传递函数的系数。

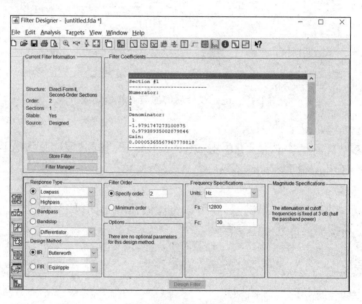

图 1-21　滤波器参数

对应数字滤波器的传递函数为

$$H(z) = \frac{a_0 + a_1 z^{-1} + \cdots + a_M z^{-M}}{1 - (b_1 z^{-1} + \cdots + b_N^{-N})} \tag{1-55}$$

二阶数字滤波器的传递函数为

$$H(z) = \frac{a_0 + a_1 z^{-1} + a_2 z^{-2}}{1 - (b_1 z^{-1} + b_2 z^{-2})} = \frac{0.00005365 + 0.000107 z^{-1} + 0.00005365 z^{-2}}{1 - (-1.979175 z^{-1} + 0.97939 z^{-2})}$$

二阶差分方程为

$$y(n) = a(n) * x(n) + a(n-1) * x(n-1) + a(n-2) * x(n-2) + \\ [b(n-1) * y(n-1) + b(n-2) * y(n-2)] \tag{1-56}$$

将 MATLAB 求得的传递函数的系数代入差分方程即可。

C 语言实现如下：

```
/＊＊＊＊＊＊＊＊＊低通数字滤波器所用到的变量＊＊＊＊＊＊＊＊＊＊＊＊＊＊＊＊＊/
        float x1[3]＝{0,0,0};    //针对 ud 的输入
        float x2[3]＝{0,0,0};    //针对 uq 的输入
        float y1[3]＝{0,0,0};    //针对 ud 的输出
        float y2[3]＝{0,0,0};    //针对 uq 的输出
//读入待滤波的值
x1[2]＝ud;
x2[2]＝uq;
y1[2]＝0.000053656＊x1[2]＋0.00010731＊x1[1]＋0.000053656＊x1[0]－1.9792＊y1[1]＋0.97939＊y1[0];
//截止频率30Hz
y2[2]＝0.000053656＊x2[2]＋0.00010731＊x2[1]＋0.000053656＊x2[0]－1.9792＊y2[1]＋0.97939＊y2[0];
    for(n＝1;n＜3;n＋＋)
        {
            x1[n－1]＝x1[n];
            x2[n－1]＝x2[n];
            y1[n－1]＝y1[n];
            y2[n－1]＝y2[n];
        }
    ud＝y1[2];
    uq＝y2[2];
```

4. 数字滤波器设计小结

数字滤波器的设计通常采用间接法，设计流程如图 1-22 所示。

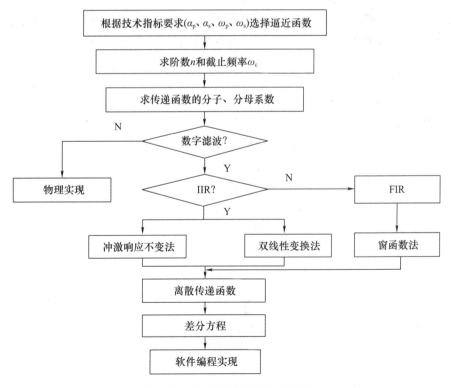

图 1-22　数字滤波器的设计流程

1.3　信号检测方法

对控制系统而言,如何根据 A/D 转换后的数字信号,准确、快速地计算出系统参数的幅值和有效值等,对系统的控制精度与稳定性等至关重要。本节主要介绍均方根法、傅里叶法和基于坐标变换的实时检测法等。

1.3.1　均方根法

根据电工学上对周期性信号的有效值和平均功率的基本定义,并将其离散化可以得到

电压有效值

$$U = \sqrt{\frac{1}{T} \int_0^T u^2(t)\,\mathrm{d}t} \approx \sqrt{\frac{1}{N} \sum_{j=1}^N u^2(j)} \tag{1-57}$$

电流有效值

$$I = \sqrt{\frac{1}{T} \int_0^T i^2(t)\,\mathrm{d}t} \approx \sqrt{\frac{1}{N} \sum_{j=1}^N i^2(j)} \tag{1-58}$$

有功功率

$$P = \frac{1}{T} \int_0^T u(t)i(t)\,\mathrm{d}t = \frac{1}{N} \sum_{j=0}^N u_j i_j \tag{1-59}$$

无功功率

$$Q = \sqrt{(UI)^2 - P^2} \tag{1-60}$$

这种方法比较直接,当谐波分量较小时,精度比较高,但是不能分析谐波,而且当输入交流信号畸变严重时,或者包含较高的谐波分量时,采用均方根法会造成较大的误差。为了减小由离散化引入的误差,就必须提高采样频率,即增加采样点数,但结果会增加运算量,降低处理速度,检测值会有一个周期(或半个周期)的延时,所以实时性较差。

1.3.2　傅里叶法

若周期信号满足狄里赫利条件(电力系统中的信号基本上都满足),则该周期函数可展开成正交函数线性组合的无穷级数,若正交函数集是三角函数集或复指数函数集,则展开成的级数分别为三角形式和复指数形式的傅里叶级数。

1. 傅里叶级数表示方法

设周期信号 $x(t)$,周期为 T_0,其傅里叶级数的三角形式为

$$x(t) = \frac{a_0}{2} + \sum_{n=1}^\infty (a_n \cos n\omega_0 t + b_n \sin n\omega_0 t) \tag{1-61}$$

式中,ω_0 是角频率,满足 $\omega_0 = 2\pi/T_0$;$a_n(n=1,2,\cdots)$、$b_n(n=1,2,\cdots)$ 为傅里叶级数的系数,可用下面关系式确定傅里叶级数的系数。

$$a_0 = \frac{2}{T_0} \int_{-\frac{T_0}{2}}^{\frac{T_0}{2}} x(t)\,\mathrm{d}t \tag{1-62}$$

$$a_n = \frac{2}{T_0} \int_{-\frac{T_0}{2}}^{\frac{T_0}{2}} x(t)\cos n\omega_0 t\,\mathrm{d}t \qquad (n=1,2,\cdots) \tag{1-63}$$

$$b_n = \frac{2}{T_0} \int_{-\frac{T_0}{2}}^{\frac{T_0}{2}} x(t)\sin n\omega_0 t\,\mathrm{d}t \qquad (n=1,2,\cdots) \tag{1-64}$$

显然，式(1-62)可以合并到式(1-63)中，并且 a_n 和 b_n 分别是 n 的偶函数和奇函数。将式(1-61)中的同频率项合并可得

$$x(t)=\frac{A_0}{2}+\sum_{n=1}^{\infty}A_n\cos(n\omega_0 t+\varphi_n)\quad(n=1,2,\cdots)\tag{1-65}$$

式中，$A_0=a_0$。比较式(1-62)、式(1-63)和式(1-65)，可以得出傅里叶级数中各变量之间的关系为

$$\begin{cases}a_n=A_n\cos\varphi_n\\b_n=A_n\sin\varphi_n\\A_n=\sqrt{a_n^2+b_n^2}\quad(n=1,2,\cdots)\\\varphi_n=\arctan\left(-\dfrac{b_n}{a_n}\right)\end{cases}\tag{1-66}$$

式(1-66)称为周期信号 $x(t)$ 的余弦傅里叶级数展开式。可以看出其有以下特性：

① 等式左端为一复杂信号的时域表示，右端则是简单的正弦信号的线性组合，利用傅里叶级数可以把复杂问题分解为简单问题；

② 虽然等式左端的信号是时域表示形式，右端是信号的频域表示形式，但表示的是同一信号，并且完全等效；

③ 任意周期信号都可以分解为直流分量和一系列正弦、余弦分量之和，这些正弦、余弦分量的频率必定是基频 ω_0 的整数倍，通常把频率为 ω_0 的波称为基波，频率为 $2\omega_0$、$3\omega_0$、$\cdots$ 的波分别称为二次谐波、三次谐波等；

④ 各分量的幅值 A_n 和相位 φ_n 的大小取决于信号的时域波形，而且是频率 $n\omega_0$ 的函数。

复指数函数集 $\{e^{jn\omega_0 t}\}$（$n=0,\pm1,\pm2,\cdots$）在区间 (t_0,t_0+T) 内是一个完备的正交函数集，因此，对任意的周期信号也可以表示成 $\{e^{jn\omega_0 t}\}$ 的线性组合，即傅里叶级数的复指数形式。根据欧拉公式

$$\sin n\omega_0 t=\frac{e^{jn\omega_0 t}-e^{-jn\omega_0 t}}{2j},\cos n\omega_0 t=\frac{e^{jn\omega_0 t}+e^{-jn\omega_0 t}}{2}$$

则式(1-65)可以写成

$$x(t)=\frac{A_0}{2}+\sum_{n=1}^{\infty}\frac{A_n}{2}\left[e^{j(n\omega_0 t+\varphi_n)}+e^{-j(n\omega_0 t+\varphi_n)}\right]$$

$$=\frac{A_0}{2}+\frac{1}{2}\sum_{n=1}^{\infty}A_n e^{jn\omega_0 t}e^{j\varphi_n}+\frac{1}{2}\sum_{n=1}^{\infty}A_n e^{-jn\omega_0 t}e^{-j\varphi_n}$$

因为 a_n 和 b_n 分别是 n 的偶函数和奇函数，上式可以写为

$$x(t)=\frac{A_0}{2}+\frac{1}{2}\sum_{n=1}^{\infty}A_n e^{jn\omega_0 t}e^{j\varphi_n}+\frac{1}{2}\sum_{n=-1}^{-\infty}A_n e^{jn\omega_0 t}e^{j\varphi_n}$$

由 $\varphi_0=0$，A_0 可表示为 $A_0 e^{j\varphi_0}e^{jn\omega_0 t}$，所以上式可进一步化简为

$$x(t)=\frac{1}{2}\sum_{n=-\infty}^{\infty}A_n e^{j\varphi_n}e^{jn\omega_0 t}=\sum_{n=-\infty}^{\infty}X(n\omega_0)e^{jn\omega_0 t}\tag{1-67}$$

式(1-67)就是傅里叶级数的复指数形式，其中 $X(n\omega_0)=\dfrac{1}{2}A_n e^{j\varphi_n}$ 称为复指数形式傅里叶级数的系数，可由下式求得

$$X(n\omega_0) = \frac{1}{2}A_n\mathrm{e}^{\mathrm{j}\omega_n} = \frac{1}{2}[A_n\cos\varphi_n + \mathrm{j}A_n\sin\varphi_n] = \frac{1}{2}(a_n - \mathrm{j}b_n)$$

$$= \frac{1}{T_0}\int_{-\frac{T_0}{2}}^{\frac{T_0}{2}} x(t)\cos n\omega_0 t\mathrm{d}t - \mathrm{j}\frac{1}{T_0}\int_{-\frac{T_0}{2}}^{\frac{T_0}{2}} x(t)\sin n\omega_0 t\mathrm{d}t$$

$$= \frac{1}{T_0}\int_{-\frac{T_0}{2}}^{\frac{T_0}{2}} x(t)[\cos n\omega_0 t - \mathrm{j}\sin n\omega_0 t]\mathrm{d}t$$

$$= \frac{1}{T_0}\int_{-\frac{T_0}{2}}^{\frac{T_0}{2}} x(t)\mathrm{e}^{-\mathrm{j}n\omega_0 t}\mathrm{d}t \qquad (n = 0, \pm 1, \pm 2, \cdots) \tag{1-68}$$

2. 利用傅里叶法检测信号

假设某电压的基波信号频率为 $\omega_0 = 2\pi f_0$，有

$$u(t) = A\sin(\omega_0 t + \varphi) \tag{1-69}$$

式中，φ 为初相位，A 为幅值。$u(t)$ 也可用相量 $\dot{U}$ 表示为

$$\dot{U} = A\mathrm{e}^{\mathrm{j}\varphi}\mathrm{e}^{\mathrm{j}\omega_0 t} = A[\cos\varphi + \mathrm{j}\sin\varphi][\cos\omega_0 t + \mathrm{j}\sin\omega_0 t]$$

$$= A\cos\varphi\cos\omega_0 t - A\sin\varphi\sin\omega_0 t + \mathrm{j}[A\sin\varphi\cos\omega_0 t + A\cos\varphi\sin\omega_0 t] \tag{1-70}$$

则

$$u(t) = A\sin\varphi\cos\omega_0 t + A\cos\varphi\sin\omega_0 t \tag{1-71}$$

若将 $A\mathrm{e}^{\mathrm{j}\varphi}$ 看作复振幅 $\dot{U}_\mathrm{m}$，则

$$\dot{U}_\mathrm{m} = A\mathrm{e}^{\mathrm{j}\varphi} = A\cos\varphi + \mathrm{j}A\sin\varphi \tag{1-72}$$

对 $u(t)$ 每周期采样 N 次产生采样序列 $\{u_k\}$，$k = 0, 1, \cdots, N-1$，有

$$u_k = A\sin\left(2\pi f_0 k\frac{T_1}{N} + \varphi\right) = A\sin\left(\frac{2k\pi}{N} + \varphi\right) \tag{1-73}$$

式中，令 $\varphi = 0$，T_1/N 为采样间隔。对 $\{u_k\}$ 进行离散傅里叶变换可得到基波分量的频谱系数 $u_1(k)$，即

$$u_1(k) = \frac{2}{N}\sum_{k=0}^{N-1} u_k\mathrm{e}^{-\mathrm{j}\frac{2k\pi}{N}}$$

$$= \frac{2}{N}\sum_{k=0}^{N-1} u_k\cos\frac{2k\pi}{N} - \mathrm{j}\frac{2}{N}\sum_{k=0}^{N-1} u_k\sin\frac{2k\pi}{N}$$

$$= u_{1\mathrm{I}} - \mathrm{j}u_{1\mathrm{R}} \tag{1-74}$$

式中

$$u_{1\mathrm{I}} = \frac{2}{N}\sum_{k=0}^{N-1} u_k\cos\frac{2k\pi}{N} \tag{1-75}$$

$$u_{1\mathrm{R}} = \frac{2}{N}\sum_{k=0}^{N-1} u_k\sin\frac{2k\pi}{N} \tag{1-76}$$

对于正弦输入信号，有

$$u_{1\mathrm{I}} = A\sin\varphi, \qquad u_{1\mathrm{R}} = A\cos\varphi \tag{1-77}$$

对于输入信号基波分量的频谱系数 $u_1(k) = u_{1\mathrm{I}} - \mathrm{j}u_{1\mathrm{R}}$，可得出 $u_1(k)$ 与 $\dot{U}_\mathrm{m}$ 的关系。

$$\mathrm{j}u_1(k) = \mathrm{j}[u_{1\mathrm{I}} - \mathrm{j}u_{1\mathrm{R}}] = u_{1\mathrm{R}} + \mathrm{j}u_{1\mathrm{I}} = A\cos\varphi + \mathrm{j}A\sin\varphi = \dot{U}_\mathrm{m} \tag{1-78}$$

可见，$u_1(k)$ 和 $\dot{U}_m$ 都表示输入信号基波分量的复振幅，u_{1R} 和 u_{1I} 分别为复振幅的实部和虚部。

对于二次和三次谐波，同样可得其复振幅的实部和虚部为

$$u_{2R} = \frac{2}{N}\sum_{k=0}^{N-1} u_k \sin\left(\frac{2\pi}{N}2k\right) \tag{1-79}$$

$$u_{2I} = \frac{2}{N}\sum_{k=0}^{N-1} u_k \cos\left(\frac{2\pi}{N}2k\right) \tag{1-80}$$

$$u_{3R} = \frac{2}{N}\sum_{k=0}^{N-1} u_k \sin\left(\frac{2\pi}{N}3k\right) \tag{1-81}$$

$$u_{3I} = \frac{2}{N}\sum_{k=0}^{N-1} u_k \cos\left(\frac{2\pi}{N}3k\right) \tag{1-82}$$

对交流电流信号，同样可应用上述公式求出各次谐波分量的复振幅的实部和虚部 i_{1R}，i_{1I}，i_{2R}，i_{2I}，i_{3R}，$i_{3I}\cdots$。

3. 交流电压、电流有效值、有功功率和无功功率的计算

已知输入信号基波电压、电流复振幅的实部和虚部，不难求得基波交流电压 U、交流电流 I、有功功率 P 和无功功率 Q 等。

设 U_{1R}、U_{1I} 为基波电压复振幅的实部和虚部，I_{1R}、I_{1I} 为基波电流复振幅的实部和虚部，U_1、I_1、P_1、Q_1 分别为基波的交流电压、电流、有功功率和无功功率，则有

基波电压有效值

$$U_1 = \sqrt{(U_{1R}^2 + U_{1I}^2)/2} \tag{1-83}$$

基波电流有效值

$$I_1 = \sqrt{(I_{1R}^2 + I_{1I}^2)/2} \tag{1-84}$$

基波有功功率

$$P_1 = (U_{1R}I_{1R} + U_{1I}I_{1I})/2 \tag{1-85}$$

基波无功功率

$$Q_1 = (U_{1R}I_{1I} - U_{1I}I_{1R})/2 \tag{1-86}$$

基波视在功率

$$S_1 = U_1 I_1 \tag{1-87}$$

对于二次谐波，同样可由傅里叶法得

二次谐波电压有效值

$$U_2 = \sqrt{(U_{2R}^2 + U_{2I}^2)/2} \tag{1-88}$$

二次谐波电流有效值

$$I_2 = \sqrt{(I_{2R}^2 + I_{2I}^2)/2} \tag{1-89}$$

二次谐波有功功率

$$P_2 = (U_{2R}I_{2R} + U_{2I}I_{2I})/2 \tag{1-90}$$

二次谐波无功功率

$$Q_2 = (U_{2R}I_{2I} - U_{2I}I_{2R})/2 \tag{1-91}$$

二次谐波视在功率

$$S_2 = U_2 I_2 \tag{1-92}$$

对于三次及三次以上谐波,同理可以求得。

总的输入信号的电压、电流、有功功率、无功功率、视在功率、功率因数分别为

$$U=\sqrt{U_1^2+U_2^2+U_3^2+\cdots} \tag{1-93}$$

$$I=\sqrt{I_1^2+I_2^2+I_3^2+\cdots} \tag{1-94}$$

$$P=P_1+P_2+P_3+\cdots \tag{1-95}$$

$$Q=Q_1+Q_2+Q_3+\cdots \tag{1-96}$$

$$S=S_1+S_2+S_3+\cdots \tag{1-97}$$

$$\cos\varphi=P/S \tag{1-98}$$

从上面的分析过程可以看出,傅里叶级数法可以计算出各次谐波的各种特征参数,计算精度较高。因此,该方法在电能质量分析中得到了广泛应用。但是,和均方根法类似,该方法有一个周期的延时,因此实时性也不高。

1.3.3　基于坐标变换的实时检测法

坐标变换在电能变换系统的控制与测量中有广泛应用,本节主要讲述其在信号检测中的应用。下面以三相电流信号为例进行分析说明。

1. 三相对称信号基波幅值、相位的检测

设三相电流信号为

$$\begin{cases} i_a=I_m\cos(\omega t+\varphi) \\ i_b=I_m\cos(\omega t+\varphi-120°) \\ i_c=I_m\cos(\omega t+\varphi+120°) \end{cases} \tag{1-99}$$

图 1-23(a)给出了从三相静止坐标系 abc 到两相静止坐标系 $\alpha\beta$ 变换检测的框图,图 1-23(b)给出了从三相静止坐标系 abc 到两相旋转坐标系 dq 变换检测的框图。

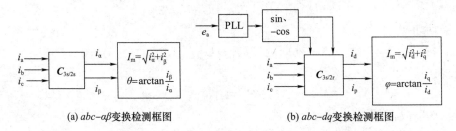

(a) abc-$\alpha\beta$变换检测框图　　　　　　(b) abc-dq变换检测框图

图 1-23　三相对称信号基波幅值、相位检测的坐标变换

对于只含有基波情况下的三相对称信号,信号幅值检测可采用上述两种方式中的任何一种进行检测。采用图 1-23(a)变换形式,三相电流幅值的求解如式(1-100)所示。采用图 1-23(b)变换形式,计算如式(1-101)所示。

$$I_m=\sqrt{i_\alpha^2+i_\beta^2}, \qquad \theta=\arctan\frac{i_\beta}{i_\alpha} \tag{1-100}$$

$$I_m=\sqrt{i_d^2+i_q^2}, \qquad \varphi=\arctan\frac{i_q}{i_d} \tag{1-101}$$

式中,$\theta=\omega t$,I_m 和 φ 分别为基波电流的幅值和初相位。

2. 不对称或含有谐波三相信号的检测

对于含有谐波或不对称的三相信号的情况,当对信号基波幅值、谐波或负序信号进行检测时,其坐标变换仍可采用上述两种方式进行。但是,三相信号不对称或含有谐波时,变换到旋转坐标系下的 i_d 和 i_q 分量将不再是直流量,它们含有交变的交流量,直接利用式(1-101)计算将存在误差。因此,需增加平均值或低通滤波环节,如图1-24所示。

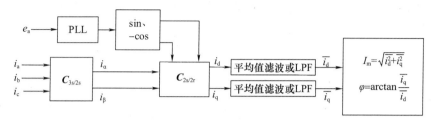

图1-24 不对称或含有谐波三相信号的幅值、谐波或负序信号检测框图

基波电流的幅值和相位为

$$I_m = \sqrt{\overline{i_d^2} + \overline{i_q^2}}, \qquad \varphi = \arctan \frac{\overline{i_q}}{\overline{i_d}} \tag{1-102}$$

对负序和谐波信号的测量同样可采用图1-24进行,只需改变锁相环(PLL)的相序和频率即可。对负序信号的测量,需改变相序,相当于改变旋转坐标系的旋转方向使其与负序信号的旋转矢量同步。对谐波信号的测量,需更改锁相环输出的频率,相当于改变旋转坐标系的转速使其与谐波信号的旋转矢量同步。具体内容请参阅相关资料。

利用式(1-100)、式(1-101)和式(1-102)求解 I_m、U_m 时,只需当前的采样值即可。因此,基于坐标变换的方法相比均方根法和傅里叶法,其实时性较高。其他交流特征参数如有功功率 P、无功功率 Q、功率因数 $\cos\varphi$ 等,可根据求得的 U_m、I_m 和 φ 进行求解。

1.3.4 其他检测方法简介

除上述常用检测方法外,还有小波变换法、二次变换法、自适应检测法和交/直流变换采样方法。

1. 小波变换法

针对傅里叶变换法的不足,把信号划分成许多小的时间间隔,用傅里叶变换分析每一个小的时间间隔,以便确定该时间间隔的频率。它把非平稳信号看成一系列短时平稳信号的叠加,而短时性则通过时域上加窗来获得。小波变换法是一种窗口大小(窗面积)固定但其形状可变的时频局部化分析方法。它的最大特点就是可以根据所分析信号频率的不同来自动调节窗口的大小,在低频部分,时窗长,频窗短,因此具有较高的频率分辨率和较低的时间分辨率;在高频部分,时窗短,频窗长,因此具有较高的时间分辨率和较低的频率分辨率。小波变换法的主要缺点是小波基的选择比较困难,容易受噪声影响,同时计算较为复杂,消耗的系统硬件资源较大。

2. 二次变换法

二次变换法是一种基于能量角度来考虑的时频变换方法,该方法的基本原理是用时间和频率的双线性函数来表示信号的能量函数。它基于两个信号内积的傅里叶变换,具有较高的分辨率、能量集中性和跟踪瞬时频率的能力,但这种方法无法准确地估计原始信号的谐波分量幅值,而且它的应用因干扰项的存在而受到限制。

3. 自适应检测法

该方法基于自适应干扰对消原理,把电压作为参考输入,负载电流作为原始输入,电压经自适应滤波器处理后,输出一个与负载电流基波有功分量幅值、相位均相等的信号,将此信号从负载电流中扣除,得到高次谐波和无功电流分量的总和。自适应滤波器可采用模拟方式和数字方式来实现。但这种方法不能滤除基波负序电流,也不能用于三相不对称系统。自适应检测法能克服电压畸变的影响,但相比上面的两种方法,检测精度和速度不够理想。

4. 交/直流变换采样方法

这种方法将交流电流和电压先转换成直流信号再送 A/D 转换器进行采样,通过检测电压、电流及两者之间的相位差,再用公式计算出三相电路的有功功率 P、无功功率 Q、功率因数 $\cos\varphi$,即

$$P=U_{ab}I_b\cos(a_1-30°)+U_{ab}I_c\cos(a_2-30°) \tag{1-103}$$

$$Q=U_{ab}I_a\sin(a_1-30°)+U_{cb}I_c\sin(a_2-30°) \tag{1-104}$$

$$\cos\varphi=\frac{P}{\sqrt{P^2+Q^2}} \tag{1-105}$$

交/直流变换采样方法的优点是:运算简单,对 A/D 转换器的速度要求低,运算工作量小,电流、电压测量的稳定性好。缺点是:①增加了交/直流变换环节,变换器反应速度慢(至少4~5个周期)且精度不高(一般大于0.2级),所以这种方法测量精度差、反应速度慢;②由于采用过零比较器,相位差测量比较容易受到干扰,且不易被滤除;③相位差测量要占用较多的资源,使得这种方法不适合用于多路测量。因此这种方法只适用于精度要求不高的场合。

1.4 锁相环技术

锁相环(Phase Locked Loop,PLL)是一个相位误差控制系统,其工作原理是利用两个信号之间的相位误差来控制输出信号的频率,最终使两个信号之间的相位差保持恒定,从而达到相位锁定的目的。在 AC/DC 变换或需要并网的 DC/AC 变换等系统中,为满足控制要求,需要知道电网的频率与相位。因此要求系统具有频率和相位跟踪功能,即锁相功能。本节在讲述锁相环基本原理的基础上,重点对电能变换系统中的锁相问题进行分析。

1.4.1 锁相环基本原理

一个典型锁相环系统主要由鉴相器(Phase Detector,PD)、低通滤波器(Low-Pass Filter,LPF)和压控振荡器(Voltage Controlled Oscillator,VCO)三个基本电路组成。锁相环的基本原理框图如图1-25所示。

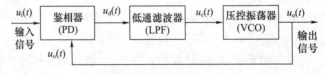

图1-25 锁相环的基本原理框图

1. 鉴相器(PD)

鉴相器是完成相位比较的单元,用来比较输出信号和输入信号之间的相位。它的输出电压正比于两个信号的相位差。构成鉴相器的电路形式有很多,当需要锁相的信号为方波信号时,可采用异或门鉴相器或边沿触发鉴相器。异或门的真值表如表1-2所示,图1-26是异或门的逻辑符号及表达式。

从表1-2可知,如果输入端A和B分别送入占空比为50%的信号波形,则当两者存在相位差$\Delta\theta$时,F端输出波形的占空比与$\Delta\theta$有关,如图1-27所示。

表1-2　异或门的真值表

输入		输出
A	B	F
0	0	0
0	1	1
1	0	1
1	1	0

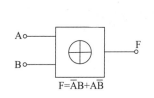

图1-26　异或门逻辑符号及表达式

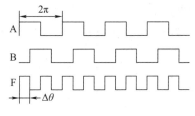

图1-27　异或门鉴相波形图

将F端输出的波形经积分器平滑作用后输出其平均值,它同样与$\Delta\theta$有关。这样就可以利用异或门来实现从相位到电压的转换,构成相位检测电路。经积分器积分后输出的电压平均值(直流分量)U_d为

$$U_d = \frac{U_{cc}\Delta\theta}{\pi} \tag{1-106}$$

式中,U_{cc}为图1-27中方波信号的峰值。由式(1-106)可知,不同的$\Delta\theta$对应不同的直流分量U_d,$\Delta\theta$与U_d的关系可描述为

$$U_d = K_d\Delta\theta \tag{1-107}$$

式中,K_d为鉴相灵敏度。

异或门鉴相器在使用时要求两个做比较信号的占空比必须是50%的方波,这就给应用带来了一些不便。而边沿触发鉴相器通过比较两个输入信号的上升沿(或下降沿)对信号进行鉴相,对输入信号的占空比不做要求,具体分析请参阅有关资料,此处不再赘述。

2. 低通滤波器(LPF)

模拟低通滤波器是线性电路,由线性电阻、电感、电容或运算放大器组成。锁相环中常用的滤波器有简单RC积分滤波器、无源RC比例积分滤波器和有源比例积分滤波器等。具体电路如图1-28所示。

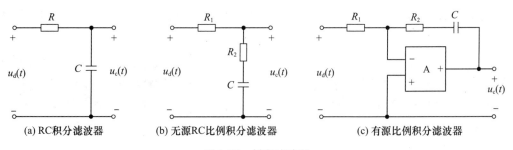

(a) RC积分滤波器　　　　(b) 无源RC比例积分滤波器　　　　(c) 有源比例积分滤波器

图1-28　低通滤波器

低通滤波器的作用是滤除$u_d(t)$中的高频分量及噪声,提高环路的稳定性,以保证环路所要求的性能。

若采用图1-28(b)、(c)所示的比例积分滤波器,比例积分滤波器把鉴相器输出的(即使是非常微小的)电压积累起来,形成一个较大压控振荡器的控制电压$u_c(t)$。只要改变R_1、R_2、C,就能改变低通滤波器的性能,进而方便地改变锁相环的性能。

3. 压控振荡器(VCO)

在锁相环中压控振荡器受低通滤波器输出电压$u_c(t)$的控制,使振荡频率向输入信号的频率

靠拢,直至两者的频率相同,或使压控振荡器输出信号的相位和输入信号的相位保持某种关系,由此达到相位锁定的目的。

在模拟电路中,压控元件一般采用变容二极管。由低通滤波器送来的控制信号$u_c(t)$加在压控振荡器振荡回路中的变容二极管上,当$u_c(t)$变化时,引起变容二极管结电容的变化,从而使振荡器的频率发生变化。因此压控振荡器实际上就是一种电压-频率变换器,在锁相环中起着电压-相位变化的作用。

图1-29(a)为压控振荡器的特性曲线,即为振荡角频率随控制电压变化的曲线,一般为非线性曲线。压控振荡器电路模型如图1-29(b)所示。

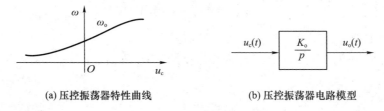

(a) 压控振荡器特性曲线　　　　　　(b) 压控振荡器电路模型

图1-29　压控振荡器的特性曲线及其电路模型

4. 锁相环的倍频功能

在现代电子技术中,为了得到高精度的振荡频率,通常采用石英晶体振荡器(晶振)。但晶振信号的频率不容易改变,利用锁相环倍频合成技术,可以获得稳定的高频率振荡信号。

输出信号的频率比晶振信号频率大的称为锁相倍频电路,锁相倍频电路的组成框图如图1-30所示。

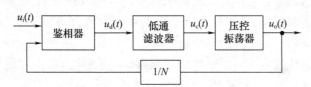

图1-30　锁相倍频电路的组成框图

从锁相环原理可知,当锁相环处于锁定状态时,鉴相器的输入信号和反馈信号的频率一定相等。所以可得

$$f_o = Nf_i \tag{1-108}$$

若f_i为晶振标准信号,则通过改变分频比N,便可获得同样精度的不同频率的输出信号。选用不同的分频电路就可组成各种不同的频率合成器,TI公司的DSP时钟系统采用的就是这种类似的技术。

1.4.2　电能变换中的锁相技术

电能变换系统中的锁相原理与一般的锁相原理相同,但实现的过程和方法存在较大差别。目前电能变换系统的锁相主要有两种,即硬件锁相和软件锁相。

1. 硬件锁相

下面介绍基于TI公司DSP的硬件过零检测锁相。首先通过检测电路将要跟踪的电网信号转化为过零比较电路能接受的信号,然后通过过零比较器转换为同频率的方波信号,输入DSP的捕获单元(CAP)中。由DSP计算电网的频率和相位,进而控制变流器输出信号的频率与相位,达到跟踪电网频率和相位的目的。具体过程为:在捕获中断程序中(也可用查询的方法)更新产生 SPWM 或 SVPWM 信号正弦表中的指针来实现相位的锁相,更新周期寄存器的值达到频率跟踪的目的。

利用 DSP 的捕获单元(此处设置为差分模式,上升沿捕获)实现频率跟踪过程如下:若 DSP 的捕获单元测得的值为 ECap1Regs. CAP1,则被测信号的周期 T 为

$$T = (ECap1Regs. CAP1) \cdot T_{CAPCLK} \tag{1-109}$$

式中,T_{CAPCLK} 为 DSP 捕获单元信号的周期。

若 DSP 中的 TB 模块设置为连续增减计数模式,采用同步调制即载波比 $N(N = f_c/f_r = T/T_{PWM})$ 保持不变,则产生 PWM 的周期寄存器的时间值为

$$T_{TBPRD} = \frac{T_{PWM}}{2} = \frac{T}{2 \cdot N} \tag{1-110}$$

式中,T_{TBPRD} 为周期寄存器定时的时间值,单位为 s。则产生 PWM 的周期寄存器值为

$$TBPRD = \frac{T}{2 \cdot N} \cdot \frac{1}{T_{TBCLK}} \tag{1-111}$$

若 DSP 的捕获单元时钟为系统时钟 150MHz,设置 TB 模块时基 f_{TBCLK} 为 75MHz,则

$$TBPRD = \frac{T}{2 \cdot N} \cdot \frac{1}{T_{TBCLK}} = \frac{ECap1Regs. CAP1}{4 \cdot N} \tag{1-112}$$

按式(1-112)调整 TBPRD 的值,可以实现频率的跟踪。相位的跟踪可通过在捕获中断程序中更新产生 SPWM 或 SVPWM 信号正弦表中的指针实现。这种跟踪方法虽然简单,但当系统参数变化时相位无法实时调整,其本质是一种开环控制。若想提高控制精度,可采用闭环控制,将采集电网电压过零点与逆变器输出的电压或电流过零点的值相减,若小于允许偏差,则认为同相,否则差值做 P(或 PI)调节,然后调整正弦表指针 k_1,从而实现相位跟踪的闭环控制,其流程如图 1-31 所示。

图 1-31 中,CAP1 和 CAP2 分别为利用两个中断读取捕获单元捕获的值。

过零检测电路的原理如图 1-32 所示。

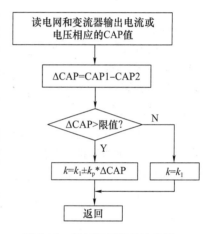

图 1-31 锁相闭环调节流程图

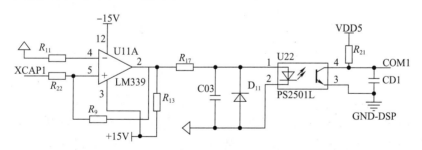

图 1-32 过零检测电路

前级采用带迟滞功能的 LM339 比较器完成过零比较功能。正反馈构成迟滞比较器,避免了过零点的抖动,提高了系统的可靠性。经检测和调理后的电网电压信号由 XCAP1 端输入,经过零电路比较后输出相应的同步方波信号,为进一步防止信号干扰,输出的方波再经过光电隔离电路后由 COM1 端输出给 DSP 的捕获单元。图 1-32 中,通过 R_9 引入正反馈,其中电压阈值 U_{th} 为

$$U_{th} = \frac{R_{22} \cdot U_o}{R_{22} + R_9} \tag{1-113}$$

若选取 $R_{22}=12\mathrm{k}\Omega$，$R_9=1\mathrm{M}\Omega$，比较器输出电压 U_o 为 ±15V，则由式(1-113)计算阈值电压 U_{th} 约为 ±0.2V。

后级采用光电隔离器件 PS2501L 以避免干扰，保护 DSP 的捕获单元。其中 R_{17} 为限流电阻。

2. 软件锁相

软件锁相(Software Phase-Locked Loop，SPLL)无须硬件过零检测电路，其基本原理是利用坐标变换理论达到锁相的目的。软件锁相按系统相数可分为单相 SPLL、三相 SPLL；按坐标变换中鉴相实现的方法不同，可分为 d 轴鉴相、q 轴鉴相和 $\alpha\beta$ 鉴相的锁相环；按是否进行幅值控制可分为可控幅值和不可控幅值锁相环；按系统是否对称又可分为对称系统和不对成系统锁相环等。软件锁相原理框图如图 1-33 所示。

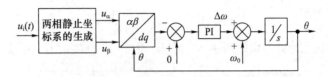

图 1-33　软件锁相原理框图

(1) 三相 SPLL

三相 SPLL 的基本原理是：首先将三相输入电压 u_a、u_b、u_c 转换到两相静止坐标系 $\alpha\beta$ 下，然后从 $\alpha\beta$ 坐标系转换到与三相电压同步旋转的 dq 坐标系下，得到电压的直流分量 u_d、u_q；如果锁相角与电网电压相位同步，则直流分量 u_d(或者是 u_q，主要与 $abc\text{-}dq$ 变换的设置有关)为定值，而 u_q(或者是 u_d，主要与 $abc\text{-}dq$ 变换的设置有关)为零。因此，可以将参考值零和实际三相电压坐标变换后的 u_q 相减(也可采用 d 轴调节进行鉴相)，得到误差信号 Δu_q，经过 PI 调节后信号与初始角频率 ω_0 相加后得到实际角频率；最后经过积分环节将角频率转换为相位信号输出，最终实现锁相功能。整个软件锁相过程构成一个反馈，通过 PI 达到锁相的目的。三相 SPLL 原理图如图 1-34 所示。

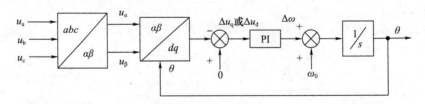

图 1-34　三相 SPLL 原理图

1) 基于 q 轴鉴相的锁相环

基于 q 轴鉴相的锁相环通过 q 轴分量 u_q 是否为零进行鉴相，该系统使用内部频率振荡器跟踪正弦三相信号的频率和相位。控制系统调整内部振荡器频率以保持相位差为 0。q 轴分量可以采用 $abc\text{-}\alpha\beta$、$\alpha\beta\text{-}dq$ 变换获取，如图 1-34 所示；也可采用 $abc\text{-}dq$ 变换获取，如图 1-35 所示。

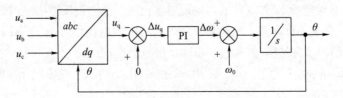

图 1-35　基于 q 轴鉴相的锁相环原理图

对于三相对称且不含有谐波的三相锁相环设计,可采用图1-35完成。但在实际中三相信号很难保证三相系统对称和不含谐波。对于含有三相不对称分量或含有谐波的三相信号,若不采取相应的措施,仍然采用图1-35的方法设计锁相环,就会造成锁相不准甚至锁相失败的后果。为保证准确锁相,通常采用需提取正序分量进行锁相,其原理如图1-36所示。

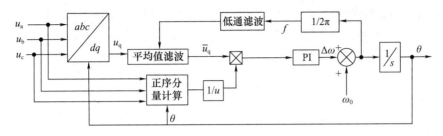

图1-36 提取正序分量进行锁相原理图

① 正序分量的计算。正序分量计算原理图如图1-37所示,正序分量经坐标变换后变为直流分量,负序分量为2倍于基波f的交流量,谐波也为与谐波次数相关的交流量,经平均值滤波后可以滤除。根据平均值滤波后得到的dq正序分量,可求取正序分量的幅值和相位。

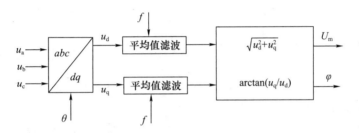

图1-37 正序分量计算原理图

② 可变频率平均值滤波环节。锁相是一个动态调整的过程,其频率也一直在变化,因此锁相过程中频率平均值的计算也要随之变化。可变频率的平均值计算需在该信号的一个对应的周期内进行计算,即

$$\overline{f}(t) = \frac{1}{T} \int_{t-T}^{t} f(t)\mathrm{d}t \tag{1-114}$$

式中,$f(t)$为输入信号;$T=1/f$为可变信号的周期。

注意:对可变频率平均值的计算,需在输出端计算出平均值之前必须完成一个循环。第一个周期的输出为指定的初始值。

③ 积分环节。积分离散化的方法主要有前向欧拉法、后向欧拉法和梯形法等,积分离散化方法示意图如图1-38所示。

前向欧拉法

$$y(n)=y(n-1)+k_i \cdot [t(n)-t(n-1)] \cdot u(n-1) \tag{1-115}$$

后向欧拉法

$$y(n)=y(n-1)+k_i \cdot [t(n)-t(n-1)] \cdot u(n) \tag{1-116}$$

梯形法

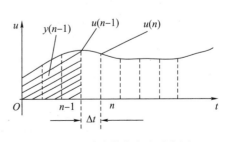

图1-38 积分离散化方法示意图

$$y(n)=y(n-1)+k_i \cdot [t(n)-t(n-1)] \cdot [u(n)+u(n-1)]/2 \tag{1-117}$$

式(1-115)~式(1-117)中，k_i 为积分系数。

可以根据需要选择采用哪种方法，经过积分运算可以将角频率转换为相位 θ 的输出。

2）基于 u_α、u_β 鉴相的锁相环

基于 u_α、u_β 鉴相的锁相环原理图如图 1-39 所示，输出相位 $\theta'=\omega' t$ 经 sin 和 cos 运算反馈至 $abc\text{-}\alpha\beta$ 输出端，两者相乘后做差进行 PI 调节，与初始设定的 ω_0 相加生成角频率信号 ω'，再经过积分环节产生锁相信号 θ'。

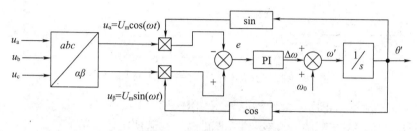

图 1-39　基于 u_α、u_β 鉴相的锁相环原理图

经 $abc\text{-}\alpha\beta$ 变换后的 u_α、u_β 可表示为

$$u_\alpha=U_m\cos(\omega t), \qquad u_\beta=U_m\sin(\omega t)$$

反馈后的误差为

$$e=U_m[\sin(\omega t)\cos(\omega' t)-\cos(\omega t)\sin(\omega' t)] \tag{1-118}$$

式中，$\theta'=\omega' t$ 为反馈信号的相位。

根据三角函数的正交性，只有当 $\omega t=\omega' t$ 时，$e=0$，此时系统完成锁相功能。其他过程与基于 q 轴鉴相的三相锁相原理相同，此处不再赘述。

3）基于 u_α、u_β 反正切的锁相环

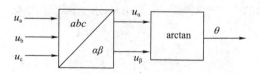

图 1-40　基于 u_α、u_β 反正切的锁相环原理图

当三相对称且不含有谐波时，锁相可采用反正切的方法实现。相比其他方法，该方法最为简单，其原理图如图 1-40 所示。当三相不对称且含有谐波时，锁相会产生误差和波动，该情况下一般不采用此方法。

（2）单相 SPLL

1）基于余弦反馈的单相锁相环

基于余弦反馈的单相锁相环的原理，除鉴相环节和幅值计算环节外，其他原理与三相锁相基本相同。基于余弦反馈的单相锁相环原理图如图 1-41 所示。反馈相位通过 cos 运算与输入信号相乘，然后经过可变频率滤波环节，进行 PI 调节和积分得到锁相信号。

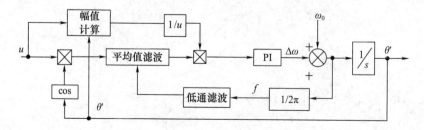

图 1-41　基于余弦反馈的单相锁相环原理图

① 鉴相环节。设单相输入信号为 $u=\sin(\omega t)$，反馈信号为 $\cos(\omega' t)$，有

$$\sin(\omega t)\times\cos(\omega' t)=\frac{1}{2}\big[\sin(\omega t+\omega' t)+\sin(\omega t-\omega' t)\big] \tag{1-119}$$

若锁相完成，则有 $\omega t=\omega' t$，式(1-119)可变换为

$$\sin(\omega t)\times\cos(\omega t)=\frac{1}{2}\big[\sin(\omega t+\omega t)+\sin(\omega t-\omega t)\big]=\frac{1}{2}\sin(2\omega t)$$

经平均后输出为 0，即锁相完成。

② 幅值计算。利用如图 1-41 的方法，锁相还需要计算单相信号的幅值。由周期信号的傅里叶分析可知，信号 $f(t)$ 基波幅值的计算如下

$$f(t)=a\cos(\omega_0 t)+b\sin(\omega_0 t) \tag{1-120}$$

其中

$$\begin{cases} a=\dfrac{2}{T}\displaystyle\int_{t-T}^{t} f(t)\cos(\omega_0 t)\,\mathrm{d}t \\[2mm] b=\dfrac{2}{T}\displaystyle\int_{t-T}^{t} f(t)\sin(\omega_0 t)\,\mathrm{d}t \end{cases} \tag{1-121}$$

式中，ω_0 为基波频率。则系统的基波幅值 U_m 和初相位 φ 为

$$\begin{cases} U_\mathrm{m}=\sqrt{a^2+b^2} \\[2mm] \varphi=\arctan(b/a) \end{cases} \tag{1-122}$$

为了求解这个方程，平均滤波的周期应来自锁相的输出。由于采用的是可变频率，因此在输出端给出正确的幅度和相位之前，必须完成一个周期。对第一个周期，输出保持为初始输入参数的指定值。具体原理如图 1-42 所示。

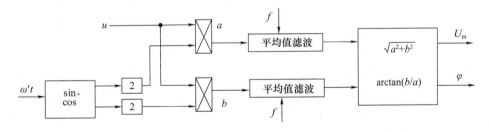

图 1-42　单相幅值、相位计算原理图

图 1-42 中，$\omega' t$ 为来自锁相环输出的 θ'，根据图中分析可求得单相信号的幅值、相位和频率，即利用单相软件锁相不仅可以锁相还可以求解单相信号的幅值和频率。

2) 基于二阶广义积分器的单相锁相环

单相锁相由于输入只有一个单相信号，所以无法像三相电路那样直接利用坐标变换。若想采用三相锁相的思路，首先需将单相信号变换为三相信号或两相静止信号。目前应用较为广泛的方法是基于欧拉差分的二阶广义积分器，利用该方法将单相信号生成两相静止坐标系下的信号，进而进行 dq 变换，然后对 d 轴或 q 轴进行鉴相。其原理图如图 1-43 所示。

图 1-43 中基于二阶广义积分器来实现单相到两相静止坐标系生成的原理图如图 1-44 所示。

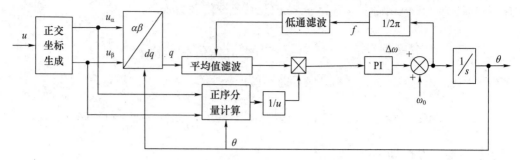

图 1-43　基于二阶广义积分器的单相锁相环原理图

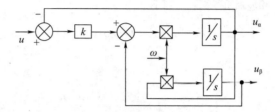

图 1-44　基于二阶广义积分器实现单相到两相静止坐标系生成的原理图

由图 1-44 可以得到 $u_\alpha(s)$ 对 $u(s)$ 与 $u_\beta(s)$ 对 $u(s)$ 的传递函数分别为

$$H_\alpha(s) = \frac{u_\alpha(s)}{u(s)} = \frac{k\omega s}{s^2 + k\omega s + \omega^2} \tag{1-123}$$

$$H_\beta(s) = \frac{u_\beta(s)}{u(s)} = \frac{k\omega^2}{s^2 + k\omega s + \omega^2} \tag{1-124}$$

式中，k 为可变参数，k 的选取不仅影响控制器的增益，还影响控制器的带宽。随着 k 的增大，控制器的增益和带宽都增大（谐振频率处增益不变）。考虑到正常电网频率在 $49.5 \sim 50.5 \mathrm{Hz}$ 之间变化及对谐波的抑制效果，k 可取 0.8。

思考与练习

1. 参阅 Matlab-Sequence and abc_to_dq0 Transformations 等例程，要求利用可编程电源输出对称和不对称的三相交流电，采用本章讲述的 4 种坐标变换及其反变换，观察输出结果，然后进行分析和说明。

2. 设计一个二阶模拟巴特沃思滤波器，要求当 $\omega_p = 6280 \mathrm{rad/s}$ 时，通带衰减不大于 3dB，当 $\omega_s = 12560 \mathrm{rad/s}$ 时，阻带衰减至少为 20dB，根据设计结果采用 Sallen-Key 滤波器进行物理实现。

3. 利用 MATLAB 的滤波器设计器（Filter Designer）设计一阶巴特沃思低通滤波器，采样频率为 20kHz，截止频率为 20Hz，根据设计结果写出差分方程，并编写 C 语言的代码。

4. 简述均方根法、傅里叶法和基于坐标变换的实时检测法检测信号的特点及应用范围。

5. 利用 MATLAB/Simulink 搭建基于 q 轴鉴相的锁相环（三相）的仿真模型，并分析仿真结果。

第2章 PWM及系统控制技术

PWM(Pulse Width Modulation,脉宽调制)控制技术是电能变换与控制系统的核心技术。对稳态运行的电能变换系统而言,若控制开关器件PWM波的占空比基本不变,电能变换系统可实现DC/DC变换;若控制开关器件PWM波的占空比按正弦规律变化,则可实现DC/AC或AC/DC变换等。实际运行中的电能变换系统经常受到电源、负载和系统参数等的影响,此时,必须进行调节与控制,实时地改变PWM波的占空比以保证系统在受到干扰情况下仍能稳定运行。本章主要讲述PWM控制原理与方法和系统的控制技术两部分内容。

2.1 PWM控制原理与方法

PWM控制技术通过调制一系列脉冲的宽度来等效所需要的波形(含形状和幅值),是电能变换与控制系统中应用最为广泛的技术之一。根据采样理论可知:冲量(指窄脉冲的面积)相等而形状不同的窄脉冲加在惯性环节上时,其效果(输出响应波形)基本相同。即不管窄脉冲是矩形、三角形还是正弦波,只要面积相等,其作用在惯性环节上产生的响应基本相同。对响应效果而言,它们是等效的且可以互换,此原理为面积等效原理,是PWM控制技术的重要理论基础。在DC/DC变换系统中,当系统处于稳态时,PWM波的占空比基本不变,原理较为简单,不再单独分析。目前在交流电能变换系统中,PWM控制技术主要有正弦脉宽调制(Sinusoidal Pulse Width Modulation,SPWM)、空间矢量脉宽调制(Space Vector Pulse Width Modulation,SVP-WM)、三角波比较控制和滞环比较控制等。本节主要介绍PWM控制基本原理、PWM控制技术及仿真和DSP程序的实现,重点介绍正弦脉宽调制和空间矢量脉宽调制。

2.1.1 正弦脉宽调制(SPWM)

1. SPWM原理

SPWM波形是脉冲宽度按正弦规律变化的PWM波形,即用一系列等幅不等宽的脉冲来代替一个正弦波。如图2-1(a)将正弦半波分成N等份,就可以把正弦半波看成N个相连的脉冲序列。其宽度相等,但幅值不等,幅值按正弦规律变化。将上述脉冲序列用等幅不等宽矩形脉冲代替,使这些矩形脉冲中点和相应正弦波脉冲中点重合,且面积(冲量)相等,宽度按正弦规律变化,这就是SPWM波,如图2-1(b)所示。若要改变等效输出正弦波的幅值,按同一比例改变各脉冲宽度即可。

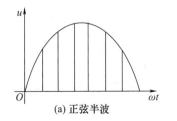
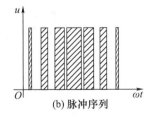

图2-1 用PWM波代替正弦半波

通常采用一组等腰三角波和一个正弦波比较产生 SPWM 信号。其中三角波称为载波,正弦波称为调制波,改变载波和调制波的频率(载波与调制波的频率之比称为调制比,也称载波比)即可改变变流器输出信号的频率,改变调制波幅值和载波幅值之比(比值称为调制度)即可改变变流器输出信号的大小,改变调制波的相位可以改变变流器输出信号的相位。

(1) 单极性 SPWM 和双极性 SPWM

利用正弦调制波和三角载波比较产生 SPWM 的方式,按载波的极性不同可分为单极性 SPWM和双极性 SPWM。

1) 单极性 SPWM

单极性 SPWM 是指每半个调制波周期内所有三角波的极性均相同,即单极性。单极性调制的工作特点为:每半个调制波周期内,变流器同一对桥臂的两个开关器件中有一个开关器件按 SPWM 系列的规律时通时断地工作,另一个完全截止(或者同一对桥臂两个开关器件施加相位相反的互补信号等);而另一对桥臂的两个开关器件一个截止一个导通,如图 2-2(a)所示。而在另外半个周期内,两对桥臂的工作情况正好相反,如图 2-2(b)所示。这样负载两端电压是正(调制波正半周)、负(调制波负半周)交替的交变电压,如图 2-2(c)所示,图中 u_r 为调制波电压,u_c 为载波电压,u_o 为负载电压,虚线 u_{of} 表示 u_o 中的基波分量。

单极性 SPWM 的特点是:开关次数少、损耗小和效率高,但控制相对复杂,主要用于单相电路中。

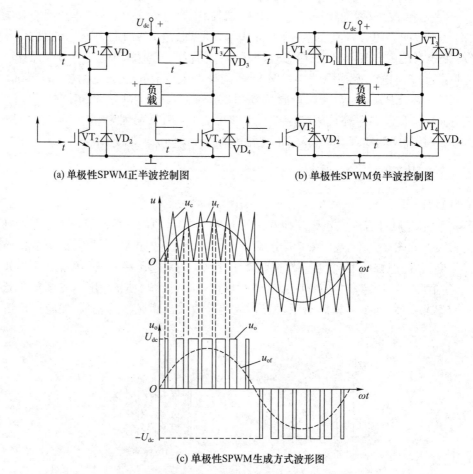

(a) 单极性SPWM正半波控制图　　　　　　(b) 单极性SPWM负半波控制图

(c) 单极性SPWM生成方式波形图

图 2-2　单极性 SPWM 控制方式及其波形

2) 双极性SPWM

双极性SPWM正半波控制图如图2-3(a)所示。给VT$_1$和VT$_2$施加相位互补的信号,同时给VT$_3$和VT$_4$施加相位互补的信号,其中VT$_1$和VT$_4$为相同的信号,VT$_2$和VT$_3$为相同的信号,这样负载两端的电压为正、负交替的交变电压。在调制波u_r的每半个周期内,载波有正有负,所得SPWM波也有正有负。在调制波u_r的整个周期内,输出的SPWM波有$\pm U_{dc}$两种电平,在调制波u_r和载波u_c的交点处控制开关器件的通断。波形如图2-3(b)所示。

双极性SPWM的特点是:开关次数与单极性SPWM相比增多,因此损耗大、效率低,但控制简单,它既能用于单相电路也可用于三相电路中。

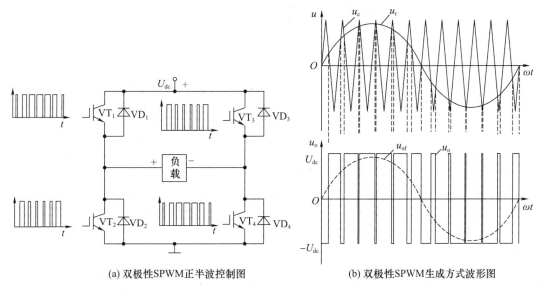

(a) 双极性SPWM正半波控制图 (b) 双极性SPWM生成方式波形图

图2-3 双极性SPWM控制方式及其波形

单相桥式电路既可采取单极性SPWM,也可采用双极性SPWM。对于三相变流电路,一般采用双极性SPWM。如图2-4所示,三相SPWM控制公用同一载波u_c,而调制波u_{ra}、u_{rb}和u_{rc}为大小相等、相位相差120°的三相对称正弦信号。

a相的控制规律为:当$u_{ra}>u_c$时,给VT$_1$导通信号,给VT$_2$关断信号,$u_{aN'}=U_{dc}/2$;当$u_{ra}<u_c$时,给VT$_2$导通信号,给VT$_1$关断信号,$u_{aN'}=-U_{dc}/2$。同理,b、c两相的控制规律与a相类似。

$u_{aN'}$、$u_{bN'}$和$u_{cN'}$的SPWM波形只有$\pm U_{dc}/2$两种电平,u_{ab}波形可由$u_{aN'}$和$-u_{bN'}$得出,当VT$_1$和VT$_4$导通时,$u_{ab}=U_{dc}$,当VT$_3$和VT$_2$导通时,$u_{ab}=-U_{dc}$,当VT$_1$和VT$_3$或VT$_4$和VT$_2$导通时,$u_{ab}=0$。波形如图2-4(b)所示。

从图2-4(b)可以看出,输出线电压SPWM波由$\pm U_{dc}$和0三种电平构成,负载相电压u_{aN}可由下式求得

$$u_{aN}=u_{NN'}-\frac{u_{aN'}+u_{bN'}+u_{cN'}}{3} \tag{2-1}$$

从图2-4(b)和式(2-1)可以看出,负载电压的SPWM波由$(\pm 2/3)U_{dc}$、$(\pm 1/3)U_{dc}$和0共5种电平构成。

对于采用双极性SPWM调制的系统,若同一相上下两桥臂的开关器件采用互补控制时,应设置防止直通的死区时间,因为同一相上下两臂的驱动信号互补,由于结电容等的存在,上升沿和下降沿都存在过渡过程,在短时间内会出现上下桥臂直通现象,造成变流器短路故障。为防止

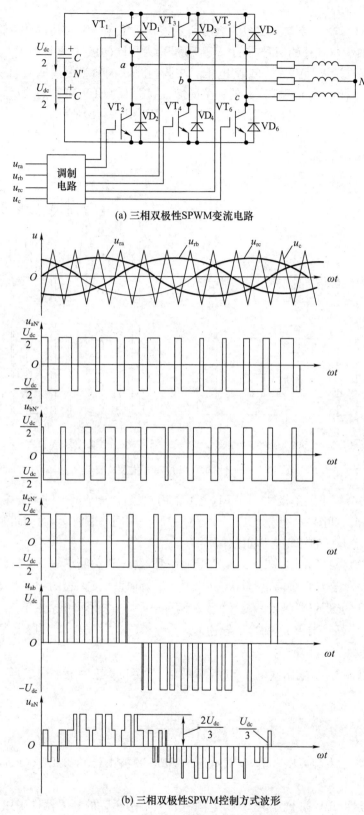

(a) 三相双极性SPWM变流电路

(b) 三相双极性SPWM控制方式波形

图 2-4　三相双极性 SPWM 变流电路及其波形

上下桥臂直通造成的短路，要留一小段给上下桥臂都施加开关信号的死区时间。死区时间的长短主要由开关器件上升沿和下降沿的时间决定。死区时间会给输出 SPWM 波带来影响，使其谐波含量增加。

SPWM 在实际工程中的应用时，主要关心两个参数。其一，交直流侧电压的关系（关系到主电路参数的选取等）；其二，SPWM 的谐波问题（关系到滤波器的设计等）。要想解决这两个问题，需对变流器输出的 SPWM 波进行傅里叶分析。对 SPWM 波进行傅里叶分析时需用到贝塞尔函数。

对于图 2-2(c)，有

$$u_o = mU_{dc}\sin\omega_r t + \frac{4U_{dc}}{\pi} \times \sum_{n=2,4,\cdots}^{\infty} \sum_{k=\pm1,\pm3,\cdots}^{\pm\infty} \left\{ \frac{J_k(nm\pi/2)}{n} \times \sin(n\omega_c t + k\omega_r t) \right\} \tag{2-2}$$

对于图 2-3(b)，有

$$u_o = mU_{dc}\sin\omega_r t + \frac{4U_{dc}}{\pi} \times \sum_{n=1,3,5,\cdots}^{\infty} \sum_{k=0,\pm2,\pm4,\cdots}^{\pm\infty} \left\{ \frac{J_k(nm\pi/2)}{n} \times \sin\frac{n\pi}{2}\cos(n\omega_c t + k\omega_r t) \right\} +$$

$$\frac{4U_{dc}}{\pi} \times \sum_{n=2,4,6,\cdots}^{\infty} \sum_{k=\pm1,\pm3,\cdots}^{\pm\infty} \left\{ \frac{J_k(nm\pi/2)}{n} \times \cos\frac{n\pi}{2}\sin(n\omega_c t + k\omega_r t) \right\} \tag{2-3}$$

对于图 2-4(b) 中 a 相有

$$u_{aN} = \frac{mU_{dc}}{2}\sin\omega_r t + \frac{2U_{dc}}{\pi} \times \sum_{n=1,3,5,\cdots}^{\infty} \sum_{k=0,\pm2,\pm4,\cdots}^{\pm\infty} \left\{ \frac{4}{3} \times \frac{J_k(nm\pi/2)}{n} \times \sin\frac{n\pi}{2} \times \sin^2\frac{k\pi}{3} \times \cos(n\omega_c t + k\omega_r t) \right\} +$$

$$\frac{2U_{dc}}{\pi} \times \sum_{n=2,4,6,\cdots}^{\infty} \sum_{k=\pm1,\pm3,\cdots}^{\pm\infty} \left\{ \frac{4}{3} \times \frac{J_k(nm\pi/2)}{n} \times \cos\frac{n\pi}{2} \times \sin^2\frac{k\pi}{3} \times \sin(n\omega_c t + k\omega_r t) \right\} \tag{2-4}$$

式中，ω_r 为调制波角频率，ω_c 为载波角频率，$m = U_m/U_c$ 为调制度。

其分析过程相对复杂，而结论却很简单且直观，因此不再进行具体分析，具体详情可参阅有关资料，这里仅给出其基波分量和谐波分析的结论。

根据式（2-2）和式（2-3）可得单相基波幅值与直流电压的关系为

$$U_{pm} = mU_{dc} \tag{2-5}$$

单相基波有效值为

$$U_p = m\frac{U_{dc}}{\sqrt{2}} \tag{2-6}$$

根据式（2-4）可得三相基波幅值与直流电压的关系为

$$U_{p1m} = \frac{mU_{dc}}{2} \tag{2-7}$$

式中，U_{p1m} 为基波相电压幅值。其基波相电压有效值为

$$U_{p1} = \frac{mU_{dc}}{2\sqrt{2}} \tag{2-8}$$

在实际工程中，一般采用式（2-6）和式（2-8）进行交、直流侧电压的分析与计算。

根据式（2-3）可知，单相双极性调制时包含谐波角频率为

$$n\omega_c \pm k\omega_r \tag{2-9}$$

电压 u_o 的谐波分量只出现在 $n+k$ 为奇数的频率处。当 n 为奇数时，谐波除分布在 n 倍载波频率处外，还分布在 k 为偶数的边带频率处；当 n 为偶数时，谐波只分布在 k 为奇数的边带频率处。载波频率处及其附近的谐波（如 $k=0,\pm2$ 等）是主要谐波，设计输出滤波器时主要考虑这些谐波。

根据式(2-4)可知,三相双极性调制谐波角频率为

$$n\omega_c \pm k\omega_r \tag{2-10}$$

电压 u_{aN} 的谐波分量只出现在 $n+k$ 为奇数的频率处。当 n 为奇数时,谐波分布在式(2-11)的偶数边带频率处,即

$$k = 6k_1 \pm 2 (k_1 \text{为整数}) \tag{2-11}$$

当 n 为偶数时,谐波只分布在式(2-12)的奇数边带频率处,即

$$k = 6k_1 \pm 1 (k_1 \text{为整数}) \tag{2-12}$$

在载波频率附近的谐波(如 $k = \pm 2, \pm 4$ 等)是主要谐波,设计输出滤波器时主要考虑这些谐波。

考虑到死区和系统其他干扰,在实际中通常选用载波频率的 1/10 作为滤波器的截止频率。

(2) 同步调制、异步调制和分段调制

载波频率 f_c 与调制波频率 f_r 之比 N 称为载波比,即 $N = f_c/f_r$。根据载波比的变化情况,SPWM 调制方式可分为异步调制、同步调制和分段调制。

1) 异步调制

载波频率 f_c 和调制波频率 f_r 不保持同步变化的调制方式称为异步调制,即 N 不为常数。由于 f_c 受开关器件频率的限制,通常保持 f_c 不变,当 f_r 变化时,载波比 N 随之变化。在调制波的一个周期内,SPWM 波的脉冲个数不固定,相位也不固定,通常正、负半周的脉冲不对称,半周期内前后 1/4 周期的脉冲也不对称。

当 f_r 较低时,N 较大,一个周期内脉冲数较多,脉冲不对称的影响较小;当 f_r 增高时,N 减小,一个周期内的脉冲数减少,脉冲不对称的影响就变大。因此,在采用异步调制方式时,希望采用较高的载波频率,以使在调制波频率较高时仍能保持较大的载波比,来减小脉冲数不对称对输出信号的影响。

2) 同步调制

使载波频率 f_c 和调制波频率 f_r 之比保持不变的调制方式称为同步调制,即 N 为常数。在同步调制方式中,f_r 变化时 N 不变,因此在调制波一个周期内输出的脉冲数固定。三相电路进行 SPWM 调制时,公用一个三角波作为载波,为使三相输出对称,一般取 N 为 3 的整数倍。为使每一相的 SPWM 波正负半周对称,N 应取奇数。

当 f_r 很低时,f_c 也较低,由调制带来的谐波不易滤除;当 f_r 很高时,f_c 会过高,使开关器件难以承受。为了克服上述缺点,可以采用分段调制的方法。

3) 分段调制

把 f_r 范围划分成若干个频段,每个频段内保持 N 恒定,不同频段 N 不同。在 f_r 高的频段采用较低的 N,使载波频率不致过高;在 f_r 低的频段采用较大的 N,使载波频率不致过低。

为防止 f_c 在切换点附近来回跳动,也可采用滞后切换的方法。在低频输出时采用异步调制方式,高频输出时切换到同步调制方式,这样把两者的优点结合起来,可以取得和分段同步方式接近的效果。同步调制比异步调制复杂,但采用微机控制时相对容易实现。

2. 产生 SPWM 波的算法

产生 SPWM 波的方法有硬件法和软件法。其中软件法电路成本较低,目前被广泛采用,本节主要对软件法进行分析。软件法通过实时计算来生成 SPWM 波。SPWM 波的实时计算需要数学模型,建立数学模型的方法有很多,如谐波消去法、等面积法、采样型 SPWM 法以及由它们派生出的各种方法。本节主要介绍采样型 SPWM 法。

采样型 SPWM 法可分为自然采样法、对称规则采样法和不对称规则采样法。

（1）自然采样法

自然采样法利用等腰三角波与正弦波的交点时刻决定开关器件的开关状态。图 2-5 是自然采样法生成 SPWM 波的原理图。设图中正弦波为 $U_m\sin\omega t$，三角波峰值为 U_c，三角波周期为 T_c，正弦波在一个三角波周期内，与三角波产生两个交点，这两个交点就是需要采样的时间点。

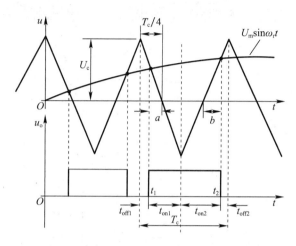

图 2-5　自然采样法产生 SPWM 波

由图 2-5 可得

$$\begin{cases} t_{on1}=\dfrac{T_c}{4}+a, & t_{off1}=\dfrac{T_c}{4}-a \\[2mm] t_{on2}=\dfrac{T_c}{4}+b, & t_{off2}=\dfrac{T_c}{4}-b \end{cases} \tag{2-13}$$

再利用三角形相似关系得

$$\begin{cases} \dfrac{a}{\frac{T_c}{4}}=\dfrac{U_m\sin\omega_r t_1}{U_c} \\[4mm] \dfrac{b}{\frac{T_c}{4}}=\dfrac{U_m\sin\omega_r t_2}{U_c} \end{cases} \tag{2-14}$$

联立式（2-13）和式（2-14）得

$$\begin{cases} t_{on1}=\dfrac{T_c}{4}(1+m\times\sin\omega_r t_1), & t_{off1}=\dfrac{T_c}{4}(1-m\times\sin\omega_r t_1) \\[2mm] t_{on2}=\dfrac{T_c}{4}(1+m\times\sin\omega_r t_2), & t_{off2}=\dfrac{T_c}{4}(1-m\times\sin\omega_r t_2) \end{cases} \tag{2-15}$$

在式（2-14）和式（2-15）中，t_1、t_2 是采样时刻，t_{on1}、t_{on2}、t_{off1}、t_{off2} 是 SPWM 波控制开关器件的开、关时间；ω_r 是正弦波角频率；m 是正弦波峰值与三角波峰值的比值，即 $m=U_m/U_c$，也称为调制度，其取值范围是 0～1，m 值越大，相应的 SPWM 的脉冲占空比越大，输出的电压值也越大，反之越小。

根据式（2-15）可得在自然采样条件下生成 SPWM 波的脉冲宽度为

$$t_{on}=t_{on1}+t_{on2}=\dfrac{T_c}{2}\left[1+\dfrac{m}{2}(\sin\omega_r t_1+\sin\omega_r t_2)\right] \tag{2-16}$$

式（2-16）中，因 t_1、t_2 是未知的，所以求解起来比较麻烦，控制过程的实时性不高，实际中很少采用自然采样法。

（2）对称规则采样法

对称规则采样法是以每个三角波的顶点对称轴或者底点对称轴所对应的时间作为采样时刻。此时，通过对称轴与正弦波的交点作平行于 t 轴的平行线，此平行线与三角波的两个边有两个交点，把这两个交点作为 SPWM 波的开、关时刻。由于这两个交点是关于三角波对称轴对称的，因此这种采样法又称为对称规则采样法。如图 2-6 是对称规则采样法生成 SPWM 波的原理图。

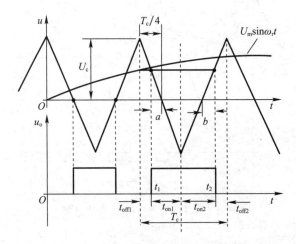

图 2-6　对称规则采样法生成 SPWM 波

这种方法在一个三角波周期内只采样一次，比起自然采样法，计算过程简单了很多。对称规则采样法的数学模型推导过程如下。

由图 2-6 可得

$$t_{\mathrm{off1}}=\frac{T_{\mathrm{c}}}{4}-a, \quad t_{\mathrm{on1}}=\frac{T_{\mathrm{c}}}{4}+a \tag{2-17}$$

把式（2-14）代入式（2-17）得

$$t_{\mathrm{off1}}=\frac{T_{\mathrm{c}}}{4}(1-m\times\sin\omega_{\mathrm{r}}t_1), \quad t_{\mathrm{on1}}=\frac{T_{\mathrm{c}}}{4}(1+m\times\sin\omega_{\mathrm{r}}t_1) \tag{2-18}$$

再结合对称规则采样法的原理可得，生成 SPWM 波的脉冲宽度为

$$t_{\mathrm{on}}=2t_{\mathrm{on1}}=\frac{T_{\mathrm{c}}}{2}(1+m\sin\omega_{\mathrm{r}}t_1) \tag{2-19}$$

为了方便微处理器控制，需进行离散化处理，根据载波比的概念有

$$N=\frac{f_{\mathrm{c}}}{f_{\mathrm{r}}}=\frac{1}{T_{\mathrm{c}}f_{\mathrm{r}}} \tag{2-20}$$

$$t_1=kT_{\mathrm{c}} \quad (k=0,1,2,\cdots,N-1) \tag{2-21}$$

式中，k 是采样序列。所以有

$$\omega_{\mathrm{r}}t_1=2\pi f_{\mathrm{r}}t_1=2\pi f_{\mathrm{r}}kT_{\mathrm{c}}=\frac{2\pi k}{N} \tag{2-22}$$

把式（2-22）代入式（2-19）得

$$t_{\mathrm{on}}=\frac{T_{\mathrm{c}}}{2}\Big[1+m\sin\Big(\frac{2\pi k}{N}\Big)\Big] \tag{2-23}$$

由式(2-23)可知,当三角波周期 T_c、调制度 m、载波比 N 确定后,就可实时计算出 SPWM 波的脉冲宽度,因此采用对称规则采样法,可以提高控制系统的实时性。但是,因为对称规则采样法在一个三角波周期内只采样一次,所以形成的 SPWM 波的变化规律与正弦波的变化规律仍存在较大误差。针对这一点,可采用不对称规则采样法。

(3) 不对称规则采样法

不对称规则采样法与对称规则采样法最大的不同是:在一个三角波周期内采样两次,既在三角波的顶点对称轴处采样,又在三角波的底点对称轴处采样,这样所形成的 SPWM 波的变化规律更接近于正弦波的变化规律。因为这样所形成的波形与三角波的交点不对称,所以称为不对称规则采样。图 2-7 所示是不对称规则采样法生成 SPWM 波的原理图。

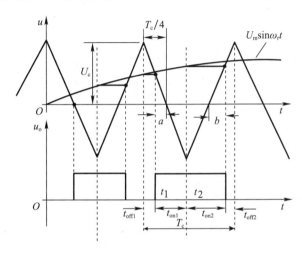

图 2-7 不对称规则采样法生成 SPWM 波

其数学模型推导过程如下,当采样时刻的位置在三角波的顶点对称轴时,有

$$t_{on1} = \frac{T_c}{4} + a, \quad t_{off1} = \frac{T_c}{4} - a \tag{2-24}$$

当采样时刻的位置在三角波的底点对称轴时,有

$$t_{on2} = \frac{T_c}{4} + b, \quad t_{off2} = \frac{T_c}{4} - b \tag{2-25}$$

将式(2-14)代入式(2-24)、式(2-25)可得

$$t_{on1} = \frac{T_c}{4}(1 + m \times \sin\omega_r t_1), \quad t_{off1} = \frac{T_c}{4}(1 - m \times \sin\omega_r t_1)$$

$$t_{on2} = \frac{T_c}{4}(1 + m \times \sin\omega_r t_2), \quad t_{off2} = \frac{T_c}{4}(1 - m \times \sin\omega_r t_2) \tag{2-26}$$

根据式(2-26)可得在不对称规则采样条件下生成 SPWM 波的脉冲宽度为

$$t_{on} = t_{on1} + t_{on2} = \frac{T_c}{2}\left[1 + \frac{m}{2}(\sin\omega_r t_1 + \sin\omega_r t_2)\right] \tag{2-27}$$

因为在一个三角波周期内采样 2 次,所以有

$$\begin{cases} t_1 = \dfrac{T_c}{2}k & (k = 0, 2, 4, \cdots, 2N-2) \\[2mm] t_2 = \dfrac{T_c}{2}k & (k = 1, 3, 5, \cdots, 2N-1) \end{cases} \tag{2-28}$$

再由式(2-20)得

$$
\begin{cases}
\omega t_1 = 2\pi f_r t_1 = 2\pi f_r \dfrac{T_c}{2} k = \dfrac{\pi k}{N} & (k=0,2,4,\cdots,2N-2) \\[3mm]
\omega t_2 = 2\pi f_r t_2 = 2\pi f_r \dfrac{T_c}{2} k = \dfrac{\pi k}{N} & (k=1,3,5,\cdots,2N-1)
\end{cases}
\tag{2-29}
$$

把式(2-29)代入式(2-26)得

$$
\begin{cases}
t_{on1} = \dfrac{T_c}{4}\left(1+m\times\sin\dfrac{\pi k}{N}\right) & (k=0,2,4,\cdots,2N-2) \\[3mm]
t_{on2} = \dfrac{T_c}{4}\left(1+m\times\sin\dfrac{\pi k}{N}\right) & (k=1,3,5,\cdots,2N-1)
\end{cases}
\tag{2-30}
$$

式中，k 取奇数时，表示在底点对称轴时刻采样；k 取偶数时，表示在顶点对称轴时刻采样。

相对于对称规则采样法的数学模型，不对称规则采样法略显复杂，但是因为其形成的 SPWM 波的变化规律更接近于正弦波的变化规律，所以谐波含量小，实际中应用比较广泛。

上面介绍的是单相 SPWM 波的生成方法，若实际控制中要生成三相 SPWM 波，只需用大小相等、相位相差 120°的三相对称正弦波和同一三角波比较采样即可。设三相对称电压正弦波为

$$
\begin{cases}
u_A = U_m\sin\left(\dfrac{k\pi}{N}\right) \\[3mm]
u_B = U_m\sin\left(\dfrac{k\pi}{N}+\dfrac{2\pi}{3}\right) \\[3mm]
u_C = U_m\sin\left(\dfrac{k\pi}{N}+\dfrac{4\pi}{3}\right)
\end{cases}
\tag{2-31}
$$

如果采用不对称规则采样，则在顶点对称轴采样时有

$$
\begin{cases}
t_{on1}^A = \dfrac{T_c}{4}\left[1+m\times\sin\left(\dfrac{\pi k}{N}\right)\right] \\[3mm]
t_{on1}^B = \dfrac{T_c}{4}\left[1+m\times\sin\left(\dfrac{\pi k}{N}+\dfrac{2\pi}{3}\right)\right] \quad (k=0,2,4,\cdots,2N-2) \\[3mm]
t_{on1}^C = \dfrac{T_c}{4}\left[1+m\times\sin\left(\dfrac{\pi k}{N}+\dfrac{4\pi}{3}\right)\right]
\end{cases}
\tag{2-32}
$$

则在底点对称轴采样时，有

$$
\begin{cases}
t_{on2}^A = \dfrac{T_c}{4}\left[1+m\times\sin\left(\dfrac{\pi k}{N}\right)\right] \\[3mm]
t_{on2}^B = \dfrac{T_c}{4}\left[1+m\times\sin\left(\dfrac{\pi k}{N}+\dfrac{2\pi}{3}\right)\right] \quad (k=1,3,5,\cdots,2N-1) \\[3mm]
t_{on2}^C = \dfrac{T_c}{4}\left[1+m\times\sin\left(\dfrac{\pi k}{N}+\dfrac{4\pi}{3}\right)\right]
\end{cases}
\tag{2-33}
$$

由此可得，三相 SPWM 波的每一相对应的脉冲宽度分别为

$$
\begin{cases}
t_{on}^A = t_{on1}^A + t_{on2}^A \\[2mm]
t_{on}^B = t_{on1}^B + t_{on2}^B \\[2mm]
t_{on}^C = t_{on1}^C + t_{on2}^C
\end{cases}
\tag{2-34}
$$

在实际控制算法中,为保证生成对称的三相SPWM波,要求三相正弦波对应的脉冲数相等,所以载波比 N 一般取3的整数倍。

3. SPWM 的仿真及 DSP 程序实现

(1) SPWM 的仿真

为了验证 SPWM 控制方法,这里利用 MATLAB/Simulink 搭建仿真模型,如图 2-8(a)所示。具体仿真参数为:直流侧电压为 620V,滤波电感 L 为 2mH,电容 C 为 10μF,阻性负载,功率为 100kW(基准电压为 380V,下同),SPWM 信号由 Discrete PWM Generator 模块产生,调制度 m 为 0.8,调制波频率为 50Hz,载波频率为 20kHz,仿真结果如图 2-8(b)所示。

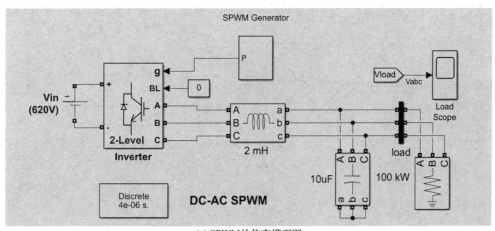

(a) SPWM的仿真模型图

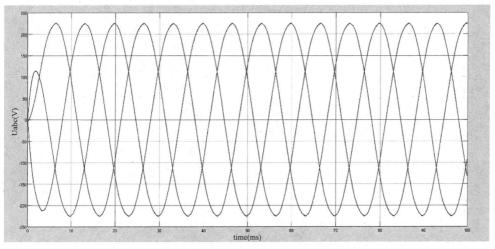

(b) SPWM的仿真输出波形图

图 2-8　SPWM 的仿真模型图及波形图

图 2-8(b)中输出电压为正弦波,相电压幅值近似为 $m\times(U_{dc}/2)\approx0.8\times620/2=248$V,满足 SPWM 原理要求。

(2) SPWM 的 DSP 程序实现

本例采用不对称规则采样法生成三相 SPWM 波。具体参数为:SPWM 波频率(载波频率或开关器件的开关频率,采用双极性调制)为 12.8kHz,调制波频率为 50Hz,调制度 $m=0.8$,则载波比 $N=12.8\times10^3/50=256$,正弦表初始化为 512 份。采用 EPWM 中断程序完成比较寄存器的更新,产生 SPWM 波。部分主程序和 EPWM 中断程序如下:

```c
void main(void)        //主程序
{ ………………. //TMS320F28335 相关模块初始化等
    for(n=0;n<512;n++)
    {
    sinne[n]=sin(n*(6.283/512));  //初始化正弦函数表
    }
    n=0;
    for(;;)      //无限循环,等待中断发生
    {  asm("  NOP");  }
}


interrupt void ISRepwm1(void)
{
        Uint16 ton1A,ton1B,ton1C,ton2A,ton2B,ton2C,tonA,tonB,tonC;
        EPwm1Regs.TBPRD=2930;//TB 时钟 75MHz,载波频率 12.8kHz,连续增减模式
        EPwm2Regs.TBPRD=2930;//由于采用增减计数,周期寄存器为周期计数值的一半
        EPwm3Regs.TBPRD=2930;//75MHz/12.8kHz=5859.4,5859.4/2=2929.7
        pp=EPwm1Regs.TBPRD>>1;//周期寄存器右移 1 位是周期值的 1/4
        m=0.8;
        a=171;          //正弦表初始化为 512 份,512 相当于 2π,512/3=170.7 相当于 2π/3
        j=k;
        ton1A=pp+pp*(m*sinne[j]);//ton1A=Tc/4(1+m*sin(k*π/N))
        j=j+a;      //相当于加 2π/3
        if(j>511)j=j-512;//正弦表初始化为 512 份,如果超过需减去 512
        ton1B=pp+pp*(m*sinne[j]);  //ton1B=Tc/4(1+m*sin(k*π/N+2π/3))
        j=j+a;      //再加 2π/3,相当于 4π/3
        if(j>511)j=j-512;    //正弦表初始化为 512 份,如果超过需减去 512
        ton1C=pp+pp*m*sinne[j];  //ton1C=Tc/4(1+m*sin(k*π/N+4π/3))
        k++;   //用于累加计数,一个 PWM 中断,累加两次
        j=k;
        ton2A=pp+pp*m*sinne[j];  //ton2A=Tc/4(1+m*sin(k*π/N))
        j=j+a;
        if(j>511)j=j-512;
        ton2B=pp+pp*m*sinne[j];  //ton2B=Tc/4(1+m*sin(k*π/N+2π/3))
        j=j+a;
        if(j>511)j=j-512;
        ton2C=pp+pp*m*sinne[j];  //ton2C=Tc/4(1+m*sin(k*π/N+4π/3))
        k++;//用于累加计数,一个 PWM 中断,累加两次
        tonA=ton1A+ton2A;
        tonB=ton1B+ton2B;
        tonC=ton1C+ton2C;
        EPwm1Regs.CMPA.half.CMPA=(Uint16)((4*pp-tonA)>>1);//比较寄存器的值 CMPx=(Tc-ton)/2
        EPwm1Regs.CMPB=(Uint16)((4*pp-tonA)>>1)
        EPwm2Regs.CMPA.half.CMPA=(Uint16)((4*pp-tonB)>>1);
                    //由于 EPWM 初始化为比较值小时脉宽大,所以用减法反相;
```

```
                                        //由于采用增减计数,比较值只需一半,所以除以2
EPwm2Regs. CMPB=(Uint16)((4 * pp-tonB)≫1);
EPwm3Regs. CMPA. half. CMPA=(Uint16)((4 * pp-tonC)≫1);
EPwm3Regs. CMPB=(Uint16)((4 * pp-tonC)≫1);
if(k>510)//计数满一个正弦周期归零,从而开始下一个正弦周期
{k=0;}
EPwm1Regs. ETSEL. bit. INTEN=1;        //使能 EPWM 模块级别中断
EPwm1Regs. ETCLR. bit. INT=1;          //清除 EPWM 模块级别中断标志位
PieCtrlRegs. PIEACK. all=PIEACK_GROUP3;//清除第三组 PIE 应答位
EINT;
}
```

2.1.2 空间矢量脉宽调制(SVPWM)

SPWM 的优点是数学模型简单、控制线性度好和容易实现,但缺点是直流电压利用率低。例如,当调制度 $m=1$ 时,三相变流器输出的三相相电压基波幅值为 $U_{dc}/2$,则基波相电压的有效值为

$$U_A=U_B=U_C=\frac{U_{dc}/2}{\sqrt{2}}=\frac{U_{dc}}{2\sqrt{2}} \tag{2-35}$$

若采用三相 AC/DC/AC 主电路结构,设输入的线电压为 380V,AC/DC 采用不可控整流加电容滤波后的直流电压近似为

$$U_{dc}\approx\sqrt{2}\times380V \tag{2-36}$$

采用 SPWM 调制,逆变后的基波相电压有效值为

$$U'_A=U'_B=U'_C=\frac{U_{dc}/2}{\sqrt{2}}=190V \tag{2-37}$$

基波线电压有效值为

$$U'_{AB}=\sqrt{3}U'_A=329V \tag{2-38}$$

可见,输出的线电压达不到 380V,电压利用率只有 86.5%。

SVPWM 是基于变流器空间电压或者电流矢量的切换,来控制 AC/DC 或 DC/AC 变流器的一种控制方法。它最初应用于交流电动机的变频调速系统。利用空间电压矢量的切换,以获得近似圆形的旋转磁场,在开关频率较低的情况下,使交流电动机获得更好的控制性能,提高电压利用率和电动机的动态响应速率,减小电动机的转矩脉动等。现在 SVPWM 已广泛应用于电能变换与控制领域,下面就 SVPWM 基本原理展开讨论。

1. 三相电压空间矢量的分布

如图 2-9 这种典型的三相电压型变流器模型电路中有三对功率开关桥臂,每一对桥臂上有两个开关状态刚好相反的开关器件,可利用这些开关器件的开关状态和各种不同状态的组合,调整开关器件的开关频率,来保证电压空间矢量运行在接近于圆形的轨迹上,从而实现交流侧电流输出谐波含量降低和高直流侧电压利用率的目的。

如图 2-9 所示,这 6 个开关器件分别只有断开或导通两种状态,分别用"0"和"1"表示,且同一对桥臂上下两个开关器件的状态互补。设上桥臂导通为 1,上桥臂断开为 0。因此可形成

$2^3 = 8$ 种状态组合,即 000、001、010、011、100、101、110、111。其中,000 和 111 开关组合使变流器的输出电压为零,因此称这两种组合状态为零态。

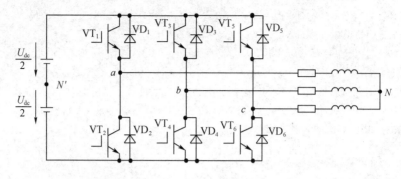

图 2-9 三相电压型变流器

设三相电压型变流器交流侧相电压为 u_{aN}、u_{bN}、u_{cN},线电压为 u_{ab}、u_{bc}、u_{ca},则有

$$\begin{cases} u_{aN} = \left(S_a - \dfrac{S_a + S_b + S_c}{3} \right) U_{dc} \\[2mm] u_{bN} = \left(S_b - \dfrac{S_a + S_b + S_c}{3} \right) U_{dc} \\[2mm] u_{cN} = \left(S_c - \dfrac{S_a + S_b + S_c}{3} \right) U_{dc} \end{cases} \tag{2-39}$$

式中,S_a、S_b 和 S_c 为开关变量,上桥臂开关器件导通时为 1,关断时为 0;U_{dc} 为直流侧电压。

把 8 种开关组合状态代入式(2-39)中,得出 6 个开关器件状态与三相电压型变流器输出相电压及线电压的对应关系,如表 2-1 所示。

表 2-1 开关器件状态与相电压及线电压的对应关系

S_a	S_b	S_c	U_{aN}	U_{bN}	U_{cN}	U_{ab}	U_{bc}	U_{ca}
0	0	0	0	0	0	0	0	0
1	0	0	$\frac{2}{3}U_{dc}$	$-\frac{1}{3}U_{dc}$	$-\frac{1}{3}U_{dc}$	U_{dc}	0	$-U_{dc}$
1	1	0	$\frac{1}{3}U_{dc}$	$\frac{1}{3}U_{dc}$	$-\frac{2}{3}U_{dc}$	0	U_{dc}	$-U_{dc}$
0	1	0	$-\frac{1}{3}U_{dc}$	$\frac{2}{3}U_{dc}$	$-\frac{1}{3}U_{dc}$	$-U_{dc}$	U_{dc}	0
0	1	1	$-\frac{2}{3}U_{dc}$	$\frac{1}{3}U_{dc}$	$\frac{1}{3}U_{dc}$	$-U_{dc}$	0	U_{dc}
0	0	1	$-\frac{1}{3}U_{dc}$	$-\frac{1}{3}U_{dc}$	$\frac{2}{3}U_{dc}$	0	$-U_{dc}$	U_{dc}
1	0	1	$\frac{1}{3}U_{dc}$	$-\frac{2}{3}U_{dc}$	$\frac{1}{3}U_{dc}$	U_{dc}	$-U_{dc}$	0
1	1	1	0	0	0	0	0	0

利用下式将表 2-1 中的 8 组相电压进行 abc-$\alpha\beta$ 坐标变换,可得表 2-2。

$$\begin{bmatrix} U_\alpha \\ U_\beta \end{bmatrix} = \frac{2}{3} \begin{bmatrix} 1 & -\frac{1}{2} & -\frac{1}{2} \\ 0 & \frac{\sqrt{3}}{2} & -\frac{\sqrt{3}}{2} \end{bmatrix} \begin{bmatrix} u_a \\ u_b \\ u_c \end{bmatrix} \tag{2-40}$$

表 2-2　开关器件状态与 $\alpha\beta$ 坐标系下电压的对应关系

S_a	S_b	S_c	U_α	U_β	矢量符号
0	0	0	0	0	$\boldsymbol{O}_{000}$
1	0	0	$\frac{2}{3}U_{dc}$	0	$\boldsymbol{U}_0$
1	1	0	$\frac{1}{3}U_{dc}$	$\frac{1}{\sqrt{3}}U_{dc}$	$\boldsymbol{U}_{60}$
0	1	0	$-\frac{1}{3}U_{dc}$	$\frac{1}{\sqrt{3}}U_{dc}$	$\boldsymbol{U}_{120}$
0	1	1	$-\frac{2}{3}U_{dc}$	0	$\boldsymbol{U}_{180}$
0	0	1	$-\frac{1}{3}U_{dc}$	$-\frac{1}{\sqrt{3}}U_{dc}$	$\boldsymbol{U}_{240}$
1	0	1	$\frac{1}{3}U_{dc}$	$-\frac{1}{\sqrt{3}}U_{dc}$	$\boldsymbol{U}_{300}$
1	1	1	0	0	$\boldsymbol{O}_{111}$

由表 2-2 可求出这些相电压的矢量及其相位角。这 8 个矢量称为基本电压空间矢量。根据其相位角的特点,分别命名为 $\boldsymbol{O}_{000}$、$\boldsymbol{U}_0$、$\boldsymbol{U}_{60}$、$\boldsymbol{U}_{120}$、$\boldsymbol{U}_{180}$、$\boldsymbol{U}_{240}$、$\boldsymbol{U}_{300}$、$\boldsymbol{O}_{111}$,其中 $\boldsymbol{O}_{000}$、$\boldsymbol{O}_{111}$ 为零矢量。图 2-10 给出了 6 个非零基本电压空间矢量和两个零矢量的大小和位置,其中非零矢量的幅值相等,相邻矢量间隔 $60°$,6 个非零矢量将复平面分成了 6 个扇区(1~6),形成一个封闭的正六边形。而 $\boldsymbol{O}_{000}$、$\boldsymbol{O}_{111}$ 两个零矢量的幅值为零,位于复平面的中心。

从图 2-10 可以看出,利用三相桥只能产生 6 个非零的基本电压空间矢量,所组成的六边形旋转矢量与期望圆形相差较大。要想获取与圆形旋转矢量误差较小的多边形,可以采用增加桥臂个数实现,这样势必增加系统成本和控制难度,在工程中是不可取的。在实际应用中,利用 6 个非零的基本电压空间矢量的时间线性组合可以获得更多的"开""关"状态,从而得到误差较小的圆形旋转磁场。

2. 电压空间矢量的合成

如图 2-11 所示,$\boldsymbol{U}_x$ 和 $\boldsymbol{U}_{x+60}$ 表示两个相邻的基本电压空间矢量,$\boldsymbol{U}_{out}$ 是变流器输出的相电压矢量,其幅值代表相电压的幅值,其旋转角速度就是输出正弦电压的角频率。$\boldsymbol{U}_{out}$ 可以由 $\boldsymbol{U}_x$ 和 $\boldsymbol{U}_{x+60}$ 的时间线性组合来合成,即

$$\boldsymbol{U}_{out}=\frac{T_1}{T_{PWM}}\boldsymbol{U}_x+\frac{T_2}{T_{PWM}}\boldsymbol{U}_{x+60°} \tag{2-41}$$

式中,T_1 和 T_2 分别是 $\boldsymbol{U}_x$ 和 $\boldsymbol{U}_{x+60}$ 的作用时间;T_{PWM} 是 PWM 波的周期。

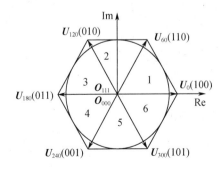

图 2-10　三相电压型变流器电压空间矢量分布

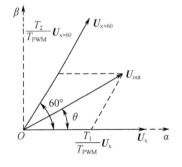

图 2-11　任意两个基本空间矢量的组合

按照这种组合方式,在下一个 T_{PWM} 周期中,仍然可以用 U_x 和 U_{x+60} 的时间线性组合,但这两个电压的作用时间不同于上一个周期,它们必须保证所合成的新的电压空间矢量与原来的电压空间矢量的幅值相等。以此类推,在每个 T_{PWM} 周期期间,改变两个相邻的基本电压空间矢量的作用时间,并保证所合成的新的电压空间矢量的幅值都相等,这样,只要 T_{PWM} 取得足够小,电压空间矢量的轨迹是一个近似圆形的多边形。

(1) 基本电压空间矢量作用时间计算

由式(2-41)和图 2-11,再根据三角形正弦定理可得

$$\frac{\frac{T_1}{T_{PWM}}|U_x|}{\sin(60°-\theta)} = \frac{|U_{out}|}{\sin 120°} \tag{2-42}$$

$$\frac{\frac{T_2}{T_{PWM}}|U_{x\pm60}|}{\sin\theta} = \frac{U_{out}}{\sin 120°} \tag{2-43}$$

$$T_1 = \frac{2|U_{out}|}{\sqrt{3}|U_x|}T_{PWM}\sin(60°-\theta) \tag{2-44}$$

$$T_2 = \frac{2|U_{out}|}{\sqrt{3}|U_{x\pm60}|}T_{PWM}\sin\theta \tag{2-45}$$

$$T_{PWM} = T_1 + T_2 + T_0 \tag{2-46}$$

式中,T_1 是 U_x 作用时间;T_2 是 $U_{x\pm60}$ 作用时间;T_0 是零矢量作用时间。

将三相静止坐标系变换到两相静止坐标系中,如图 2-11 所示,在第一扇区时,T_1、T_2 可由式(2-42)和式(2-43)计算,即

$$\begin{cases} U_\alpha = \dfrac{T_1}{T_{PWM}}|U_0| + \dfrac{T_2}{T_{PWM}}|U_{60}|\cos60° \\ U_\beta = \dfrac{T_2}{T_{PWM}}|U_{60}|\sin60° \end{cases} \tag{2-47}$$

表 2-1 可知,线电压的最大值为 U_{dc},所以得相电压的最大值为 $U_{out}=U_{dc}/\sqrt{3}$。如果取最大相电压的值作为基准值,对幅值(由表 2-1 可知)为 $(2/3)U_{dc}$ 空间矢量进行标幺化处理,则得到 6 个基本电压空间矢量的标幺值为

$$u_x = \frac{|U_x|}{U_{out}} = \frac{2}{3}U_{dc}/\frac{1}{\sqrt{3}}U_{dc} = \frac{2}{\sqrt{3}} \tag{2-48}$$

对式(2-47)两边同除以 U_{out},可得

$$\begin{cases} u_\alpha = \dfrac{T_1}{T_{PWM}}\dfrac{|U_0|}{U_{out}}\cos0° + \dfrac{T_2}{T_{PWM}}\dfrac{|U_{60}|}{U_{out}}\cos60° \\ u_\beta = \dfrac{T_1}{T_{PWM}}\dfrac{|U_0|}{U_{out}}\sin0° + \dfrac{T_2}{T_{PWM}}\dfrac{|U_{60}|}{U_{out}}\sin60° \end{cases} \tag{2-49}$$

式中,$u_\alpha=U_\alpha/U_{out}$,$u_\beta=U_\beta/U_{out}$,即相对于 U_{out} 的标幺值。

结合式(2-49),并将 T_1 和 T_2 相对于 T_{PWM} 进行标幺化处理,可得

$$\begin{cases} t_1 = \dfrac{1}{2}(\sqrt{3}u_\alpha - u_\beta) \\ t_2 = u_\beta \end{cases} \tag{2-50}$$

式中,$t_1=T_1/T_{PWM}$ 和 $t_2=T_2/T_{PWM}$,即相对于 T_{PWM} 的标幺值,T_{PWM} 标幺化后为 1。

同理,当 U_{out} 处于第 2 扇区时,它的时间线性组合由 U_{60} 和 U_{120} 组成,根据上面的推导关系可得出两相静止坐标系下新矢量的作用时间关系为

$$
\begin{cases}
t_1 = -\dfrac{1}{2}(\sqrt{3}\,u_\alpha - u_\beta) \\[2mm]
t_2 = \dfrac{1}{2}(\sqrt{3}\,u_\alpha + u_\beta)
\end{cases}
\tag{2-51}
$$

依次类推,可求出其余 4 个扇区内的空间矢量作用时间的公式,如表 2-3 所示。

表 2-3　6 个扇区内的空间矢量表

扇区	矢量图	电压表达式	时间表达式
1		$\begin{cases} u_\alpha = \dfrac{T_1}{T_{\text{PWM}}}\dfrac{\lvert U_0\rvert}{U_{\text{out}}}\cos0° + \dfrac{T_2}{T_{\text{PWM}}}\dfrac{\lvert U_{60}\rvert}{U_{\text{out}}}\cos60° = t_1\dfrac{2}{\sqrt{3}} + t_2\dfrac{1}{\sqrt{3}} \\[3mm] u_\beta = \dfrac{T_1}{T_{\text{PWM}}}\dfrac{\lvert U_0\rvert}{U_{\text{out}}}\sin0° + \dfrac{T_2}{T_{\text{PWM}}}\dfrac{\lvert U_{60}\rvert}{U_{\text{out}}}\sin60° = t_2 \end{cases}$	$\begin{cases} t_1 = \dfrac{1}{2}(\sqrt{3}\,u_\alpha - u_\beta) \\[3mm] t_2 = u_\beta \end{cases}$
2		$\begin{cases} u_\alpha = \dfrac{T_1}{T_{\text{PWM}}}\dfrac{\lvert U_{120}\rvert}{U_{\text{out}}}\cos120° + \dfrac{T_2}{T_{\text{PWM}}}\dfrac{\lvert U_{60}\rvert}{U_{\text{out}}}\cos60° = -t_1\dfrac{1}{\sqrt{3}} + t_2\dfrac{1}{\sqrt{3}} \\[3mm] u_\beta = \dfrac{T_1}{T_{\text{PWM}}}\dfrac{\lvert U_{120}\rvert}{U_{\text{out}}}\sin120° + \dfrac{T_2}{T_{\text{PWM}}}\dfrac{\lvert U_{60}\rvert}{U_{\text{out}}}\sin60° = t_1 + t_2 \end{cases}$	$\begin{cases} t_1 = -\dfrac{1}{2}(\sqrt{3}\,u_\alpha - u_\beta) \\[3mm] t_2 = \dfrac{1}{2}(\sqrt{3}\,u_\alpha + u_\beta) \end{cases}$
3		$\begin{cases} u_\alpha = \dfrac{T_1}{T_{\text{PWM}}}\dfrac{\lvert U_{120}\rvert}{U_{\text{out}}}\cos120° + \dfrac{T_2}{T_{\text{PWM}}}\dfrac{\lvert U_{180}\rvert}{U_{\text{out}}}\cos180° = -t_1\dfrac{1}{\sqrt{3}} - t_2\dfrac{2}{\sqrt{3}} \\[3mm] u_\beta = \dfrac{T_1}{T_{\text{PWM}}}\dfrac{\lvert U_{120}\rvert}{U_{\text{out}}}\sin120° + \dfrac{T_2}{T_{\text{PWM}}}\dfrac{\lvert U_{120}\rvert}{U_{\text{out}}}\sin180° = t_1 \end{cases}$	$\begin{cases} t_1 = u_\beta \\[3mm] t_2 = -\dfrac{1}{2}(\sqrt{3}\,u_\alpha + u_\beta) \end{cases}$
4		$\begin{cases} u_\alpha = \dfrac{T_1}{T_{\text{PWM}}}\dfrac{\lvert U_{240}\rvert}{U_{\text{out}}}\cos240° + \dfrac{T_2}{T_{\text{PWM}}}\dfrac{\lvert U_{180}\rvert}{U_{\text{out}}}\cos180° = -t_1\dfrac{1}{\sqrt{3}} - t_2\dfrac{2}{\sqrt{3}} \\[3mm] u_\beta = \dfrac{T_1}{T_{\text{PWM}}}\dfrac{\lvert U_{240}\rvert}{U_{\text{out}}}\sin240° + \dfrac{T_2}{T_{\text{PWM}}}\dfrac{\lvert U_{180}\rvert}{U_{\text{out}}}\sin180° = -t_1 \end{cases}$	$\begin{cases} t_1 = -u_\beta \\[3mm] t_2 = -\dfrac{1}{2}(\sqrt{3}\,u_\alpha - u_\beta) \end{cases}$
5		$\begin{cases} u_\alpha = \dfrac{T_1}{T_{\text{PWM}}}\dfrac{\lvert U_{240}\rvert}{U_{\text{out}}}\cos240° + \dfrac{T_2}{T_{\text{PWM}}}\dfrac{\lvert U_{300}\rvert}{U_{\text{out}}}\cos300° = -t_1\dfrac{1}{\sqrt{3}} + t_2\dfrac{1}{\sqrt{3}} \\[3mm] u_\beta = \dfrac{T_1}{T_{\text{PWM}}}\dfrac{\lvert U_{240}\rvert}{U_{\text{out}}}\sin240° + \dfrac{T_2}{T_{\text{PWM}}}\dfrac{\lvert U_{300}\rvert}{U_{\text{out}}}\sin300° = -t_1 - t_2 \end{cases}$	$\begin{cases} t_1 = -\dfrac{1}{2}(\sqrt{3}\,u_\alpha + u_\beta) \\[3mm] t_2 = \dfrac{1}{2}(\sqrt{3}\,u_\alpha - u_\beta) \end{cases}$
6		$\begin{cases} u_\alpha = \dfrac{T_1}{T_{\text{PWM}}}\dfrac{\lvert U_0\rvert}{U_{\text{out}}}\cos0° + \dfrac{T_2}{T_{\text{PWM}}}\dfrac{\lvert U_{300}\rvert}{U_{\text{out}}}\cos300° = t_1\dfrac{2}{\sqrt{3}} + t_2\dfrac{1}{\sqrt{3}} \\[3mm] u_\beta = \dfrac{T_1}{T_{\text{PWM}}}\dfrac{\lvert U_0\rvert}{U_{\text{out}}}\sin0° + \dfrac{T_2}{T_{\text{PWM}}}\dfrac{\lvert U_{300}\rvert}{U_{\text{out}}}\sin300° = -t_2 \end{cases}$	$\begin{cases} t_1 = \dfrac{1}{2}(\sqrt{3}\,u_\alpha + u_\beta) \\[3mm] t_2 = -u_\beta \end{cases}$

如果定义 X、Y、Z 这 3 个变量为

$$\begin{cases} X=U_\beta \\ Y=(\sqrt{3}U_\alpha-U_\beta)/2 \\ Z=(-\sqrt{3}U_\alpha-U_\beta)/2 \end{cases} \tag{2-52}$$

可得出 t_1、t_2 与 X、Y、Z 及扇区的对应关系，如表 2-4 所示。

表 2-4 t_1、t_2 与 X、Y、Z 及扇区的对应关系

扇区		1	2	3	4	5	6
时间	t_1	Y	$-Y$	X	$-X$	Z	$-Z$
	t_2	X	$-Z$	Z	$-Y$	Y	$-X$

（2）扇区判断

已知一个参考矢量 U_{out}，若要利用表 2-3 计算基本电压空间矢量的作用时间，则需要知道 U_{out} 处在哪一个扇区内。

由表 2-3 可知，$u_\beta>0$ 时，U_{out} 在第 1～3 扇区内。由于每个扇区相差 60°，在第 1～2 扇区交界处有 $u_\beta/u_\alpha=\sqrt{3}$，在第 2～3 扇区交界处有 $u_\beta/u_\alpha=-\sqrt{3}$，其他扇区以此类推。在第 1 扇区应满足 $u_\beta<\sqrt{3}u_\alpha$ 且 $u_\alpha>0$，在第 2 扇区应满足 $u_\beta\geqslant\sqrt{3}u_\alpha$ 或 $u_\beta>-\sqrt{3}u_\alpha$，在第 3 扇区应满足 $u_\beta<-\sqrt{3}u_\alpha$ 且 $u_\alpha<0$。

当 $u_\beta=0$ 时，若 $u_\alpha>0$，则 U_{out} 在第 1 扇区内；$u_\alpha<0$，则在第 4 扇区内。

当 $u_\beta<0$ 时，则 U_{out} 在第 4～6 扇区内，在第 4 扇区应满足 $u_\beta>\sqrt{3}u_\alpha$ 且 $u_\alpha<0$；在第 5 扇区应满足 $u_\beta\leqslant\sqrt{3}u_\alpha$ 或 $u_\beta<-\sqrt{3}u_\alpha$；在第 6 扇区应满足 $u_\beta\geqslant-\sqrt{3}u_\alpha$ 且 $u_\alpha>0$，否则为第 4 扇区。其判断流程图如图 2-12 所示。

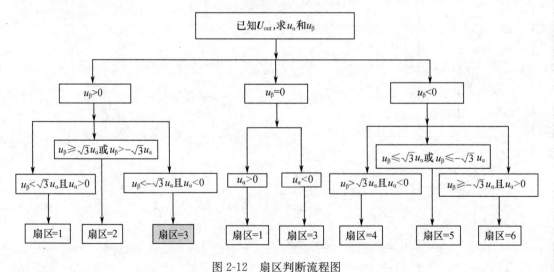

图 2-12 扇区判断流程图

一般情况下，也可以将式（2-52）中的 X、Y、Z 做加减运算表示参考矢量 U_{out}，结合图 2-12，若定义 3 个变量 A、B、C，使 X、Y、Z 与 A、B、C 有如下对应关系：若 $X>0$，则 $A=1$，否则 $A=0$；若 $Y>0$，则 $B=1$，否则 $B=0$；若 $Z>0$，则 $C=1$，否则 $C=0$。设 $N=4C+2B+A$，则 N 与扇区数的对应关系如表 2-5 所示。

表 2-5 N 与扇区数的对应关系

N	3	1	5	4	6	2
扇区	1	2	3	4	5	6

根据以上分析,如果已知变流器输出的电压矢量或者知道它在两相静止坐标系中的两个分量及 T_{PWM} 周期,就可计算出与之对应的两个基本电压空间矢量的作用时间 t_1、t_2 和 t_0。当 6 个基本电压空间矢量合成的 U_{out} 以近似圆形轨迹旋转时,其圆形轨迹的半径(U_{out} 的幅值)受 6 个基本电压空间矢量的幅值限制。最大圆形轨迹为 6 个基本电压空间矢量组成的正六边形的内切圆。如图 2-13 所示,因此采用 SVPWM 输出的最大电压 U_{out} 的幅值为基本电压空间矢量组成的等边三角形的高,其值为

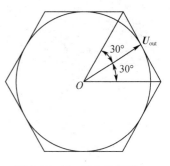

图 2-13 U_{out} 最大轨迹图

$$U_{out} = U_{dc}/\sqrt{3} \tag{2-53}$$

同样,对于采用三相 AC/DC/AC 的主电路结构,由式(2-36)可知

$$U_{dc} \approx \sqrt{2} \times 380V$$

采用 SVPWM 逆变后的基波相电压、基波线电压的有效值分别为

$$U'_A = U'_B = U'_C = \frac{U_{dc}/\sqrt{3}}{\sqrt{2}} = 220V$$

$$U'_{AB} = \sqrt{3} U'_A = 380V$$

对于三相 SVPWM,有

$$U_p = \frac{U_{out}}{\sqrt{2}} = \frac{U_{dc}/\sqrt{3}}{\sqrt{2}} m = \frac{U_{dc}}{\sqrt{6}} m \tag{2-54}$$

式中,U_p 为采用 SVPWM 交流侧输出的基波相电压有效值;m 相当于 SPWM 中的调制度。

对于三相 SPWM,有

$$U_p = \frac{U_{dc}/2}{\sqrt{2}} m = \frac{U_{dc}}{2\sqrt{2}} m \tag{2-55}$$

式中,U_p 为采用 SPWM 交流侧输出的基波相电压有效值;m 为调制度。

可见,采用 SVPWM 比采用 SPWM 的直流电压利用率得到了提高(在相同 m 情况下),即从 0.866 提高到 1。

3. SVPWM 的仿真及 DSP 程序实现

(1) SVPWM 的仿真

为了验证 SVPWM 控制方法,这里利用 MATLAB/Simulink 搭建仿真模型,如图 2-14(a)所示。具体仿真参数为:直流侧电压为 620V,滤波电感 L 为 2mH,电容 C 为 10μF,阻性负载,功率为 100kW,SVPWM 信号由 Discrete SV PWM Generator 模块产生,在此模块的 Data type of input reference vector 选项中选择 Magnitude-Angle(rad);在 Switching Pattern 中选择 Pattern ♯1,Chopping frequency(Hz)中选择 2000;输入信号幅值给定为 0.8,锁相频率给定为 50Hz。仿真结果如图 2-14(b)所示。

图 2-14(b)中输出电压为正弦波,相电压幅值近似为 $mU_{dc}/\sqrt{3} \approx 0.8 \times 620/\sqrt{3} = 286V$,满足 SVPWM 原理要求。

(2) SVPWM 的 DSP 程序实现

对每个 SVPWM 波的零矢量分割方法不同及对非零矢量 U_x 的选择不同,会产生多种多样

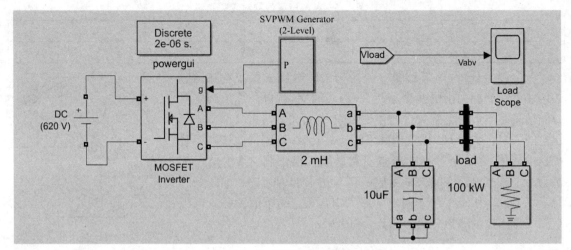

(a) SVPWM的仿真模型图

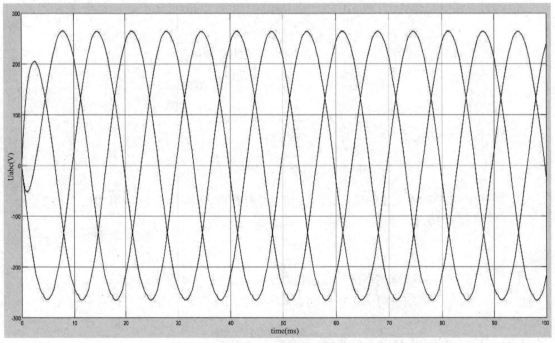

(b) SVPWM的仿真输出波形图

图 2-14　SVPWM 的仿真模型及波形图

的 SVPWM 波。选择的原则为：

① 要求开关器件的开关次数最少；

② 任意一次电压空间矢量的变化只能有一个桥臂的开关动作；

③ 编程简单。

目前常用的是 7 段式 SVPWM 波，它由 4 段相邻的两个非零矢量和 3 段零矢量组成，将 3 段零矢量分别置于 SVPWM 波的开始、中间和结尾，如图 2-15 和图 2-16 所示。

主程序的主要工作是系统初始化，中断程序的任务是在每一个 T_{PWM} 周期里，计算出下一个 T_{PWM} 周期的 3 个比较寄存器 CMP1、CMP2 和 CMP3 的比较值，并送入比较寄存器中。为此，必须根据表 2-3 计算出 t_0、t_1、t_2，然后采用 7 段式 SVPWM 原理为比较寄存器赋值。

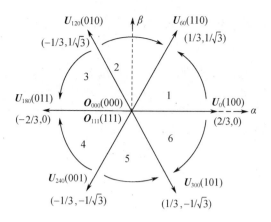

图 2-15　基本电压空间矢量的选择顺序

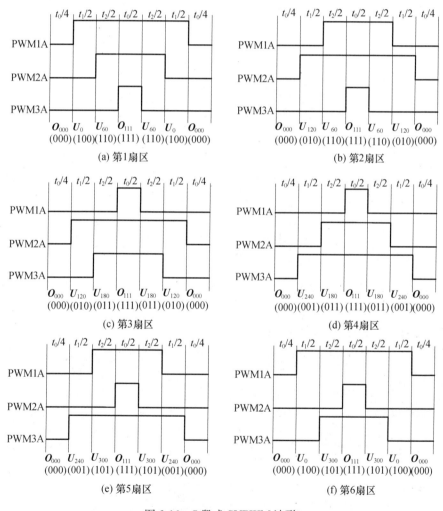

图 2-16　7 段式 SVPWM 波形

由图 2-16 可知,在不同扇区内,当控制三相 PWM 占空比的三个比较寄存器 CMP1、CMP2、CMP3 的大小发生改变时,就会产生不同的空间矢量,空间矢量的导通时间由比较寄存器的值决定。在任何扇区送给比较寄存器的值为以下三种之一:$\dfrac{t_0}{4}=\dfrac{t-t_1-t_2}{4}$、$\dfrac{t_0}{4}+\dfrac{t_1}{2}$ 和 $\dfrac{t_0}{4}+\dfrac{t_1}{2}+\dfrac{t_2}{2}$。

当 DSP 定时器采用连续增减计数方式时，周期寄存器的周期值 TBPRD 等于 $\dfrac{T_{\text{PWM}}}{2}$，则第 1 扇区比较寄存值分别为

```
EPwm1Regs. CMPA. half. CMPA=(t0 * (EPwm1Regs. TBPRD))/2；
EPwm1Regs. CMPB=(t0 * (EPwm1Regs. TBPRD))/2；
EPwm2Regs. CMPA. half. CMPA=((t0/2)+t1) * EPwm1Regs. TBPRD；
EPwm2Regs. CMPB=(t0/2+t1) * EPwm1Regs. TBPRD；
EPwm3Regs. CMPA. half. CMPA=(t0/2+t1+t2) * EPwm1Regs. TBPRD；
EPwm3Regs. CMPB=(t0/2+t1+t2) * EPwm1Regs. TBPRD；
```

其他扇区以此类推。用软件法生成 SVPWM 波的程序流程如图 2-17 所示。

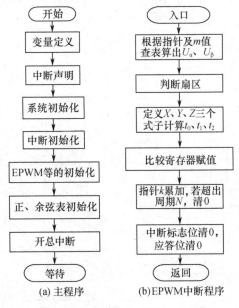

图 2-17　软件法实现 SVPWM 流程图

软件法生成 SVPWM 波的参数要求如下：载波比 N 为 256，即将整个扇区分成 256 份。采用 EPWM 中断程序完成扇区判断和比较寄存器的更新，生成 SVPWM 波，其中扇区判断采用表 2-5 的方法实现。主程序和 EPWM 中断程序如下：

```
/*---本例采用 EPWM 模块产生 SVPWM 波，载波为 12.8kHz，调制波为 50Hz。--- */
    void main(void)
    {
        InitSysCtrl();
        …
        for(n=0;n<256;n++)
        {
        sinne[n]=sin(n * (6.283/256));//正、余弦表初始化
        cosne[n]=cos(n * (6.283/256));
    }
    n=0;
    for(;;)
    {    asm("    NOP");   }
    }
```

```c
interrupt void epwm2_isr(void)
{      //SVPWM算法
    u_alfa=m * cosne[k];
    u_beta=m * sinne[k];
//扇区判断
    X=u_beta;
    Y=0.867 * u_alfa-0.5 * u_beta;
    Z=-0.867 * u_alfa-0.5 * u_beta;
    if(X>0)A=1;
    else A=0;
    if(Y>0)B=1;
    else B=0;
    if(Z>0)C=1;
    else C=0;
    sec=4 * C+2 * B+A;
switch(sec)
{
case 1: //第2扇区
    t1=-Y;
    t2=-Z;
    t0=1-t1-t2;
    EPwm2Regs.CMPA.half.CMPA=(t0 * EPwm1Regs.TBPRD)/2;
    EPwm2Regs.CMPB=(t0 * EPwm1Regs.TBPRD)/2;
    EPwm1Regs.CMPA.half.CMPA=((t0/2)+t1) * EPwm1Regs.TBPRD;
    EPwm1Regs.CMPB=(t0/2+t1) * EPwm1Regs.TBPRD;
    EPwm3Regs.CMPA.half.CMPA=(t0/2+t1+t2) * EPwm1Regs.TBPRD;
    EPwm3Regs.CMPB=(t0/2+t1+t2) * EPwm1Regs.TBPRD;

    break;
case 2: //第6扇区
    t1=-Z;
    t2=-X;
    t0=1-t1-t2;
    EPwm1Regs.CMPA.half.CMPA=(t0 * EPwm1Regs.TBPRD)/2;
    EPwm1Regs.CMPB=(t0 * EPwm1Regs.TBPRD)/2;
    EPwm3Regs.CMPA.half.CMPA=((t0/2)+t1) * EPwm1Regs.TBPRD;
    EPwm3Regs.CMPB=(t0/2+t1) * EPwm1Regs.TBPRD;
    EPwm2Regs.CMPA.half.CMPA=(t0/2+t1+t2) * EPwm1Regs.TBPRD;
    EPwm2Regs.CMPB=(t0/2+t1+t2) * EPwm1Regs.TBPRD;

    break;
case 3: //第1扇区
    t1=Y;
    t2=X;
    t0=1-t1-t2;
    t=t1+t2;
    EPwm1Regs.CMPA.half.CMPA=(t0 * (EPwm1Regs.TBPRD))/2;
```

```c
        EPwm1Regs. CMPB=(t0 * (EPwm1Regs. TBPRD))/2;
        EPwm2Regs. CMPA. half. CMPA=((t0/2)+t1) * EPwm1Regs. TBPRD;
        EPwm2Regs. CMPB=(t0/2+t1) * EPwm1Regs. TBPRD;
        EPwm3Regs. CMPA. half. CMPA=(t0/2+t1+t2) * EPwm1Regs. TBPRD;
        EPwm3Regs. CMPB=(t0/2+t1+t2) * EPwm1Regs. TBPRD;
    break;
case 4://第4扇区
    t1=-X;
    t2=-Y;
    t0=1-t1-t2;
        EPwm3Regs. CMPA. half. CMPA=(t0 * EPwm1Regs. TBPRD)/2;
        EPwm3Regs. CMPB=(t0 * EPwm1Regs. TBPRD)/2;
        EPwm2Regs. CMPA. half. CMPA=((t0/2)+t1) * EPwm1Regs. TBPRD;
        EPwm2Regs. CMPB=(t0/2+t1) * EPwm1Regs. TBPRD;
        EPwm1Regs. CMPA. half. CMPA=(t0/2+t1+t2) * EPwm1Regs. TBPRD;
        EPwm1Regs. CMPB=(t0/2+t1+t2) * EPwm1Regs. TBPRD;
    break;
case 5://第3扇区
    t1=X;
    t2=Z;
    t0=1-t1-t2;
        EPwm2Regs. CMPA. half. CMPA=(t0 * EPwm1Regs. TBPRD)/2;
        EPwm2Regs. CMPB=(t0 * EPwm1Regs. TBPRD)/2;
        EPwm3Regs. CMPA. half. CMPA=((t0/2)+t1) * EPwm1Regs. TBPRD;
        EPwm3Regs. CMPB=(t0/2+t1) * EPwm1Regs. TBPRD;
        EPwm1Regs. CMPA. half. CMPA=(t0/2+t1+t2) * EPwm1Regs. TBPRD;
        EPwm1Regs. CMPB=(t0/2+t1+t2) * EPwm1Regs. TBPRD;
    break;
case 6://第5扇区
    t1=Z;
    t2=Y;
    t0=1-t1-t2;
        EPwm3Regs. CMPA. half. CMPA=(t0 * EPwm1Regs. TBPRD)/2;
        EPwm3Regs. CMPB=(t0 * EPwm1Regs. TBPRD)/2;
        EPwm1Regs. CMPA. half. CMPA=((t0/2)+t1) * EPwm1Regs. TBPRD;
        EPwm1Regs. CMPB=(t0/2+t1) * EPwm1Regs. TBPRD;
        EPwm2Regs. CMPA. half. CMPA=(t0/2+t1+t2) * EPwm1Regs. TBPRD;
        EPwm2Regs. CMPB=(t0/2+t1+t2) * EPwm1Regs. TBPRD;
    break;
    }
//Voltage1[k]=EPwm1Regs. CMPA. half. CMPA ;//观察用
Voltage1[k]=t0;
    k++;
if(k>=256)k=0;
    EPwm2Regs. ETCLR. bit. INT=1;                    //清除中断标志位
```

2.1.3　滞环比较控制

滞环比较控制是跟踪控制法产生 PWM 波的一种常见方法,此方法把希望输出的波形作为指令信号,把实际波形作为反馈信号,通过比较两者的瞬时值来决定变流器各开关器件的通断,使实际的输出电压或电流跟踪指令电压或电流信号的变化。其中,滞环比较控制方式又可分为不定频滞环控制和定频滞环控制两种。

1. 滞环比较控制原理

(1) 不定频滞环控制

电流跟踪型 PWM 滞环控制如图 2-18 所示,把指令电流 i^* 和实际输出电流 i 的偏差 $\Delta i = i^* - i$ 作为滞环比较器的输入,滞环比较器的输出控制开关器件 VT_1 和 VT_2 的导通与关断。VT_1 导通时,i 增大;VT_2 导通时,i 减小。通过环宽为 $2h$ 的滞环比较器的控制,把 i 限定在 $i^* + h$ 和 $i^* - h$ 范围内变化,使 i 的波形呈锯齿状并跟踪指令电流 i^* 的变化。

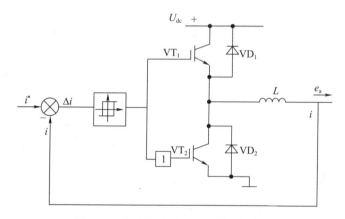

图 2-18　电流跟踪型 PWM 滞环控制图

下面以 a 相为例,研究滞环比较控制下的开关频率。设任意一个开关周期 T_s 中,占空比为 D,L 为交流侧电感,假定 $L_a = L_b = L_c = L$,e_a 为交流侧电压。

对图 2-19 进行分析,假定 i^+ 和 i^- 分别代表 i 在上升阶段和下降阶段的值。在上升阶段,变流器输出相电压是 $+U_{dc}/2$,电流 i 增加;在下降阶段,变流器输出相电压是 $-U_{dc}/2$,电流 i 减小。

处于上升阶段时,有

$$L \frac{di^+}{dt} = \frac{U_{dc}}{2} - e_a \tag{2-56}$$

处于下降阶段时,有

$$L \frac{di^-}{dt} = -\frac{U_{dc}}{2} - e_a \tag{2-57}$$

将式(2-56)和式(2-57)变化可得

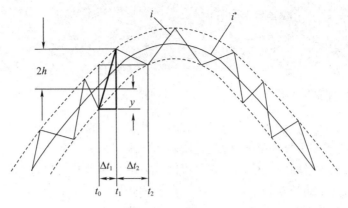

图 2-19　电流滞环控制时的指令电流和输出电流

$$\begin{cases} \dfrac{\mathrm{d}i^+}{\mathrm{d}t} = \dfrac{1}{L}\left(\dfrac{U_{\mathrm{dc}}}{2} - e_{\mathrm{a}}\right) & t \in (t_n, t_n + DT_{\mathrm{s}}) \\[3mm] \dfrac{\mathrm{d}i^-}{\mathrm{d}t} = \dfrac{1}{L}\left(-\dfrac{U_{\mathrm{dc}}}{2} - e_{\mathrm{a}}\right) & t \in (t_n + DT_{\mathrm{s}}, T_{\mathrm{s}}) \end{cases} \tag{2-58}$$

设 a 相的指令电流为正弦电流，即

$$i^* = I_{\mathrm{m}}\sin\omega t \tag{2-59}$$

对图 2-19 中电流的上升阶段，其持续的时间为 $\Delta t_1 = t_1 - t_0$，由相似三角形可以写出

$$\frac{\mathrm{d}i^+}{\mathrm{d}t} = \frac{y + 2h}{\Delta t_1} = \frac{\Delta t_1 \dfrac{\mathrm{d}i^*}{\mathrm{d}t} + 2h}{\Delta t_1} \tag{2-60}$$

把式(2-60)代入式(2-58)得

$$\Delta t_1 = \frac{2hL}{0.5U_{\mathrm{dc}} - \left(e_{\mathrm{a}} + L\dfrac{\mathrm{d}i^*}{\mathrm{d}t}\right)} \tag{2-61}$$

同理，对电流的下降阶段有

$$\frac{\mathrm{d}i^-}{\mathrm{d}t} = \frac{\Delta t_2 \dfrac{\mathrm{d}i^*}{\mathrm{d}t} - 2h}{\Delta t_2} \Rightarrow \Delta t_2 = \frac{2hL}{0.5U_{\mathrm{dc}} + \left(e_{\mathrm{a}} + L\dfrac{\mathrm{d}i^*}{\mathrm{d}t}\right)} \tag{2-62}$$

式中，$\Delta t_2 = t_2 - t_1$ 是电流下降阶段持续的时间。

电流上升阶段时间和下降阶段时间之和，即为变流器的开关周期，得

$$\Delta t_1 + \Delta t_2 = \frac{2hLU_{\mathrm{dc}}}{(0.5U_{\mathrm{dc}})^2 - \left(e_{\mathrm{a}} + L\dfrac{\mathrm{d}i^*}{\mathrm{d}t}\right)^2} \tag{2-63}$$

变流器的开关频率为

$$f_{\mathrm{s}} = \frac{1}{\Delta t_1 + \Delta t_2} = \frac{(0.5U_{\mathrm{dc}})^2 - \left(e_{\mathrm{a}} + L\dfrac{\mathrm{d}i^*}{\mathrm{d}t}\right)^2}{2hLU_{\mathrm{dc}}} \tag{2-64}$$

对于给定指令电流 $i^* = I_m \sin\omega t$，有

$$\frac{\mathrm{d}i^*}{\mathrm{d}t} = \omega I_m \cos\omega t \tag{2-65}$$

把式(2-65)代入式(2-64)有

$$f_s = \frac{1}{\Delta t_1 + \Delta t_2} = \frac{(0.5U_{dc})^2 - (e_a + L\omega I_m \cos\omega t)^2}{2hLU_{dc}} \tag{2-66}$$

由于 $\cos\omega t$ 在 $-1 \sim 0 \sim 1$ 之间连续变化，所以可得出变流器的开关频率范围为

$$\frac{(0.5U_{dc})^2 - (e_a + L\omega I_m)^2}{2hLU_{dc}} \leqslant f_s \leqslant \frac{(0.5U_{dc})^2 - (e_a)^2}{2hLU_{dc}} \tag{2-67}$$

变流器的开关频率与滞环的宽度成反比，在指令电流的峰值处开关频率最小，在指令电流的过零处开关频率最大。环宽过宽时，开关频率低，跟踪误差大，电流波形失真大；环宽过窄时，跟踪误差小，电流波形较好，但是开关频率会过高。L 越大，电流 i 的变化率越小，跟踪速度越慢；L 越小，电流 i 的变化率越大，跟踪速度越快，开关频率也较高。当系统性能指标和开关器件的最高频率选定时，根据式(2-67)可以确定电感的大小。

采用滞环比较方式的 PWM 变流电路有如下特点：

① 硬件电路简单；

② 实时控制性能好，电流响应快；

③ 不需要载波，输出电流波形中不含特定频率谐波；

④ 在相同开关频率时，相对于调制法，采用跟踪法的输出电流中高次谐波含量较多；

⑤ 当环宽一定时，由于指令信号变化快慢的不同，将导致开关器件的开关频率不固定，有时会超过开关器件的最高耐受频率，如不加限制可能会导致开关器件损坏。

电压跟踪控制也可以采用滞环比较方式实现。同电流滞环比较方式一样，首先把指令电压 u^* 和输出电压 u 进行比较后送入滞环比较器，然后由滞环比较器的输出信号来控制开关器件的通断，从而实现电压跟踪控制。与电流跟踪控制不同之处是，输出电压 PWM 波形中含有大量的高次谐波，必须用适当的滤波器滤除。目前实际应用较少，本书不再介绍。

（2）定频滞环控制

定频滞环控制技术通过改变滞环的环宽来固定开关器件的开关频率，在能够保证跟踪电流精度的前提下降低开关器件的噪声。

同不定频滞环控制一样，在正弦指令电流一个周期变化的过程中，其过零点处变化速度最快，而在峰值处变化速度最慢。因此可根据指令电流这两处的变化情况来确定电感的取值范围。具体分析过程参见第 5 章。

2. 滞环比较控制仿真

下面仅就不定频滞环控制进行仿真，有关定频滞环控制和 DSP 编程请读者自己完成。

利用 MATLAB/Simulink 搭建不定频滞环控制仿真模型如图 2-20 所示。具体仿真参数为：直流侧电压为 640V，滤波电感 L 为 5mH，电容 C 为 $10\mu F$，阻性负载，功率为 10kW，滞环的环宽为 10^{-6}，指令电流为 50Hz 基波电流，幅值为 12A。仿真结果如图 2-21 所示。

图 2-21 依次为变流器输出的线电压、经 LC 滤波器滤波后的相电压、指令电流和实际输出电流的波形。由仿真结果可以看出，利用滞环比较控制方式能够使实际输出电流较好的跟踪指令电流的变化，而且电流纹波较小。

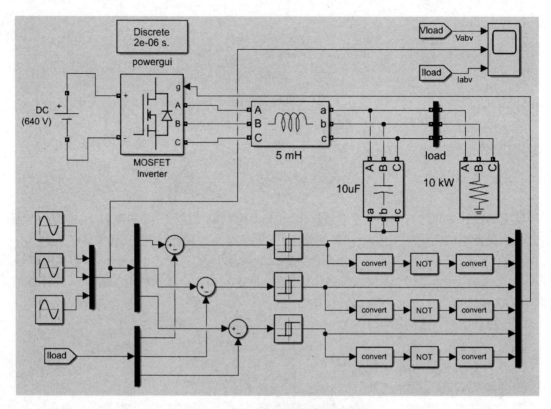

图 2-20　不定频滞环控制仿真模型

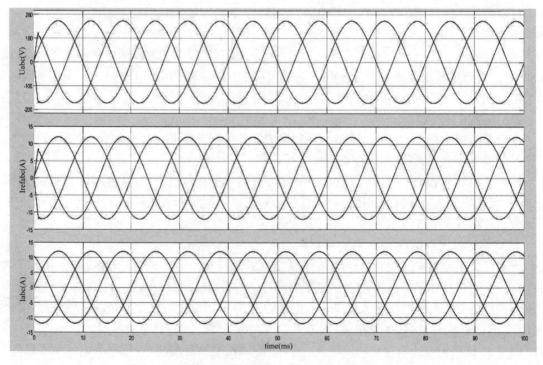

图 2-21　不定频滞环控制仿真结果图

2.1.4　三角波比较控制

1. 三角波比较控制原理

三角波比较控制的基本原理是将指令电流或电压与实际输出电流或电压进行比较,求出差值后,经放大器放大后再与三角波比较,进而产生 PWM 波。其中放大器通常具有比例积分特性或者比例特性,其放大系数将会直接影响三角波比较方式的电流或电压跟踪特性的好坏。

图 2-22 为三角波比较控制结构简图。将采集到交流侧电流的实际值与指令电流值进行比较,把偏差送入 PI 控制器,然后将 PI 控制器输出的信号和三角波进行比较。根据比较结果,得到可控制变流器开关器件开关状态的 PWM 信号。三角波比较控制的优点是变流器电路中开关器件的开关频率是固定的,这样的控制系统与调制法相比,动态响应速度快且易于实现。但不足之处在于,如果开关频率选得不恰当,会造成变流器输出的电流中含有大量与开关频率相同频率的谐波分量,且开关器件的损耗也比较大。

由图 2-22 可知

$$e = L\frac{\mathrm{d}i_L}{\mathrm{d}t} + U_x \tag{2-68}$$

$$U_x = SU_{dc}\begin{cases} S=1(上桥臂导通、下桥臂截止) \\ S=0(下桥臂导通、上桥臂截止) \end{cases} \tag{2-69}$$

$$\frac{\mathrm{d}i_L}{\mathrm{d}t} = \frac{1}{L}(e - SU_{dc}) \tag{2-70}$$

滤波电感与电流跟踪的效果具有明显的因果关系,由式(2-70)可以看出,当电感较小时,电流的跟踪能力强。但电感较小时,叠加在 i_L 上的高频开关的纹波电流的幅值也大,这不但增加了滤波电路的负担,也使变流器输出波形的谐波含量增大。因此在选取电感 L 时,应保证在谐波不超标的情况下,电感电流的最大上升率要大于三角波的斜率,使电流误差信号与三角波之间在每个调制周期内存在交点,以确保电流的跟踪效果。

假设三角波的斜率为 λ,则由图 2-23 可得 $\lambda = 4U_c f_c$,这里 U_c 为三角波的幅值,f_c 为三角波的频率。

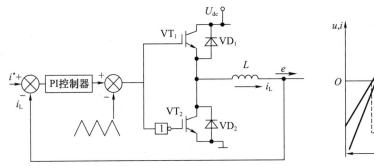 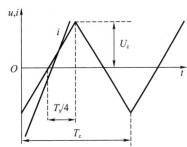

图 2-22　三角波比较控制结构简图　　　　　图 2-23　三角波比较跟踪原理图

由式(2-70)可知,电感电流的最大上升率为

$$\frac{\mathrm{d}i_L}{\mathrm{d}t} = \Delta U_{min}/L \Rightarrow L \leqslant \Delta U_{min}/4U_c f_c \tag{2-71}$$

式中,ΔU_{min} 是电感两端的最小电压。从式(2-71)可以看出,增大三角波的幅值和频率有利于减小电感,提高电流的跟踪能力。

三角波比较控制方式的特点：

① 开关器件的开关频率固定不变，等于载波频率，输出电流、电压只含有开关频率附近的谐波，在设计低通滤波器时较容易，且输出的电流、电压谐波含量小；

② 相对于滞环比较控制方式，这种跟踪控制方式相对较慢。

2. 三角波比较控制仿真

为验证三角波比较控制，利用 MATLAB/Simulink 搭建仿真模型，如图 2-24 所示。具体仿真参数为：直流侧电压为 540V，开关频率 20kHz，滤波电感 L 为 2mH，电容 C 为 10μF，阻性负载，功率为 10kW，PI 控制器的参数 k_p 和 k_i 分别为 1.5 和 0.2，指令电流为基波 $I_{m1}=15$A 与二次谐波 $I_{m2}=2$A 的合成。仿真结果如图 2-25 所示。

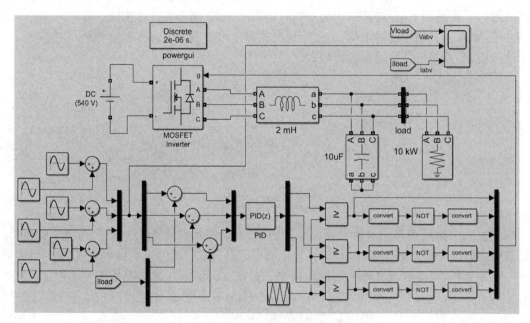

图 2-24　三角波比较控制仿真模型图

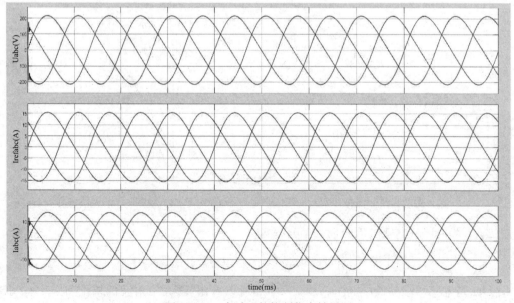

图 2-25　三角波比较控制仿真结果图

图 2-25 的波形由上往下依次为变流器输出线电压、经滤波器滤波后的相电压、实际输出电流和指令电流,仿真结果表明利用三角波比较控制,能使实际输出电流较好地跟踪指令电流的变化。

2.2　控制调节技术

2.2.1　电能变换系统控制

电能变换控制系统的分析与其他控制系统一样,包括系统建模、系统分析和控制器设计等。其中,系统建模包括传递函数的推导等,控制器设计包括补偿网络、反馈回路的设计等。本节主要针对电能变换控制系统的通用问题进行讨论,具体每一种变换的分析,将在后续的具体章节给出。不同的电能变换系统可以用图 2-26 统一表示。

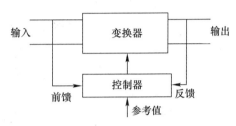

图 2-26　电能变换系统框图

图 2-26 是一个通用的电能变换系统,控制目标是期望系统具有更好的稳定性、稳定精度和动态响应速度,能更好地抵御外部干扰或元件参数变化等的影响。经典自动控制原理中的设计方法主要有频域法和根轨迹法,但它们只适用于线性系统。而电能变换系统由于包含开关器件和二极管等非线性元件,所以电能变换系统为非线性系统。但在某一稳定的工作点附近,电路状态变量的小信号扰动量之间的关系呈现线性系统特性。因此电能变换系统稳定工作点附近的动态特性可作为线性系统处理。

带有反馈控制的电能变换系统的小信号模型可用图 2-27 表示。

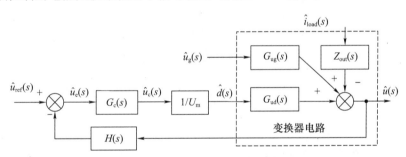

图 2-27　线性化电能变换系统控制框图

图 2-27 中,系统包括三个输入,分别为系统参考 $\hat{u}_{\text{ref}}(s)$、电源变化的扰动 $\hat{u}_{\text{g}}(s)$、负载变化的扰动 $\hat{i}_{\text{load}}(s)$,一个输出 $\hat{u}(s)$,一个反馈 $H(s)$;$G_{\text{c}}(s)$ 为补偿网络,$\hat{d}(s)$ 为 PWM 调制器占空比,$1/U_{\text{m}}$ 为调制器放大倍数。影响输出电压稳定的因素主要有占空比(控制执行量)、输入电压(扰动量)、负载(扰动量)。反馈控制的目的是抵御外部干扰或器件参数的变化,自动、动态地调节占空比以实现控制的目标。

输出电压可以用传递函数表示为

$$\hat{u}(s)=G_{\text{ud}}(s)\hat{d}(s)+G_{\text{ug}}(s)\hat{u}_{\text{g}}(s)\pm Z_{\text{out}}(s)\hat{i}_{\text{load}}(s) \tag{2-72}$$

式中

$$G_{\text{ud}}(s)=\frac{\hat{u}(s)}{\hat{d}(s)}\bigg|_{\hat{u}_{\text{g}}(s)=0,\hat{i}_{\text{load}}(s)=0}$$

$$G_{ug}(s) = \left.\frac{\hat{u}(s)}{\hat{u}_g(s)}\right|_{\hat{d}(s)=0,\hat{i}_{load}(s)=0}$$

$$Z_{out}(s) = \left.\pm\frac{\hat{u}(s)}{\hat{i}_{load}(s)}\right|_{\hat{d}(s)=0,\hat{u}_g(s)=0}$$

根据图 2-27，引入反馈和补偿后，可以得到输出电压频域表达式为

$$\hat{u}(s) = \hat{u}_{ref}\frac{G_c(s)G_{ud}(s)/U_m}{1+H(s)G_c(s)G_{ud}(s)/U_m} + \hat{u}_g\frac{G_{ud}(s)}{1+H(s)G_c(s)G_{ud}(s)/U_m} \pm \hat{i}_{load}\frac{Z_{out}(s)}{1+H(s)G_c(s)G_{ud}(s)/U_m}$$

化简得

$$\hat{u}(s) = \hat{u}_{ref}\frac{1}{H(s)}\frac{T(s)}{1+T(s)} + \hat{u}_g\frac{G_{ud}(s)}{1+T(s)} \pm \hat{i}_{load}\frac{Z_{out}(s)}{1+T(s)} \qquad (2\text{-}73)$$

式中，$T(s) = H(s)G_c(s)G_{ud}(s)/U_m$ 为环路增益。

如果 $T(s)$ 在参考电压、输入电压和负载扰动频率范围内幅值足够大，这些传递函数的幅值在关注频率的范围内也会大幅度减小，这就意味着反馈控制环路能减小扰动对输出的影响。

闭环反馈系统可以提高输出的精度和动态性，但为了满足系统动态和静态的指标要求，一般需要设计良好的补偿网络。随着控制技术的发展，特别是智能控制的出现，对应控制系统补偿网络产生了诸多的控制方法。但目前在电能变换系统中应用较多的仍是经典的 PI 或 PR 控制技术，因此下面主要针对 PI 和 PR 控制展开讨论。

2.2.2　PI 控制原理

1. 积分(I)控制器

由运算放大器构成的积分电路(也称积分控制器)如图 2-28 所示。根据运算放大器的原理，可得输入、输出电压微分方程为(忽略正负号)

$$\frac{du_o}{dt} = \frac{1}{R_1C}u_{in}$$

$$u_o = \frac{1}{C}\int i\,dt = \frac{1}{R_1C}\int u_{in}\,dt = \frac{1}{\tau}\int u_{in}\,dt \qquad (2\text{-}74)$$

式中，$\tau = R_1C$ 是积分时间常数。

设电路的初始值为零，在阶跃输入作用下，根据式(2-74)进行积分运算可得积分控制器的输出电压为

$$u_o = \frac{u_{in}}{\tau}t$$

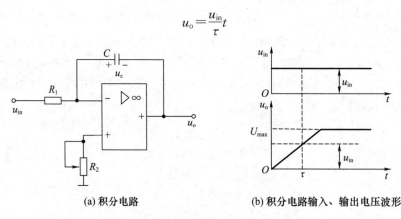

(a) 积分电路　　　　　(b) 积分电路输入、输出电压波形

图 2-28　运算放大器构成的积分电路

积分控制器的传递函数为

$$G_I(s) = \frac{u_o(s)}{u_{in}(s)} = \frac{1}{\tau s} \qquad (2\text{-}75)$$

如果积分控制器的输出电压为 u_c,其输入电压为控制系统偏差电压 Δu_n,偏差电压 Δu_n 为给定电压与反馈电压之差,即

$$\Delta u_n = U_{ref} - u_f$$

依据式(2-74),可得

$$u_c = \frac{1}{\tau} \int_0^t \Delta u_n \mathrm{d}t \qquad (2\text{-}76)$$

如果 Δu_n 是阶跃函数,则 u_c 按线性规律增加,即每一时刻 u_c 的大小和 Δu_n 与横轴所包围的面积成正比,如图 2-29(a)所示。

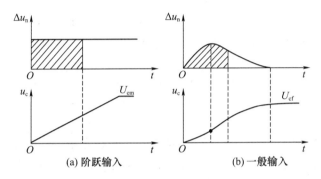

图 2-29　积分控制器的输入和输出动态过程

当 Δu_n 不是阶跃函数,而是按如图 2-29(b)变化时,同样每一时刻 u_c 的大小和 Δu_n 与横轴所包围的面积成正比,可得到相应的 u_c 曲线,图 2-29(b)中 Δu_n 的最大值对应 u_c 的拐点。

假设电路的初始值不是零,需加上初始电压 U_{c0},则积分式变为

$$u_c = \frac{1}{\tau} \int_0^t \Delta u_n \mathrm{d}t + U_{c0} \qquad (2\text{-}77)$$

对图 2-29(b)分析可知,在积分控制器工作的动态过程中,当偏差电压 Δu_n 发生变化时,不管变化是快还是慢,只要其极性不变,即 $U_{ref} > u_f$ 不变时,积分控制器的输出电压 u_c 便会一直增长。当达到 $U_{ref} = u_f$,即 $\Delta u_n = 0$ 时,u_c 停止上升;当反馈电压低于给定电压时,Δu_n 变负,u_c 才会下降。在这里要特别注意的是,当 $\Delta u_n = 0$ 时,u_c 并不为零,而是之前积分后的一个终值 U_{cf};如果偏差电压 Δu_n 不再变化,该值便保持恒定不变,这就是积分控制的特点。

2. 比例(P)控制器

在阶跃输入条件下,比例控制器的传递函数为

$$G_P(s) = \frac{u_o(s)}{u_{in}(s)} = k_p \qquad (2\text{-}78)$$

如果比例控制器的输入电压为控制系统的偏差电压 Δu_n,则可得

$$u_o = k_p \Delta u_n \quad \text{或} \quad u_c(s) = k_p \Delta u_n(s) \qquad (2\text{-}79)$$

由式(2-79)可见,比例控制器的输出只与当时的输入偏差有关,而与之前的偏差无关。比例控制器的特点是调节速度快,但是只有偏差存在时,它才会有输出,才能调节。因此比例控制存在一定的静差。而积分控制器的输出则包含了输入偏差的全部历史,当偏差为零时,控制电压仍有输出,即可以实现阶跃输入的无静差控制。在同样的阶跃输入作用下,比例控制器的输出可以立即响应,而积分控制器的输出却只能逐渐地改变。比例(P)控制器和积分(I)控制器的输入、输

出波形图如图 2-30 所示。

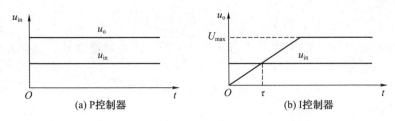

(a) P控制器　　　　　　　　(b) I控制器

图 2-30　P 控制器和 I 控制器的输入、输出波形图

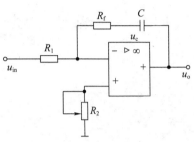

图 2-31　PI 控制器电路原理图

从上述分析可知,单独的比例调节和积分调节各有优劣。对既要无静差又要控制快速的系统来说,通常采用比例积分控制器。

3. 比例积分(PI)控制器

在模拟控制电路中,可用运算放大器来实现 PI 控制器,其电路原理图如图 2-31 所示。

根据运算放大器的原理可得输入、输出电压的关系为

$$u_o = \frac{R_f}{R_1}u_{in} + \frac{1}{R_1 C}\int u_{in}\mathrm{d}t = k_p u_{in} + \frac{1}{\tau}\int u_{in}\mathrm{d}t \tag{2-80}$$

式中,$k_p = R_f/R_1$ 是 PI 控制器比例部分的放大系数;$\tau = R_1 C$ 是 PI 控制器的积分时间常数。

由此可见,PI 控制器的输出电压由比例和积分两部分叠加而成。假设初始条件为零,对式(2-80)进行拉氏变换,可得 PI 控制器的传递函数为

$$G_{PI}(s) = \frac{u_o(s)}{u_{in}(s)} = k_p + \frac{1}{\tau s} = \frac{k_p \tau s + 1}{\tau s} \tag{2-81}$$

令 $\tau_1 = k_p \tau = R_f C$,则传递函数也可以写成如下形式

$$G_{PI}(s) = \frac{\tau_1 s + 1}{\tau s} = k_p \frac{\tau_1 s + 1}{\tau_1 s} \tag{2-82}$$

在初始状态为零的阶跃输入作用下,PI 控制器输出电压的波形如图 2-32(a)所示。比例积分作用的物理意义为:在阶跃输入作用下,由于电容 C 两端电压不能突变,在突然加信号的瞬间相当于电容两端短路,此时在运算放大器反馈回路中只剩下电阻 R_f,电路等效为一个放大系数为 k_p 的比例控制器,输出电压为 $k_p u_{in}$,发挥了比例控制的优势,实现了快速控制。随后电容 C 被充电,输出电压 u_o 开始积分,其数值不断增加,直到稳态。稳态时,C 两端电压等于 u_o,反馈电阻 R_f 不再起作用,这时电路等效为积分控制器。

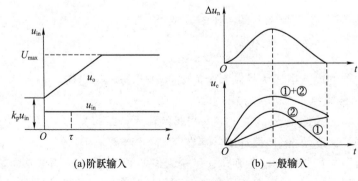

(a)阶跃输入　　　　　　　　(b) 一般输入

图 2-32　PI 控制器输出特性曲线

当输入偏差电压 Δu_n 的波形如图 2-32(b)所示时,输出波形中比例部分①和 Δu_n 成正比,积分部分②是 Δu_n 的积分曲线,而 PI 控制器的控制电压 u_c 是这两部分之和(①＋②)。从图 2-32(b)可见,u_c 既具有快速响应性能,又足以消除控制系统的静差。除此以外,PI 控制器还是提高系统稳定性的校正装置,因此,PI 控制器兼顾了比例控制器和积分控制器各自的优点,在实际中得到了更为广泛的应用。有关 PD 和 PID 控制在电能变换控制系统中应用较少,本书不再详细介绍,具体内容请参阅相关文献。

4. 模拟 PI 控制系统的原理

常规的模拟 PI 控制系统原理图如图 2-33 所示。该系统由模拟 PI 控制器和被控对象组成。图中 $r(t)$ 是给定值,$y(t)$ 是系统的实际输出值。给定值与实际输出值构成偏差 $e(t)$,即

$$e(t) = r(t) - y(t) \tag{2-83}$$

$e(t)$ 作为模拟 PI 控制器的输入,$u(t)$ 作为模拟 PI 控制器的输出和被控对象的输入。所以模拟 PI 控制器的时域数学模型为

$$u(t) = k_p \left[e(t) + \frac{1}{T_i} \int_0^t e(t)\mathrm{d}t \right] + U_0 \tag{2-84}$$

式中,k_p 是比例系数;T_i 是积分系数;U_0 是初始常量。

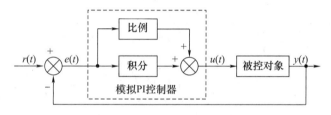

图 2-33　模拟 PI 控制系统原理图

5. 数字 PI 控制算法

随着微处理器在控制领域深入的应用,人们将模拟 PI 控制规律引入微处理器中。对式(2-84)进行离散处理,就可以用软件来实现 PI 控制,即数字 PI 控制器。数字 PI 控制算法可以分为位置式 PI 控制算法和增量式 PI 控制算法。

(1) 位置式 PI 控制算法

由于计算机控制是一种采样控制,它只能根据采样时刻的偏差来计算控制量,而不能像模拟控制那样连续输出控制量进行连续控制。因此,式(2-85)中的积分项不能直接使用,必须进行离散化处理。离散化处理的方法为:以 T_s 作为采样周期,k 作为采样序号,则离散采样时间 kT_s 对应着连续时间,用求和的形式代替积分,可进行如下近似变换

$$\begin{cases} t \approx kT_s \quad (k = 0, 1, 2, \cdots) \\ \int_0^t e(t)\mathrm{d}t \approx T_s \sum_{j=0}^k e(jT_s) = T_s \sum_{j=0}^k e_j \end{cases} \tag{2-85}$$

式中,为了表示方便,将类似于 $e(kT_s)$ 简化成 e_k 等。

将式(2-85)代入式(2-84),就可以得到离散的 PI 表达式为

$$u_k = k_p \left[e_k + \frac{T_s}{T_i} \sum_{j=0}^k e_j \right] + U_0 \tag{2-86}$$

或者

$$u_k = k_p e_k + k_i \sum_{j=0}^k e_j + U_0 \tag{2-87}$$

式中，k 是采样序号，$k=0,1,2,\cdots$；u_k 是第 k 次采样时刻的输出值；e_k 是第 k 次采样时刻输入的偏差；e_{k-1} 是第 $k-1$ 次采样时刻输入的偏差；k_i 是积分系数，$k_i=k_p T_s/T_i$；T_s 为采样周期；U_0 是开始进行 PI 控制时的初始常量。

如果采样周期取得足够小，上述计算可获得足够精确的结果，离散控制过程与连续控制过程十分接近。式(2-86)和式(2-87)表示的控制算法是直接按式(2-84)所给出的 PI 控制定义进行计算的，所以它给出了全部控制量的大小，因此被称为全量式或位置式 PI 控制算法。

由于位置式 PI 控制算法是全量输出，所以每次输出均与过去状态有关，计算时要对 e_k 进行累加，工作量大；并且，因为计算机输出的 u_k 对应的是执行机构的实际位置，在计算机出现故障时，若输出的 u_k 发生大幅度变化，则会引起执行机构的大幅度变化，有可能因此造成严重的生产事故，这在生产实际中是不允许的。

(2) 增量式 PI 控制算法

增量式 PI 控制算法可通过式(2-87)推导得出。由式(2-87)可得 PI 控制器在第 $k-1$ 个采样时刻的输出值为

$$u_{k-1}=k_p\Big[e_{k-1}+\frac{T_s}{T_i}\sum_{j=0}^{k-1}e_j\Big]+U_0 \tag{2-88}$$

将式(2-86)与式(2-88)相减并整理，就可以得到增量式 PI 控制算法公式为

$$\Delta u_k=u_k-u_{k-1}=k_p\Big[e_k-e_{k-1}+\frac{T_s}{T_i}e_k\Big] \tag{2-89}$$

Δu_k 还可以写成下面的形式

$$\Delta u_k=k_p\Big(\Delta e_k+\frac{T_s}{T_i}e_k\Big)=k_p(\Delta e_k+Ie_k) \tag{2-90}$$

式中，$\Delta e_k=e_k-e_{k-1}$；$I=T_s/T_i$。

由式(2-90)可以看出，如果计算机控制系统采用恒定的采样周期 T_s，一旦确定了 k_p、I，只要使用前后 2 次测量值的偏差就可以由式(2-90)求出控制增量，与式(2-87)相比，计算量小得多，因此在实际中得到了广泛的应用。

位置式 PI 控制算法也可以通过增量式控制算法推出递推计算公式，即

$$u_k=u_{k-1}+\Delta u_k \tag{2-91}$$

这就是目前在计算机控制中广泛应用的数字递推 PI 控制公式。实际中应用较多的是 PI 控制，PI 控制器增量式算法可表示为

$$u_k=u_{k-1}+\Delta u_k=u_{k-1}+k_p(e_k-e_{k-1})+k_ie_k \tag{2-92}$$

式中，$k_i=k_p*I$。该式在实际中应用更为广泛。

在实际应用及仿真中，积分环节常用离散的方法有前向欧拉法、后向欧拉法和梯形法，具体内容请参考 1.4.2 节内容。

(3) 增量式 PI 控制算法的 C 语言代码

```
e1=U-sum;//U 为给定值，sum 为反馈值，e1 为偏差
    if(e1>0.2) e1=0.2;//输入偏差限幅
    if(e1<-0.2) e1=-0.2;
  e=e1-e2;//e 为两次偏差的差
  uk=kp*e+ki*e1+uk1; //kp 为比例系数，ki 为积分系数
    if(uk>0.9) uk=0.9; //输出限幅
    if(uk<0.2) uk=0.2;
  uk1=uk;
  e2=e1;
```

2.2.3 PR 控制原理

在 DC/DC 变换的直流控制过程中,PI 控制器可实现无静差控制,但对交流信号 PI 控制器则无法实现无静差控制。例如,在跟踪正弦指令电流时,不可避免地存在稳态误差和抗干扰能力差的问题。逆变器并网运行时,PI 控制器造成的稳态误差(相位误差)会对逆变器的功率因数造成影响,同时,电网电压前馈还增加了系统检测的复杂程度。

1. 比例谐振(PR)控制

PR 控制器最先应用于有源滤波器及谐波补偿控制中,目前在单相及三相电流的控制中已得到广泛应用。其传递函数为

$$G_{PR}(s) = k_p + \frac{k_r s}{s^2 + \omega_0^2} \tag{2-93}$$

式中,k_p 为比例系数;k_r 为谐振系数;$\omega_0 = 2\pi f_0$ 为基波角频率。PR 控制器的主旨是其传递函数在复平面的虚轴上增加两个固定频率的闭环共轭极点,形成该频率下的谐振,同时利用谐振增大固定频率的增益(理论上,谐振使得该设计频率下的增益趋近于无穷大),从而使得可以对该频率的指令信号进行无差跟踪。

PR 控制器传递函数如式(2-93),其中谐振部分可分解为两个简单的积分组合

$$\frac{y(s)}{u(s)} = \frac{s}{s^2 + \omega_0^2} \tag{2-94}$$

$$\begin{cases} y(s) = \dfrac{1}{s}\left[u(s) - v(s)\right] \\ v(s) = \dfrac{1}{s}\omega_0^2 y(s) \end{cases} \tag{2-95}$$

其控制框图如图 2-34 所示。

整个 PR 控制器结构图如图 2-35 所示,PR 控制器输出电压的表达式为

$$U(s) = E(s)\left(k_p + \frac{k_r s}{s^2 + \omega_0^2}\right) \tag{2-96}$$

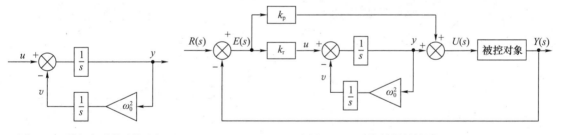

图 2-34 谐振部分控制框图　　　　　　　　图 2-35 PR 控制器结构图

2. 准 PR 控制

理想 PR 控制器加了两个固定频率的极点,可在该频率点形成谐振,实现对该频率的指令信号进行无差跟踪。但实际运用中,理想 PR 控制器在谐振频率附近的增益急剧减小,这样在电网电压频率出现波动时不利于控制系统的稳态控制。因此实际工程中多采取准 PR 控制,在增大谐振带宽的基础上能保持较高的增益,其传递函数为

$$G_{PR}(s) = k_p + \frac{2k_r \omega_c s}{s^2 + 2\omega_c^2 s + \omega_0^2} \tag{2-97}$$

由式(2-97)可知,影响控制器性能的主要参数为 k_p、k_r 和 ω_c,其中 k_p 为比例系数,k_r 为谐振系数(能够减小稳态误差),ω_c 为截止角频率(影响谐振增益和带宽)。

准 PR 控制器的比例系数 k_p 与 PI 控制器的比例系数作用类似,用于调节系统增益。谐振系

数 k_r 反映了准 PR 控制器在谐振频率处峰值增益的大小。谐振控制器的谐振带宽由截止角频率 ω_c 决定，ω_c 越小，准 PR 控制器对输入信号频率的波动越敏感，一般 ω_c 取 $5\sim15\text{rad/s}$。

3. 波特图对比

为了进一步理解 PI 控制器与 PR 控制器的区别，下面利用两者的波特图进行对比分析。

（1）PI 控制器的波特图

将式（2-81）转换为

$$G_{\text{PI}}(s)=k_p+\frac{k_i}{s}=\frac{k_p s+k_i}{s}=\frac{k_p(s+k_i/k_p)}{s} \tag{2-98}$$

式中，$k_i=1/\tau$。

可知，当 PI 控制器的参数 k_p 分别取为 1、10、100，$k_i=1$ 时，PI 控制器的波特图（PI1、PI2 和 PI3 对应 $k_p=1$、$k_p=10$ 和 $k_p=100$）如图 2-36 所示。

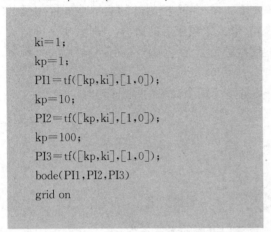
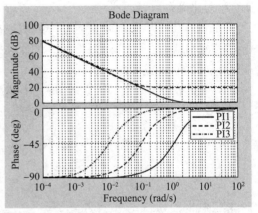

图 2-36　控制器参数 $k_i=1$，$k_p=1$、10、100 的波特图

当 PI 控制器的参数取为 $k_p=1$，k_i 分别取为 1、10、100 时，PI 控制器的波特图（PI1、PI2 和 PI3 对应 $k_i=1$、$k_i=10$ 和 $k_i=100$）如图 2-37 所示。

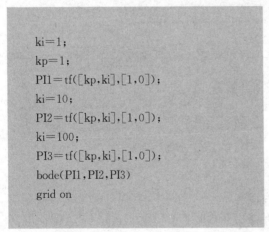
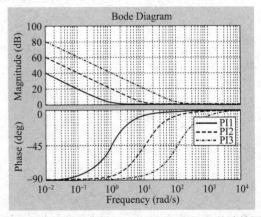

图 2-37　控制器参数 $k_p=1$，$k_i=1$、10、100 的波特图

可以看到，PI 控制器对高频信号的增益较低，而对低频信号会有较大的放大作用。假如使用 PI 控制器对 50Hz（角频率 314rad/s）及以上的正弦波进行跟踪，系统的跟踪特性会较差，而且会把低频噪声放大。

（2）PR 控制器的波特图

根据式（2-93）可知，当 PR 控制器的参数 k_p 分别取为 1、10、100，$k_r=1$ 时，PR 控制器的波特图（PR1、PR2 和 PR3 对应 $k_p=1$、$k_p=10$ 和 $k_p=100$）如图 2-38 所示。

```
wo＝2 * pi * 50;
kr＝1;
kp＝1;
PR1＝kp＋tf([kr,0],[1,0,wo^2]);
kp＝10;
PR2＝kp＋tf([kr,0],[1,0,wo^2]);
kp＝100;
PR3＝kp＋tf([kr,0],[1,0,wo^2]);
bode(PR1,PR2,PR3)
grid on
```

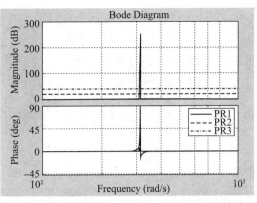

图 2-38　控制器参数 $k_r＝1, k_p＝1$、10、100 的波特图

当 PR 控制器的参数选取 $k_p＝1, k_r$ 分别取为 1、10、100 时, PR 控制器的波特图(PR1、PR2 和 PR3 对应 $k_r＝1$、$k_r＝10$ 和 $k_r＝100$)如图 2-39 所示。

```
wo＝2 * pi * 50;
kr＝1;
kp＝1;
PR1＝kp＋tf([kr,0],[1,0,wo^2]);
kr＝10;
PR2＝kp＋tf([kr,0],[1,0,wo^2]);
kr＝100;
PR3＝kp＋tf([kr,0],[1,0,wo^2]);
bode(PR1,PR2,PR3)
grid on
```

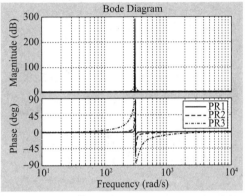

图 2-39　控制器参数 $k_p＝1, k_r＝1$、10、100 的波特图

由 PR 控制器的波特图可知 PR 控制器的参数 k_p 影响频率特性的幅值, 而 k_r 影响频率特性的相位。

(3) 准 PR 控制器的波特图

根据式(2-97)可知, 当准 PR 控制器的参数 k_p 分别取为 1、10、100, $k_r＝1$ 时, 准 PR 控制器的波特图(PR1、PR2 和 PR3 对应 $k_p＝1$、$k_p＝10$ 和 $k_p＝100$)如图 2-40 所示。

```
wo＝2 * pi * 50;
wc＝5;
kr＝1;
kp＝1;
PR1＝kp＋tf([2 * kr * wc,0],[1,2 *
wc,wo^2]);
kp＝10;
PR2＝kp＋tf([2 * kr * wc,0],[1,2 *
wc,wo^2]);
kp＝100;
PR3＝kp＋tf([2 * kr * wc,0],[1,2 *
wc,wo^2]);
bode(PR1,PR2,PR3)
grid on
```

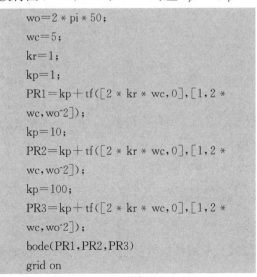

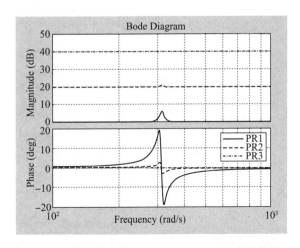

图 2-40　控制器参数 $k_r＝1, k_p＝1$、10、100 的波特图

当准 PR 控制器的参数选取 $k_p = 1$，k_r 分别取为 1、10、100 时，准 PR 控制器的波特图（PR1、PR2 和 PR3 对应 $k_r = 1$、$k_r = 10$ 和 $k_r = 100$）如图 2-41 所示。

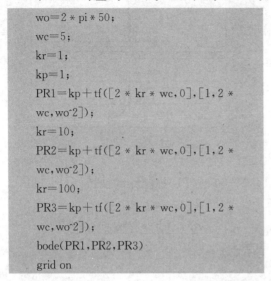

```
wo＝2 * pi * 50;
wc＝5;
kr＝1;
kp＝1;
PR1＝kp＋tf（［2 * kr * wc,0］,［1,2 *
wc,wo^2］）;
kr＝10;
PR2＝kp＋tf（［2 * kr * wc,0］,［1,2 *
wc,wo^2］）;
kr＝100;
PR3＝kp＋tf（［2 * kr * wc,0］,［1,2 *
wc,wo^2］）;
bode（PR1,PR2,PR3）
grid on
```

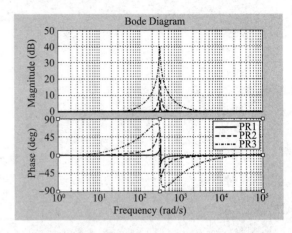

图 2-41　控制器参数 $k_p = 1$，$k_r = 1$、10、100 的波特图

从上述分析可知，增大 PI 控制器和 PR 控制器的参数值 k_p、k_i 和 k_r，可以提高控制器在特定频率处的开环增益，提高控制精度。但是考虑控制器的输出饱和，实际应用中要综合考虑。

4. PR 控制算法的离散化

（1）PR 控制的离散化

将式（2-95）离散化可得

$$\begin{cases} y_k = y_{k-1} + T_s(u_{k-1} - v_{k-1}) \\ v_k = v_{k-1} + T_s \omega^2 y_k \end{cases} \tag{2-99}$$

式中，T_s 为采样周期。

（2）准 PR 控制的离散化

下面对准 PR 控制器的离散化过程进行分析。首先将式（2-97）中的广义积分项等效分解为三个易于数字实现的环节，令

$$\frac{y(s)}{u(s)} = \frac{2k_r \omega_c s}{s^2 + 2\omega_c^2 s + \omega_0^2} \tag{2-100}$$

式（2-100）化简等效为

$$\begin{cases} y(s) = [2k_r \omega_c u(s) - v_1(s) - v_2(s)]/s \\ v_1(s) = 2\omega_c y(s) \\ v_2(s) = \omega_0^2 y(s)/s \end{cases} \tag{2-101}$$

式（2-101）可由图 2-42 所示的原理框图表示，可以看出广义积分项可分解为两个简单积分环节和一个比例反馈环节，由此使得 PR 控制器的数字实现更容易。

利用前向欧拉法 $[y(n) = y(n-1) + T * u(n-1)]$，将其离散化可得

$$\begin{cases} y_k = y_{k-1} + T_s(2k_r \omega_c u_{k-1} - v_{1(k-1)} - v_{2(k-1)}) \\ v_{1(k)} = 2\omega_c y_k \\ v_{2(k)} = v_{2(k-1)} + T_s \omega_0^2 y_k \end{cases} \tag{2-102}$$

式中，T_s 为采样周期。在电能变换系统中，若每个 PWM 载波周期触发一次 A/D 采样，则采样周期为 PWM 周期。

在电能变换系统中，PR 控制器应用更多的场合是电流控制，如光伏并网系统等。下面以电流为例进行分析。将准 PR 控制器的传递函数关系式表示成输出 $u^*(s)$ 和电流误差 $\Delta i(s)$ 的形式为

$$u^*(s) = \Delta i(s) * \left(k_p + \frac{2k_r\omega_c s}{s^2 + 2\omega_c^2 s + \omega_0^2}\right) \tag{2-103}$$

把式(2-102)代入式(2-103)中，可推导得离散化关系式为

$$\begin{cases} y_k = y_{k-1} + T_s(2k_r\omega_c\Delta i_{k-1} - v_{1(k-1)} - v_{2(k-1)}) \\ u_k^* = k_p\Delta i_k + y_k \\ v_{1(k)} = 2\omega_c y_k \\ v_{2(k)} = v_{2(k-1)} + T_s\omega_0^2 y_k \\ \Delta i_k = \Delta i_{k-1} \end{cases} \tag{2-104}$$

由式(2-104)可得准 PR 控制器离散化控制框图，如图 2-43 所示。图中，i_{ref} 为指令电流，i 为输出电流。

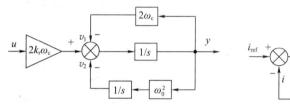
图 2-42 广义积分项分解的原理框图

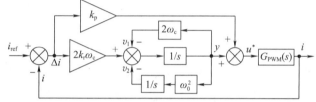
图 2-43 准 PR 控制器离散化控制框图

5. 准 PR 控制的 C 语言代码实现

```
i1＝biani＊(i1-pian);//交流电流
    Iref＝Im＊sindata[phi];//指令电流
    Ek＝Iref-i1;
    y1＝y2＋2＊wc＊kr＊Ts＊Ek1-Ts＊v2-Ts＊w2;
    v1＝wc＊2＊y1;

    w1＝w2＋98596＊Ts＊y2;
    m1＝kp＊Ek＋y1;
    if(m＞0.95)m＝0.95;//0.95 的 Q15
    if(m＜-0.95)m＝-0.95;// PI 调节

    Ek1＝Ek;
    y2＝y1;
    v2＝v1;
    w2＝w1;
```

2.2.4 其他控制技术

PI 控制可以对阶跃信号实现无静差控制，PR 控制可以对某一频率正弦信号实现无差跟踪。在电能变换系统中，还可能既需要实现跟踪某一频率的正弦参考信号，又要抑制不同频率的谐波信号(跟踪谐波信号)，此时 PR 控制已不能满足要求。而由多个谐振控制器并联构成的比例多

谐振控制器可以实现对多个频率正弦信号进行无差跟踪,是比较常见的控制方法。此外,重复控制(Repetitive Control,RC)也是变换器常见的控制方法。

RC 是一种基于内模原理的控制方法。内模原理的本质是将输入参考信号的数学模型置于稳定的闭环系统中,当输入信号为零时,控制器继续输出适当的控制信号,从而保证系统输出信号能够无误差地跟踪输入参考信号。实际应用中,逆变器整流负载产生的低频谐波是基波频率的整数倍信号,谐波信号在每个周期都以完全相同的波形重复出现,采用这种内模的闭环控制称为重复控制,其周期信号内模的离散传递函数可表示为

$$G(z) = \frac{z^{-N}}{1 - z^{-N}} \tag{2-105}$$

式中,N 为一个周期的采样次数,即采样频率与基波频率的比值。重复控制器的内模结构图如图 2-44 所示。图中 $E(z)$ 为误差信号,$U(z)$ 为内模输出信号。理想重复控制系统的结构图如图 2-45所示。

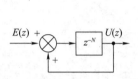

图 2-44　重复控制器的内模结构图

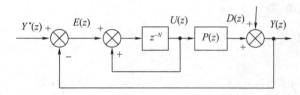

图 2-45　理想重复控制系统的结构图

图 2-45 中,$Y^*(z)$ 为参考输入信号,$P(z)$ 为被控对象,$D(z)$ 为扰动信号,$Y(z)$ 为系统输出信号。误差 $E(z)$ 可表示为

$$E(z) = \frac{1 - z^{-N}}{1 - z^{-N}(1 - P(z))} \left[Y^*(z) - D(z) \right] \tag{2-106}$$

那么,系统稳定的条件是特征方程的根在单位圆内,即 $1 - z^{-N}(1 - P(z)) = 0$ 的根在单位圆内。根据小增益定理,系统稳定的充分条件为

$$|1 - P(z)| < 1 \qquad \forall z = \mathrm{e}^{j\omega T_s}, 0 < \omega < \pi/T_s \tag{2-107}$$

式中,π/T_s 为奈奎斯特频率,T_s 为采样周期。

实际应用中,式(2-107)在整个奈奎斯特频率内很难满足,特别是高频范围。因此,保证系统在整个频段内都满足稳定条件,需要对重复控制系统进行改进。一般从两个方面进行:重复内模修正和被控对象补偿。

对重复内模的改进,一般采用 $Q(z)z^{-N}$ 代替 z^{-N},保证系统稳定收敛。$Q(z)$ 可以为小于 1 但接近 1 的常数,或者为零相位低通滤波器。改进内模后的重复控制系统结构图如图 2-46 所示。

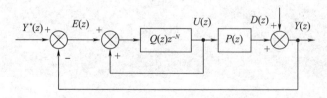

图 2-46　改进内模后的重复控制系统结构图

图 2-46 中,误差 $E(z)$ 的表达式为

$$E(z) = \frac{1 - z^{-N}Q(z)}{1 - z^{-N}Q(z)(1 - P(z))} \left[Y^*(z) - D(z) \right] \tag{2-108}$$

此时,系统的稳定条件为

$$|Q(z)(1-P(z))|<1 \qquad \forall z=\mathrm{e}^{\mathrm{j}\omega T_\mathrm{s}},0<\omega<\pi/T_\mathrm{s} \qquad (2\text{-}109)$$

$Q(z)=0.95$ 和 $Q(z)=1$ 时的重复控制波特图(基波频率为 400Hz)如图 2-47 所示。

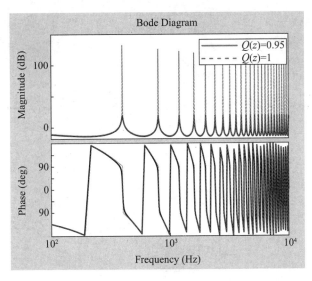

图 2-47 $Q(z)=0.95$ 和 $Q(z)=1$ 时的重复控制波特图(基波频率为 400Hz)

在理想情况下,被控对象 $P(z)$ 的相位在 $\pm90°$ 之间时,系统能够稳定,$P(z)$ 的相位越接近于 $0°$,系统的稳定性越好。当 $P(z)$ 的相位为 $\pm90°$ 时,$P(z)$ 的幅值只要不为零,系统就不稳定。因此,$P(z)$ 的特性对系统的稳定性影响很大。为了增强系统的稳定性,需要采用补偿器 $S(z)$ 对被控对象 $P(z)$ 进行补偿。补偿后重复控制系统的结构图如图 2-48 所示。

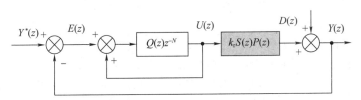

图 2-48 补偿后重复控制系统的结构图

图 2-48 中,k_r 为重复控制器的增益。补偿后 $E(z)$ 的表达式为

$$E(z)=\frac{1-z^{-N}Q(z)}{1-z^{-N}Q(z)(1-k_\mathrm{r}S(z)P(z))}[Y^*(z)-D(z)] \qquad (2\text{-}110)$$

系统的稳定条件是

$$|Q(z)(1-k_\mathrm{r}S(z)P(z))|<1 \qquad \forall z=\mathrm{e}^{\mathrm{j}\omega T_\mathrm{s}},0<\omega<\pi/T_\mathrm{s} \qquad (2\text{-}111)$$

由式(2-111)和图 2-48 可知,当补偿后的 $P(z)$ 为 $S(z)P(z)=1(k_\mathrm{r}=1)$,即零增益零相移时,系统具有最好的稳定性和最小的稳态误差。

重复控制器具有优秀的谐波抑制能力,但是由于延时环节的存在,其在第一个基波周期内不起作用,动态性欠佳。而 PI 控制器为经典控制器,动态响应快,二者结合构成的复合控制器将可以兼顾稳态性能和动态性能。常见的复合控制器结构有串联和并联两种结构形式。串联结构即重复控制器的输出信号加在 PI 控制器的给定值上,而并联结构为重复控制器和 PI 控制器的输出信号共同加在被控对象上。串联结构又有插入式和级联式两种。

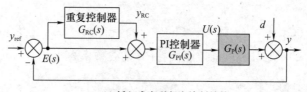

(a) 插入式串联复合控制结构

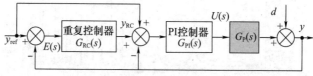

(b) 级联式串联复合控制结构

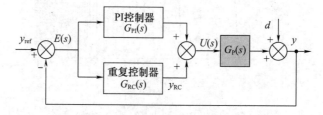

(c) 并联复合控制结构

图 2-49　复合控制结构

思考与练习

1. 试说明 SPWM 和 SVPWM 的特点。

2. 什么是调制度? 什么是载波比?

3. 试比较自然采样法、对称规则采样法和不对称规则采样法的优缺点。

4. 如图 2-50 所示,在单相 AC/DC/AC 电路中,忽略主电路的损耗,已知整流端输入的交流电压的有效值为 U_{in},求:(1) 整流后直流电压 U_{dc} 的近似值;(2) 逆变输出采用 SPWM 调制,调制度为 m 时,其输出的电压为多少?

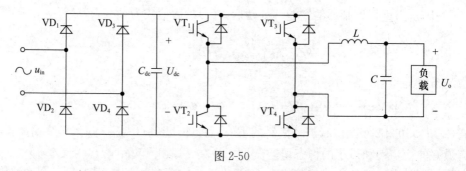

图 2-50

5. 在上题中如果输入电压 $U_{in}=220V$,频率为 50Hz,输出电压要求为 $U_o=110V$,频率为 50Hz,输出容量为 1kW,滤波电路参数 L 为 3mH,C 为 $10\mu F$,开关频率为 20kHz。要求采用 SPWM 调制,试搭建其开环仿真模型并进行仿真调试,编写基于 TMS320F28335 的 C 语言代码。

6. 如图 2-51 所示,在三相 AC/DC/AC 电路中,忽略主电路的损耗,已知整流端输入的交流相电压有效值为 U_{pi},求:(1) 整流后直流电压 U_{dc} 的近似值;(2) 逆变输出分别采用 SPWM 和 SVPWM 调制时,其输出最大相电

压 U_{pm} 分别为多少?

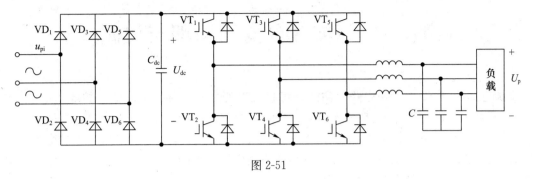

图 2-51

7. 在上题中如果输入相电压有效值 $U_{pi}=220V$,频率为 50Hz,输出相电压有效值要求为 $U_p=115V$,频率为 400Hz,输出容量为 5kW,滤波电路参数 L 为 2mH,C 为 10μF,开关频率为 20kHz。试分别采用 SPWM、SVPWM、滞环比较和三角波比较搭建其开环仿真模型并进行仿真调试,编写基于 TMS320F28335 的 C 语言代码。

8. 简述 PI 控制器和 PR 控制器的特点。

第3章 DC/DC变换原理与控制

直流-直流(DC/DC)变换电路的功能是将直流电变为另一固定电压或可控电压的直流电。DC/DC变换电路的种类繁多,按输入与输出之间是否有电气隔离划分,可分为隔离型和不隔离型;按输入、输出电压大小划分,可分为降压型、升压型和升降压型等。本章主要讨论降压斩波(Buck)变换电路、升压斩波(Boost)变换电路和桥式变换电路的结构与原理等,重点分析主电路参数设计、建模、控制、仿真及DSP编程。

3.1 Buck 变换电路

3.1.1 Buck 变换电路组成及工作原理

降压斩波变换电路(Buck Chopper)即Buck变换电路,主要由输入直流电源、全控型开关器件(开关管)、电感、续流二极管、电容、控制单元(PWM产生电路)和负载组成。如图3-1所示。

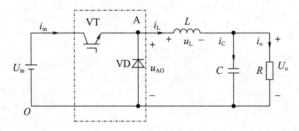

图 3-1 Buck 变换电路

Buck变换电路使用一个开关管VT(IGBT或MOSFET等),对输入直流电源U_{in}进行斩波控制。当VT导通时,在U_{in}为负载供电的同时也为储能元件(电感和电容)提供能量;当VT关断时,由储能元件(电感和电容)为负载供电,此时续流二极管VD给电感电流提供续流通道。通过调整VT控制信号的占空比,可以调整输出电压U_o的大小。Buck变换电路可用于电子电路中的供电电源,也可拖动直流电动机或带蓄电池负载等。

3.1.2 Buck 变换电路稳态分析

当VT导通时,电源U_{in}通过电感L和电容C共同向负载R供电,如图3-2(b)所示。当VT关断时,电源U_{in}停止工作,由储能元件(电感和电容)向负载供电,经二极管VD续流,如图3-2(c)所示。当VT关断且VD截止时,由电容向负载供电,如图3-2(d)所示。

Buck变换电路的VT驱动信号及电压斩波波形如图3-3所示,VT的导通时间与一个开关周期的比值称为导通比D,即VT的PWM信号占空比,为

$$D = T_{on}/T_s \tag{3-1}$$

式中,$T_{on} = DT_s$,$T_{off} = (1-D)T_s$。T_{on}为VT的导通时间;T_{off}为VT的关断时间;T_s为VT的开关周期。

其输出电压与输入电压之比称为该变换电路的变压比(简称变比)M,即

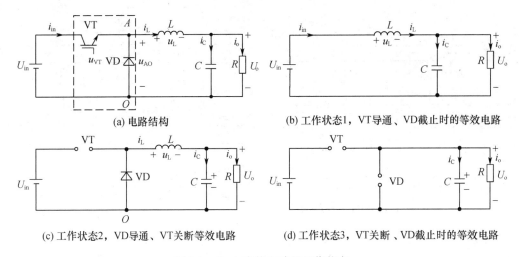

(a) 电路结构

(b) 工作状态1，VT导通、VD截止时的等效电路

(c) 工作状态2，VD导通、VT关断等效电路

(d) 工作状态3，VT关断、VD截止时的等效电路

图 3-2 Buck 变换电路的工作状态

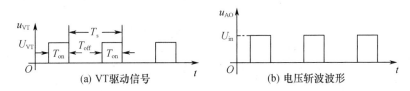

(a) VT驱动信号

(b) 电压斩波波形

图 3-3 Buck 变换电路的 VT 驱动信号及电压斩波波形

$$M = U_o / U_{in} \tag{3-2}$$

式中，M 总是小于 1。U_o 为输出电压；U_{in} 为输入电压。变比 M 与电路结构和占空比 D 有关，它们之间的关系可用多种方法推导。

Buck 变换电路根据电感电流是否连续有三种可能的运行工况，如图 3-4 所示。电感电流连续模式(Continuous Current Mode，CCM)，指电感电流在整个开关周期中都不为零；电感电流断流模式(Discontinuous Current Mode，DCM)，指在 VT 关断期间经二极管续流的电感电流已降为零，两者的临界称为电感电流临界模式(Boundary Current Mode，BCM)，即 VT 关断期结束时电感电流刚好降为零。

1. 电感电流连续模式(CCM)

图 3-4(a)给出了电感电流连续时的工作波形，它有两种工作状态：①VT 导通，电感电流 i_L 从 I_{Lmin} 增长到 I_{Lmax}；②VT 关断，二极管 VD 续流，i_L 从 I_{Lmax} 降到 I_{Lmin}。这两种工作状态对应两种不同的电路结构，如图 3-2(b)、(c)所示。

工作状态 1：电路处于稳态，即输入电压与输出电压相对不变。在 VT 导通，二极管 VD 截止时，电源输出电流 i_{in} 等于电感电流 i_L，此时有

$$L \frac{di_L}{dt} = L \frac{di_{in}}{dt} = U_{in} - U_o \tag{3-3}$$

在 VT 导通时，电感储能，电感电流呈上升趋势，由于开关频率很高，电感电流可近似认为呈线性增加。因此由式(3-3)可得，电流增加量 Δi_{L+} 可以表示为

$$\Delta i_{L+} = \frac{U_{in} - U_o}{L} T_{on} = \frac{U_{in} - U_o}{L} D T_s = \frac{U_{in} - U_o}{L f_s} D \tag{3-4}$$

工作状态 2：在 VT 关断，二极管 VD 导通时，电感释放能量，电感电流呈下降趋势，同理电感电流减少量 Δi_{L-} 为

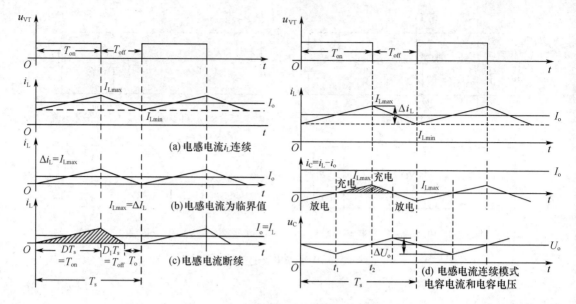

图 3-4　Buck 变换电路中电感电流波形图

$$L\frac{\mathrm{d}i_L}{\mathrm{d}_t}=-U_o \tag{3-5}$$

$$\Delta i_{L-}=\frac{U_o}{L}T_{off}=\frac{U_o}{L}(1-D)T_s=\frac{U_o}{Lf_s}(1-D) \tag{3-6}$$

显然,当电路处于稳态时,只有当 VT 导通期间电感电流的增加量 Δi_{L+} 等于 VT 关断期间电感电流的减少量 Δi_{L-} 时,即 $|\Delta i_{L+}|=|\Delta i_{L-}|=\Delta i_L$,电路才能达到平衡。即

$$\frac{U_{in}-U_o}{L}DT_s=\frac{U_o}{L}(1-D)T_s \tag{3-7}$$

由式(3-7)可得

$$\begin{cases} U_o=DU_{in} \\ U_o=MU_{in} \\ M=D \end{cases} \tag{3-8}$$

因此,Buck 变换电路在电感电流连续模式下,其变比 M 与占空比 D 相等,理想 Buck 变换电路的输出电压 U_o 与负载电流无关,因此 Buck 变换电路具有很好的控制性能。占空比 D 从 0 到 1 变化时,输出电压 U_o 从 0 到 U_{in} 变化,且输出电压最大值不会超过输入电压 U_{in}。

将式(3-7)进一步变换为

$$(U_{in}-U_o)DT_s=U_o(1-D)T_s$$

令上升段电压的变化为 $\Delta U_+=U_{in}-U_o$,上升段时间为 $\Delta t_+=DT_s$;下降段的电压为 $\Delta U_-=U_o$,下降段时间为 $\Delta t_-=(1-D)T_s$。则有

$$\Delta U_+ \cdot \Delta t_+ = \Delta U_- \cdot \Delta t_- \tag{3-9}$$

式(3-9)称为伏秒平衡,对于处于稳定状态的电感,开关导通时(电流上升段)的伏秒数与开关关断时(电流下降段)的伏秒数在数值上相等。它是分析稳态 DC/DC 变换常用的一个重要概念。

由图 3-2 可知,稳态时,负载电流 i_o 不变为 I_o,而 $i_L=i_C+i_o$,在一个开关周期内,输出端电容的平均充电电流等于平均放电电流,在一个周期内平均值为零。故 Buck 变换电路输出端负载平均电流 I_o 就是电感的平均电流 I_L,即

$$\begin{cases} I_o = I_L = \dfrac{I_{Lmin} + I_{Lmax}}{2} \\ I_{Lmax} = I_o + \dfrac{1}{2}\Delta i_L = \dfrac{U_o}{R} + \dfrac{1}{2}\Delta i_L \\ I_{Lmin} = I_o - \dfrac{1}{2}\Delta i_L = \dfrac{U_o}{R} - \dfrac{1}{2}\Delta i_L \end{cases} \tag{3-10}$$

式中，I_{Lmax} 和 I_{Lmin} 分别为电感电流的最大值和最小值；R 为 Buck 变换电路的负载电阻。

如图 3-4(d)所示，$i_C = i_L - i_o$，在 $0 \sim t_1$ 期间，电容 C 放电，电源 U_{in} 通过电感 L 和电容 C 共同向负载 R 供电；在 $t_1 \sim t_2$ 期间，电源 U_{in} 通过电感 L 向电容 C 充电的同时为负载供电；在 t_2 到下一个开关期间，续流电感 L 和放电电容 C 共同向负载供电。在一个开关周期内电容充电电荷（也等于放电电荷）ΔQ 为

$$\Delta U_o = \frac{1}{C}\int_{t_1}^{t_2} i_C \mathrm{d}t = \frac{1}{C}\left(\frac{1}{2} \times \frac{\Delta i_L}{2} \times \frac{T_s}{2}\right) = \frac{\Delta i_L}{8C}T_s$$

$$\Delta Q = C \times \Delta U_o = \frac{1}{2}\frac{\Delta i_L}{2}\frac{T_s}{2} = \frac{\Delta i_L}{8f_s} \tag{3-11}$$

式中，ΔU_o 为输出电压波动量（纹波电压），电容电流的积分等于图 3-4(d)中阴影三角形的面积。

$$\Delta U_o = U_{omax} - U_{omin} = \frac{\Delta Q}{C} = \frac{\Delta i_L}{8Cf_s} = \frac{(1-D)U_o}{8LCf_s^2}$$

$$\frac{\Delta U_o}{U_o} = \frac{1-D}{8LCf_s^2} = \frac{\pi^2}{2}\left(\frac{f_{res}}{f_s}\right)^2(1-D) \tag{3-12}$$

式中，$f_{res} = \dfrac{1}{2\pi\sqrt{LC}}$ 为 LC 滤波电路的谐振频率；f_s 为 VT 的开关频率。

计算电容时应考虑最不利的情况，一般采用式(3-13)进行计算，即

$$C \geqslant \frac{(1-D_{min})U_o}{8Lf_s^2\Delta U_o} \tag{3-13}$$

式中，D_{min} 为最小占空比。

由式(3-12)可知，纹波电压 ΔU_o 除与输入、输出电压有关外，还与 L、C 和开关频率有关。增大储能电感 L、输出滤波电容 C 和提高 VT 的工作频率 f_s 都可减小输出电压的纹波。

2. 电感电流断续模式（DCM）

当电感 L 较小、负载电阻 R 或开关周期 T_s 较大时，将会出现电感电流已下降到零而新的周期尚未开始的情况。在新的周期内电感电流将从零开始增加，这种工作模式称为电感电流断续模式（DCM）。

图 3-4(c)给出了电感电流断续时的工作波形，它有三种工作状态：①VT 导通，电感电流 i_L 从零增长到 I_{Lmax}；②VT 关断，二极管 VD 续流，i_L 从 I_{Lmax} 降到零；③VT 和 VD 均截止，在此期间 i_L 保持为零，负载电流由输出端的滤波电容供电。这三种工作状态对应三种不同的电路结构，如图 3-2(b)、(c)、(d)所示。

工作状态 1：当 VT 导通时，电感电流由零开始增大，有

$$\Delta i_{L+} = \frac{U_{in} - U_o}{L}T_{on} = \frac{U_{in} - U_o}{L}DT_s = \frac{U_{in} - U_o}{Lf_s}D \tag{3-14}$$

工作状态 2：当 VT 关断，二极管 VD 导通时，电感电流由最大值 I_{Lmax} 减小，有

$$\Delta i_{L-} = -\frac{U_o}{L}D_1 T_s \tag{3-15}$$

式中，$D_1 T_s$ 为二极管导通续流时间，$D + D_1 \neq 1$。由 $|\Delta i_{L+}| = |\Delta i_{L-}|$ 得

$$\frac{U_{in}-U_o}{L}DT_s=\frac{U_o}{L}D_1T_s \tag{3-16}$$

$$U_o=\frac{D}{D+D_1}U_{in} \tag{3-17}$$

电感电流连续或电感电流临界状态时，$D+D_1=1$；电感电流断续时，$D+D_1\neq1$。

Buck 变换电路的输出电流 I_o 等于电感平均电流值，即

$$I_o=\frac{1}{T_s}\Delta Q=\frac{1}{T_s}\times\frac{1}{2}\Delta i_L(T_{on}+T_{off})=\frac{D^2}{2f_sL}\left(\frac{U_{in}}{U_o}-1\right)U_{in} \tag{3-18}$$

式中，ΔQ 为图 3-4(c)中阴影三角形的面积。式(3-16)和式(3-17)表明，电感电流断续时，U_o/U_{in} 即变比 M 不仅与占空比 D 有关，而且与负载电流有关。

工作状态 3：VT 断开，续流结束，VD 截止，负载由电容供电，其等效电路如图 3-2(d)所示。

3. 电感电流临界模式(BCM)

当续流结束时(见图 3-4(b))，电感电流刚好下降为零，即临界连续状态，此时输出电流为最小 I_{omin}(相对于 CCM)，即为电感电流临界连续状态下的电感平均电流值，为

$$I_L=I_{omin}=\frac{1}{2}\Delta I_L=\frac{1}{2}\frac{U_{in}-U_o}{L}DT_s=\frac{U_{in}-U_o}{2Lf_s}D=\frac{U_{in}}{2Lf_s}D(1-D)=\frac{U_o}{2Lf_s}(1-D) \tag{3-19}$$

由式(3-19)可以得出临界电感值 L_C 为

$$L_C=\frac{U_o}{2I_{omin}f_s}(1-D) \tag{3-20}$$

在实际设计中，为考虑最不利的情况下电感电流不断流，电感的选取一般采用下式进行计算

$$L_C\geqslant\frac{U_o}{2I_Lf_s}(1-D_{min})=\frac{U_o}{2I_{omin}f_s}(1-D_{min})=\frac{R_{max}}{2f_s}(1-D_{min}) \tag{3-21}$$

式中，R_{max} 为负载电流最小时的电阻；D_{min} 为最小占空比。

4. 实例设计分析

(1) Buck 变换电路设计步骤

① 选择续流二极管 VD：续流二极管选用快恢复二极管，其额定工作电流和反向耐压必须满足电路要求，并留有一定的余量。

② 选择开关管的工作频率 f_s：工作频率最好大于 20kHz，以避开音频噪声。开关频率提高可以减小电感 L、电容 C，但会增大开关损耗，因此效率会降低，选择时要综合考虑。

③ 开关管可选 MOSFET、IGBT、GTR 等。

④ 选择占空比：为保证当输入电压发生波动时输出电压能够稳定，要留有一定的调整空间。

⑤ 临界电感值 L_C：采用式(3-21)确定并根据实际情况通过仿真和实验后进行修正。

⑥ 确定电容 C。电容耐压必须超过其额定电压；电容必须能够传送所需的电流有效值。电流波形为近似三角形，三角形高为 $\Delta i_L/2$，底宽为 $T_s/2$，因此电容电流有效值 I_{CRMS} 为

$$I_{CRMS}=\Delta i_L/2\sqrt{3} \tag{3-22}$$

根据纹波要求，可按式(3-13)确定电容值。

⑦ 确定连接导线。确定连接导线必须计算电感电流有效值，电感电流有效值 I_{LRMS} 由下式给出

$$I_{LRMS}=\sqrt{I_L^2+\left[\frac{\Delta i_L}{2\sqrt{3}}\right]^2} \tag{3-23}$$

由电感电流有效值确定导线截面积，由工作频率 f_s 确定透入深度(当导线为圆铜导线时，透

入深度为 $\sigma=\dfrac{66.1}{\sqrt{f_s}}$),然后确定线径和导线根数。

(2)实例设计分析

设计图 3-5 所示的 Buck 变换电路。设电源电压 U_{in} 为 210～290V,额定负载电流为 11A,最小负载电流为 1.1A,开关频率为 20kHz。要求输出电压 U_o 为 48V,纹波小于 1‰,最小负载时电感电流不断流。计算滤波电感 L 和电容 C,并选取开关管 VT 和二极管 VD。

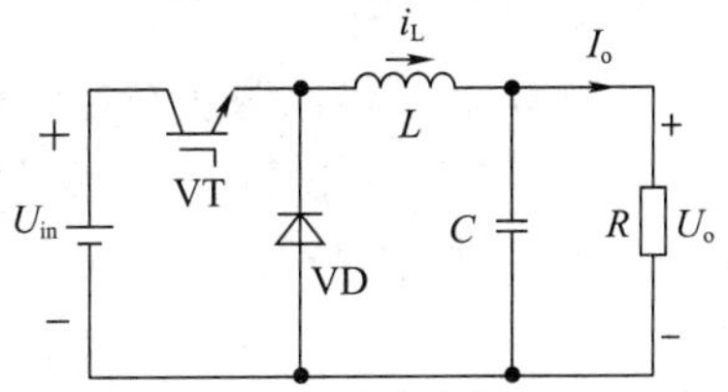

图 3-5 设计实例

解:因为要求电感电流不断流,所以有

$$M=D=\frac{U_o}{U_{in}}$$

当输出电压 U_o 为 48V 时,有

$$M=D=\frac{48}{290}\sim\frac{48}{210}=0.16\sim0.23$$

要使电流连续的最小负载电流为

$$I_{omin}=\frac{U_o}{2Lf_s}(1-D)$$

因此有

$$L\geqslant\frac{U_o}{2\,I_{omin}f_s}(1-D_{min})=\frac{48\times(1-0.16)}{2\times1.1\times20\times10^3}=0.916\text{mH}$$

考虑一定的余量,电感 L 取为 1mH。

电感电流最大的脉动峰峰值 Δi_L 为

$$\Delta i_L=I_{Lmax}-I_{Lmin}=\frac{U_o}{Lf_s}(1-D)=\frac{48\times(1-0.16)}{1\times10^{-3}\times20\times10^3}\approx2.02\text{A}$$

电感电流最大值 I_{Lmax} 和最小值 I_{Lmin} 分别为

$$I_{Lmax}=I_o+\frac{1}{2}\Delta i_L=11+2.02/2=12.1\text{A}$$

$$I_{Lmin}=I_o-\frac{1}{2}\Delta i_L=11-2.02/2=9.99\text{A}$$

开关管 VT 和二极管 VD 承受的电压都为 290V,通过的最大电流为 12.1A,同样考虑一定的余量,可选 500V/20A 的管子。

C 值可根据输出电压纹波的大小确定

$$C\geqslant\frac{(1-D_{min})U_o}{8Lf_s^2\Delta U_o}=\frac{(1-0.16)\times48}{8\times1\times10^{-3}\times(20\times10^3)^2\times48\times10^{-2}}=26.25\mu\text{F}$$

实际取 $C=47\mu\text{F}$,则实际纹波为

$$\frac{\Delta U_o}{U_o}=\frac{1-D}{8LCf_s^2}=\frac{1-0.16}{8\times1\times10^{-3}\times47\times10^{-6}\times(20\times10^3)^2}=0.56\%\leqslant1\%$$

满足题目要求。实际仿真和实验中,电感 L 和电容 C 的值可以在计算值左右反复尝试,以得到最好的波形效果。

3.1.3 Buck 变换电路建模及控制

DC/DC 变换电路采用负反馈控制,使其输出电压或者电流保持稳定,并达到一定的稳压或稳流精度。因此 DC/DC 变换电路与反馈控制电路构成一个自动控制系统,即闭环反馈控制。

为了使 DC/DC 变换电路不受输入电压、负载电流变化和其他干扰的影响,控制电路要保持稳定,暂态过程、稳定时间和稳态精度必须满足具体要求。常用的闭环控制有电压单环控制、电压外环和电流内环组成的双闭环控制等,其中双闭环控制中的电流内环具有限制输出电流和改善动态性能的作用。本节针对 Buck 变换自动控制系统建模和单/双闭环的设计展开讨论。

1. Buck 变换电路状态空间平均模型

由于 PWM 型 DC/DC 变换电路是一个非线性电路,因此变换电路动态特性的分析较为复杂。1976 年,R. D. Middlebrook 等人在前人的基础上提出了状态空间平均法,此后出现了具有同样准确度的其他方法,如电流注入法、等效受控源法和三端开关器件法,也出现了一些较高精度的方法,如采样数据法和离散平均法等。

状态空间平均法一直是国际公认的 PWM 型 DC/DC 变换器的主要建模和分析方法,其实质为:根据由线性元件($R、L、C$)、独立电源和周期性开关组成的原始网络,以电容电压、电感电流为状态变量,按照开关器件的 ON 和 OFF 两种状态,利用时间平均技术,得到一个周期内的平均状态变量,将一个非线性、时变、开关电路转变为一个等效的线性、时不变、连续电路,因而可对 DC/DC 变换电路进行大信号瞬态分析,并可决定其小信号传递函数,建立状态空间平均模型。

(1) 状态平均的电感和电容特性

$$
\begin{cases}
L\dfrac{\mathrm{d}\langle i_{\mathrm{L}}(t)\rangle_{T_{\mathrm{s}}}}{\mathrm{d}t} = \langle u_{\mathrm{L}}(t)\rangle_{T_{\mathrm{s}}} \\
C\dfrac{\mathrm{d}\langle u_{\mathrm{C}}(t)\rangle_{T_{\mathrm{s}}}}{\mathrm{d}t} = \langle i_{\mathrm{C}}(t)\rangle_{T_{\mathrm{s}}}
\end{cases}
\tag{3-24}
$$

式中,$\langle u_{\mathrm{L}}(t)\rangle_{T_{\mathrm{s}}}$ 和 $\langle i_{\mathrm{C}}(t)\rangle_{T_{\mathrm{s}}}$ 用 $\langle x(t)\rangle_{T_{\mathrm{s}}}$ 表示,$\langle x(t)\rangle_{T_{\mathrm{s}}}$ 为 $x(t)$ 在时间 T_{s} 内的平均值,其定义为

$$
\langle x(t)\rangle_{T_{\mathrm{s}}} = \frac{1}{T_{\mathrm{s}}}\int_{t}^{t+T_{\mathrm{s}}} x(\tau)\mathrm{d}\tau
\tag{3-25}
$$

(2) 状态平均的基尔霍夫定律

对于电路的某一回路,由基尔霍夫电压定律可得到回路电压之和为 0,即

$$
\sum u(t) = 0
\tag{3-26}
$$

对式(3-26)进行积分,则

$$
\frac{1}{T_{\mathrm{s}}}\int_{t}^{t+T_{\mathrm{s}}}\sum u(\tau)\mathrm{d}\tau = \sum\left[\frac{1}{T_{\mathrm{s}}}\int_{t}^{t+T_{\mathrm{s}}} u(\tau)\mathrm{d}\tau\right] = 0
\tag{3-27}
$$

由状态平均的定义,有

$$
\sum\langle u(\tau)\rangle_{T_{\mathrm{s}}} = 0
\tag{3-28}
$$

由此可见,基尔霍夫电压定律完全适用于功率电子电路的状态平均,称为状态平均基尔霍夫电压定律。同理,可以获得电路某一节点的状态平均基尔霍夫电流定律,即

$$
\sum\langle i(\tau)\rangle_{T_{\mathrm{s}}} = 0
\tag{3-29}
$$

由于式(3-24)中包含谐波成分,其微分方程是非线性的。假设电压、电流在稳态时的值比瞬态时大得多(通常设计时必须满足),可将式(3-24)简化成线性方程,得到等效的电路模型,从而求出输入阻抗、输出阻抗、传递函数等,进而对变换电路进行设计。

(3) Buck 变换的状态空间平均法建模

由于变换电路工作于开、关两种状态,把开关视为理想开关。针对 Buck 变换电路,下面来说明利用状态空间平均法建立小信号传递函数的方法。

Buck 变换电路有两种工作状态,如图 3-6 所示。

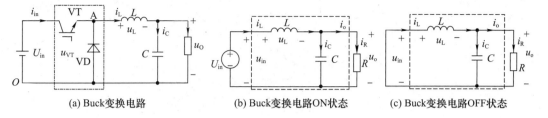

(a) Buck变换电路   (b) Buck变换电路ON状态   (c) Buck变换电路OFF状态

图 3-6   Buck 变换电路工作状态

图 3-6 为理想电路。根据基尔霍夫定律获得 DC/DC Buck 变换电路的模型如下

$$\begin{cases} L\dfrac{\mathrm{d}i_{\mathrm{L}}}{\mathrm{d}t}+u_{\mathrm{o}}=u_{\mathrm{in}} \\[2mm] i_{\mathrm{L}}=i_{\mathrm{C}}+i_{\mathrm{o}} \\[2mm] i_{\mathrm{C}}=C\dfrac{\mathrm{d}u_{\mathrm{o}}}{\mathrm{d}t} \\[2mm] i_{\mathrm{R}}=i_{\mathrm{o}}=\dfrac{u_{\mathrm{o}}}{R} \end{cases} \tag{3-30}$$

式中,在 VT 导通时输入电压 u_{AO} 等于电源电压 U_{in},在 VT 关断时输入电压等于 0,即

$$u_{\mathrm{AO}}=u_{\mathrm{in}}=\begin{cases} U_{\mathrm{in}} & t\in[nT_{\mathrm{s}},nT_{\mathrm{s}}+t_{\mathrm{on}}) \\ 0 & t\in[nT_{\mathrm{s}}+t_{\mathrm{on}},nT_{\mathrm{s}}+T_{\mathrm{s}}) \end{cases} \tag{3-31}$$

$$i_{\mathrm{in}}=\begin{cases} \langle i_{\mathrm{L}}(t)\rangle_{T_{\mathrm{s}}} & t\in[nT_{\mathrm{s}},nT_{\mathrm{s}}+t_{\mathrm{on}}) \\ 0 & t\in[nT_{\mathrm{s}}+t_{\mathrm{on}},nT_{\mathrm{s}}+T_{\mathrm{s}}) \end{cases} \tag{3-32}$$

式中,U_{in} 为输入电压,i_{in} 为输入电流,T_{s} 为 PWM 周期,t_{on} 为开关管导通时间。

假设 Buck 变换电路工作在 CCM 模式,在 PWM 周期 T_{s} 内,对式(3-30)进行状态平均表示,可得

$$\begin{cases} L\dfrac{\mathrm{d}\langle i_{\mathrm{L}}(t)\rangle_{T_{\mathrm{s}}}}{\mathrm{d}t}+\langle u_{\mathrm{o}}(t)\rangle_{T_{\mathrm{s}}}=\langle u_{\mathrm{in}}(t)\rangle_{T_{\mathrm{s}}} \\[2mm] \langle i_{\mathrm{L}}(t)\rangle_{T_{\mathrm{s}}}=\langle i_{\mathrm{C}}(t)\rangle_{T_{\mathrm{s}}}+\langle i_{\mathrm{o}}(t)\rangle_{T_{\mathrm{s}}} \\[2mm] \langle i_{\mathrm{C}}(t)\rangle_{T_{\mathrm{s}}}=C\dfrac{\mathrm{d}\langle u_{\mathrm{o}}(t)\rangle_{T_{\mathrm{s}}}}{\mathrm{d}t}=\langle i_{\mathrm{L}}(t)\rangle_{T_{\mathrm{s}}}-\langle i_{\mathrm{o}}(t)\rangle_{T_{\mathrm{s}}} \\[2mm] \langle i_{\mathrm{R}}(t)\rangle_{T_{\mathrm{s}}}=\langle i_{\mathrm{o}}(t)\rangle_{T_{\mathrm{s}}}=\dfrac{\langle u_{\mathrm{o}}(t)\rangle_{T_{\mathrm{s}}}}{R} \end{cases} \tag{3-33}$$

由式(3-31)和式(3-32)可得

$$\langle u_{\mathrm{in}}(t)\rangle_{T_{\mathrm{s}}}=d(t)U_{\mathrm{in}} \tag{3-34}$$

式中,$d(t)=t_{\mathrm{on}}/T_{\mathrm{s}}$。

$$\langle i_{\mathrm{in}}(t)\rangle_{T_{\mathrm{s}}}=\frac{t_{\mathrm{on}}}{T_{\mathrm{s}}}\langle i_{\mathrm{L}}(t)\rangle_{T_{\mathrm{s}}}=d(t)\langle i_{\mathrm{L}}(t)\rangle_{T_{\mathrm{s}}} \tag{3-35}$$

这样,将式(3-34)和式(3-35)代入式(3-33),可得 PWM 周期的 Buck 变换电路的 CCM 平均

模型为

$$
\begin{cases}
L\dfrac{\mathrm{d}\langle i_{\mathrm{L}}(t)\rangle_{T_{\mathrm{s}}}}{\mathrm{d}t}=d(t)\langle u_{\mathrm{in}}(t)\rangle_{T_{\mathrm{s}}}-\langle u_{\mathrm{o}}(t)\rangle_{T_{\mathrm{s}}} \\[3mm]
\langle i_{\mathrm{C}}(t)\rangle_{T_{\mathrm{s}}}=C\dfrac{\mathrm{d}\langle u_{\mathrm{o}}(t)\rangle_{T_{\mathrm{s}}}}{\mathrm{d}t} \\[3mm]
\langle i_{\mathrm{in}}(t)\rangle_{T_{\mathrm{s}}}=\dfrac{t_{\mathrm{on}}}{T_{\mathrm{s}}}\langle i_{\mathrm{L}}(t)\rangle_{T_{\mathrm{s}}}=d(t)\langle i_{\mathrm{L}}(t)\rangle_{T_{\mathrm{s}}}
\end{cases}
\tag{3-36}
$$

这些公式包含了时变量的相乘,因此是非线性的。绝大多数交流电路分析技术比如拉氏变换或者其他形式的频率变换对非线性系统是无效的,因此需要建立小信号模型,将式(3-36)线性化。

假设稳态情况下,占空比 $d(t)=D$,电感电流 $\langle i_{\mathrm{L}}(t)\rangle_{T_{\mathrm{s}}}$、电容电压 $\langle u_{\mathrm{o}}(t)\rangle_{T_{\mathrm{s}}}$ 和输入电流 $\langle i_{\mathrm{in}}(t)\rangle_{T_{\mathrm{s}}}$ 各自达到静态值 I_{L}、U_{o}、I_{in},则式(3-36)中微分为零,从而得到

$$
\begin{cases}
U_{\mathrm{in}}=\dfrac{U_{\mathrm{o}}}{D} \\[3mm]
I_{\mathrm{C}}=0 \\[2mm]
I_{\mathrm{in}}=DI_{\mathrm{L}}
\end{cases}
\tag{3-37}
$$

为了在静态工作点 (I,U) 处构建小信号模型,假设输入电压 $u_{\mathrm{in}}(t)$ 和占空比 $d(t)$ 等于稳态 U_{in} 和 D 加上一些较小的交流变量(微扰)$\hat{u}_{\mathrm{in}}(t)$ 和 $\hat{d}(t)$,因此得到

$$
\begin{cases}
\langle u_{\mathrm{in}}(t)\rangle_{T_{\mathrm{s}}}=U_{\mathrm{in}}+\hat{u}_{\mathrm{in}}(t) \\[2mm]
d(t)=D+\hat{d}(t)
\end{cases}
\tag{3-38}
$$

作为这些输入的响应,当系统达到稳态时,平均电感电流 $\langle i_{\mathrm{L}}(t)\rangle_{T_{\mathrm{s}}}$、平均电容电压 $\langle u_{\mathrm{o}}(t)\rangle_{T_{\mathrm{s}}}$ 和平均输入电流 $\langle i_{\mathrm{in}}(t)\rangle_{T_{\mathrm{s}}}$ 分别等于相应的静态值加上微扰,即

$$
\begin{cases}
\langle i_{\mathrm{L}}(t)\rangle_{T_{\mathrm{s}}}=I_{\mathrm{L}}+\hat{i}_{\mathrm{L}}(t) \\[2mm]
\langle u_{\mathrm{o}}(t)\rangle_{T_{\mathrm{s}}}=U_{\mathrm{o}}+\hat{u}_{\mathrm{o}}(t) \\[2mm]
\langle i_{\mathrm{in}}(t)\rangle_{T_{\mathrm{s}}}=I_{\mathrm{in}}+\hat{i}_{\mathrm{in}}(t)
\end{cases}
\tag{3-39}
$$

将式(3-38)和式(3-39)代入式(3-36)可得

$$
\begin{cases}
L\dfrac{\mathrm{d}[I_{\mathrm{L}}+\hat{i}_{\mathrm{L}}(t)]}{\mathrm{d}t}=[D+\hat{d}(t)][U_{\mathrm{in}}+\hat{u}_{\mathrm{in}}]-[U_{\mathrm{o}}+\hat{u}_{\mathrm{o}}(t)] \\[3mm]
C\dfrac{\mathrm{d}[U_{\mathrm{o}}+\hat{u}_{\mathrm{o}}(t)]}{\mathrm{d}t}=\langle i_{\mathrm{C}}(t)\rangle_{T_{\mathrm{s}}}=\langle i_{\mathrm{L}}(t)\rangle_{T_{\mathrm{s}}}-\langle i_{\mathrm{o}}(t)\rangle_{T_{\mathrm{s}}}=[I_{\mathrm{L}}+\hat{i}_{\mathrm{L}}(t)]-\dfrac{U_{\mathrm{o}}+\hat{u}_{\mathrm{o}}(t)}{R} \\[3mm]
\langle i_{\mathrm{in}}(t)\rangle_{T_{\mathrm{s}}}=\dfrac{t_{\mathrm{on}}}{T_{\mathrm{s}}}\langle i_{\mathrm{L}}(t)\rangle_{T_{\mathrm{s}}}=d(t)\langle i_{\mathrm{L}}(t)\rangle_{T_{\mathrm{s}}}=[D+\hat{d}(t)][I_{\mathrm{L}}+\hat{i}_{\mathrm{L}}(t)]
\end{cases}
\tag{3-40}
$$

展开并且整理,得

$$
L\left(\dfrac{\mathrm{d}I_{\mathrm{L}}}{\mathrm{d}t}+\dfrac{\mathrm{d}\hat{i}_{\mathrm{L}}(t)}{\mathrm{d}t}\right)=\underbrace{(DU_{\mathrm{in}}-U_{\mathrm{o}})}_{\text{直流项}}+\underbrace{(D\hat{u}_{\mathrm{in}}(t)+\hat{d}(t)U_{\mathrm{in}}-\hat{u}_{\mathrm{o}}(t))}_{\text{一阶交流线性项}}+\underbrace{\hat{d}(t)\hat{u}_{\mathrm{in}}(t)}_{\text{二阶交流非线性项}}
\tag{3-41}
$$

直流项的微分为零,为建立小信号交流模型,可以将直流项看作常量。等式右边由三部分组成。

直流项:这些项仅包含直流量。

一阶交流线性项:每一项都是一个交流量乘以一个常系数,这些项是交流量的线性部分。

二阶交流非线性项:这些项包含交流量的乘积,它们是非线性的。

忽略二阶交流非线性项,可以得到小信号模型

$$L\frac{\mathrm{d}\hat{i}_{\mathrm{L}}(t)}{\mathrm{d}t}=D\hat{u}_{\mathrm{in}}(t)+\hat{d}(t)U_{\mathrm{in}}-\hat{u}_{\mathrm{o}}(t) \tag{3-42}$$

这就是 Buck 变换电路的电感电流的小信号线性方程。

同样,电容电压方程也可以线性化。将式(3-40)简化并整理得到

$$C\left(\frac{\mathrm{d}U_{\mathrm{o}}}{\mathrm{d}t}+\frac{\mathrm{d}\hat{u}_{\mathrm{o}}(t)}{\mathrm{d}t}\right)=\underbrace{\left(I_{\mathrm{L}}-\frac{U_{\mathrm{o}}}{R}\right)}_{\text{直流项}}+\underbrace{\left(\hat{i}_{\mathrm{L}}(t)-\frac{\hat{u}_{\mathrm{o}}(t)}{R}\right)}_{\text{一阶交流线性项}} \tag{3-43}$$

同电感电流的分析,可以得到电容电压小信号线性模型为

$$C\frac{\mathrm{d}\hat{u}_{\mathrm{o}}(t)}{\mathrm{d}t}=\hat{i}_{\mathrm{L}}(t)-\frac{\hat{u}_{\mathrm{o}}(t)}{R} \tag{3-44}$$

这就是 Buck 变换电路的电容电压的小信号线性方程。

最后将平均输入电流方程线性化。将式(3-40)展开并整理,忽略非线性交流项得到

$$\hat{i}_{\mathrm{in}}(t)=D\hat{i}_{\mathrm{L}}(t)+I_{\mathrm{L}}\hat{d}(t) \tag{3-45}$$

结合式(3-42)、式(3-44)和式(3-45)可得 Buck 变换电路的小信号电路模型,如图 3-7(a)所示。

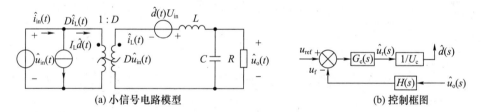

(a) 小信号电路模型 (b) 控制框图

图 3-7 Buck 变换电路的小信号电路模型及控制框图

2. Buck 变换电路控制分析

Buck 变换电路的控制框图如图 3-7(b)所示,主要包括系统的原始电路、反馈环节、补偿网络及调制环节。

(1) Buck 变换电路的传递函数

对式(3-42)和式(3-44)进行拉氏变换,可得

$$\begin{cases} sL\hat{i}_{\mathrm{L}}(s)=D\hat{u}_{\mathrm{in}}(s)+\hat{d}(s)U_{\mathrm{in}}-\hat{u}_{\mathrm{o}}(s) \\ Cs\hat{u}_{\mathrm{o}}(s)=\hat{i}_{\mathrm{L}}(s)-\frac{\hat{u}_{\mathrm{o}}(s)}{R} \end{cases} \tag{3-46}$$

当 $d(s)=0$ 或 $\hat{u}_{\mathrm{in}}(s)=0$ 时,有

$$\begin{cases} \left. \dfrac{\hat{u}_o(s)}{\hat{u}_{in}(s)} \right|_{d(s)=0} = \dfrac{DR}{RLCs^2+Ls+R} \\[3mm] \left. \dfrac{\hat{u}_o(s)}{d(s)} \right|_{\hat{u}_{in}(s)=0} = \dfrac{U_{in}R}{RLCs^2+Ls+R} \\[3mm] \left. \dfrac{\hat{i}_L(s)}{d(s)} \right|_{\hat{u}_{in}(s)=0} = \dfrac{U_{in}(RCs+1)}{RLCs^2+Ls+R} \end{cases} \tag{3-47}$$

输出电压对电感电流的传递函数为

$$\frac{\hat{u}_o(s)}{\hat{i}_L(s)} = \frac{R}{RCs+1} \tag{3-48}$$

(2) Buck 补偿网络的设计

补偿网络一般有三种:超前补偿网络、滞后补偿网络和超前-滞后(PI)补偿网络。考虑到在实际应用中一般采用 PI 补偿网络,所以本节采用 PI 补偿网络为例进行分析。

1) PI 补偿网络的传递函数

$$G_{PI}(s) = k_p + \frac{k_i}{s} = \frac{k_i + k_p s}{s} = \frac{k_p(s+z)}{s} \tag{3-49}$$

式中,$z = k_i/k_p$ 为 PI 补偿网络传递函数零点的值。

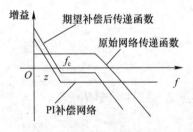

图 3-8 原始网络、PI 补偿网络、期望补偿后传递函数的幅频特性

2) 补偿网络零极点的确定

根据自动控制原理可知,期望补偿后的系统特性低频段增益应充分大,以减小系统的稳态误差;中频段斜率一般为 -20dB/dec,以保证合适的相位余量;高频段增益的斜率为 -40dB/dec,满足衰减高频干扰信号的控制要求。因此,补偿网络传递函数零极点的确定至关重要。如图 3-8 所示,分别为原始网络、PI 补偿网络和期望补偿后传递函数的幅频特性。

(3) 调制器的传递函数

若 Buck 变换电路采用锯齿形载波与调制波比较生成 PWM,其原理如图 3-9 所示。

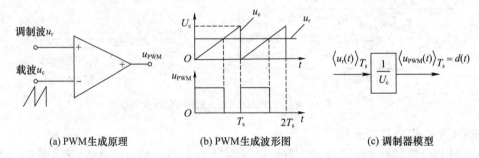

(a) PWM生成原理   (b) PWM生成波形图   (c) 调制器模型

图 3-9 PWM 生成原理及波形图

图 3-9 中 u_r 为调制波,u_c 为载波,U_c 为载波的幅值。由图 3-9(b)可知

$$\langle u_{PWM}(t) \rangle_{T_s} = \frac{1}{T_s} \int_t^{t+T_s} u_{PWM}(\tau)\mathrm{d}\tau = d(t) \tag{3-50}$$

式中,$d(t)$ 为占空比,$d(t) = \langle u_r(t) \rangle_{T_s}/U_c$,可以画出调制器模型如图 3-9(c)所示。

引入扰动

$$\begin{cases} \langle u_r(t) \rangle_{T_s} = U_r + \hat{u}_r(t) \\[2mm] d(t) = D + \hat{d}(t) \end{cases} \tag{3-51}$$

进一步可得

$$D+\hat{d}(t)=\frac{\langle u_{\text{PWM}}(t)\rangle_{T_s}}{U_c}=\frac{U_r+\hat{u}_r(t)}{U_c} \tag{3-52}$$

因此可以得到稳态直流关系式和小信号交流关系式为

$$\begin{cases} D=\dfrac{U_r}{U_c} \\[2mm] \hat{d}(t)=\dfrac{\hat{u}_r(t)}{U_c} \end{cases} \tag{3-53}$$

由于调制器模型为线性的,式(3-51)同时使用于稳态大信号模型和交流小信号模型,在传递函数分析时采用交流小信号模型。

(4) 电压单闭环分析

Buck 变换电路的电压单闭环控制框图如图 3-10 所示。其中,K_u 为电压反馈系数,u_{ref} 为给定电压,u_f 为反馈电压,k_p,k_i 为比例系数和积分系数。

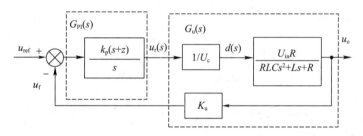

图 3-10　电压单闭环控制框图

补偿前原始开环传递函数为

$$G_u(s)=\frac{1}{U_c}\cdot\frac{U_{\text{in}}R}{RLCs^2+Ls+R}\cdot K_u \tag{3-54}$$

补偿后的开环传递函数为

$$G(s)=G_{\text{PI}}(s)G_u(s) \tag{3-55}$$

根据自动控制原理的知识,系统回路增益在穿越频率 f_c 处为 1(0dB),有

$$\left|\frac{k_p(j2\pi f_c+2\pi f_z)}{j2\pi f_c}\cdot\frac{1}{U_c}\cdot\frac{U_{\text{in}}R}{RLC(j2\pi f_c)^2+Lj2\pi f_c+R}\cdot K_u\right|=1 \tag{3-56}$$

式中,$2\pi f_z=k_i/k_p$。根据图 3-8 并结合经验,可设置穿越频率 $f_c=f_s/100(f_s$ 为开关频率),零点频率值 $f_z=f_c/3$。由式(3-56)可以求出电压环的比例系数 k_p 和积分系数 k_i。

(5) 双闭环分析

为进一步提高系统性能,通常采用双闭环控制,Buck 变换电路的电压外环和电感电流内环控制框图如图 3-11 所示。

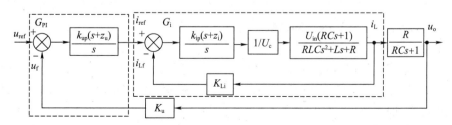

图 3-11　电压外环、电感电流内环控制框图

1) 电感电流内环

电感电流内环的控制框图如图 3-12 所示。

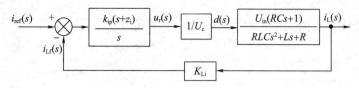

图 3-12　电感电流内环的控制框图

电感电流内环原始传递函数为

$$G_i(s) = \frac{1}{U_c} \cdot \frac{U_{in}(RCs+1)}{RLCs^2+Ls+R} \cdot K_{Li} \tag{3-57}$$

补偿后回路在穿越频率处幅值为 1(0dB),有

$$\left| \frac{k_{ip}(j2\pi f_{ic}+2\pi f_{iz})}{j2\pi f_{ic}} \cdot \frac{1}{U_c} \cdot \frac{U_{in}(RCj2\pi f_{ic}+1)}{RLC(j2\pi f_{ic})^2+Lj2\pi f_{ic}+R} \cdot K_{Li} \right| = 1 \tag{3-58}$$

式中,$2\pi f_{iz} = k_{ii}/k_{ip}$。对电感电流内环选择穿越频率 $f_{ic} = f_s/10$,零点频率值 $f_{iz} = f_{ic}/3$,根据式(3-58),可以求得电感电流内环的比例系数 k_{ip} 和积分系数 k_{ii}。

2) 电压外环

若电感电流内环输出电流 i_L 跟踪参考电流 i_{ref},则电感电流内环可视为比例系数为 1 的比例环节,电压外环的控制框图如图 3-13 所示。

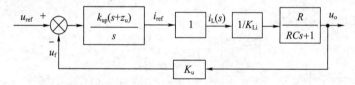

图 3-13　电压外环的控制框图

电压外环原始传递函数为

$$G_u(s) = \frac{1}{K_{Li}} \cdot \frac{RK_u}{RCs+1} \tag{3-59}$$

在穿越频率 f_{cu} 处,有

$$\left| \frac{k_{up}(j2\pi f_{uc}+2\pi f_{uz})}{j2\pi f_{uc}} \cdot \frac{1}{K_{Li}} \cdot \frac{RK_u}{RCj2\pi f_{uc}+1} \right| = 1 \tag{3-60}$$

式中,$2\pi f_{uz} = k_{ui}/k_{up}$。根据(3-60),并结合经验选取电压外环穿越频率 $f_{uc} = f_{ic}/4$,零点频率值 $f_{uz} = f_{uc}/3$,可以求得电压外环的比例系数 k_{up} 和积分系数 k_{ui}。

(6) 离散化分析

在实际中若采用微处理器对 Buck 变换电路进行控制,则需对模拟的 PI 控制器进行离散化处理。参阅第 2 章相关的内容,如果数字控制系统采用恒定的采样周期 T_s,模拟 PI 参数则可转换为离散 PI 参数,即

$$k_p' = k_p, \quad k_i' = k_i T_s \tag{3-61}$$

式中,k_p' 和 k_i' 为离散 PI 参数,k_p 和 k_i 为模拟 PI 参数。

离散化 PI 控制器的增量式为

$$u_k = u_{k-1} + \Delta u_k = u_{k-1} + k_{\mathrm{p}}'(e_k - e_{k-1}) + k_{\mathrm{i}}' e_k \tag{3-62}$$

3.1.4 Buck 变换电路仿真及软件编程

1. Buck 变换电路仿真

输入电压 $U_{\mathrm{in}} = 36\mathrm{V}$,输出电压 $U_{\mathrm{o}} = 24\mathrm{V}$,$D = 0.67$,负载电阻 $R = 10\Omega$,电压纹波小于 1%,保持 10% 负载时不断流,开关频率 $f_{\mathrm{s}} = 10\mathrm{kHz}$,载波幅值 $U_{\mathrm{c}} = 1\mathrm{V}$。经分析计算,取 $L = 2\mathrm{mH}$,$C = 110\mu\mathrm{F}$。利用上节分析搭建 MATLAB/Simulink 模型进行验证。

(1)电压单闭环仿真

根据电压单闭环理论分析,$f_{\mathrm{s}} = 10\mathrm{kHz}$,则 $f_{\mathrm{c}} = f_{\mathrm{s}}/100 = 100\mathrm{Hz}$,$f_{\mathrm{z}} = f_{\mathrm{c}}/3$,$K_{\mathrm{u}} = 1/24$,可以分别求得电压单闭环控制的 $k_{\mathrm{p}} = 0.583$,$k_{\mathrm{i}} = 122$。根据所选和计算的参数,利用 MATLAB 编写生成波特图的代码,运行后结果如图 3-14 所示。

```
G1 = tf([36 * 10/24],[10 * 2e-3 * 110e-6,2e-3,10]);   %原始传递函数
G2 = tf([0.583 122],[1 0]);              %PI 传递函数
G3 = series(G1,G2);                   %补偿后传递函数
bode(G1,G2,G3)
grid on
margin(G3)
```

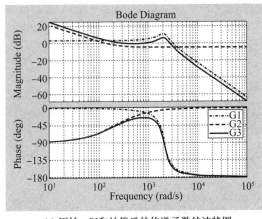
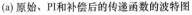

(a) 原始、PI 和补偿后的传递函数的波特图

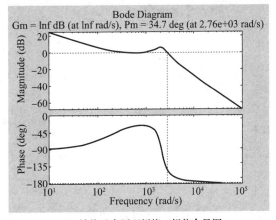

(b) 补偿后电压环幅值、相位余量图

图 3-14　电压单闭环系统波特图

由图 3-14 可知,上述参数皆满足系统控制要求。根据上述参数分别搭建 MATLAB/Simulink 模型,仿真结果如图 3-15 所示。由图可以看出输出电压在 0.04s 时趋于稳定,但要取得更优的效果,需要进一步调整参数。

(2)电压外环、电感电流内环双闭环仿真

对电感电流内环选择 $f_{\mathrm{s}} = 10\mathrm{kHz}$,则 $f_{\mathrm{ic}} = 1000\mathrm{Hz}$,$f_{\mathrm{iz}} = f_{\mathrm{ic}}/3$。对电压外环选择 $f_{\mathrm{uc}} = 100\mathrm{Hz}$,$f_{\mathrm{uz}} = f_{\mathrm{uc}}/3 = 33.3\mathrm{Hz}$。取 $K_{\mathrm{u}} = 1/24$,$K_{\mathrm{Li}} = 1/2.4$。可以分别求得双闭环控制的 $k_{\mathrm{ip}} = 0.7$,$k_{\mathrm{ii}} = 1477$,$k_{\mathrm{up}} = 1.15$,$k_{\mathrm{ui}} = 241.5$。

根据所选和计算的参数,利用 MATLAB 编写生成波特图的代码,运行后结果如图 3-16 所示。

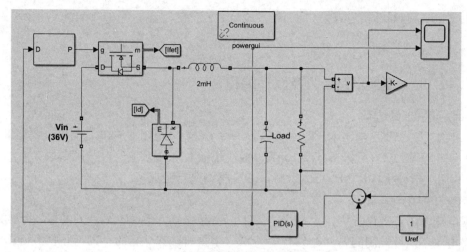

(a) 电压单闭环仿真模型图

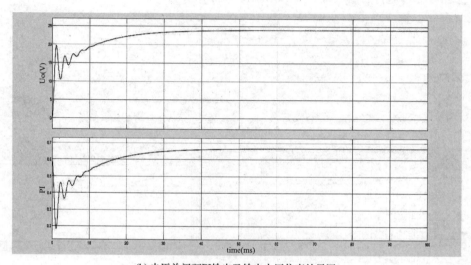

(b) 电压单闭环PI输出及输出电压仿真结果图

图 3-15 电压单闭环 MATLAB/Simulink 仿真模型及仿真结果

1）电感电流内环

```
G1=tf(36*[10*110e-6,1]/2.4,[10*2e-3*110e-6,2e-3,10]);  %原始传递函数
G2=tf([0.7 1477],[1 0]);    %PI传递函数
G3=series(G1,G2);           %补偿后传递函数
bode(G1,G2,G3)
grid on
margin(G3)
```

2）电压外环

```
G1=tf([1/(1/2.4)*10*1/24],[10*110e-6,1]);       %原始传递函数
G2=tf([1.15 241.5],[1 0]);     %PI传递函数
G3=series(G1,G2);              %补偿后传递函数
bode(G1,G2,G3)
grid on
margin(G3)
```

由图 3-16 可知,上述参数皆满足系统控制要求。根据上述参数分别搭建 MATLAB/Simu-link 模型,仿真结果如图 3-17 所示。

可以看出系统在 0.04s 后电感电流和输出电压趋于稳定,但要取得更优的效果,需要进一步调整参数。

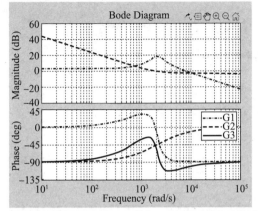
(a) 电感电流内环原始、PI和补偿后的传递函数的波特图

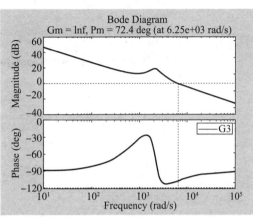
(b) 电感电流内环补偿后幅值、相位余量图

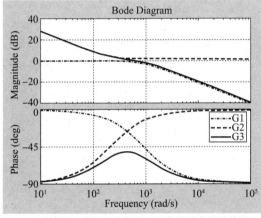
(c) 电压外环原始、PI和补偿后的传递函数的波特图

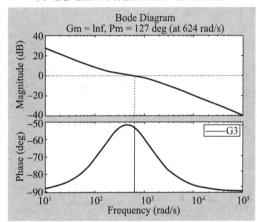
(d) 电压外环补偿后幅值、相位余量图

图 3-16 双闭环系统波特图

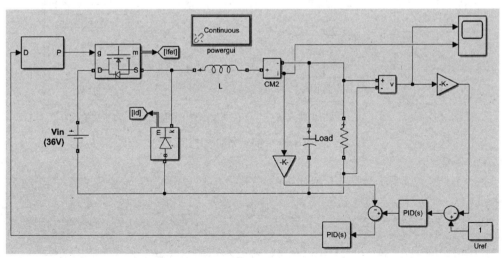
(a) 双闭环仿真模型图

图 3-17 双闭环 MATLAB/Simulink 仿真模型及仿真结果

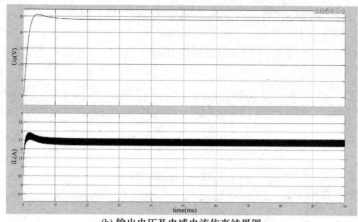

(b) 输出电压及电感电流仿真结果图

图 3-17　双闭环 MATLAB/Simulink 仿真模型及仿真结果(续)

2. Buck 变换电路软件编程

本节主要以电压单闭环为例,给出基于 TMS320F28335 的 C 语言代码,有关双闭环软件代码请读者参阅电压单闭环例程自己编写。

(1) 程序流程图

采用 TMS320F28335 实现以上 Buck 变换电路,程序由主程序、EPWM 中断程序和 A/D 采样子程序组成。主程序主要完成系统的初始化等;EPWM 中断程序主要完成 A/D 采样子程序调用和占空比更新;A/D 采样子程序主要完成输出电压的采集、数据定标、平均值的计算及 PI 调节等。程序流程图如图 3-18 所示。

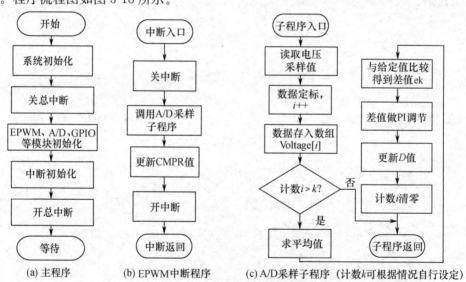

图 3-18　Buck 变换电路的程序流程图

(2) 软件代码

```
/*——本例为 Buck 变换,输入电压为 36V,输出电压为 24V,输出功率为 60W,电压纹波小于 5%;PWM
频率为 10kHz。——*/
# include "DSP2833x_Device. h"        //包含头文件
# include "DSP2833x_Examples. h"      //包含头文件
# include "math. h"                   //包含头文件
void adc_isr(void);                   //声明 A/D 采样子程序
```

图 3-18 中流程图文字：(a) 主程序：开始 → 系统初始化 → 关总中断 → EPWM、A/D、GPIO 等模块初始化 → 中断初始化 → 开总中断 → 等待；(b) EPWM 中断程序：中断入口 → 关中断 → 调用 A/D 采样子程序 → 更新 CMPR 值 → 开中断 → 中断返回；(c) A/D 采样子程序（计数 k 可根据情况自行设定）：子程序入口 → 读取电压采样值 → 数据定标,i++ → 数据存入数组 Voltage[i] → 计数 i>k? 否→计数 i 清零 / 是→求平均值；与给定值比较得到差值 ek → 差值做 PI 调节 → 更新 D 值 → 计数 i 清零 → 子程序返回

```c
interrupt void ISRepwm1(void);            //声明 EPWM 中断程序
void EPwmSetup(void);                     //声明 EPWM 模块初始化子程序
float D=0.5;      //占空比赋初值
Uint32 i=0,j=0,close=0,pwm_cnt1;
//下面为 A/D 采样相关变量
float u1,sum1,sum=0,Voltage1[10];     //u1 为采样值,数组用于平均值计算,sum1 为和,sum 为平均值
float bian=40,pian=1.50,U=24;     //bian 为调理电路变比,pian 为偏置电压,没有偏置设为零,U 为给定电压
//下面为 PI 调节相关变量
float deltae,ek=0,ek1,uk,uk1,kp=0.583,ki=0.0122;//kp 和 ki 分别为比例和积分系数
main()
{
    InitSysCtrl();//时钟系统初始化
    InitGpio();              //GPIO 初始化

    DINT;            //禁止总中断
    InitPieCtrl();           //将 PIE 控制寄存器初始化至默认状态
    IER=0x0000;              //禁止 CPU 中断
    IFR=0x0000;              //清除所有 CPU 中断标志
    InitPieVectTable();      //初始化 PIE 中断向量表
    EALLOW;                  //修改中断向量表前,关闭寄存器写保护
    PieVectTable.EPWM1_INT=&ISRepwm1;   //修改要使用的中断向量,使其指向中断函数
    EDIS;                    //修改完毕,打开寄存器保护功能
    InitAdc();               //初始化 A/D 转换单元
    EALLOW;                  //修改时钟控制位前,关闭寄存器写保护
    SysCtrlRegs.PCLKCR0.bit.TBCLKSYNC=0;   //停止所有 EPWM 通道的时钟
    EDIS;                    //修改完毕,打开寄存器写保护功能
    EPwmSetup();             //初始化 EPWM 模块
    EALLOW;
    SysCtrlRegs.PCLKCR0.bit.TBCLKSYNC=1;   //使能 EPWM 通道的时钟
    EDIS;

    PieCtrlRegs.PIECTRL.bit.ENPIE=1;     //允许从 PIE 中断向量表中读取中断向量
    PieCtrlRegs.PIEIER3.bit.INTx1=1;     //允许 PIE 中断组 3 中 EPWM1_INT 中断
    IER|=M_INT3;     //使能中断
    EINT;            //允许总中断
    ERTM;
    EPwm1Regs.ETSEL.bit.INTEN=1;     //使能 EPWM 模块级别中断
    EPwm1Regs.ETCLR.bit.INT=1;       //清除 EPWM 模块级别中断标志位
    for(;;)                          //无限循环,等待中断发生
    {asm("NOP");}
}
void adc_isr()     //A/D 采样子程序
{
    u1=((float)AdcRegs.ADCRESULT0)*3/65536;
```

```
        Voltage1[i]＝bian＊(u1-pian);//通过 A/D 转换值计算输出电压值,并存入数组
        //下面为计算平均值
        i＋＋;//每次中断计数累加,中断 10 次求取电压平均值
    if(i＝＝10)
        {
        i＝0;
        sum1＝0;
        for(j＝0;j＜10;j＋＋)
        {
            sum1＝sum1＋Voltage1[j];//求和
        }
        sum＝sum1/10;    //计算平均值
    //PI 调节
        ek＝U-sum;
        if(ek＞0.2)ek＝0.2;
        if(ek＜-0.2)ek＝-0.2;
        deltae＝ek-ek1;
    uk＝kp＊deltae＋ki＊ek＋uk1;
        if(uk＞0.9)uk＝0.9;
        if(uk＜0.2)uk＝0.2;
        uk1＝uk;
        ek1＝ek;
        if(close＝＝1)D＝uk;//开闭调节控制,一般先使 close＝0 进行开环调试,再使 close＝1 进行闭环调试
        }
        return;
}
interrupt void ISRepwm1(void)
{
    adc_isr();    //调用 A/D 采样子程序
    pwm_cnt1＝(Uint16)((EPwm1Regs.TBPRD+1)＊(1-D));//连续增,注意与实际驱动电路高低有效有关
    //更新比较寄存器的值
    EPwm1Regs.CMPA.half.CMPA＝pwm_cnt1;
    EPwm1Regs.CMPB＝pwm_cnt1;

    EPwm1Regs.ETSEL.bit.INTEN＝1;    //使能 EPWM1 中断
    EPwm1Regs.ETCLR.bit.INT＝1;        //清除标志位
    PieCtrlRegs.PIEACK.all＝PIEACK_GROUP3;    //清除应答位
    EINT;
}
```

3.2　Boost 变换电路

3.2.1　Boost 变换电路组成及工作原理

升压斩波(Boost Chopper)变换电路即 Boost 变换电路,主要由输入直流电源、储能电感 L、

全控型开关器件(开关管)VT、续流二极管 VD、滤波电容 C、控制单元(PWM 产生电路)和负载组成。如图 3-19 所示。

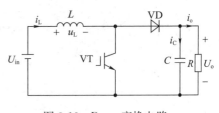

图 3-19 Boost 变换电路

Boost 变换电路同样使用一个开关管 VT。首先,假设电路中电感 L 很大,电容 C 也很大。当 VT 处于通态时,电感 L 储能,储能电流为 i_L,同时电容 C 储能向负载 R 供电。因电容 C 很大,基本保持输出电压 u_o 为恒定值 U_o。

当 VT 处于断态时,U_{in} 通过 L 和电容 C 共同向负载 R 提供能量。此时由于 $U_{in}+u_L$ 向负载 R 共同供电,U_o 高于 U_{in},故称它为 Boost 变换电路。Boost 变换电路的工作状态及其主要波形如图 3-20 所示。

3.2.2 Boost 变换电路稳态分析

同 Buck 变换电路一样,根据电感电流在下一个周期开始时是否为零,可分为电感电流连续模式(CCM)、电感电流断续模式(DCM)和电感电流临界状态模式(BCM)三种情况,如图 3-20 所示。

1. 电感电流连续模式(CCM)

工作状态 1:VT 导通,二极管 VD 截止,电源 U_{in} 向电感充电(磁),电感储存能量,如图 3-20(b)所示,导通时间为 $T_{on}=DT_s$,则

$$L \frac{\mathrm{d}i_L}{\mathrm{d}t} = U_{in} \tag{3-63}$$

电感电流增量 Δi_{L+} 为

$$\Delta i_{L+} = \frac{U_{in}}{L} \cdot D \cdot T_s \tag{3-64}$$

工作状态 2:VT 关断,二极管 VD 导通,由 U_{in} 和电感 L 共同向电容 C 充电,并向负载 R 提供能量,如图 3-20(c)所示,若关断时间为 T_{off},则

$$T_{off} = (1-D)T_s \tag{3-65}$$

$$L \frac{\mathrm{d}i_L}{\mathrm{d}t} = U_{in} - U_o \tag{3-66}$$

在此期间电感电流的减少量 Δi_{L-} 为

$$\Delta i_{L-} = \frac{U_o - U_{in}}{L} \cdot (1-D) \cdot T_s \tag{3-67}$$

当电路处于稳态时,有 $|\Delta i_{L+}| = |\Delta i_{L-}|$,根据伏秒平衡,有

$$U_{in} \cdot D = (U_o - U_{in}) \cdot (1-D)$$

所以

$$M = \frac{U_o}{U_{in}} = \frac{1}{1-D} \tag{3-68}$$

当电路处于稳态时,输入电流和电感电流的平均值相等,假定负载电流平均值为 I_o,忽略系统损耗,由功率平衡 $I_{in}U_{in}=I_oU_o$ 可得

$$I_{in} = I_L = I_o \cdot \frac{U_o}{U_{in}} = \frac{1}{1-D} \cdot I_o \tag{3-69}$$

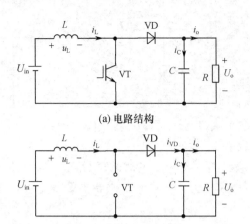

(a) 电路结构

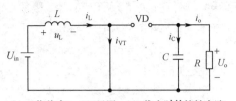

(b) 工作状态1，VT导通、VD截止时的等效电路

(c) 工作状态2，VT关断、VD导通时的等效电路

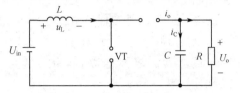

(d) 工作状态3，VT阻断、VD截止时的等效电路

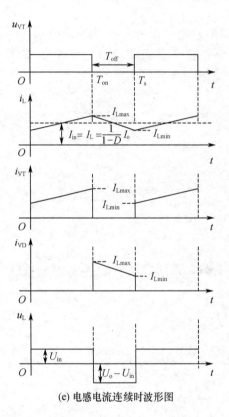

(e) 电感电流连续时波形图

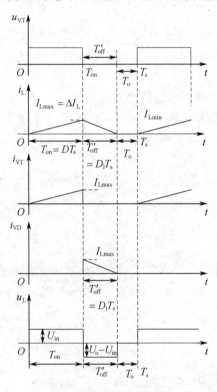

(f) 电感电流断续时波形图

图 3-20　Boost 变换电路及其主要波形

通过二极管的电流 I_{VD} 等于负载电流 I_o（电容的平均电流为零）。

通过开关管 VT 的电流平均值为

$$I_{VT} = I_L - I_o = \frac{D}{1-D} I_o \tag{3-70}$$

电感电流的脉动量 Δi_L 为

$$\Delta i_L = \Delta i_{L+} = \Delta i_{L-} = \frac{U_{in}}{L} D T_s = \frac{U_o(1-D)DT_s}{L} = \frac{(1-D)DU_o}{Lf_s} \tag{3-71}$$

通过 VT 和二极管 VD 的电流最大值与电感的电流最大值 I_{Lmax} 相等，即

$$I_{VTmax} = I_{VDmax} = I_{Lmax} = I_L + \frac{1}{2}\Delta i_L = \frac{I_o}{1-D} + \frac{(1-D)DU_o}{2Lf_s} \tag{3-72}$$

输出电压脉动 ΔU_o 等于 VT 导通期间电容 C 的电压变化量，ΔU_o 可近似地(认为负载电流不变)由下式确定

$$\Delta U_o = U_{omax} - U_{omin} = \frac{\Delta Q}{C} = \frac{1}{C} \cdot I_o \cdot T_{on} = \frac{1}{C} \cdot I_o \cdot DT_s = \frac{D}{Cf_s} I_o$$

$$\frac{\Delta U_o}{U_o} = \frac{DI_o}{Cf_sU_o} = D\frac{1}{f_s} \cdot \frac{1}{RC} = D\frac{f_{res}}{f_s} \tag{3-73}$$

式中，$f_{res} = 1/RC$，为 RC 电路的谐振频率。

由式(3-73)可知，输出电压的纹波 ΔU_o 除与输出电压有关外，还与电容 C、开关管的工作频率、占空比和负载电阻有关，增大电容 C 或提高开关管的工作频率 f_s 可以降低纹波电压的大小。

计算电容时应考虑最不利的情况，一般采用如下公式进行计算

$$C \geqslant \frac{D_{max}I_{omax}}{f_sU_o \cdot \frac{\Delta U_o}{U_o}} = D_{max}\frac{1}{f_s} \cdot \frac{1}{R_{min} \cdot \frac{\Delta U_o}{U_o}} \tag{3-74}$$

式中，D_{max} 为最大占空比；R_{min} 为负载最小电阻。

2. 电感电流断续模式(DCM)

当电感较小，负载电阻较大或 T_s 较大时，Boost 变换电路的电感电流在新周期开始前下降为零，如图 3-20(f)所示，此时电感电流是不连续的，称为电感电流断续状态。

工作状态 1：VT 导通，二极管 VD 截止，电感储存能量，如图 3-20(b)所示，若导通时间为 $dt = T_{on} = DT_s$，则

$$L\frac{di_L}{dt} = U_{in} \tag{3-75}$$

电感电流增量 Δi_{L+} 为

$$\Delta i_{L+} = \frac{U_{in}}{L} \cdot D \cdot T_s \tag{3-76}$$

工作状态 2：VT 关断，二极管 VD 导通，电感电流下降到零，如图 3-20(c)所示，若持续的时间为 T'_{off}，则其占空比为

$$D_1 = \frac{T'_{off}}{T_s} \tag{3-77}$$

$$L\frac{di_L}{dt} = U_{in} - U_o \tag{3-78}$$

在此期间电感电流的减少量 Δi_{L-} 为

$$\Delta i_{L-} = \frac{U_o - U_{in}}{L} \cdot D_1 \cdot T_s \tag{3-79}$$

电感电流断续状态时，$D_1 + D \neq 1$。

当电路处于稳态时，有 $|\Delta i_{L+}| = |\Delta i_{L-}|$，所以电压比 M 为

$$M = \frac{U_o}{U_{in}} = \frac{D_1 + D}{D_1} \tag{3-80}$$

工作状态 3：VT 阻断，VD 截止，负载由电容供电。其等效电路和波形分别如图 3-20(d)、(f)所示。

3. 电感电流临界状态模式(BCM)

如图 3-21(b)当电感电流处于连续与断续的边界，此时电路工作在临界状态模式。其临界电感平均电流为

$$I_{LC} = \frac{1}{2} \cdot I_{Lmax} = \frac{1}{2} \cdot \Delta i_L = \frac{1}{2} \cdot \frac{U_{in}}{L} \cdot DT_s$$

结合式(3-68)和式(3-69)可得,满足电感电流不断续的负载电流为

$$I_{omin} = (1-D)I_{LC} = \frac{1}{2} \cdot \frac{U_{in}}{L} \cdot DT_s (1-D) = \frac{1}{2} \cdot \frac{U_o}{L} \cdot DT_s (1-D)^2 \tag{3-81}$$

临界电感 L_C 为

$$L_C = \frac{U_o}{2f_s I_{omin}} \cdot D(1-D)^2 \tag{3-82}$$

计算临界电感时应考虑到最不利的情况,一般采用下式进行计算

$$L_C \geqslant \frac{U_o}{2I_{omin}f_s} \cdot D(1-D)^2 = \frac{R_{max}}{2f_s} \cdot D(1-D)^2 \tag{3-83}$$

式中,I_{omin} 为负载最小电流。当负载和开关频率 f_s 一定时,对式(3-83)求导可得:D 取 1/3 时临界电感最大,D 为 0~1/3 时临界电感递增,D 为 1/3~1 时临界电感递减。因此在计算临界电感时,要根据输入电压变化的情况进行具体分析。

稳态运行时,电感中的磁能在 VT 截止期间通过二极管 VD 转移到输出端,如果负载电流很小,就会出现电流断流状态。如果变换电路负载电阻变得很大,负载电流很小,这时如果占空比 D 仍不改变,电源输入到电感的能量不变,则必使输出电压不断增加。因此,没有电压闭环调节的 Boost 变换电路不宜在输出端开路的情况下工作。

电感电流连续模式(CCM)、电感电流断续模式(DCM)和电感电流临界状态模式(BCM)这三种情况下电感电流的波形如图 3-21 所示。

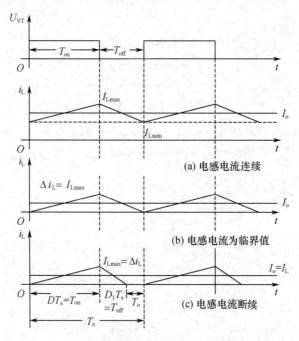

图 3-21　Boost 变换电路中电感电流波形图

4. 实例分析与设计

Boost 变换电路的设计步骤与 Buck 变换电路类似,本节不再赘述。设计要求如下:Boost 变换电路如图 3-22 所示,输入电源电压 U_{in} 为 9~12V,输出电压 U_o 为 24V,开关频率 f_s 为 50kHz,I_{omax} 为 5A,I_{omin} 为 0.5A,要求变换电路工作时电感电流连续,求最小电感 L 及输出电压纹波小于 0.1V 时的滤波电容 C。

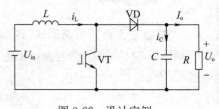

图 3-22　设计实例

解: 当电感电流处于连续模式时,有

$$M = U_o / U_{in} = 1/(1-D)$$

$$D = 1 - \frac{U_{in}}{U_o} = 1 - \frac{9 \sim 12}{24} = 0.625 \sim 0.5$$

由式(3-83)得临界电感为

$$L_c \geqslant \frac{U_o}{2I_{omin}f_s}D_{min}(1-D_{min})^2 = \frac{24 \times 0.5 \times (1-0.5)^2}{2 \times 0.5 \times 50 \times 10^3} = 60\mu H$$

输出电压纹波为

$$\frac{\Delta U_o}{U_o} = \frac{D_{max}I_{omax}}{Cf_sU_o} = D_{max}\frac{1}{f_s} \cdot \frac{1}{R_{min}C} = D_{max}\frac{f_{res}}{f_s} \leqslant 0.1/24$$

D 越大,纹波越大,所以取 D 为 0.625 进行计算。负载电阻 R 越小,纹波越大,所以取最小电阻计算:$R_{min} = 24/5 = 4.8\Omega$,则

$$C \geqslant \frac{D_{max}I_{omax}}{f_sU_o \cdot \frac{\Delta U_o}{U_o}} = D_{max}\frac{1}{f_s} \cdot \frac{1}{R_{min} \cdot \frac{\Delta U_o}{U_o}} = 625\mu F$$

实际取 C 为 $680\mu F$。

验证:
$$\Delta U_o = D_{max}\frac{U_o}{R_{min}Cf_s} = 0.625 \times \frac{24}{4.8 \times 680 \times 10^{-6} \times 50 \times 10^3} = 0.092V$$

当 D 取 0.625,电容 C 为 $680\mu F$,负载电阻 R 为 4.8Ω 时,电压纹波不大于 0.1V。参数选择满足要求。

3.2.3 Boost 变换电路建模及控制

Boost 变换单、双闭环设计可采用 Buck 变换设计方法进行,本节不再单独分析。利用 Buck 变换设计方法设计 Boost 变换的双闭环控制系统,其传递函数的推导相对复杂,所以本节采用前馈+反馈控制方法对 Boost 变换的双闭环控制系统进行分析,该方法同样也适用于 Buck 变换和其他变换的控制系统设计。

1. Boost 变换的建模

Boost 变换电路通常采用半桥拓扑结构实现,如图 3-23 所示,实际中为方便统一控制,设上管 VT₁(相当于二极管作用)的占空比为 $1-d$,下管 VT₂(起开关管的作用)的占空比为 d,此处设输入电压为 U_{in},输出电压为 U_o。

Boost 变换可以采用锯齿形载波与调制波比较生成 PWM,也可采用三角载波与调制波比较生成 PWM,采用锯齿形载波的分析请参考 Buck 变换内容,本节采用三角载波与调制波比较生成 PWM,其原理如图 3-24 所示。

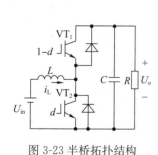

图 3-23 半桥拓扑结构

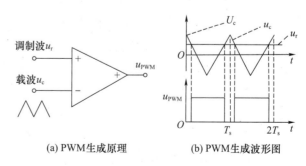

(a) PWM生成原理   (b) PWM生成波形图

图 3-24 PWM 生成原理及波形图

由图 3-24 可得占空比为

$$d = \frac{1}{2} + \frac{u_r}{2U_c} \tag{3-84}$$

式中，u_r 为调制波，U_c 为三角载波幅值。

结合图 3-23 和图 3-24，有

$$L\frac{di_L}{dt} = U_{in} - (1-d)U_o \tag{3-85}$$

将式(3-84)代入式(3-85)可得

$$L\frac{di_L}{dt} = U_{in} - \frac{1}{2}U_o + K_{PWM}u_r \tag{3-86}$$

式中，$K_{PWM} = U_o/2U_c$。

2. Boost 变换的控制分析

（1）电感电流内环

电感电流补偿网络的设计可采用 P、PI 或 PI＋LPF（低通滤波器）设计，图 3-25 为采用 PI＋LPF 的控制框图。依据式(3-86)可画出基于前馈＋反馈 Boost 变换的控制框图，如图 3-25 所示。p_i 为低通滤波器的极点值，z_i 为 PI 的零点值，k_{ip} 为电感电流内环的比例系数，K_{Li} 为电流反馈系数。

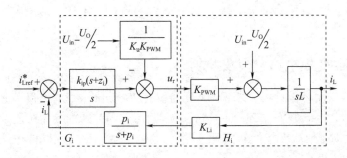

图 3-25　电感电流内环控制框图

图 3-25 中，前馈信号 $(1/K_u K_{PWM})(U_{in} - U_o/2)$ 的加入可以消除电压对电流回路的扰动。其中，$1/K_u K_{PWM}$ 相当于将 $U_{in} - U_o/2$ 等效到了信号调制前端。

1）补偿网络零极点的选取

同 Buck 变换补偿网络零极点的选取类似，根据自动控制原理的知识可知，为满足系统稳态精度要求，补偿后波特图的低频段增益应充分大；中频段斜率一般为 $-20dB/dec$，以保证合适的相位余量；高频段增益的斜率为 $-40dB/dec$，能衰减高频干扰信号。所以补偿网络传递函数零极点的确定至关重要。如图 3-26 所示分别为系统原始网络 H_i、补偿网络 G_i 和期望补偿后网络 $G_i H_i$ 传递函数的幅频特性。

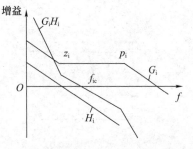

图 3-26　原始网络、补偿网络、期望补偿后网络传递函数的幅频特性

图 3-26 中，$z_i = \omega_{iz} = 2\pi f_{iz}$，$p_i = \omega_{ip} = 2\pi f_{ip}$。根据图 3-26 并结合经验，可设置穿越频率 f_{ic}、极点频率 f_{ip} 和零点频率 f_{iz} 为：f_{ic} 为开关频率(f_s)的 1/8～1/10；f_{iz} 为 $f_{ic}/3$；f_{ip} 为 $f_s/4$（低通滤波器）。

2）补偿网络参数的计算

采用 PI＋LPF，则电流内环控制系统的开环传递函数为

$$G_i(s)H_i(s) = \frac{k_{ip}(s+z_i)}{s} \cdot \frac{K_{PWM}K_{Li}}{sL} \cdot \frac{p_i}{s+p_i} \tag{3-87}$$

根据补偿后的传递函数在穿越频率 f_{ic} 处的幅值增益为 1(0dB),有

$$\left| \frac{k_{ip}(j2\pi f_{ic}+2\pi f_{iz})}{j2\pi f_{ic}} \cdot \frac{K_{PWM}K_{Li}}{j2\pi f_{ic}L} \cdot \frac{2\pi f_{ip}}{j2\pi f_{ic}+2\pi f_{ip}} \right| = 1 \tag{3-88}$$

式中,$2\pi f_{iz}=k_{ii}/k_{ip}$。根据式(3-88)可求得比例系数 k_{ip} 和积分系数 k_{ii}。

(2) 电压外环

Boost 变换电路如图 3-27(a)所示,忽略系统损耗,根据系统功率平衡可知

$$i_L u_{in}=i_d u_o \tag{3-89}$$

电压外环小信号模型如图 3-27(b)所示。

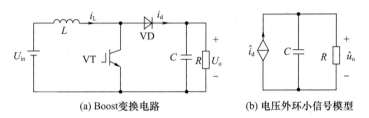

(a) Boost变换电路   (b) 电压外环小信号模型

图 3-27　电压外环小信号模型图

由图 3-27 可知

$$\frac{\hat{i}_d}{\hat{i}_L}=\frac{U_{in}}{U_o}$$

$$\frac{\hat{u}_o}{\hat{i}_L}=\frac{\hat{u}_o}{\hat{i}_d} \cdot \frac{\hat{i}_d}{\hat{i}_L}=\frac{R}{1+sRC} \cdot \frac{U_{in}}{U_o} \tag{3-90}$$

此外,假设电流回路响应的带宽比电压回路带宽高 4 倍以上,则在分析电压回路时,电流回路可视作增益为 1 的比例环节。电压外环控制原理框图如图 3-28 所示。H_u 为原始传递函数,G_u 为补偿网络的传递函数,p_u 为低通滤波器的极点值,z_u 为 PI 的零点值,k_{up} 为电压外环的比例系数,K_u 为电压反馈系数。

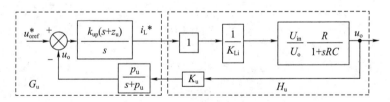

图 3-28　电压外环控制原理框图

1) 补偿网络零极点的选取

同电流内环设计类似,为满足系统的幅值余量和相位余量要求,原始网络及补偿前后传递函数的幅频特性如图 2-29 所示。

图 3-26 中,$z_u=\omega_{uz}=2\pi f_{uz}$,$p_u=\omega_{up}=2\pi f_{up}$,为满足幅值余量、相位余量的要求,并结合经验,零极点设置如下:补偿后的穿越频率 $f_{uc}=f_{ic}/4$,零点频率 $f_{uz}=2f_{uc}$,低通滤波器的极点频率 $f_{up}=3f_{uz}$。由于情况不同,零极点设置可根据实际要求酌情选择。

2) 补偿校正环节参数的计算

根据图 3-28 和图 3-29 可知,采用 PI＋LPF 设计的电压外

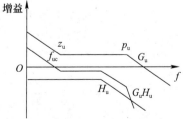

图 3-29　原始网络、补偿网络、期望补偿后网络传递函数的幅频特性

环开环传递函数为

$$G_{\mathrm{u}}(s)H_{\mathrm{u}}(s)=\frac{k_{\mathrm{up}}(s+z_{\mathrm{u}})}{s}\cdot\frac{1}{K_{\mathrm{Li}}}\cdot\frac{U_{\mathrm{in}}}{U_{\mathrm{o}}}\cdot\frac{RK_{\mathrm{u}}}{1+sRC}\cdot\frac{p_{\mathrm{u}}}{s+p_{\mathrm{u}}} \qquad (3\text{-}91)$$

根据补偿后的传递函数在穿越频率 f_{uc} 处的幅值增益为 1 有

$$\left|\frac{k_{\mathrm{up}}(\mathrm{j}2\pi f_{\mathrm{uc}}+2\pi f_{\mathrm{uz}})}{\mathrm{j}2\pi f_{\mathrm{uc}}}\cdot\frac{1}{K_{\mathrm{Li}}}\cdot\frac{U_{\mathrm{in}}}{U_{\mathrm{o}}}\cdot\frac{RK_{\mathrm{u}}}{1+\mathrm{j}2\pi f_{\mathrm{uc}}RC}\cdot\frac{2\pi f_{\mathrm{up}}}{\mathrm{j}2\pi f_{\mathrm{uc}}+2\pi f_{\mathrm{up}}}\right|=1 \qquad (3\text{-}92)$$

式中，$2\pi f_{\mathrm{uz}}=k_{\mathrm{ui}}/k_{\mathrm{up}}$。根据式(3-92)可求得比例系数 k_{up} 和积分系数 k_{ui}。

3.2.4 Boost 变换电路仿真及软件编程

1. Boost 变换电路仿真

系统参数：输入电压 $U_{\mathrm{in}}=24\mathrm{V}$，输出电压 $U_{\mathrm{o}}=36\mathrm{V}$，电感 $L=3\mathrm{mH}$，电容 $C=100\mu\mathrm{F}$，负载电阻 $R=30\Omega$，开关频率 $f_{\mathrm{s}}=10\mathrm{kHz}$，电压系数 $K_{\mathrm{u}}=1/36$，电流系数 $K_{\mathrm{Li}}=1/1.8$，取载波幅值 $U_{\mathrm{c}}=1$，$K_{\mathrm{PWM}}=U_{\mathrm{o}}/(2U_{\mathrm{c}})=18$。

电流内环参数选取如下：

设置穿越频率 $f_{\mathrm{ic}}=f_{\mathrm{s}}/10=1\mathrm{kHz}$，则 $\omega_{\mathrm{ic}}=2\pi f_{\mathrm{ic}}\approx6283\mathrm{rad/s}$。

设置零点频率 $f_{\mathrm{iz}}=f_{\mathrm{ic}}/3$，则 $\omega_{\mathrm{iz}}=\omega_{\mathrm{ic}}/3\approx2094\mathrm{rad/s}$。

设置极点频率 $f_{\mathrm{ip}}=f_{\mathrm{s}}/4$，则 $\omega_{\mathrm{ip}}=2\pi f_{\mathrm{s}}/4\approx15708\mathrm{rad/s}$。

根据式(3-88)可求得，$k_{\mathrm{ip}}=1.93$，$k_{\mathrm{ii}}=4034$。

电压外环参数选取如下：

设置穿越频率 $f_{\mathrm{uc}}=f_{\mathrm{ic}}/4$，则 $\omega_{\mathrm{uc}}=\omega_{\mathrm{ic}}/4\approx1570\mathrm{rad/s}$。

设置零点频率 $f_{\mathrm{uz}}=2f_{\mathrm{uc}}$，则 $\omega_{\mathrm{uz}}=2\omega_{\mathrm{uc}}\approx3140\mathrm{rad/s}$。

设置极点频率 $f_{\mathrm{up}}=3f_{\mathrm{uz}}$，则 $\omega_{\mathrm{up}}=3\omega_{\mathrm{uz}}\approx9420\mathrm{rad/s}$。

根据式(3-92)可求得，$k_{\mathrm{up}}=2.184$，$k_{\mathrm{ui}}=6861.5$。

根据所选和计算的参数，利用 MATLAB 编写生成波特图代码，运行后结果如图 3-30 和图 3-31 所示。

（1）电流内环

```
G1＝tf( [18 * 1/1.8],[3e-3,0]);         %原始传递函数
G2＝tf(1.93 * [1,2094],[1,0]);          %PI 传递函数
G3＝tf( [15708],[1,15708]);             %低通滤波
G4＝series(G2,G3);                      % PI＋LPF(低通滤波)
G5＝series(G1,G4);                      %补偿后传递函数
bode(G1,G4,G5)
grid on
margin(G5)
```

由图 3-30 可知，上述参数皆满足系统控制要求。

（2）电压外环

```
G1＝tf( [1/(1/1.8) * 24/36 * 30 * 1/36],[30 * 100e-6,1]);   %原始传递函数
G2＝tf(2.184 * [1,3140],[1,0]);         %PI 传递函数
G3＝tf( [9420],[1,9420]);               %低通滤波
G4＝series(G2,G3);                      %PI＋LPF(低通滤波)
G5＝series(G1,G4);                      %补偿后传递函数
bode(G1,G4,G5)
grid on
margin(G5)
```

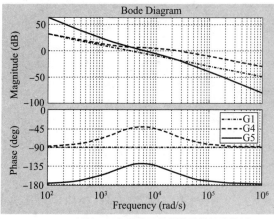

(a) 原始、PI和补偿后的传递函数的波特图

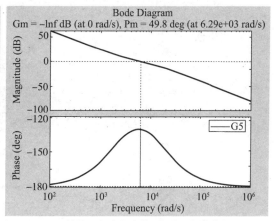

(b) 补偿后电感电流内环幅值、相位余量图

图 3-30　电感电流内环系统波特图

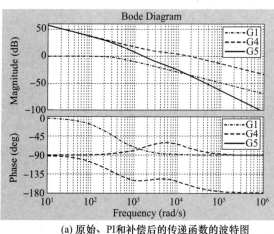

(a) 原始、PI和补偿后的传递函数的波特图

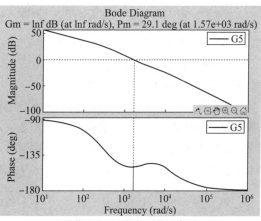

(b) 补偿后电压环幅值相位裕度图

图 3-31　电压外环系统波特图

由图 3-31 可知，上述参数皆满足系统控制要求。

（3）MATLAB/Simulink 仿真模型及仿真结果

根据上述参数搭建 MATLAB/Simulink 仿真模型，仿真结果如图 3-32 所示。

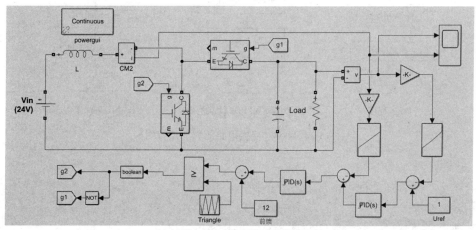

(a)电压、电感电流双闭环仿真模型图

图 3-32　电压、电感电流双闭环 MATLAB/Simulink 仿真模型及仿真结果

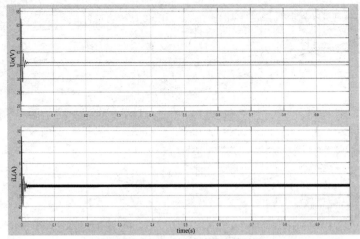

(b)输出电压及电感电流仿真结果图

图 3-32　电压、电感电流双闭环 MATLAB/Simulink 仿真模型及仿真结果(续)

结果表明输出电压在 0.1s 前趋于稳定。但要取得更优的效果需要对参数进一步调整。

2. Boost 变换软件编程

（1）程序流程图

采用 TMS320F28335 实现以上 Boost 变换电路，程序同 Buck 变换类似，主要由主程序、EP-WM 中断程序和 A/D 采样子程序组成。主程序主要完成系统的初始化等；EPWM 中断程序主要完成 A/D 采样子程序调用、占空比的更新；A/D 采样子程序主要完成输出电压的采集、数据定标、低通滤波器的计算及 PI 调节等。程序流程图如图 3-33 所示。

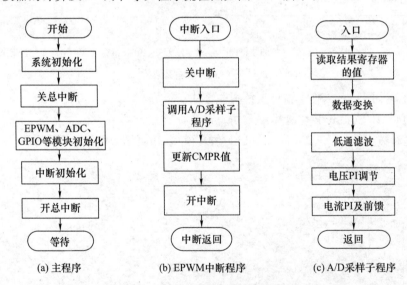

图 3-33　Boost 变换电路的程序流程图

（2）软件代码

```
#include "DSP2833x_Device. h"        //包含头文件
#include "DSP2833x_Examples. h"      //包含头文件
#include "math. h"                   //包含头文件
void adc_isr(void);                  //声明 A/D 采样子程序
interrupt void ISRepwm1(void);       //声明 EPWM 中断程序
```

```c
void EPwmSetup(void);              //声明 EPWM 模块初始化子程序
Uint16 close=0,pp,pwm_cnt1=0;    //pp 存放 PWM 周期计数值的 1/4,pwm_cnt1 为比较寄存器的值
float u1,u2,i1,i2;     //u1,i1 为采集值,u2,i2 为数据定标后的值
float Uoref=36,uo,iLref,iL,d=0.5,d1,Uin=24,IL=1.8;
float iref,biani=1.9,piani=1.481,bian=41,pian=1.476;  //bian,piani 为电压、电流电路偏置电压,没有偏置设为零
float e,e1=0,e2=0,PID,PIDold,kup=2.84,kui=0.685;// kup 和 kui 分别为电压外环比例和积分系数
float ei,ei1=0,ei2=0,PIDi,PIDoldi,kip=1.93,kii=0.403;// kip 和 kii 分别电流内环为比例和积分系数
/****************** 低通滤波器所用到的数组 ******************/
        float x1[2]={0,0};    //针对输出电压 uo 的低通滤波器输入
        float x2[2]={0,0};    //针对电感电流 iL 的低通滤波器输入
        float y1[2]={0,0};    //针对输出电压 uo 的低通滤波器输出
        float y2[2]={0,0};    //针对电感电流 iL 的低通滤波器输出
void main(void)
{
    InitSysCtrl();        //时钟系统初始化
    InitGpio();           //GPIO 初始化
    DINT;                 //禁止总中断
    InitPieCtrl();        //将 PIE 控制寄存器初始化至默认状态
    IER=0x0000;           //禁止 CPU 中断
    IFR=0x0000;           //清除所有 CPU 中断标志
    InitPieVectTable();   //初始化 PIE 中断向量表
    EALLOW;               //修改中断向量表前,关闭寄存器写保护
    PieVectTable.EPWM1_INT=&ISRepwm1;//修改要使用的中断向量,使其指向中断函数
    EDIS;                 //修改完毕,打开寄存器写保护功能

    InitAdc();            //初始化 A/D 转换单元
    EALLOW;               //修改时钟控制位前,关闭寄存器写保护
    SysCtrlRegs.PCLKCR0.bit.TBCLKSYNC=0;//停止 EPWM 模块的时钟
    EDIS;                 //修改完毕,打开寄存器写保护功能
    PwmSetup();           //初始化 EPWM 模块
    EALLOW;
    SysCtrlRegs.PCLKCR0.bit.TBCLKSYNC=1; //使能 EPWM 模块的时钟
    EDIS;
    PieCtrlRegs.PIECTRL.bit.ENPIE=1;        //允许从 PIE 中断向量表中读取中断向量
    PieCtrlRegs.PIEIER3.bit.INTx1=1;        //允许 PIE 级别中断 INT3.1,即 EPWM1-INT
    IER |=M_INT3;   //允许 CPU 级别的 INT3 中断
    EINT;            //使能总中断
    ERTM;            //使能 DBGM
    EPwm1Regs.ETSEL.bit.INTEN=1;       //使能 EPWM 模块级别中断
    EPwm1Regs.ETCLR.bit.INT=1;         //清除 EPWM 模块级别中断标志位
    for(;;)                            //无限循环,等待中断发生
    {asm("  NOP");}
}


void  adc_isr()//子程序
{
    u1=((float)AdcRegs.ADCRESULT0)*3/65536;   //数据定标
    i1=((float)AdcRegs.ADCRESULT1)*3/65536;
    u2=bian*(u1-pian)/Uoref;   //计算电压值并标幺化
    i2=biani*(i1-piani)/IL;     //计算电流值并标幺化
```

```
x1[1]＝u2;        //一阶数字低通滤波,电压输入
x2[1]＝i2;        //一阶数字低通滤波,电流输入
y1[1]＝0.33754* x1[1]＋0.33754* x1[0]＋0.3249* y1[0];//电压低通滤波,截止频率为1500Hz
y2[1]＝0.5* x2[1]＋0.5* x2[0]＋0.0000000000000000555* y2[0];//电感电流低通滤波,截止频率为2500Hz
x1[0]＝x1[1];  x2[0]＝x2[1];
y1[0]＝y1[1];  y2[0]＝y2[1];
uo＝y1[1];     iL＝y2[1]; //低通滤波,输出

    e1＝1-uo; //电压外环 PI 调节
        if(e1＞0.2) e1＝0.2;
        if(e1＜-0.2) e1＝-0.2;
    e＝e1-e2;
    PID＝kup* e＋kui* e1＋PIDold;
        if(PID＞1.2) PID＝1.2;
        if(PID＜0.01) PID＝0.01;
    PIDold＝PID;
    e2＝e1;
    iLref＝PID;
    ei1＝iLref-iL;    //电流内环 PI 调节
        if(ei1＞0.1) ei1＝0.1;
        if(ei1＜-0.1) ei1＝-0.1;
    ei＝ei1-ei2;
    PIDi＝kip* ei＋kii* ei1＋PIDoldi;
        if(PIDi＞14) PIDi＝14;
        if(PIDi＜10) PIDi＝10;
    PIDoldi＝PIDi;
    ei2＝ei1;
    d1＝PIDi-(Uin-(Uoref/2))* 2;//前馈控制
        if(d1＞0) d1＝0;        //占空比输出限幅
        if(d1＜-0.6) d1＝-0.6;  //占空比输出限幅
    if(close==1)d＝d1;//先 close==0 开环校正参数,然后 close==1 闭环控制

AdcRegs. ADCTRL2. bit. RST_SEQ1＝1;        //复位 SEQ1
AdcRegs. ADCST. bit. INT_SEQ1_CLR＝1;      //中断清除
PieCtrlRegs. PIEACK. all＝PIEACK_GROUP1;   //清除应答
return;
}


interrupt void ISRepwm1(void)
{                        //由于采用增减计数,周期寄存器为周期计数值的一半
    pp＝EPwm1Regs. TBPRD≫1; //周期寄存器右移 1 位是周期值的 1/4
    adc_isr();//调用 A/D 采样子程序
    pwm_cnt1＝(Uint16)(pp* (1-d));
    EPwm1Regs. CMPA. half. CMPA＝pwm_cnt1;
    EPwm1Regs. CMPB＝pwm_cnt1;
```

```
EPwm1Regs. ETSEL. bit. INTEN＝1；//使能 EPWM1 中断
EPwm1Regs. ETCLR. bit. INT＝1；//清除标志位
PieCtrlRegs. PIEACK. all＝PIEACK_GROUP3；//清除第三组应答
EINT；
}
```

3.3　其他形式的 DC/DC 变换电路

DC/DC 变换电路除本章前面介绍的几种外,常见的还有能实现升降压变换的 Cuk、Sepic、Zeta 变换电路及相应的隔离型 DC/DC 变换等,由于篇幅所限,本书不予介绍。随着环保节能要求的提高,能实现能量双向流动的 DC/DC 变换电路需求也越来越多,例如电动机的四象限运行、蓄电池的充放电等。本节主要介绍能实现能量双向流动的 DC/DC 变换电路,包括半桥 DC/DC变换电路和全桥 DC/DC 变换电路。半桥和全桥 DC/DC 变换电路的主电路及控制设计与 Buck 和 Boost 变换电路类似,相关设计可参考 3.1 节和 3.2 节内容。本节主要介绍半桥和全桥 DC/DC 变换电路的工作原理及编程方法。

3.3.1　半桥 DC/DC 变换电路

1. 半桥 DC/DC 变换电路组成及工作原理

半桥 DC/DC 变换电路如图 3-34 所示,它主要由一对桥臂上的上下两个全控型开关器件(开关管)、滤波电路组成。

半桥 DC/DC 变换电路的工作原理:当半桥 DC/DC 变换电路作为降压变换电路时,如图 3-35(a)所示。若在 VT$_1$ 驱动端施加 PWM 信号,VT$_2$ 施加截止信号,半桥变换电路实现 Buck 变换电路功能,即降压变换。变换电路输出电压方向为正向,输出电压的大小为

$$U_{AB}＝DU_{in} \tag{3-93}$$

若负载为电动机,则电动机运行于正向电动状态,工作在第一象限;若负载为蓄电池,则蓄电池为充电状态。

当半桥 DC/DC 变换电路作为升压变换电路时,如图 3-35(b)所示。若在 VT$_2$ 驱动端施加 PWM 信号,VT$_1$ 施加截止信号,半桥变换电路实现 Boost 变换电路功能,即升压变换。将负载的电压升高后向 U_{in} 回馈电能。输出电压方向仍为正向,输出电压的大小为

$$U_{in}＝\frac{1}{1-D}U_{AB}＞U_{AB} \tag{3-94}$$

若负载为电动机,则电动机运行于正向制动状态,工作在第二象限;若负载为蓄电池,则蓄电池为放电状态。

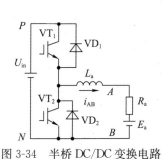

图 3-34　半桥 DC/DC 变换电路

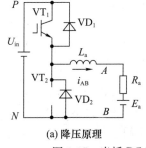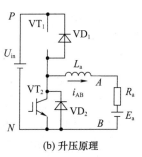

(a) 降压原理　　　　　　　　　　(b) 升压原理

图 3-35　半桥 DC/DC 变换电路工作原理

若上下开关管采用互补脉冲驱动，其占空比关系如式（3-95）所示，其工作过程的波形图如图 3-36 所示。

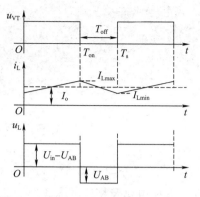

$$D=1-D_1 \qquad (3\text{-}95)$$

VT_1 导通时，电感电压为 $U_{in}-U_{AB}$，时间为 $T_{on}=DT_s$。

VT_1 截止时，电感电压为 U_{AB}，时间为 $T_{on}=(1-D)T_s$。

由伏秒平衡，可得

$$(U_{in}-U_{AB})\cdot D\cdot T_s=U_{AB}(1-D)T_s$$

$$\begin{cases} \dfrac{U_{AB}}{U_{in}}=D & \text{Buck} \\[3mm] \dfrac{U_{in}}{U_{AB}}=\dfrac{1}{D}=\dfrac{1}{1-D_1} & \text{Boost（此时 } U_{in} \text{ 为输出}, U_{AB} \text{ 为输入）} \end{cases}$$
$$(3\text{-}96)$$

图 3-36　半桥 DC/DC 变换电路的波形图

当桥臂上下开关管采用互补 PWM 驱动时，只要合理地控制占空比，即可实现升降压控制，从而实现能量的双向流动。

2. 控制策略

半桥 DC/DC 变换的控制同 Buck 和 Boost 变换一样。当电路工作在 Buck 模式时，可采用 3.1 节的方法进行分析；当电路工作在 Boost 模式时，可采用 3.2 节的方法进行分析。本节仅就半桥 DC/DC 变换电路工作在双向变换时进行分析。

如图 3-37 所示。若 U_{in} 和 R_s 模拟光伏电池，负载电阻 R 连接于直流母线上（为直流负载），E_a 模拟蓄电池，要求直流母线电压稳定，此时图 3-37 相当于简单的光储一体的直流微电网。当光照充足时，光伏电池为负载供电的同时对蓄电池进行充电；当光照不足时，蓄电池转换为放电模式为负载提供电能，从而保持直流母线电压的稳定和能量平衡的要求。

图 3-38 为光储一体的直流微电网的控制图，采用电压外环和电流内环控制实现。电压外环控制直流母线电压的稳定，电流内环根据电压外环的输出控制充、放电电流的大小。具体控制系统的设计请参见 3.1.3 节和 3.2.3 节。

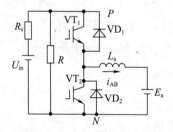

图 3-37　半桥 DC/DC 变换电路双向变换原理图

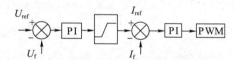

图 3-38　光储一体的直流微电网的控制图

3. 双向半桥 DC/DC 变换电路仿真

以图 3-37 为例，采用 MATLAB/Simulink 搭建如图 3-39 仿真模型，仿真参数为：输入的直流电压范围为 32～38V（用于模拟光伏电池在不同光照和温度下的输出电压），蓄电池初始电压为 19V，蓄电池的容量为 2A·h，电容 $C=470\mu F$，电感 $L=2mH$，电源等效内阻为 5Ω，负载电阻为 30Ω。仿真模型中使用的开关频率为 12.8kHz，电压外环 PI 调节的参数 $k_{up}=0.18$，$k_{ui}=160$；电流内环 PI 调节的参数 $k_{ip}=0.01$，$k_{ii}=8$。要求母线电压稳定在 30V，由 PI 调节输出的信号与锯齿波比较产生 PWM 信号来控制开关管的通断，从而调节母线的电压，以达到稳压的目的。

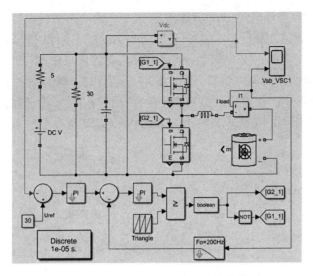

图 3-39　半桥 DC/DC 变换电路仿真模型

　　当直流输入电压为 32V 时,蓄电池处于放电状态,蓄电池放电电流和母线电压波形如图 3-40(a)所示。当直流输入电压为 38V 时,蓄电池处于充电状态,充电电流及母线电压波形如图 3-40(b)所示。

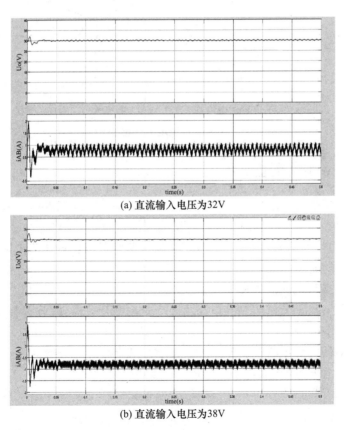

(a) 直流输入电压为32V

(b) 直流输入电压为38V

图 3-40　半桥 DC/DC 变换电路仿真波形图

　　由图 3-40(a)、(b)可以看出,随着直流输入电压的变化,母线电压一直保持在 30V 左右,系统随直流母线电压的变化能自动实现能量的双向流动。

4. 双向半桥 DC/DC 变换电路 DSP 程序实现

基于 TMS320F28335 采用 C 语言编程的总体结构由主程序、EPWM 中断程序和 A/D 采样子程序组成,其中主程序主要完成系统及所使用外设的初始化工作,以及通过查询方式发送要显示的数据(本例程未给出,读者可以根据需要自己在主程序循环中添加);EPWM 中断程序主要完成调用 A/D 采样子程序和占空比的更新产生 PWM 波;A/D 采样子程序完成电流、电压的采集和 PI 调节等。程序流程图如图 3-41 所示,代码编写及调试请参考 3.1.4 节。

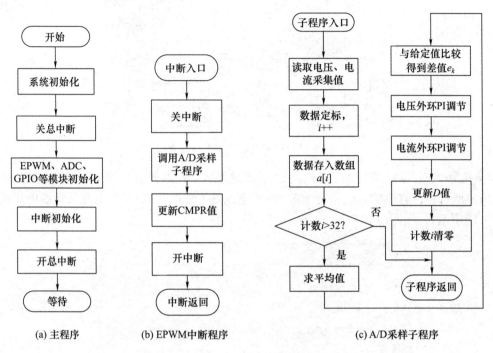

(a) 主程序　　　　(b) EPWM中断程序　　　　(c) A/D采样子程序

图 3-41　程序流程图

3.3.2　全桥 DC/DC 变换电路

与单独的 Buck 变换电路和 Boost 变换电路相比,半桥 DC/DC 变换电路能实现能量的双向流动,但它只能工作在第一、第二象限,负载电压的极性没有改变,要想改变极性必须接正负电源,从而造成了它使用的局限性。全桥 DC/DC 变换电路则可以实现 4 个象限的运行,克服了半桥 DC/DC 变换电路的缺点。

1. 全桥 DC/DC 变换电路组成及工作原理

如图 3-42 所示的全桥 DC/DC 变换电路由 4 个全控型开关器件(开关管)组成,开关管比半桥 DC/DC 变换电路多了一倍。

如图 3-43 所示,VT_3 截止,VT_4 导通,全桥 DC/DC 变换电路将实现半桥 DC/DC 变换电路功能,实现第一、第二象限的变换,具体工作原理本节不再赘述。

如图 3-34 所示,VT_1 截止,VT_2 导通,全桥变换电路同样能实现半桥变换功能,但输出电压的极性与图 3-43 输出电压的极性相反,从而实现第三、第四象限的变换。

第三象限工作的等效电路如图 3-45 所示。此时,电路工作在降压模式,电压和电流方向与工作在第一象限时相反,负载电压大小为

$$U_{BA} = DU_{in} \tag{3-97}$$

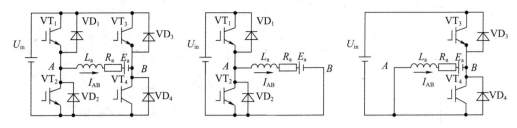

图 3-42　全桥 DC/DC 变换电路　图 3-43　第一、第二象限变换电路　图 3-44　第三、第四象限变换电路

若负载为电动机,则电动机运行于反向电动状态,电源向负载提供能量。

第四象限工作的等效电路如图 3-46 所示。此时,电路工作在升压模式(将负载的电压升高后向 U_{in} 回馈电能),电压为正,电流方向为负,负载电压大小为

$$U_{in} = \frac{1}{1-D}U_{AB} > U_{AB} \tag{3-98}$$

同样,若负载为电动机,则电动机运行于反向制动(发电)状态,能量由负载回馈给电源。

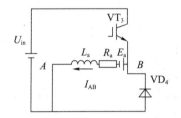 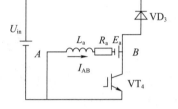

图 3-45　第三象限工作的等效电路　　图 3-46　第四象限工作的等效电路

在实际应用中,全桥 DC/DC 变换控制可分为单极性驱动和双极性驱动。

2. 单极性驱动

单极性驱动是指在一个 PWM 周期内,负载电压极性呈单一性变化。

图 3-47 是全桥单极性可逆 PWM 驱动系统示意图。系统由 4 个开关管和 4 个续流二极管组成,单电源供电。图中 $U_{p1} \sim U_{p4}$ 分别为开关管 $VT_1 \sim VT_4$ 的触发脉冲。若在 $t_0 \sim t_1$ 时刻,VT_1 根据 PWM 控制信号同步导通,而 VT_2 则受 PWM 反相控制信号控制截止,VT_3 触发信号保持为低电平,VT_4 触发信号保持为高电平,4 个触发信号波形如图 3-47 中所示,此时负载电压极性为正。若在 $t_0 \sim t_1$ 时刻,VT_3 根据 PWM 控制信号同步导通,而 VT_4 则受 PWM 反相控制信号控制关断,VT_1 触发信号保持为 0,VT_2 触发信号保持为 1,此时负载电压极性为负。

单极性可逆 PWM 驱动系统的特点是驱动脉冲仅需两路,电路较简单,驱动的电流波动较小,可以实现四象限运行,是一种应用广泛的驱动方式。但是当需要改变输出电压极性时,需要相应地改变控制信号,控制相对复杂。

3. 双极性驱动

双极性驱动是指在一个 PWM 周期内,负载电压极性呈正负变化。

全桥双极性可逆 PWM 驱动系统如图 3-48 所示。4 个开关管 $VT_1 \sim VT_4$ 分为两组,VT_2、VT_3 为一组,VT_1、VT_4 为另一组。同一组开关管同步关断或者导通,而不同组的开关管则与另外一组的开关状态相反。

在每个 PWM 周期里,当控制信号 U_{p1} 和 U_{p4} 为高电平时,U_{p2} 和 U_{p3} 为低电平,开关管 VT_1、VT_4 导通,VT_2、VT_3 截止,负载电压方向为从 A 到 B;当 U_{p1} 和 U_{p4} 为低电平时,U_{p2} 和 U_{p3} 为高电平,VT_2、VT_3 导通,VT_1、VT_4 截止,此时负载电压方向为从 B 到 A。即在每个 PWM 周期中,电

压方向有两个,此即所谓的双极性。

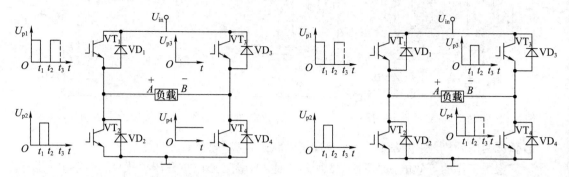

图 3-47　全桥单极性可逆 PWM 驱动系统　　　　图 3-48　全桥双极性可逆 PWM 驱动系统

因为在一个 PWM 周期里负载电压经历了正反两次变化,所以其平均电压 U_{AB} 的计算公式可以表示为

$$U_{AB}=\left(\frac{t_1}{T_s}-\frac{T_s-t_1}{T_s}\right)U_{in} \tag{3-99}$$

上式可以整理为

$$U_{AB}=(2D-1)U_{in} \tag{3-100}$$

式中,D 是占空比。

由式(3-100)可见,双极性可逆 PWM 驱动时,负载电压取决于占空比 D 的大小。当 $D=0$ 时,$U_{AB}=-U_{in}$;当 $D=1$ 时,$U_{AB}=U_{in}$;当 $D=1/2$ 时,$U_{AB}=0$。

全桥 DC/DC 变换电路的仿真代码编写与调试请参考 3.1.4 节。

思考与练习

1. 试说明什么是电感电流连续模式(CCM)、电感电流断流模式(DCM)及它们的特点。

2. 设计一个 Buck 型 DC/DC 变换器。要求输入电压 $U_{in}=30\sim36V$,负载电流 $I_o=1\sim5A$,开关频率为 40kHz,输出电压 $U_o=15\pm0.1V$,最小负载时电感电流不断流。求输出滤波电感 L 和电容 C,并选取开关管 VT 和二极管 VD 的型号。

3. 根据上题所给出的参数搭建电压外环、电感电流内环双闭环仿真模型并进行仿真验证,画出基于 TMS320F28335 采用 C 语言编程的流程图,编写代码并进行调试。

4. 设计一个 Boost 型 DC/DC 变换器,要求输入电压 $U_{in}=15\sim21V$,输出电压为 $36\pm0.1V$,开关频率为 20kHz,输出电流 $I_o=0.5\sim2A$,变换器工作在电感电流连续模式。求输入滤波电感 L、输出电容 C,并选取开关管 VT 和二极管 VD 的型号。

5. 根据上题所给出的参数搭建电压外环、电感电流内环双闭环仿真模型并进行仿真验证,画出基于 TMS320F28335 采用 C 语言编程的流程图,编写代码并进行调试。

第4章　DC/AC变换原理与控制

DC/AC变换电路又称逆变电路,它是将直流电变换为大小、相位和频率都可调的交流电的一种电路。DC/AC变换电路按其直流侧电源性质不同分为两种:电压源型(简称电压型)逆变电路和电流源型(简称电流型)逆变电路。电压型逆变电路的直流侧为电压源或并联大电容,直流侧电压脉动较小,输出电流随负载阻抗大小而变化。当带阻感负载时,为了给交流侧向直流侧反馈的无功能量提供通道,逆变桥的各臂需并联续流二极管。直流侧电源为电流源的逆变电路称为电流型逆变电路。一般在直流侧串联大电感,电流脉动很小,可近似看成直流电流源,交流电压波形和相位随负载的变化而变化,直流侧电感起缓冲无功能量的作用,开关器件无须并联续流二极管。在实际中电压型逆变电路应用较多,电压型逆变电路又分为半桥、全桥和三相桥逆变电路等。本章主要讨论在实际中应用较广的单相全桥和三相桥逆变电路。

由DC/AC变换电路组成的逆变器还可根据交流侧是否并网分为离网逆变器和并网逆变器。当交流侧接入电网时称为并网逆变器,此时其工作原理同PWM整流,控制策略也基本相同,有关内容参见第5章。本章主要讨论离网逆变器的工作原理与控制方法等。

4.1　DC/AC变换的工作原理

4.1.1　单相全桥DC/AC变换电路

单相DC/AC变换电路的结构主要有两种:单相半桥和单相全桥。其中,单相半桥变换主要用于功率较小的场合,具体工作原理参见4.3.1节。单相电压型全桥逆变电路原理图如图4-1(a)所示。图4-1(a)中,共由4个开关管组成,可看作由两个半桥电路组成,若将VT_1和VT_4看作一对,VT_2和VT_3看作另一对,成对的开关管同时导通和关断,导通和关断相差180°,则输出电压u_o波形如图4-1(b)所示。

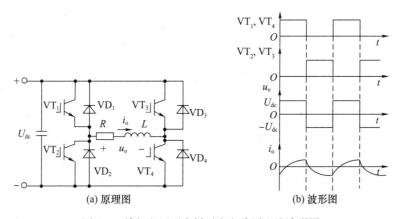

(a) 原理图　　　　　　　　　(b) 波形图

图4-1　单相电压型全桥逆变电路原理及波形图

将u_o展开成傅里叶级数有

$$u_o = \frac{4U_{dc}}{\pi}\left(\sin\omega t + \frac{1}{3}\sin3\omega t + \frac{1}{5}\sin5\omega t + \cdots\right) \tag{4-1}$$

基波幅值

$$U_{o1m} = \frac{4U_{dc}}{\pi} \approx 1.27U_{dc} \tag{4-2}$$

基波有效值

$$U_{o1} = \frac{2\sqrt{2}U_{dc}}{\pi} \approx 0.9U_{dc} \tag{4-3}$$

由式(4-2)和式(4-3)可知,其逆变控制方式为成对开关管交替 180°导通和关断,输出电压 u_o 为 $\pm U_{dc}$(各占 180°)。此时,要改变输出电压的大小,只能通过改变 U_{dc} 来实现。

4.1.2 三相 DC/AC 变换电路

三相电压型桥式逆变电路如图 4-2 所示,它是实际中应用最广的三相桥式逆变电路之一。

图 4-2 中所示的 N' 点是为了便于电路分析假想的一个中点。三相电压型桥式逆变电路的基本工作方式也是每个桥臂的导电角度为 180°,同一相上下两个开关管交替导电,不同相开始导电的角度差 120°。任一瞬间有三个桥臂同时导通,导通情况可能是上面一个桥臂下面两个桥臂,或者下面一个桥臂上面两个桥臂,每次换流都是在同一相上下两臂之间进行的,这种换流方式称为纵向换流。三相电压型桥式逆变电路的工作波形如图 4-3 所示。

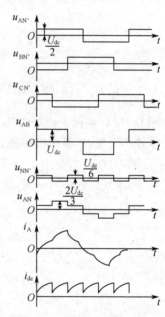

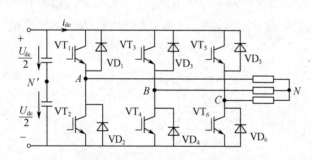

图 4-2　三相电压型桥式逆变电路　　　　图 4-3　三相电压型桥式逆变电路的工作波形

下面首先分析负载各相到中点 N' 的电压,对于 A 相,VT_1 导通,$u_{AN'} = U_{dc}/2$,VT_2 导通,$u_{AN'} = -U_{dc}/2$。B 相和 C 相与 A 相类似,不同之处是相位依次相差 120°,$u_{AN'}$、$u_{BN'}$、$u_{CN'}$ 的波形如图 4-3 所示。

负载的线电压

$$\begin{cases} u_{AB} = u_{AN'} - u_{BN'} \\ u_{BC} = u_{BN'} - u_{CN'} \\ u_{CA} = u_{CN'} - u_{AN'} \end{cases} \tag{4-4}$$

负载各相电压

$$\begin{cases} u_{AN} = u_{AN'} - u_{NN'} \\ u_{BN} = u_{BN'} - u_{NN'} \\ u_{CN} = u_{CN'} - u_{NN'} \end{cases} \tag{4-5}$$

将式(4-5)相加并整理得

$$u_{NN'} = \frac{1}{3}(u_{AN'} + u_{BN'} + u_{CN'}) - \frac{1}{3}(u_{AN} + u_{BN} + u_{CN}) \tag{4-6}$$

当三相负载对称时,其相电压有 $u_{AN} + u_{BN} + u_{CN} = 0$,则

$$u_{NN'} = \frac{1}{3}(u_{AN'} + u_{BN'} + u_{CN'}) \tag{4-7}$$

$u_{NN'}$ 的波形如图 4-3 所示,其频率为 $u_{AN'}$ 的 3 倍,幅值为 $u_{AN'}$ 的 1/3,即为 $U_{dc}/6$ 方波。

把输出线电压 u_{AB} 展开成傅里叶级数得

$$u_{AB} = \frac{2\sqrt{3}U_{dc}}{\pi}\left(\sin\omega t - \frac{1}{5}\sin5\omega t - \frac{1}{7}\sin7\omega t + \frac{1}{11}\sin11\omega t + \frac{1}{13}\sin13\omega t - \cdots\right)$$

$$= \frac{2\sqrt{3}U_{dc}}{\pi}\left[\sin\omega t + \sum_n \frac{1}{n}(-1)^k\sin n\omega t\right] \tag{4-8}$$

式中,$n = 6k \pm 1$,k 为自然数。

输出的线电压有效值 u_{AB} 为

$$U_{AB} = \sqrt{\frac{1}{2\pi}\int_0^{2\pi} u_{AB}^2 d\omega t} \approx 0.816U_{dc} \tag{4-9}$$

基波幅值 U_{AB1m} 和基波有效值 U_{AB1} 分别为

$$U_{AB1m} = \frac{2\sqrt{3}U_{dc}}{\pi} \approx 1.1U_{dc} \tag{4-10}$$

$$U_{AB1} = \frac{U_{AB1m}}{\sqrt{2}} \approx 0.78U_{dc} \tag{4-11}$$

利用上面所得公式可绘出 u_{AN}、u_{BN}、u_{CN} 的波形。负载已知时,可由 u_{AN} 波形求出 i_A 的波形,每一相上下两桥臂间的换流过程和半桥逆变电路相似,桥臂 1、3、5 的电流相加可得直流侧电流 i_{dc} 的波形,i_{dc} 每 60° 脉动一次,直流侧电压基本无脉动,因此逆变电路从直流侧向交流侧传送的功率是脉动的,且其脉动的趋势与 i_{dc} 基本一致。这是电压型逆变电路的一个特点。

利用傅里叶级数对输出相电压进行定量分析得

$$u_{AN} = \frac{2U_{dc}}{\pi}\left(\sin\omega t + \frac{1}{5}\sin5\omega t + \frac{1}{7}\sin7\omega t + \frac{1}{11}\sin11\omega t + \frac{1}{13}\sin13\omega t + \cdots\right)$$

$$= \frac{2U_{dc}}{\pi}\left[\sin\omega t + \sum_n \frac{1}{n}\sin n\omega t\right] \tag{4-12}$$

式中,$n = 6k \pm 1$,k 为自然数。

输出相电压的有效值为

$$U_{AN} = \sqrt{\frac{1}{2\pi}\int_0^{2\pi} u_{AN}^2 d\omega t} \approx 0.471U_{dc} \tag{4-13}$$

输出相电压基波的幅值和有效值为

$$U_{AN1m} = \frac{2U_{dc}}{\pi} \approx 0.637U_{dc} \tag{4-14}$$

$$U_{AN1} = \frac{U_{AN1m}}{\sqrt{2}} \approx 0.45U_{dc} \tag{4-15}$$

由负载相电压的傅里叶级数分析可知,采用 180°导通方式的逆变电路,其输出电压谐波含量大,在实际应用中很少采用此种方式。为了降低谐波,一般采用第 2 章介绍的 SPWM 或 SVPWM 等 PWM 控制技术。

4.1.3 DC/AC 变换电路交直流侧电压的关系

了解 DC/AC 变换电路交直流侧电压关系对 DC/AC 变换电路的设计至关重要,如开关器件的选型、滤波器的设计等皆与此相关。上述两节分析了纵向换流时 DC/AC 变换的原理,对单相、三相 DC/AC 变换交直流侧电压关系给出了定量的计算。为了方便应用,本节对采用纵向换流、SPWM、SVPWM 技术的 DC/AC 变换电路的交直流侧电压关系进行分析。

1. 采用 SPWM 技术时交直流侧电压的关系

① 单相逆变时可以采用单极性 SPWM 调制,也可以采用双极性 SPWM 调制,其原理如图 2-2 和图 2-3 所示。具体分析计算参见本书 2.1.1 节内容。当调制度 $m=1$ 时,输出交流电压的幅值为直流侧电压 U_{dc},此时交流侧输出的电压最大。当调制度 m 不为 1 时,有

$$U=\frac{U_{dc}}{\sqrt{2}}m \tag{4-16}$$

式中,U 为交流侧输出电压的有效值。

② 三相逆变器一般都采用双极性 SPWM 调制,其原理如图 2-4 所示。当调制度 $m=1$ 时,输出三相交流相电压的幅值为 $U_{dc}/2$,此时交流侧输出的电压最大。当调制度 m 不为 1 时,有

$$U_p=\frac{U_{dc}}{2\sqrt{2}}m \tag{4-17}$$

式中,U_p 为交流侧输出基波相电压的有效值。

2. 采用 SVPWM 技术时交直流侧电压的关系

在实际应用中,单相系统采用 SVPWM 技术并没有三相系统广泛。单相系统采用 SVPWM 技术的交直流侧电压同 SPWM,具体分析详见有关资料。

三相系统中采用 SVPWM 技术由表 2-1 和表 2-2 可知,当线电压的最大值为 U_{dc} 时,可以得到相电压的最大值为 $U_{dc}/\sqrt{3}$(由 6 个基本空间矢量组成正六边形的内切圆的半径)。当调制度 m(定义 SVPWM 的调制度为实际输出相电压与最大相电压之比)不为 1 时,有

$$U_p=\frac{U_{dc}}{\sqrt{6}}m \tag{4-18}$$

采用纵向换流、SPWM、SVPWM 技术的 DC/AC 变换电路的交直流测电压关系见表 4-1。

表 4-1　采用三种技术的 DC/AC 变换电路的交直流侧电压关系

纵向换流		SPWM		SVPWM
单相全桥	三相	单相全桥	三相	三相
$U_{o1}=\dfrac{2\sqrt{2}U_{dc}}{\pi}=0.9U_{dc}$	$U_{AN1}=\dfrac{U_{AN1m}}{\sqrt{2}}=0.45U_{do}$	$U=\dfrac{U_{dc}}{\sqrt{2}}m$	$U_p=\dfrac{U_{dc}}{2\sqrt{2}}m$	$U_p=\dfrac{U_{dc}}{\sqrt{6}}m$

4.2　DC/AC 变换主电路的设计

DC/AC 变换主电路主要由逆变桥和滤波器两部分组成,其设计过程为根据系统参数要求进行分析计算,选择合适的开关器件和滤波电路。

4.2.1 开关器件的选取

开关器件的选取主要取决于直流侧母线电压、负载电流、开关频率、损耗和温度等。

① 开关器件耐压的选取：一般应大于母线电压，并留有一定的余量即可。

② 开关器件电流的选取：一般情况下，为了安全可靠，开关器件的电流应大于负载的峰值电流，并留有一定的余量。

③ 开关器件频率的选取：开关频率与系统的损耗、散热等有关，一般情况下当系统输出功率较大时应选取较低的开关频率，反之选取较高的开关频率。例如，有资料建议 10kVA 以上选择 10kHz 以下，反之选择 10kHz 以上，具体如何选择可根据系统的效率和散热要求而定。

【例 4-1】有一带三相电动机负载的三相逆变器，输出额定功率为 22kW，交流侧线电压为 415V，功率因数为 0.8，电动机效率为 85%。若采用 SPWM 控制技术，要求选择合适的开关器件。

解：(1) 耐压计算：取 $m=0.8$，由式(4-17)可知，直流侧电压为

$$U_{dc}=\frac{2\sqrt{2}U_p}{m}=\frac{2\sqrt{2}\times415}{0.8\times\sqrt{3}}=847V$$

考虑到安全系数和开关脉冲尖峰，需选择电压额定值大于 847V。考虑留有一定的余量，所以可选择大于或等于 1200V 的 IGBT。

(2) 电流计算：IGBT 的电流额定值取决于绕组的峰值电流。当采用三相 DC/AC 变换时，要确保有足够的正弦电流注入电动机的绕组。

电动机负载电流的计算

$$I_{LL}=\frac{P_{out}}{\eta\times\sqrt{3}\times U_{LL}\times\cos\varphi}=47A \tag{4-19}$$

通过绕组的线电流 I_{LL} 为 47A，绕组的峰值电流为

$$I_{Lm}=\sqrt{2}I_{LL}=66.5A$$

考虑能耐受过载 200% 时的情况，则绕组的峰值电流取为 133A。

根据上述计算参数可选择 Infineon、Fuji 和 Mitsubishi 等多个制造商提供的 IGBT 模块。本例选用 CM150TX-24S1IGBT 模块，其在 100℃时集电极连续载流能力为 150A，峰值载流能力为 300A。也可选择内置 NTC(热敏电阻) 的 IGBT 模块，以避免 IGBT 热损坏。

4.2.2 滤波器参数的计算

常见的有 L、LC 和 LCL 滤波器等。L 滤波器仅由电感组成，在整个频率范围内，L 滤波器的衰减为 −20dB/dec。为了抑制输出电流谐波，需要一个较大电感值的电感。但是电感值增大，势必造成滤波器尺寸变大，成本升高，同时降低了系统的动态性能。在实际中很少采用单独的 L 滤波器，因此，本节仅对就 LC 和 LCL 滤波器进行讨论和分析。

1. LC 滤波器

LC 滤波器电路如图 4-4 所示，其是衰减为 −40dB/dec 的二阶滤波器。与 L 滤波器相比，LC 滤波器具有体积小、衰减性能好等优点，适合于离网(孤岛)运行的逆变器。

LC 滤波器输出电压对输入电压的传递函数为

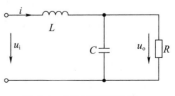

图 4-4 LC 滤波器电路

$$H(s)=\frac{1}{LCs^2+\dfrac{L}{R}s+1} \tag{4-20}$$

LC 滤波器参数的选取方法有很多，本书主要从两个方面进行介绍和分析。

（1）阻抗匹配分析法

将式（4-20）变换为

$$H(s)=\frac{\omega_{\mathrm{res}}^2}{s^2+\dfrac{1}{R}\sqrt{\dfrac{L}{C}}\omega_{\mathrm{res}}s+\omega_0^2}=\frac{\omega_{\mathrm{res}}^2}{s^2+\dfrac{\omega_{\mathrm{res}}}{Q}s+\omega_0^2} \tag{4-21}$$

式中，ω_{res} 为谐振角频率，$\omega_{\mathrm{res}}=1/\sqrt{LC}$；$Q$ 为品质因数，$Q=R\sqrt{C/L}$。

ω_{res} 的选择决定了幅频特性的基本特征。ω_{res} 越大，对高频的衰减能力越差，ω_{res} 越小，对高频的衰减能力越强，但随着 ω_{res} 的减小，L、C 值增大，会使滤波器成本增加，体积变大。因此需要合理选择 ω_{res}，通常按开关频率的 1/10 进行选取。

根据图 4-4 所示，设电路输出端等效负载阻抗为 R。期望角频率 $\omega\leqslant\omega_{\mathrm{res}}$ 时幅值不衰减，根据式（4-21）可知，当 $s=\mathrm{j}\omega\leqslant\mathrm{j}\omega_{\mathrm{res}}$ 时，为了使传递函数幅值增益等于 1，则 Q 需等于 1，即

$$Q=R\sqrt{\frac{C}{L}}=1 \tag{4-22}$$

则

$$R=\sqrt{\frac{L}{C}} \tag{4-23}$$

根据式（4-23）和 $\omega_{\mathrm{res}}=1/\sqrt{LC}$ 可得 LC 滤波器的参数为

$$\begin{cases}L=R\sqrt{LC}=\dfrac{R}{\omega_{\mathrm{res}}}\\[2mm]C=\dfrac{1}{R\sqrt{LC}}=\dfrac{1}{R\omega_{\mathrm{res}}}\end{cases} \tag{4-24}$$

【例 4-2】 若单相逆变系统输出容量的额定值为 600VA，开关频率为 20kHz，直流母线电压为 380V，输出交流电压为 110V，截止频率选择 2kHz（一般按开关频率的 1/10 选择）。计算所需的最小电感。

解：根据题目要求，设负载为阻性负载，负载电阻 $R=110^2/600=20.17\Omega$。

由于谐振频率与截止频率相差不大，在工程计算中通常选取谐振频率等于截止频率，则

$$L=\frac{R}{\omega_{\mathrm{res}}}=\frac{R}{2\pi f}=\frac{20.17}{2\pi\times2000}=1.6\mathrm{mH}$$

$$C=\frac{1}{\omega_{\mathrm{res}}R}=\frac{1}{2\pi\times2000\times20.17}=3.9\mu\mathrm{F}$$

实际取 L 为 1.6mH，取 C 为 10μF。

（2）电流纹波分析法

DC/AC 变换电路中的滤波器电感可以抑制电流的纹波，在其他条件相同的情况下，通常电感越大电流纹波越小，电感越小电流纹波越大。所以可以根据电流纹波大小的要求，确定电感的大小。对于相同电流纹波的要求，由于采用的调制方法和电路拓扑结构的不同，其结果也不一样。

1）单相全桥 SPWM

电感的选取与电流纹波相关，以电流纹波大小为约束条件进行电感值计算，除保证输出电流

纹波满足要求外,还可为电感的电磁设计如磁芯选择等提供依据。图4-5所示为开关周期与电流纹波关系图。

如图4-4所示,对于交流输出的单相全桥逆变LC滤波器电路,电感两端的电压 u_L 为

$$u_L = u_i - u_o = L\frac{\mathrm{d}i}{\mathrm{d}t} \tag{4-25}$$

式中,u_i 为逆变器的输出电压;u_o 为滤波器的输出电压。

在 T_{on} 时间内,H桥中的 VT_1 和 VT_4 同时导通,此时,逆变器输出电压 $u_i = U_{dc}$,式(4-25)可表示为

$$U_{dc} - u_o = L\frac{\Delta i_{pp}}{DT_s} \tag{4-26}$$

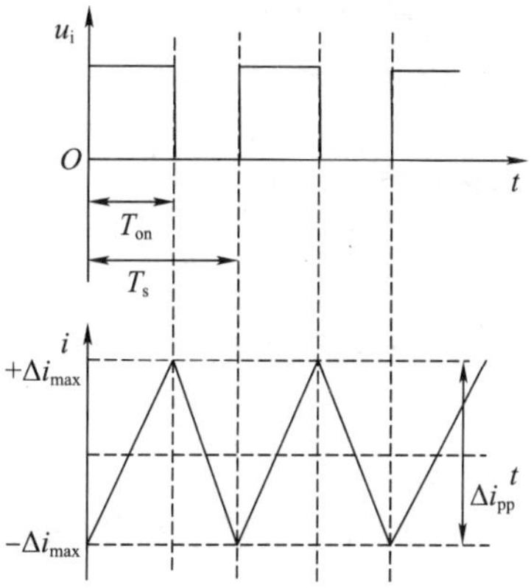

图 4-5　开关周期与电流纹波关系图

式中,$T_s = 1/f_s$ 为开关周期;D 为占空比;Δi_{pp} 为电流纹波峰峰值。

在一个开关周期内,电感电流的增量(电流纹波峰峰值)Δi_{pp} 可表示为

$$\Delta i_{pp} = DT_s\frac{U_{dc} - u_o}{L} \tag{4-27}$$

假设调制度为 m,采用SPWM控制时,占空比可表示为

$$D(\omega t) = m\sin(\omega t) \tag{4-28}$$

因此,滤波器的输出电压为

$$u_o(t) = U_{dc}D(\omega t) \tag{4-29}$$

将式(4-28)、式(4-29)代入式(4-27)有

$$\Delta i_{pp} = \frac{U_{dc}T_s m\sin(\omega t)(1 - m\sin(\omega t))}{L} \tag{4-30}$$

由式(4-30)可知,为了找到最大纹波对应的调制度,将式(4-30)求导,可得到式(4-31),并令其等于零,即

$$\frac{\mathrm{d}(\Delta i_{pp})}{\mathrm{d}t} = \frac{U_{dc}T_s m\omega}{L}\big[\cos(\omega t) - 2m\sin(\omega t)\cos(\omega t)\big] = 0 \tag{4-31}$$

由式(4-31)可得

$$\sin(\omega t) = \frac{1}{2m} \tag{4-32}$$

式(4-32)给出最大电流纹波峰峰值时对应的调制度,代入式(4-30)中,可得到最大电流纹波峰峰值和所需电感为

$$\Delta i_{pp}\big|_{max} = \frac{U_{dc}T_s}{4L} \tag{4-33}$$

$$L = \frac{U_{dc}}{4f_s\Delta i_{pp}\big|_{max}} \tag{4-34}$$

【例4-3】要求同例4-2,单相逆变系统输出容量的额定值为600VA,开关频率为20kHz,母线电压为380V,输出交流电压为110V。假设最大电流纹波峰峰值为额定电流峰值的20%,所需的最小电感计算如下

$$L = \frac{U_{dc}}{4f_s\Delta i_{pp}\big|_{max}} = \frac{380}{4\times20000\times5.45\times1.414\times0.2} = 3.08\text{mH}$$

输出电感和电容形成一个低通滤波器,可以滤掉开关频率附近的谐波。为了获得良好的开关频率衰减,同样截止频率选择为 $f_s/10$ 或更低。

谐振频率的公式为

$$f_{\text{res}} = \frac{1}{2\pi\sqrt{LC}}$$ (4-35)

则电容为

$$C = \left(\frac{10}{2\pi f_{\text{s}}}\right)^2 \frac{1}{L}$$ (4-36)

$$C = \left(\frac{10}{2\pi f_{\text{s}}}\right)^2 \frac{1}{L} = \left(\frac{10}{2\pi \times 20000}\right)^2 \times \frac{1}{3.08 \times 10^{-3}} = 2.06\,\mu\text{F}$$

实际取 $2.2\,\mu\text{F}$ 电容。

从计算结果可以看出,采用上述两种方法计算的电感值与电容值有所差别,可根据系统要求的情况进行选择使用。

2）三相 SPWM 和 SVPWM

三相 DC/AC 变换电路一般采用双极性调制。根据三相 DC/AC 变换电路的工作原理,在一个开关周期内电感两端的电压为直流母线电压与输出电压之差,其计算公式与单相双极性类似。不同之处为:若忽略 N 与 N' 之间的电压或采用三相四线制,在一个开关周期内电感两端的电压为直流母线电压的 1/2 与输出电压之差。采用单相分析方法可得三相 SPWM 双极性调制时电感为

$$L = \frac{U_{\text{dc}}}{8 f_{\text{s}} \Delta i_{\text{pp}}\big|_{\max}}$$ (4-37)

若采用三相三线制,N 与 N' 之间的电压不予忽略,如图 4-2 所示,则可取一个开关周期内电感两端电压为母线电压的 2/3 与输出电压之差。同样,采用单相分析方法可得

$$L = \frac{U_{\text{dc}}}{6 f_{\text{s}} \Delta i_{\text{pp}}\big|_{\max}}$$ (4-38)

在不同的资料中上述两个式子都有采用,具体可根据实际情况选定。

当三相 DC/AC 变换电路采用 SVPWM 调制时,则可取一个开关周期内电感两端电压为母线电压的 $U_{\text{dc}}/\sqrt{3}$ 与输出电压之差。同样,采用单相分析方法可得

$$L = \frac{U_{\text{dc}}}{4 \times \sqrt{3} f_{\text{s}} \Delta i_{\text{pp}}\big|_{\max}}$$ (4-39)

针对三相 DC/AC 变换电路的滤波电容 C 的确定,同样可根据式(4-35)确定。

当 DC/AC 变换电路连接到电网时,电容决定了 DC/AC 变换电路不工作时无功功率交换的大小,通常要保持较小值,一般取小于额定功率的 5%。

$$Q_{\text{C}} = \frac{U^2}{X_{\text{C}}}$$ (4-40)

式中,X_{C} 为电容容抗,$X_{\text{C}} = \frac{1}{2\pi f C}$,$f$ 为电网频率。

【例 4-4】并网型三相 DC/AC 变换器的额定容量为 3kVA,电网电压为 220V,频率为 50Hz,考虑无功功率交换时所需的最大电容为

$$C = \frac{Q_{\text{C}}/3}{U^2 \times 2\pi \times f} = \frac{1000 \times 5\%}{220^2 \times 2\pi \times 50} = 3.29\,\mu\text{F}$$

实际取 $C = 2.2\,\mu\text{F}$。

2. LCL 滤波器设计

LC 滤波器的谐振频率依赖于电网等效阻抗,因此这种滤波器在并网型 DC/AC 变换器中使

用较少。并网型滤波器主要有 L 和 LCL 两种,相比 L 滤波器,LCL 滤波器含有为高频谐波电流提供通路的电容 C。因此,在相同滤波效果的情况下,LCL 滤波器中两个电感量之和小于 L 滤波器中的电感量,所以,其体积小、成本低。但 LCL 滤波器存在谐振尖峰,同时相位在谐振频率处会发生 $-180°$ 的跳变,将导致系统不稳定。在设计 LCL 滤波器时,

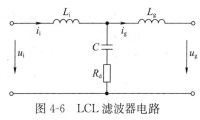

图 4-6　LCL 滤波器电路

必须考虑电流纹波、滤波器尺寸和开关纹波衰减特性等。另外,无功功率的要求可能引起电容与电网相互作用产生谐振,因此,可以在电容支路中串联电阻 R_d 以增加系统的阻尼。图 4-6 为典型的 LCL 滤波器电路。

根据图 4-6,为了便于分析,首先忽略 R_d,可以得到单相或三相逆变器的并网电流 i_g 对输入电压 u_i 的传递函数 $G_{LCL}(s)$ 为

$$G_{LCL}(s)=\frac{i_g(s)}{u_i(s)}=\frac{1}{L_iL_gCs^3+(L_i+L_g)s}=\frac{1}{s(L_i+L_g)}\frac{\omega_{res}^2}{s^2+\omega_{res}^2} \tag{4-41}$$

式中,ω_{res} 为 LCL 滤波器的谐振角频率,其表达式为

$$\omega_{res}=\sqrt{\frac{L_i+L_g}{L_iL_gC}} \tag{4-42}$$

LCL 滤波器的谐振频率远低于开关频率,一般认为电容阻抗对开关频率可以忽略不计。基于这种近似,逆变器侧电流 i_i 和逆变器侧电压 u_i 之间的传递函数可以近似表示为

$$\frac{i_i(s)}{u_i(s)}=\frac{1}{sL_i} \tag{4-43}$$

式(4-44)给出高频时电网电流 i_g 和逆变器电流 i_i 之间的传递函数为

$$\frac{i_g(s)}{i_i(s)}=\frac{i_g(s)}{u_i(s)}\frac{u_i(s)}{i_i(s)}=\frac{1}{L_iL_gCs^3+(L_i+L_g)s}sL_i \tag{4-44}$$

(1) 逆变器侧电感 L_i 选取

逆变器侧电感 L_i 大小的选取,主要由逆变器侧电流纹波的大小确定。与 LC 滤波器中的计算过程类似,此处不再赘述。单相可参照式(4-34),三相可参照式(4-37)和式(4-38)。

定义电流变化的纹波最大值 Δi_{imax} 与额定电流值 I_i 之比为电流的纹波系数 λ_i,即

$$\lambda_i=\frac{\Delta i_{imax}}{I_i} \tag{4-45}$$

在实际工程设计中,电流的纹波系数 λ_i 一般取为 $20\%\sim30\%$,根据电流的纹波系数可以求得逆变器侧电感 L_i 的最小值为

$$L_{imin}=\frac{U_{dc}T_s}{k\lambda_iI_i} \tag{4-46}$$

式中,k 的取值与单相、三相和采用的调制方式有关,k 的选取可参照式(4-34)、式(4-37)、式(4-38)和式(4-39),分别为 4、8、6 和 $4\times\sqrt{3}$。

L_i 的最大值可根据电感两端基波的压降来选择。定义压降系数为

$$\lambda_u=\frac{U_{Li}}{U_c} \tag{4-47}$$

式中,U_{Li} 为逆变器侧电感基波压降,U_c 为电容电压基波有效值(通常忽略 L_g 的压降,选择 $U_c=U_g$),可求得电感 L_i 的最大值为

$$L_{imax}=\frac{\lambda_uU_g}{\omega_gI_i} \tag{4-48}$$

式中，U_g为电网电压有效值；ω_g为电网额定工作的角频率；压降系数λ_u一般取 5%。

（2）滤波电容设计

选取滤波电容时，一般从电容引入的无功功率和损耗两个方面考虑。电容愈大，引入的无功功率愈大，同时也会使流过开关器件的电流增大，从而导致开关器件的损耗增加。若定义滤波电容C引入的无功功率与逆变器输出的额定功率之比为λ_c，则电容C的最大值为

$$C=\lambda_c\frac{P}{n\omega_g U_g^2} \tag{4-49}$$

式中，P为逆变器输出的额定功率；$n=1$ 表示单相，$n=3$ 表示三相；在实际工程中，一般λ_c取 5% 左右。

（3）网侧电感L_g选取

通过定义网侧和逆变器侧电感纹波之间的衰减系数来确定L_g的值。该值越小，滤波效果越好。考虑稳定性和经济性，可通过 IEEE Std 929—2000、IEEE Std 1547—2003 或 GBT 14549—1993、GBT 24337—2009 标准对谐波的含量要求进行分析。由式（4-44）可得

$$\left|\frac{i_g(j\omega_{res})}{i_i(j\omega_{res})}\right|=\left|\frac{1}{L_gCs^2+1+L_g/L_i}\right|=\left|\frac{1}{-rL_iC\omega_{res}^2+1+r}\right|=\left|\frac{1}{1+r(1-L_iC\omega_{res}^2)}\right|=k_a \tag{4-50}$$

式中，ω_{res}为谐振角频率，$r=L_g/L_i$，k_a为期望的衰减系数。则

$$r=\frac{\dfrac{1}{k_a}-1}{\left|1-L_iC(\omega_{res})^2\right|} \tag{4-51}$$

$$L_g=rL_i \tag{4-52}$$

在实际中，k_a可根据经验直接给出，一般取为 10%~20%；选取$\omega_{res}=\omega_s$（开关角频率）。

电感过大将影响系统的动态性且会产生过大的压降，电感过小会增加系统损耗。由式（4-42）可知，谐振角频率与电感值密切相关。一般情况下，要求 LCL 滤波器的谐振频率f_{res}在$10f_g$~$0.5f_s$（f_s为开关频率）之间选择，以此判断电感L_g是否合适。

$$20\pi f_g\leqslant\sqrt{\frac{L_i+L_g}{L_iL_gC}}\leqslant\pi f_s \tag{4-53}$$

（4）电阻的设计

串联电阻R_d可以衰减开关频率处的部分纹波，以避免谐振。一般选择该电阻的值为滤波器电容在谐振频率处阻抗的 1/3，与滤波器电容串联的电阻为

$$R_d=\frac{1}{6\pi f_{res}C} \tag{4-54}$$

【例 4-5】假设单相 DC/AC 变换器输出功率为 3kW，输入电压为 400V，电网电压为 220V，电网频率为 50Hz，开关频率为 20kHz，试求L_i、C、L_g和R_d。

解：输出额定电流为

$$I_i=3000/220=13.64A$$

取电流的纹波系数λ_i为 20%，则逆变器侧电感L_i的最小值为

$$L_{imin}=\frac{U_{dc}T_s}{4\lambda_i I_i}=\frac{400}{4\times0.2\times13.64\times20\times10^3}=1.83mH$$

压降系数λ_u一般取 5%，则电感L_i的最大值为

$$L_{imax}=\frac{\lambda_u U_g}{\omega_g I_i}=\frac{0.05\times220}{2\pi\times50\times13.64}=2.56mH$$

实际取 $L_i = 2\text{mH}$。

取 $\lambda_c = 5\%$，则电容 C 的最大值为

$$C = \lambda_c \frac{P}{n\omega_g U_g^2} = 0.05 \times \frac{3000}{2\pi \times 50 \times 220^2} = 9.86\mu\text{F}$$

实际取 $C = 10\mu\text{F}$。

若取期望的衰减系数 k_a 为 20%，网侧电感 L_g 的值为

$$r = \frac{\frac{1}{k_a} - 1}{|1 - L_i C(\omega_s)^2|} = \frac{\frac{1}{0.2} - 1}{|1 - 2 \times 10^{-3} \times 10 \times 10^{-6} \times (2\pi \times 20 \times 10^3)^2|} = 0.026$$

$$L_g = rL_i = 0.026 \times 2\text{mH} = 0.051\text{mH}$$

实际取 $50\mu\text{H}$。

谐振频率为

$$f_{res} = \frac{\omega_{res}}{2\pi} = \frac{1}{2\pi}\sqrt{\frac{L_i + L_g}{L_i L_g C}} = 7210\text{Hz}$$

满足 $10f_g \sim 0.5f_s$。

电阻 R_d 为

$$R_d = \frac{1}{6\pi f_{res}C} = \frac{1}{6 \times \pi \times 7210 \times 10^{-5}} = 0.736\Omega$$

实际取 $R_d = 0.8\Omega$。

4.3 DC/AC 变换控制策略

DC/AC 变换器的 PWM 控制技术可以采用 SPWM、SVPWM、滞环比较和三角波比较等方法。针对离网逆变系统常用的控制策略主要有电压单闭环控制、电压电流双闭环控制、电压有效值外环控制、电压瞬时值中环控制及电流瞬时值内环控制等。根据反馈电流的不同，电流控制方式可以分为电容电流反馈和电感电流反馈。每种控制方式各有特点，详细内容可参阅相关文献。由于电感电流内环对包含在环内的扰动，如输入电压的波动、死区时间、电感参数的变化等影响能起到及时的调节作用，可使系统特性得到很大的改善。因此，本节主要以电压单闭环控制、电压外环和电感电流瞬时值内环的双闭环控制为例进行分析。

逆变器的动态性能取决于 LC 滤波器参数的选取和负载的大小等。负载可能是线性的，也可能是非线性的，或者是突变的，没有一种通用的模型来包括所有的负载，但是我们可以定义在一定负载条件下逆变器的模型，当负载变化时模型随该负载的变化而变化。由于逆变器中存在开关器件，因此逆变器是一个非线性系统，但逆变器的开关频率远高于调制波频率，故可以利用传递函数和线性化技术，建立逆变器的线性化模型。

4.3.1 单相 DC/AC 变换器的建模及控制

本节以单相 DC/AC 变换器为例，对采用电压单闭环和电压电流双闭环控制系统进行分析。

1. 单相 DC/AC 变换器的建模

（1）开关过程及脉宽调制建模

1）单相半桥 DC/AC 变换器的开关过程及脉宽调制建模

半桥 DC/AC 变换器原理图如图 4-7 所示，图中直流电压为 U_{dc}，输出电压为 U_o，u_i 为半桥

DC/AC 变换器的输出电压,采用 LC 滤波,R 为负载电阻。

对于双极性调制,u_i 可以表示为

$$u_i = \begin{cases} +U_{dc}/2 & S=1 \\ -U_{dc}/2 & S=0 \end{cases} \tag{4-55}$$

式中,S 为开关函数,当 $S=1$ 时,表示 VT_1 导通、VT_2 截止;当 $S=0$ 时,表示 VT_1 截止、VT_2 导通。半桥 DC/AC 变换器的输出电压 u_i 可表示为

$$u_i = \frac{U_{dc}}{2}(2S-1)$$

由于开关函数的存在,上式并不连续,为此对其求开关周期的平均值,可得

$$\langle u_i \rangle_{T_s} = \frac{U_{dc}}{2}\left[2\langle S \rangle_{T_s} - 1 \right] \tag{4-56}$$

式中,$\langle u_i \rangle_{T_s}$ 表示 u_i 开关周期的平均值,而 S 的开关周期平均值为

$$\langle S \rangle_{T_s} = D(t) \tag{4-57}$$

式中,$D(t)$ 为 VT_1 的占空比。当采用双极性调制时

$$\langle u_i \rangle_{T_s} = \frac{U_{dc}}{2}\left[2D(t) - 1 \right] \tag{4-58}$$

当采用双极性 SPWM 调制时,如图 4-8 所示,u_c 为载波,U_c 为载波幅值,u_r 为调制波,T_s 为开关周期。

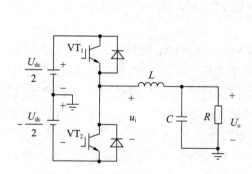

图 4-7 半桥 DC/AC 变换器原理图

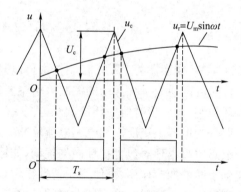

图 4-8 占空比和调制波、载波之间的关系图

由图 4-8 可得

$$D(t) = \left(\frac{1}{2} + \frac{u_r}{2U_c} \right) \tag{4-59}$$

将式(4-59)代入式(4-58)可得

$$\langle u_i \rangle_{T_s} = \frac{U_{dc}}{2} \frac{u_r}{U_c} \tag{4-60}$$

进一步变换得

$$\frac{\langle u_i \rangle_{T_s}}{u_r} = \frac{U_{dc}}{2U_c}$$

当开关频率 f_s 足够大时,则 SPWM 调制在频域下可由一个简单的增益 K_{PWM} 表示,即

$$K_{PWM} = \frac{u_i(s)}{u_r(s)} = \frac{U_{dc}}{2U_c} \tag{4-61}$$

2) 单相全桥 DC/AC 变换器的开关过程及脉宽调制建模

单相全桥 DC/AC 变换器原理图如图 4-9 所示,图中直流电压为 U_{dc},输出电压为 U_o,u_i 为全桥 DC/AC 变换器的输出电压,采用 LC 滤波,R 为负载电阻。

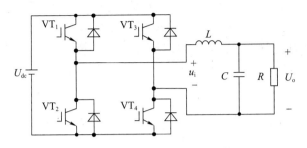

图 4-9　单相全桥 DC/AC 变换器原理图

对于双极性调制,u_i 可以表示为

$$u_i = \begin{cases} +U_{dc} & S=1 \\ -U_{dc} & S=0 \end{cases} \tag{4-62}$$

式中,S 为开关函数,当 $S=1$ 时,表示 VT_1、VT_4 导通,VT_2、VT_3 截止;当 $S=0$ 时,表示 VT_1、VT_4 截止,VT_2、VT_3 导通。

$$u_i = U_{dc}(2S-1)$$

由于开关函数的存在,上式并不连续,为此对 $u_i(t)$ 求开关周期的平均值,可以得到

$$\langle u_i \rangle_{T_s} = U_{dc}(2\langle S \rangle_{T_s} - 1) \tag{4-63}$$

式中,$\langle u_i \rangle_{T_s}$ 表示 u_i 开关周期的平均值,而 S 的开关周期平均值为

$$\langle S \rangle_{T_s} = D(t) \tag{4-64}$$

式中,$D(t)$ 为 VT_1 占空比。

$$\langle u_i \rangle_{T_s} = U_{dc}[2D(t)-1] \tag{4-65}$$

当采用双极性调制时,将式(4-59)代入式(4-65)可得

$$\frac{\langle u_i \rangle_{T_s}}{u_r} = \frac{U_{dc}}{U_c} \tag{4-66}$$

当开关频率 f_s 足够大时,则 SPWM 调制在频域下可由一个简单的增益 K_{PWM} 表示,即

$$K_{PWM} = \frac{u_i(s)}{u_r(s)} = \frac{U_{dc}}{U_c} \tag{4-67}$$

全桥单极性调制分析过程与此类似,本书不再展开,请读者自行分析。

(2) LC 滤波器传递函数

图 4-9 中,电感 L 和电容 C 构成 LC 滤波器,输出接阻性负载 R,其传递函数为

$$G_{LC}(s) = \frac{u_o(s)}{u_i(s)} = \frac{R}{RLCs^2 + Ls + R} \tag{4-68}$$

滤波器的谐振频率 f_{res} 为

$$f_{res} = \frac{1}{2\pi\sqrt{LC}} \tag{4-69}$$

2. 电压单闭环的控制分析

(1) 电压单闭环开环传递函数

由于 PI 控制器具有响应速度快、鲁棒性能好等优点,通常用于电能变换系统的补偿环节。PI 控制器的传递函数为

$$G_{PI}(s)=k_p+\frac{k_i}{s}=\frac{k_p(s+k_i/k_p)}{s}=\frac{k_p(s+z)}{s} \qquad (4-70)$$

式中，k_p、k_i 为电压单闭环的比例与积分系数，$z=k_i/k_p$ 为电压单闭环 PI 控制器的零点值。

系统加入 PI 补偿环节后，电压单闭环的控制框图如图 4-10 所示，其中 $U_{ref}(s)$ 为参考电压有效值，$U_f(s)$ 为反馈电压有效值，$e(s)$ 为参考电压与反馈电压的差值，$U_o(s)$ 为输出电压有效值，$u_i(s)$ 为逆变桥输出电压，K_{PWM} 为从调制器输入至逆变桥输出的传递函数，K_u 为电压反馈系数。

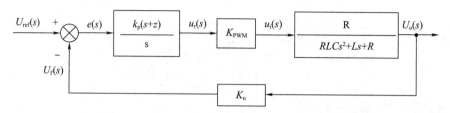

图 4-10 电压单闭环的控制框图

补偿后，开环传递函数为

$$G(s)=\frac{U_f(s)}{e(s)}=\frac{k_p(s+z)}{s}\cdot\frac{K_{PWM}RK_u}{RLCs^2+Ls+R} \qquad (4-71)$$

式中，若采用全桥双极性调制，$K_{PWM}=U_{dc}/U_c$。

（2）选择补偿环节，确定穿越和零点频率

系统加入 PI 补偿环节后，根据控制原理的要求：低频段应具有较高的开环增益，保证系统的稳态精度；中频段斜率一般为 $-20dB/dec$，保证足够的相位余量；高频段斜率为 $-40dB/dec$，减小高频噪声对系统的影响。图 4-11 中，1 为原始传递函数的幅频特性，2 为 PI 补偿环节的幅频特性，3 为期望补偿后的传递函数的幅频特性。

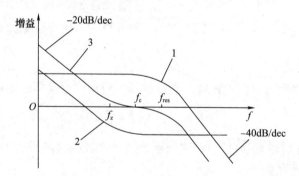

图 4-11 原始、PI 补偿环节、期望补偿后传递函数的幅频特性

根据控制原理要求，并结合经验可设置补偿后穿越频率 f_c 为谐振频率 f_{res} 的 $1/10$，将 PI 控制器的零点频率 f_z 设置在穿越频率 f_c 的 $1/10$ 处，则电压单闭环 PI 控制器的零点值为

$$z=2\pi f_z=\frac{2\pi f_c}{10}=\frac{k_i}{k_p} \qquad (4-72)$$

根据补偿后的传递函数在穿越频率 f_c 处的幅值为 1，可得

$$\left|\frac{k_p(j2\pi f_c+2\pi f_z)}{j2\pi f_c}\frac{K_{PWM}RK_u}{RLC(j2\pi f_c)^2+Lj2\pi f_c+R}\right|=1 \qquad (4-73)$$

根据式（4-73）可以求得电压单闭环控制的比例系数 k_p，再由式（4-72）计算积分系数 k_i。

3. 电压电流双闭环的控制分析

采用电压有效值外环、电感电流瞬时值内环的双闭环控制框图如图 4-12 所示。其中 $U_{ref}(s)$ 为参考电压，$U_f(s)$ 为反馈电压，$u_i(s)$ 为逆变器输出电压，$U_o(s)$ 为输出电压有效值，$i_{ref}(s)$ 为参考电流，$i_{Lf}(s)$ 为反馈电流，$i_L(s)$ 为电感电流，K_{Li} 为电感电流内环反馈系数，K_u 为电压外环反馈系数，k_{up}、z_u 为电压外环补偿环节的比例系数和零点值，k_{ip}、z_i 为电感电流内环补偿网络的比例系数和零点值。

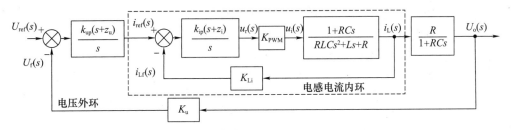

图 4-12　电压有效值外环、电感电流瞬时值内环的双闭环控制框图

（1）电感电流内环控制分析

1）电感电流内环控制传递函数

电感电流内环 PI 控制器的传递函数为

$$G_{iPI}(s)=k_{ip}+\frac{k_{ii}}{s}=\frac{k_{ip}(s+k_{ii}/k_{ip})}{s}=\frac{k_{ip}(s+z_i)}{s} \tag{4-74}$$

式中，k_{ip}、k_{ii} 和 $z_i=k_{ii}/k_{ip}$ 分别为电感电流内环的比例系数、积分系数和零点值。

分析 LC 滤波电路可知，电感电流的传递函数为

$$G_{iL}(s)=\frac{i_L(s)}{u_i(s)}=\frac{1+RCs}{RLCs^2+Ls+R} \tag{4-75}$$

电感电流内环控制框图如图 4-13 所示。

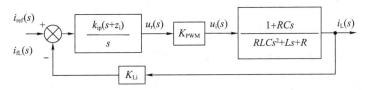

图 4-13　电感电流内环控制框图

电感电流内环的开环传递函数为

$$G_i(s)=\frac{K_{PWM}(1+RCs)K_{Li}}{RLCs^2+Ls+R} \tag{4-76}$$

2）选择补偿环节，确定穿越频率和零点频率

结合经验，设置补偿后穿越频率 f_{ic} 为谐振频率 f_{res} 的 1/10 处，将 PI 控制器的零点频率 f_{iz} 设置在穿越频率 f_{ic} 的 1/10 处，则电感电流内环 PI 控制器的零点值为

$$z_i=2\pi f_{iz}=\frac{2\pi}{10}f_{ic}=\frac{k_{ii}}{k_{ip}} \tag{4-77}$$

根据补偿后的传递函数在穿越频率 f_{ic} 处的幅值为 1，可得

$$\left|\frac{k_{ip}(j2\pi f_{ic}+2\pi f_{iz})}{j2\pi f_{ic}}\cdot\frac{K_{Li}\cdot K_{PWM}\cdot(1+RCj2\pi f_{ic})}{RLC(j2\pi f_{ic})^2+Lj2\pi f_{ic}+R}\right|=1 \tag{4-78}$$

根据式(4-78)可以求得电感电流内环控制的比例系数 k_{ip},再由式(4-77)计算积分系数 k_{ii}。

(2) 电压外环设计

在设计电压外环时,把电感电流内环当作被控对象。外环的参考值是输出电压参考值的有效值(或者幅值,此处采用有效值),反馈量是输出电压的有效值,它们相当于直流量。被控对象输入、输出均为 50Hz,实际上被控对象的传递函数为电流闭环传递函数幅频特性在 50Hz 上对应的增益。由此,内环可视为一个增益为 K_{Liw} 的比例环节,即

$$K_{Liw} = \left| G_{ic}(s) \right|_{s=j2\pi \times 50} \tag{4-79}$$

式中,$G_{ic}(s)$ 为电流内环的闭环传递函数。

因此,电压外环的控制框图可以简化为图 4-14。

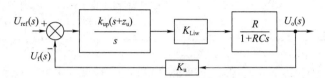

图 4-14 电压外环的控制框图

电压外环的的传递函数为

$$G_u(s) = \frac{k_{up}(s+z_u)}{s} \cdot \frac{K_{Liw}RK_u}{1+RCs} \tag{4-80}$$

在进行外环设计时,结合经验将电压外环 PI 控制器零点频率 f_{uz} 设置为 100Hz,穿越频率 f_{uc} 设置为 10Hz。根据补偿后的传递函数在穿越频率 f_{uc} 处的幅值为 1,可得

$$\left| \frac{k_{up}(j2\pi f_{uc}+2\pi f_{uz})}{j2\pi f_{uc}} \cdot \frac{K_{Liw}K_uR}{(1+RCj2\pi f_{uc})} \right| = 1 \tag{4-81}$$

根据式(4-81)可以求得电压外环控制的比例系数 k_{up},再由 $2\pi f_{uz}=k_{ui}/k_{up}$ 计算积分系数 k_{ui}。

上述对 PI 控制器的参数设计均是在连续域上进行的。如果采用数字化控制,需将连续域 PI 控制器进行离散化。离散化的方法和步骤同第 3 章,此处不再赘述。

4.3.2 三相 DC/AC 变换器的建模及控制

三相 DC/AC 变换器的建模与控制的方法有很多,可以采用 4.3.1 节介绍的建模与控制方法,分析过程类似,本节不再赘述。下面主要对基于坐标变换建模与前馈＋反馈的控制展开讨论。

1. 三相三线制 DC/AC 变换器控制原理

基于坐标变换的三相三线 DC/AC 变换器的制主电路原理图如图 4-15 所示,其双闭环控制原理图如图 4-16 所示,电压外环通过采集三相电压经 abc-dq 坐标变换后进行电压外环 PI 调节,然后生成电流内环的指令电流 i_{dL}^* 和 i_{qL}^*;指令电流与经坐标变换后的实际电流 i_{dL} 和 i_{qL} 做差,进行电流内环的 PI 调节和前馈解耦生成 u_{rd} 和 u_{rq};最后利用 SPWM 或 SVPWM 技术生成 PWM 控制逆变器完成三相三线制电压电流双闭环控制。

2. 三相三线制离网型 DC/AC 变换器建模

采用 LC 滤波的三相三线制离网型逆变器的主电路如图 4-15 所示。n 为虚拟的负载中性点。i_{aL}、i_{bL} 和 i_{cL} 为通过三相电感的电流,i_{La}、i_{Lb} 和 i_{Lc} 为通过三相负载的电流,i_{ca}、i_{cb} 和 i_{cc} 为通过三相电容的电流,i_{dc} 为直流侧电流。

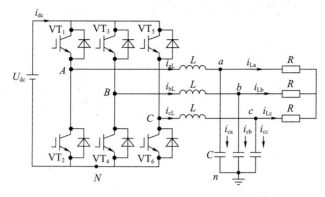

图 4-15　三相三线制 DC/AC 变换器的主电路原理图

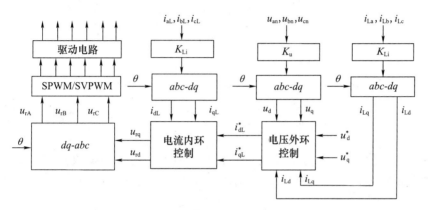

图 4-16　三相三线制 DC/AC 变换器双闭环控制原理图

根据电路 KVL 定律,对于电感 L,有

$$\begin{cases} L\dfrac{\mathrm{d}i_{\mathrm{aL}}}{\mathrm{d}t}=u_{\mathrm{AN}}-u_{\mathrm{an}}-u_{\mathrm{nN}} \\[2mm] L\dfrac{\mathrm{d}i_{\mathrm{bL}}}{\mathrm{d}t}=u_{\mathrm{BN}}-u_{\mathrm{bn}}-u_{\mathrm{nN}} \\[2mm] L\dfrac{\mathrm{d}i_{\mathrm{cL}}}{\mathrm{d}t}=u_{\mathrm{CN}}-u_{\mathrm{cn}}-u_{\mathrm{nN}} \end{cases} \tag{4-82}$$

根据电路 KCL 定律,对于电容 C,有

$$\begin{cases} C\dfrac{\mathrm{d}u_{\mathrm{an}}}{\mathrm{d}t}=i_{\mathrm{aL}}-i_{\mathrm{La}} \\[2mm] C\dfrac{\mathrm{d}u_{\mathrm{bn}}}{\mathrm{d}t}=i_{\mathrm{bL}}-i_{\mathrm{Lb}} \\[2mm] C\dfrac{\mathrm{d}u_{\mathrm{cn}}}{\mathrm{d}t}=i_{\mathrm{cL}}-i_{\mathrm{Lc}} \end{cases} \tag{4-83}$$

对于对称三相三线制电路,有

$$i_{\mathrm{aL}}+i_{\mathrm{bL}}+i_{\mathrm{cL}}=0 \tag{4-84}$$

结合式(4-82)和式(4-84),有

$$u_{\mathrm{nN}}=\frac{(u_{\mathrm{AN}}+u_{\mathrm{BN}}+u_{\mathrm{CN}})-(u_{\mathrm{an}}+u_{\mathrm{bn}}+u_{\mathrm{cn}})}{3} \tag{4-85}$$

将式(4-85)代入式(4-82)后,并表示为矩阵形式,有

$$
\begin{bmatrix} L\dfrac{di_{aL}}{dt} \\[2mm] L\dfrac{di_{bL}}{dt} \\[2mm] L\dfrac{di_{cL}}{dt} \end{bmatrix} = \dfrac{2}{3}\begin{bmatrix} 1 & -\dfrac{1}{2} & -\dfrac{1}{2} \\[2mm] -\dfrac{1}{2} & 1 & -\dfrac{1}{2} \\[2mm] -\dfrac{1}{2} & -\dfrac{1}{2} & 1 \end{bmatrix}\left(\begin{bmatrix} u_{AN} \\[2mm] u_{BN} \\[2mm] u_{CN} \end{bmatrix} - \begin{bmatrix} u_{an} \\[2mm] u_{bn} \\[2mm] u_{cn} \end{bmatrix}\right) \tag{4-86}
$$

将式(4-83)表示为矩阵形式为

$$
\begin{bmatrix} C\dfrac{du_{an}}{dt} \\[2mm] C\dfrac{du_{bn}}{dt} \\[2mm] C\dfrac{du_{cn}}{dt} \end{bmatrix} = \begin{bmatrix} 1 & 0 & 0 \\ 0 & 1 & 0 \\ 0 & 0 & 1 \end{bmatrix}\begin{bmatrix} i_{aL} \\ i_{bL} \\ i_{cL} \end{bmatrix} - \begin{bmatrix} 1 & 0 & 0 \\ 0 & 1 & 0 \\ 0 & 0 & 1 \end{bmatrix}\begin{bmatrix} i_{La} \\ i_{Lb} \\ i_{Lc} \end{bmatrix} \tag{4-87}
$$

对于双极性调制,分析过程同半桥 DC/AC 变换器,$u_{iN}(i=A,B,C)$可以表示为

$$
u_{iN}=U_{dc}S,\ 即\begin{cases} S=1, & u_{iN}=U_{dc} \\ S=0, & u_{iN}=0 \end{cases} \tag{4-88}
$$

式中,S 为开关函数,当 $S=1$ 时,表示 VT_1 导通、VT_2 截止;当 $S=0$ 时,表示 VT_1 截止、VT_2 导通。

由于开关函数的存在,上式并不连续,为此对其求开关周期的平均值,可得

$$
\langle u_{iN}\rangle_{T_s}=U_{dc}\langle S\rangle_{T_s} \tag{4-89}
$$

式中,$\langle u_{iN}\rangle_{T_s}$ 表示 u_{iN} 开关周期的平均值,而 S 的开关周期平均值为

$$
\langle S\rangle_{T_s}=D(t) \tag{4-90}
$$

式中,$D(t)$ 为占空比。当采用双极性调制时,由式(4-59)可得

$$
\langle u_{iN}\rangle_{T_s}=U_{dc}\langle S\rangle_{T_s}=U_{dc}\left(\dfrac{1}{2}+\dfrac{u_{ri}}{2U_c}\right)
$$

$$
u_{iN}=\left(\dfrac{1}{2}+\dfrac{u_{ri}}{2U_c}\right)U_{dc}\quad(i=A,B,C) \tag{4-91}
$$

式中,$u_{iN}(i=A,B,C)$ 为 A、B、C 到 N 的电压;$u_{ri}(i=A,B,C)$ 为三相调制波的电压,U_c 为三角载波电压幅值。

同半桥 DC/AC 变换器一样,若开关频率 f_s 足够大,采用 SPWM 技术从调制器输出到逆变器输出的传递函数为 $K_{PWM}=U_{dc}/2U_c$。

将式(4-91)代入式(4-86),且有 $u_{rA}+u_{rB}+u_{rC}=0$,转换为调制波和载波的表示形式为

$$
\begin{bmatrix} L\dfrac{di_{aL}}{dt} \\[2mm] L\dfrac{di_{bL}}{dt} \\[2mm] L\dfrac{di_{cL}}{dt} \end{bmatrix} = \dfrac{U_{dc}}{3U_c}\begin{bmatrix} 1 & -\dfrac{1}{2} & -\dfrac{1}{2} \\[2mm] -\dfrac{1}{2} & 1 & -\dfrac{1}{2} \\[2mm] -\dfrac{1}{2} & -\dfrac{1}{2} & 1 \end{bmatrix}\begin{bmatrix} u_{rA} \\[2mm] u_{rB} \\[2mm] u_{rC} \end{bmatrix} - \dfrac{2}{3}\begin{bmatrix} 1 & -\dfrac{1}{2} & -\dfrac{1}{2} \\[2mm] -\dfrac{1}{2} & 1 & -\dfrac{1}{2} \\[2mm] -\dfrac{1}{2} & -\dfrac{1}{2} & 1 \end{bmatrix}\begin{bmatrix} u_{an} \\[2mm] u_{bn} \\[2mm] u_{cn} \end{bmatrix} \tag{4-92}
$$

由式(4-92)并结合 *abc-dq* 坐标变换可得

$$\begin{bmatrix} L\dfrac{\mathrm{d}i_{\mathrm{dL}}}{\mathrm{d}t} \\[2mm] L\dfrac{\mathrm{d}i_{\mathrm{qL}}}{\mathrm{d}t} \\[2mm] L\dfrac{\mathrm{d}i_{\mathrm{0L}}}{\mathrm{d}t} \end{bmatrix} = K_{\mathrm{PWM}} \begin{bmatrix} 1 & 0 & 0 \\ 0 & 1 & 0 \\ 0 & 0 & 1 \end{bmatrix} \begin{bmatrix} u_{\mathrm{rd}} \\ u_{\mathrm{rq}} \\ u_{\mathrm{r0}} \end{bmatrix} - \begin{bmatrix} 1 & 0 & 0 \\ 0 & 1 & 0 \\ 0 & 0 & 1 \end{bmatrix} \begin{bmatrix} u_{\mathrm{d}} \\ u_{\mathrm{q}} \\ u_{0} \end{bmatrix} - \begin{bmatrix} 0 & -\omega L & 0 \\ \omega L & 0 & 0 \\ 0 & 0 & 0 \end{bmatrix} \begin{bmatrix} i_{\mathrm{dL}} \\ i_{\mathrm{qL}} \\ i_{\mathrm{0L}} \end{bmatrix} \quad (4\text{-}93)$$

式中，u_{rd} 和 u_{rq} 为转换到 dq 坐标系下的调制波电压。

将式(4-87)变换到 dq 坐标系下，可表示为

$$\begin{bmatrix} C\dfrac{\mathrm{d}u_{\mathrm{d}}}{\mathrm{d}t} \\[2mm] C\dfrac{\mathrm{d}u_{\mathrm{q}}}{\mathrm{d}t} \\[2mm] C\dfrac{\mathrm{d}u_{0}}{\mathrm{d}t} \end{bmatrix} = \begin{bmatrix} 1 & 0 & 0 \\ 0 & 1 & 0 \\ 0 & 0 & 1 \end{bmatrix} \begin{bmatrix} i_{\mathrm{dL}} \\ i_{\mathrm{qL}} \\ i_{\mathrm{0L}} \end{bmatrix} - \begin{bmatrix} 1 & 0 & 0 \\ 0 & 1 & 0 \\ 0 & 0 & 1 \end{bmatrix} \begin{bmatrix} i_{\mathrm{Ld}} \\ i_{\mathrm{Lq}} \\ i_{\mathrm{L0}} \end{bmatrix} - \begin{bmatrix} 0 & -\omega C & 0 \\ \omega C & 0 & 0 \\ 0 & 0 & 0 \end{bmatrix} \begin{bmatrix} u_{\mathrm{d}} \\ u_{\mathrm{q}} \\ u_{0} \end{bmatrix} \quad (4\text{-}94)$$

3. 三相 DC/AC 变换器控制分析

（1）电流内环控制

设系统电压反馈系数为 K_{u}，电流反馈系数为 K_{Li}。将式(4-93)转换为

$$\begin{cases} L\dfrac{\mathrm{d}i_{\mathrm{dL}}}{\mathrm{d}t} = K_{\mathrm{PWM}}u_{\mathrm{rd}} - u_{\mathrm{d}} + \omega L i_{\mathrm{qL}} \\[3mm] L\dfrac{\mathrm{d}i_{\mathrm{qL}}}{\mathrm{d}t} = K_{\mathrm{PWM}}u_{\mathrm{rq}} - u_{\mathrm{q}} - \omega L i_{\mathrm{dL}} \\[3mm] L\dfrac{\mathrm{d}i_{\mathrm{0L}}}{\mathrm{d}t} = K_{\mathrm{PWM}}u_{\mathrm{r0}} - u_{0} \end{cases} \quad (4\text{-}95)$$

根据式(4-95)，可得到 d 轴电流的控制框图，如图 4-17 所示，其中前馈信号 $\omega L i_{\mathrm{qL}}^{*}/K_{\mathrm{Li}}K_{\mathrm{PWM}}$ 的加入可以消除 d、q 轴之间电流的相互耦合。另一前馈控制信号 $u_{\mathrm{d}}^{*}/K_{\mathrm{u}}K_{\mathrm{PWM}}$ 用于消除电压对电流回路的扰动。其中，$1/K_{\mathrm{u}}K_{\mathrm{PWM}}$ 相当于将 $\omega L i_{\mathrm{q}}^{*}$ 和 u_{d}^{*} 折算到了信号调制前。电流内环可采用 P、PI 或 PI＋LPF（低通滤波器）设计，本节以 PI＋LPF 设计为例进行分析。

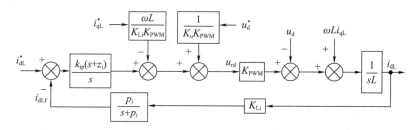

图 4-17　电流内环 d 轴电流的控制框图

同理，根据式(4-95)可得到 q 轴电流的控制框图，如图 4-18 所示。

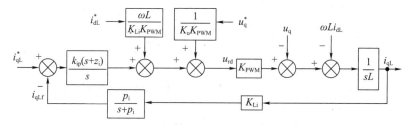

图 4-18　电流内环 q 轴电流的控制框图

1) 电流内环的开环传递函数

采用 PI+LPF,则电流内环的开环传递函数为

$$G_i(s) = \frac{k_{ip}(s+z_i)}{s} \cdot \frac{K_{PWM}K_{Li}}{Ls} \cdot \frac{p_i}{s+p_i} \quad (4\text{-}96)$$

式中,p_i 为低通滤波器的极点值,z_i 为 PI 控制器的零点值,k_{ip} 为电流内环的比例系数。

2) 电流内环补偿环节零极点的选择

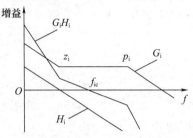

图 4-19 原始、补偿环节、期望
补偿后传递函数的幅频特性

根据控制原理的要求:低频段增益应充分大,才能满足系统的稳态要求;中频段斜率一般为 -20dB/dec,以保证合适的相位余量;高频段增益的斜率为 -40dB/dec,以衰减高频干扰信号。所以补偿环节传递函数零极点的确定至关重要。如图 4-19 所示分别为原始、补偿环节和期望补偿后传递函数的幅频特性。

图 4-19 中,G_i 为补偿环节传递函数的幅频特性,H_i 为原始传递函数的幅频特性,G_iH_i 为期望补偿后传递函数的幅频特性。根据图 4-19 并结合经验,可选择穿越频率和极、零点频率如下:补偿后的穿越频率 f_{ic} 为开关频率 f_s 的 $1/8 \sim 1/10$;零点频率为 $f_{iz}=f_{ic}/3$;低通滤波器的极点频率 $f_{ip}=f_s/2$。

根据补偿后的传递函数在穿越频率 f_{ic} 处的幅值为 1,可得

$$\left| \frac{k_{ip}(j2\pi f_{ic}+2\pi f_{iz})}{j2\pi f_{ic}} \cdot \frac{K_{PWM}K_{Li}}{Lj2\pi f_{ic}} \cdot \frac{2\pi f_{ip}}{j2\pi f_{ic}+2\pi f_{ip}} \right| = 1 \quad (4\text{-}97)$$

根据式(4-97)可求得电流内环的比例系数 k_{ip},再由 $2\pi f_{iz}=k_{ii}/k_{ip}$ 求得积分系数 k_{ii}。

(2) 电压外环控制

将式(4-94)转换为

$$\begin{cases} C\dfrac{du_d}{dt} = i_{dL} - i_{Ld} + \omega C u_q \\[2mm] C\dfrac{du_q}{dt} = i_{qL} - i_{Lq} - \omega C u_d \\[2mm] C\dfrac{du_0}{dt} = i_{0L} - i_{L0} - \omega C u_0 \end{cases} \quad (4\text{-}98)$$

根据式(4-98)可得电压外环控制框图,如图 4-20 和图 4-21 所示。此外,假设电流回路响应的带宽为电压回路带宽的 4 倍以上,则在分析电压回路时电流回路可视为增益为 1 的比例环节。同电流内环一样,电压外环的控制器采用前馈+反馈的形式。将检测的负载电流加入指令电流中可以直接消除负载电流对电压外环的扰动影响,另外利用 $\omega C u_q^*/K_u$ 和 $\omega C u_d^*/K_u$ 可以消除电容电流($\omega C u_d$ 及 $\omega C u_q$)的扰动。

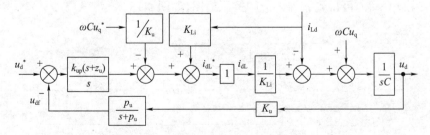

图 4-20 电压外环 d 轴的控制框图

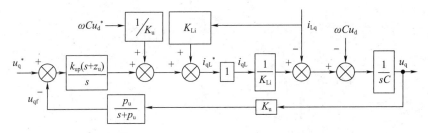

图 4-21　电压外环 q 轴的控制框图

1）电压外环的开环传递函数

根据图 4-20 和图 4-21 可知，采用前馈＋反馈设计的 q、d 轴电压外环的开环传递函数为

$$G_u(s) = \frac{k_{up}(s+z_u)}{s} \cdot \frac{1}{K_{Li}} \cdot \frac{K_u}{Cs} \cdot \frac{p_u}{s+p_u} \tag{4-99}$$

式中，p_u 为低通滤波器极点的值；z_u 为 PI 控制器零点的值；k_{up} 为电压外环的比例系数。

2）电压外环补偿环节零极点的选择

电压外环的控制器采用前馈＋反馈形式，电压外环原始传递函数、补偿环节传递函数和期望补偿后传递函数的幅频特性如图 4-22 所示。

图 4-22 中，G_u 为补偿环节传递函数的幅频特性，H_u 为原始传递函数的幅频特性，G_uH_u 为期望补偿后传递函数的幅频特性。为满足幅值余量、相位余量的要求并结合经验，系统的零、极点频率选择如下：补偿后的穿越频率 f_{uc} 为 $f_{ic}/4$，零点频率为 $f_{uz} = f_{uc}/3$，低通滤波器的极点频率为 $f_{up} = 2f_{uc}$。

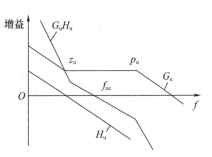

图 4-22　原始、补偿环节、期望补偿后传递函数的幅频特性

根据补偿后的传递函数在穿越频率 f_{uc} 处的幅值增益为 1，可得

$$\left| \frac{k_{up}(j2\pi f_{uc} + 2\pi f_{uz})}{j2\pi f_{uc}} \cdot \frac{1}{K_{Li}} \cdot \frac{K_u}{Cj2\pi f_{uc}} \cdot \frac{2\pi f_{up}}{j2\pi f_{uc} + 2\pi f_{up}} \right| = 1 \tag{4-100}$$

根据式（4-100）可求得电压补偿环节的比例系数 k_{up}，再由 $2\pi f_{uz} = k_{ui}/k_{up}$ 求得积分系数 k_{ui}。

4.4　DC/AC 变换仿真及软件编程

本节主要包括单相全桥 DC/AC 变换和三相 DC/AC 变换两部分内容。其中，单相全桥 DC/AC 变换以工频 50Hz 电压有效值为反馈量，采用单闭环结构。而三相 DC/AC 变换的仿真及编程，基于坐标变换、采用前馈＋反馈形式，并采用双闭环控制结构。

4.4.1　单相全桥 DC/AC 变换仿真及软件编程

仿真参数为：直流电压 $U_{dc}=60V$，输出电压 $U_o=36V$，开关频率 $f_s=12.8kHz$，$L=3mH$，$C=10\mu F$，$R=10\Omega$，$K_u=1/36$，$K_{Li}=1/3.6$。设 $U_c=1V$，则 $K_{PWM}=60$。本节仅给出电压单闭环的仿真与程序，双闭环的仿真和程序请读者自己完成。

1. 单相全桥 DC/AC 变换的仿真

根据电压单闭环理论分析，$f_{res}=1/(2\pi\sqrt{LC})\approx919Hz$，则 $f_c=f_{res}/10=91.9Hz$，$f_z=f_c/10=9.19Hz$，可以分别求得电压单闭环系统的 $k_p=0.6$，$k_i=34.6$。利用 MATLAB 编写代码，运行后

生成的波特图如图 4-23 所示。

```
G1=tf([60 * 10 * 1/36],[10 * 3e-3 * 10e-6,3e-3,10]);%原始传递函数
G2=tf([0.6,34.6],[1,0]);%PI 传递函数
G3=series(G1,G2);%补偿后传递函数
bode(G1,G2,G3);
hold on;
margin(G3);
legend('G1','G2','G3');
```

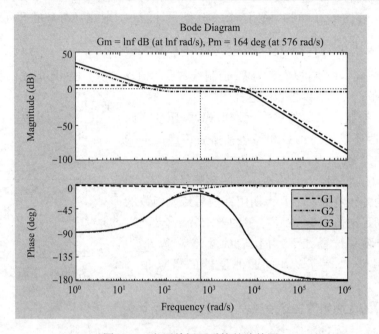

图 4-23　电压单闭环系统的波特图

由图 4-23 可以看到,幅值余量和相位余量皆满足系统控制要求。根据上述参数搭建 MAT-LAB/Simulink 仿真模型,仿真结果如图 4-24 所示。

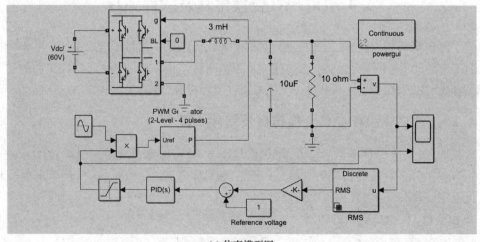

(a) 仿真模型图

图 4-24　电压单闭环系统的 MATLAB/Simulink 仿真模型及仿真结果

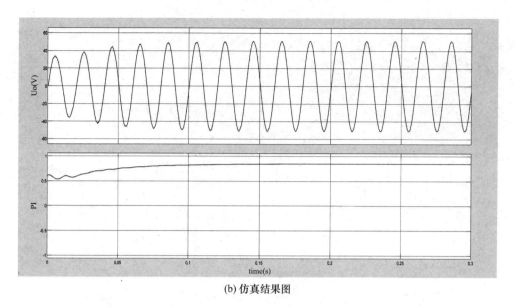

(b) 仿真结果图

图 4-24 电压单闭环系统的 MATLAB/Simulink 仿真模型及仿真结果(续)

图 4-24(b)为电压和 PI 调节输出,可以看出系统在 0.1～0.15s 后趋于稳定。但要取得更优的效果,需要对参数做进一步的调整。

2. 单相全桥 DC/AC 变换的编程

本系统采用 TMS320F28335 为主控器件,软件代码采用 C 语言编写。程序由主程序、EPWM 中断程序及 A/D 采样子程序组成。主程序主要完成系统初始化、中断使能、正弦表初始化等工作;EPWM 中断程序调用 A/D 采样子程序和利用不对称规则采样法产生 SPWM 波;A/D 采样子程序完成信号采集及运算,主要包括利用均方根法对信号进行处理并进行 PI 调节。载波频率为 12.8kHz,调制波频率为 50Hz,载波比 $N=12.8\times10^3/50=256$。程序流程图如图 4-25 所示。

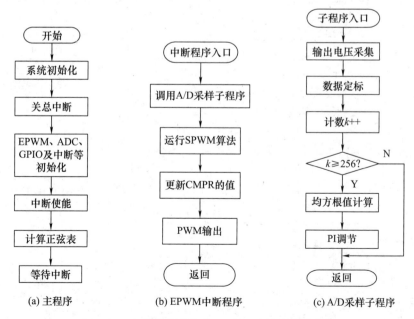

图 4-25 电压单闭环单相 DC/AC 变换程序流程图

（1）主程序实现

```c
#include "DSP2833x_Device. h"          //包含头文件
#include "DSP2833x_Examples. h"        //包含头文件
#include "math. h"                     //包含头文件
float sinne[512],m=0.5;                //sinne[]用于存放正弦表,m为调制度
Uint32 k=0,n=0,sy=0;
void adc_isr(void);                    //声明 A/D 采样子程序
interrupt void ISRepwm1(void);         //声明 EPWM 中断程序
void EPwmSetup(void);                  //声明 EPWM 模块初始化子程序
Uint16 ConversionCount=0;
Uint16 pp,pwm_cnt1=0;                  //pp用于存储 PWM 周期计数值的 1/4,pwm_cnt1 为比较值缓存
Uint32 close=0;                        //close 用于开闭环控制,为 0 时开环,为 1 时闭环
float u1,sum1,sum=0,Voltage1[256];     //u1 为采集值,sum1 存储平方和
                                       //sum 存储有效值,数组用于均方根值计算
float bian=40,pian=1.50,Uref=36;       //bian 为调理电路变比,pian 为偏置电路偏置电压,Uref 为给定电压
float e,e1=0,e2=0,uk,uk1,kp=0.085,ki=0.0038;   //kp 和 ki 分别为比例系数和积分系数
void main(void)
{
    InitSysCtrl();          //时钟系统初始化
    InitGpio();             //GPIO 初始化
    DINT;                   //禁止总中断
    InitPieCtrl();          //将 PIE 控制寄存器初始化至默认状态
    IER=0x0000;             //禁止 CPU 中断
    IFR=0x0000;             //清除所有 CPU 中断标志
    InitPieVectTable();     //初始化 PIE 中断向量表
    EALLOW;                 //修改中断向量表前,关闭寄存器写保护
    PieVectTable.EPWM1_INT=&ISRepwm1;//修改要使用的中断向量,使其指向中断服务函数
    EDIS;                   //修改完毕,打开寄存器写保护功能
    InitAdc();              //初始化 A/D 转换单元
    EALLOW;                 //修改时钟控制位前,关闭寄存器写保护
    SysCtrlRegs. PCLKCR0. bit. TBCLKSYNC=0;//停止 EPWM 模块的时钟
    EDIS;                   //修改完毕,打开寄存器写保护功能
    PwmSetup();             //初始化 EPWM 模块
    EALLOW;
    SysCtrlRegs. PCLKCR0. bit. TBCLKSYNC=1; //使能 EPWM 模块的时钟
    EDIS;
    PieCtrlRegs. PIECTRL. bit. ENPIE=1;      //允许从 PIE 中断向量表中读取中断向量
    PieCtrlRegs. PIEIER3. bit. INTx1=1;      //允许 PIE 级别中断 INT3. 1,即 EPWM1-INT
    IER |=M_INT3;           //允许 CPU 级别的 INT3 中断
    EINT;                   //使能总中断
    ERTM;                   //使能 DBGM
    for(n=0;n<512;n++)
    {sinne[n]=sin(n*(6.283/512));}          //初始化正弦函数表
    n=0;
```

```
EPwm1Regs. ETSEL. bit. INTEN=1；//使能 EPWM 模块级别中断
EPwm1Regs. ETCLR. bit. INT=1；//清除 EPWM 模块级别中断标志位
for(;;)//无限循环,等待中断发生
{asm("    NOP");}
}
```

（2）EPWM 中断程序实现

单相 DC/AC 变换电路如图 4-1 所示,若采用双极性调制,需保证 VT_1 和 VT_4 的状态一致,VT_2 和 VT_3 的状态一致。在本例的 PWM 输出初始化程序中,采用 PWM1A 和 PWM2A 一致、PWM1B 和 PWM2B 一致,也可采用 PWM1A 和 PWM1B 互补、PWM2A 和 PWM2B 互补、PWM1A 和 PWM2A 一致,此时必须在硬件电路中将 PWM2A 和 PWM2B 的输出引脚对调。

```
interrupt void ISRepwm1(void)
{
        Uint16 t1=0,t4=0,ton=0;//t1 为顶部采样的 ton1,t4 为底部采样的 ton2,ton 为脉宽
        pp=EPwm1Regs. TBPRD≫1；        //由于采用增减计数,周期寄存器为周期计数值的一半
                                       //周期寄存器右移 1 位是周期值的 1/4
        adc_isr()；        //调用 A/D 采样子程序
                          //下面为不对称规则采样法生成 SPWM
        t1=pp+pp * (m * sinne[k])；    // ton1=Tc/4(1+m * sin(k * π/N))
        k++；    //用于累加计数,一个 PWM 中断,累加两次
        t4=pp+pp * m * sinne[k]；      // ton2=Tc/4(1+m * sin(k * π/N))
        k++；    //用于累加计数,一个 PWM 中断,累加两次
        ton=t1+t4；
        pwm_cnt1=(Uint16)((4 * pp-ton)≫1)；//由于 EPWM 初始化为比较值小时脉宽大,所以用减法反相
                                           //由于采用增减计数,比较值只需一半,所以除以 2
        EPwm1Regs. CMPA. half. CMPA=pwm_cnt1；    //更新比较寄存器的值
        EPwm1Regs. CMPB=pwm_cnt1；                //更新比较寄存器的值
        EPwm2Regs. CMPA. half. CMPA=pwm_cnt1；    //更新比较寄存器的值
        EPwm2Regs. CMPB=pwm_cnt1；                //更新比较寄存器的值
        if(k>510)    //计数满一个正弦周期归零,从而开始下一个正弦周期
          {k=0；}
        EPwm1Regs. ETSEL. bit. INTEN=1；        //使能 EPWM 模块级别中断
        EPwm1Regs. ETCLR. bit. INT=1；          //清除 EPWM 模块级别中断标志位
        PieCtrlRegs. PIEACK. all=PIEACK_GROUP3；//清除第三组 PIE 应答位
        EINT；                                  // 使能总中断
}
```

（3）A/D 采样子程序实现

本例中采用每一个 PWM 周期触发采集一次电压值,在一个调制波周期内共采集 256 次,存入数组 Voltage1[]内,若对 256 次采样值进行均方根值计算,变量将会产生溢出,所以本例采用每隔 16 次取一次,在整个调制波周期内共取 16 次进行均方根值计算。由于不同硬件平台的参数存在差异,PI 参数需根据具体的硬件平台进行调整。

```
void   adc_isr()//子程序
{
  u1=((float)AdcRegs. ADCRESULT0) * 3/65536；
```

```
    Voltage1[ConversionCount]=bian * (u1-pian);        // bian 为检测电路变比,pian 为调理电路偏置电压

ConversionCount++；      //用于转换次数计数
if(ConversionCount==256)
{
    ConversionCount=0；    //计数满一个正弦周期归零,从而开始下一个正弦周期
    sum1=0；
    //下面为均方根值计算
    for(sy=0;sy<16;sy++) //循环 16 次
    {
        sum1=sum1+Voltage1[sy * 16] * Voltage1[sy * 16];   //计算平方和
    }
    sum1=sum1/16；    //求平均值
    sum=sqrt(sum1)；   //开方,得到均方根值
//下面为 PI 调节
    e1=Uref-sum；
    if(e1>0.2) e1=0.2；
    if(e1<-0.2) e1=-0.2；
    e=e1-e2；
    uk=kp * e+ki * e1+uk1；
    if(uk >0.9) uk=0.9；
    if(uk <0.2) uk=0.2；
    uk1=uk；
    e2=e1；
    if(close==1)m=uk；//开闭环转换控制,一般先使 close=0 进行开环调试,再使 close=1 进行闭环调试
}
AdcRegs. ADCTRL2. bit. RST_SEQ1=1；            //复位 SEQ1
AdcRegs. ADCST. bit. INT_SEQ1_CLR=1；         //清除中断标志位
PieCtrlRegs. PIEACK. all=PIEACK_GROUP1；       //清除应答位
return；
}
```

4.4.2 三相 DC/AC 变换仿真及软件编程

1. 三相 DC/AC 变换仿真

为验证三相 DC/AC 变换的控制方法,利用 MATLAB/Simulink 搭建仿真模型,系统参数选择如下:直流侧电压 $U_{dc}=60V$,交流输出相电压为 16V,开关频率为 12.8kHz,电感 $L=3mH$,电容 $C=10\mu F$,负载电阻 $R=10\Omega$,$K_{Li}=1/2.26$,$K_u=1/22.6$。若 $U_c=1V$,可得 $K_{PWM}=U_{dc}/2U_c=30$。

（1）电流内环的参数

根据 4.3.2 节的分析,有 $\omega_{ic}=2\pi f_{ic}=2\pi f_s/10\approx8042.5rad/s$,$z_i=2\pi f_{ic}/3\approx2680.8rad/s$,$p_i=2\pi f_{ip}=2\pi f_s/2\approx40212rad/s$。代入式(4-97),可得 $k_{ip}=1.76$,$k_{ii}=4719.9$。

利用 MATLAB 编写代码,运行后生成的波特图如图 4-26 所示。

```
G1=tf([30 * 1/2.26],[3e-3,0]);     %原始传递函数
G2=tf([1.76,4719.9],[1,0]);%PI 传递函数
G3=tf([40212],[1,40212]);%低通滤波
```

```
G4=series(G2,G3);        %PI+LPF(低通滤波)
G5=series(G1,G4);        %补偿后传递函数
bode(G1,G4,G5);
hold on;
margin(G5);
legend('G1','G4','G5');
```

由图 4-26 可知,上述参数皆满足系统控制要求。

（2）电压外环的参数

同样根据 4.3.2 节的分析,有 $\omega_{uc}=2\pi f_{uc}=2\pi f_{ic}/4\approx2010.6\text{rad/s}$, $z_u=2\pi f_{uz}=2\pi f_{uc}/3\approx$ 670rad/s, $p_u=2\pi f_{up}=2\pi\times2f_{uc}=4021.2\text{rad/s}$。代入式(4-100),可得 $k_{up}=0.21$, $k_{ui}=133$。

利用 MATLAB 编写代码,运行后生成的波特图如图 4-27 所示。

```
G1=tf( [1/(1/2.26) * 1/22.6],[10e-6,0]);   %原始传递函数
G2=tf( [0.21,133],[1,0]);       %PI 传递函数
G3=tf( [4021.2],[1,4021.2]);   %低通滤波
G4=series(G2,G3);        %PI+LPF(低通滤波)
G5=series(G1,G4);        %补偿后传递函数
bode(G1,G4,G5)
hold on;
margin(G5);
legend('G1','G4','G5');
```

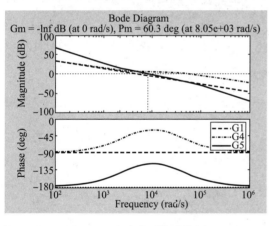

图 4-26　电流内环的波特图

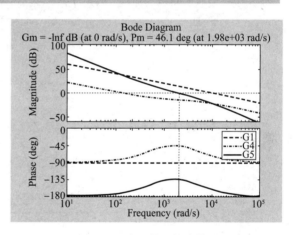

图 4-27　电压外环的波特图

由图 4-27 可知,上述参数皆满足系统控制要求。

根据上述参数创建 MATLAB/Simulink 仿真模型,仿真结果如图 4-28 所示。从图可以看出系统在一个工频周期后趋于稳定,但要取得更优的效果,需要对参数做进一步的调整。

2. 三相 DC/AC 变换编程

本系统采用 TMS320F28335 为主控器件,软件代码采用 C 语言编写。程序包括主程序、EPWM 中断程序和 A/D 采样子程序,其中 EPWM 中断程序中利用 SVPWM 技术产生 PWM 波。AD 子程序包括输出电压、电感和负载电流采集、坐标变换、数字低通滤波、PI 调节和前馈解耦等。软件调试步骤参见第 3 章。程序流程图如图 4-29 所示。

本例为三相逆变电源,频率为 50Hz;采用 SVPWM 调制,载波比 $N=256$;其他参数与 4.4.1 节一致。

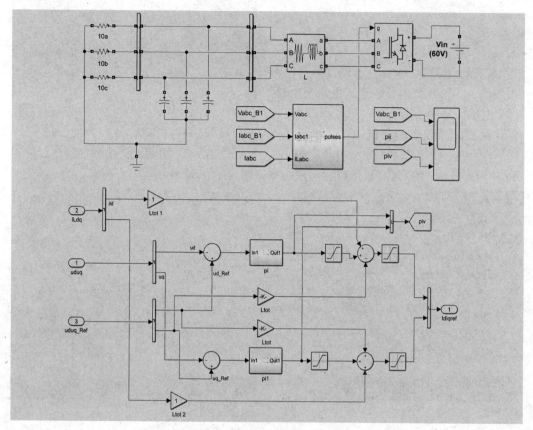

(a) 仿真模型

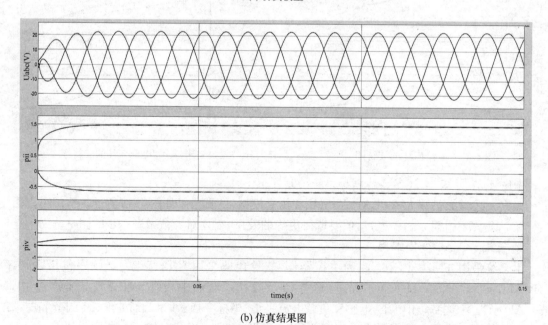

(b) 仿真结果图

图 4-28　三相 DC/AC 变换双闭环 MATLAB/Simulink 仿真模型及仿真结果

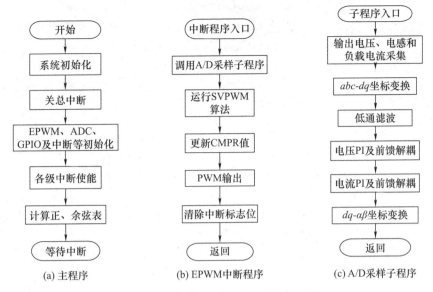

图 4-29 三相 DC/AC 变换的程序流程图

```
#include"DSP2833x_Device. h"              //包含头文件
#include"DSP2833x_Examples. h"            //包含头文件
#include"math. h"                          //包含头文件
void adc_isr(void);                       //声明 A/D 采样子程序
interrupt void ISRepwm1(void);            //声明 EPWM 中断程序
Uint16 i1=0,j=0,ConversionCount=0,close=0;   //计数变量,close用于开闭环控制,为 0 时开环,为 1 时闭环
float sinne[256],cosne[256],Voltage1[256],Voltage2[256];  // sinne[]用于存正弦表,cosne[]存余弦表
float udref=1,uqref=0,idref,iqref,ud1,uq1,uan,ubn,ucn,ud,uq,iaL,ibL,icL,idL,iqL,iLa,iLb,iLc,iLd,iLq;
    //定义电压、电流坐标变换相关变量
float pian=1.518,piani=1.514,bian=40.5,biani=1.91;    //变比与偏置
float Um=22.6,Im=2.26,Udc=60;    //输出电压、电流额定幅值和直流额定电压
float ed,e1d=0,e2d=0,PIDd,PIDoldd=0.5,kup=0.02,kui=0.01;        //电压 d 轴 PI 调节相关变量
float eq,e1q=0,e2q=0,PIDq,PIDoldq=0.5;                          //电压 q 轴 PI 调节相关变量
float eid,e1id=0,e2id=0,PIDid,PIDoldid=0.5,kip=0.76,kii=0.037;  //电流 d 轴 PI 调节相关变量
float eiq,e1iq=0,e2iq=0,PIDiq,PIDoldiq=0.5;                     //电流 q 轴 PI 调节相关变量
/*****************低通数字滤波器所用到的变量*************************/
    float x1[2]={0,0};   //针对 ud 的低通滤波器输入
    float x2[2]={0,0};   //针对 uq 的低通滤波器输入
    float y1[2]={0,0};   //针对 ud 的低通滤波器输出
    float y2[2]={0,0};   //针对 uq 的低通滤波器输出
    float xidL[2]={0,0}; //针对电感电流 idL 的低通滤波器输入
    float xiqL[2]={0,0}; //针对电感电流 iqL 的低通滤波器输入
    float yidL[2]={0,0}; //针对电感电流 idL 的低通滤波器输出
    float yiqL[2]={0,0}; //针对电感电流 iqL 的低通滤波器输出
    float xiLd[2]={0,0}; //针对负载电流 iLd 的低通滤波器输入
    float xiLq[2]={0,0}; //针对负载电流 iLq 的低通滤波器输入
    float yiLd[2]={0,0}; //针对负载电流 iLd 的低通滤波器输出
    float yiLq[2]={0,0}; //针对负载电流 iLq 的低通滤波器输出
```

```c
float   sin_theta,cos_theta,sin_theta1,sin_theta2,cos_theta1,cos_theta2;
float Ubeta,Ualfa,u1,u2,u3,u,m=0.8,t1,t2,t0,t,x,y,z,temp_1,temp_2;//定义 SVPWM 相关变量
Uint32 k=0,k1=0,sy,n,A=0,B=0,C=0,sec=0;
void main(void)
{
    InitSysCtrl();          //时钟系统初始化
    InitGpio();             //GPIO 初始化
    DINT;                   //禁止总中断
    InitPieCtrl();          //将 PIE 控制寄存器初始化至默认状态(禁止所有中断,清除所有中断)
    IER=0x0000;             //禁止 CPU 中断
    IFR=0x0000;             //清除所有 CPU 中断标志
    InitPieVectTable();     //初始化 PIE 中断向量表
    EALLOW;                 //修改中断向量表前,关闭寄存器写保护
    PieVectTable.EPWM1_INT=&ISRepwm1;//修改要使用的中断向量,使其指向中断服务函数
    EDIS;                   //修改完毕,打开寄存器写保护功能
    InitAdc();              //初始化 A/D 转换单元
    EALLOW;                 //修改时钟控制位前,关闭寄存器写保护
    SysCtrlRegs.PCLKCR0.bit.TBCLKSYNC=0;//停止所有 EPWM 通道的时钟
    EDIS;                   //修改完毕,打开寄存器写保护功能
    EPwmSetup();            //初始化 EPWM 模块
    EALLOW;
    SysCtrlRegs.PCLKCR0.bit.TBCLKSYNC=1;
    EDIS;
    PieCtrlRegs.PIECTRL.bit.ENPIE=1;//允许从 PIE 中断向量表中读取中断向量
    PieCtrlRegs.PIEIER3.bit.INTx1=1; //允许 PIE 的 INT3.1 中断,即 EPWM1-INT
    for(n=0;n<256;n++)
    {
            sinne[n]=sin(n*(6.283/256));//初始化正弦表
            cosne[n]=cos(n*(6.283/256));//初始化余弦表
    }
     n=0;
    IER |=M_INT3;   //允许 CPU 级别的 INT3 中断
    EINT;                   //允许总中断
    ERTM;
    EPwm1Regs.ETSEL.bit.INTEN=1;    //使能 EPWM 模块级别中断
    EPwm1Regs.ETCLR.bit.INT=1;      //清除 EPWM 模块级别中断标志位
    for(;;)                 //无限循环,等待中断发生
    {    asm("          NOP");}
}


void   adc_isr()//子程序
{
  uan=((float)AdcRegs.ADCRESULT0)*3/65536;//输出电压采集
  ubn=((float)AdcRegs.ADCRESULT1)*3/65536; //输出电压采集
  ucn=((float)AdcRegs.ADCRESULT2)*3/65536; //输出电压采集
```

```
iaL=((float)AdcRegs. ADCRESULT3) * 3/65536;//电感电流采集
ibL=((float)AdcRegs. ADCRESULT4) * 3/65536;//电感电流采集
iLa=((float)AdcRegs. ADCRESULT5) * 3/65536;//负载电流采集
iLb=((float)AdcRegs. ADCRESULT6) * 3/65536;//负载电流采集
uan=bian * (uan-pian)/Um;//输出电压标幺化处理
ubn=bian * (ubn-pian)/Um;//输出电压标幺化处理
ucn=bian * (ucn-pian)/Um;//输出电压标幺化处理
iaL=biani * (iaL-piani)/Im;//电感电流标幺化处理
ibL=biani * (ibL-piani)/Im;//电感电流标幺化处理
icL=-(iaL+ibL);        //利用三相对称求 c 相电感电流
iLa=biani * (iLa-piani)/Im;//负载电流标幺化处理
iLb=biani * (iLb-piani)/Im;//负载电流标幺化处理
iLc=-(iLa+iLb);        //利用三相对称求 c 相负载电流
                ConversionCount++;
                if(ConversionCount>=256)
                {ConversionCount=ConversionCount-256;}   //判断是否超出 360°,256 相当于 360°
                sin_theta=sinne[ConversionCount];          //查询正弦表得到 sin_theta
                if(ConversionCount<=64)                   //分两组情况得到 cos_theta
                    {cos_theta=sinne[64-ConversionCount];}//第一象限 cos_theta=sin_theta
                else                                      //二、三、四象限 cos_theta=-sin_n[90°-theta]
                    {cos_theta=-sinne[ConversionCount-64];}
                sin_theta1=-sin_theta * 0.5-cos_theta * 0.866;//sin(theta-2pi/3);//计算 abc-dq 变换系数
                sin_theta2=-sin_theta * 0.5+cos_theta * 0.866;//sin(theta+2pi/3);//计算 abc-dq 变换系数
                cos_theta1=-cos_theta * 0.5+sin_theta * 0.866;//cos(theta-2pi/3);//计算 abc-dq 变换系数
                cos_theta2=-cos_theta * 0.5-sin_theta * 0.866;//cos(theta-2pi/3);//计算 abc-dq 变换系数
                ud=0.667 * (cos_theta * uan+cos_theta1 * ubn+cos_theta2 * ucn);//abc-dq 变换
                uq=-0.667 * (sin_theta * uan+sin_theta1 * ubn+sin_theta2 * ucn);//abc-dq 变换
                idL=0.667 * (cos_theta * iaL+cos_theta1 * ibL+cos_theta2 * icL);//abc-dq 变换
                iqL=-0.667 * (sin_theta * iaL+sin_theta1 * ibL+sin_theta2 * icL);//abc-dq 变换
                iLd=0.667 * (cos_theta * iLa+cos_theta1 * iLb+cos_theta2 * iLc);//abc-dq 变换
                iLq=-0.667 * (sin_theta * iLa+sin_theta1 * iLb+sin_theta2 * iLc);//abc-dq 变换

                x1[1]=ud;   x2[1]=uq;       //一阶数字低通滤波器输入
                xidL[1]=idL;  xiqL[1]=iqL; //一阶数字低通滤波器输入
                xiLd[1]=iLd;  xiLq[1]=iLq; //一阶数字低通滤波器输入

                y1[1]=0.4208 * x1[1]+0.4208 * x1[0]+0.15838 * y1[0]; //电压低通滤波,截止频率 2560Hz
                y2[1]=0.4208 * x2[1]+0.4208 * x2[0]+0.15838 * y2[0];
                yidL[1]=0.99 * xidL[1]+0.99 * xidL[0]-0.995 * yidL[0];//电感电流低通滤波,截止频率 6400Hz
                yiqL[1]=0.99 * xiqL[1]+0.99 * xiqL[0]-0.995 * yiqL[0];
                yiLd[1]=0.99 * xiLd[1]+0.99 * xiLd[0]-0.995 * yiLd[0];//负载电流低通滤波,截止频率 6400Hz
                yiLq[1]=0.99 * xiLq[1]+0.99 * xiLq[0]-0.995 * yiLq[0];
                x1[0]=x1[1];   x2[0]=x2[1];
                y1[0]=y1[1];   y2[0]=y2[1];
                xidL[0]=xidL[1];   xiqL[0]=xiqL[1];
```

```c
                yidL[0]＝yidL[1];   yiqL[0]＝yiqL[1];
                xiLd[0]＝xiLd[1];   xiLq[0]＝xiLq[1];
                yiLd[0]＝yiLd[1];   yiLq[0]＝yiLq[1];


                ud＝y1[1];    uq＝y2[1];  //一阶数字低通滤波器输出
                idL＝yidL[1];  iqL＝yiqL[1];  //一阶数字低通滤波器输出
                iLd＝yiLd[1];  iLq＝yiLq[1];  //一阶数字低通滤波器输出

e1d＝udref-ud;  //电压 ud 的 PI 控制
  if(e1d＞0.2) e1d=0.2;
  if(e1d＜-0.2) e1d=-0.2;
ed＝e1d-e2d;
PIDd＝kup * ed＋kui * e1d＋PIDoldd;
  if(PIDd＞2) PIDd=2;
  if(PIDd＜-2) PIDd=-2;
PIDoldd＝PIDd;
e2d＝e1d;

e1q＝uqref-uq;  //电压 uq 的 PI 控制
  if(e1q＞0.2) e1q=0.2;
  if(e1q＜-0.2) e1q=-0.2;
eq＝e1q-e2q;
PIDq＝kup * eq＋kui * e1q＋PIDoldq;
  if(PIDq＞2) PIDq=2;
  if(PIDq＜-2) PIDq=-2;
 PIDoldq＝PIDq;
 e2q＝e1q;

 idref＝PIDd＋uqref * 314 * 0.00001 * Um＋iLd/Im;    //电压外环前馈解耦
 iqref＝PIDq-udref * 314 * 0.00001 * Um＋iLq/Im;

 e1id＝idref-idL;  //电感电流 idL 的 PI 控制
   if(e1id＞0.2) e1id=0.2;
   if(e1id＜-0.2) e1id=-0.2;
  eid＝e1id-e2id;
 PIDid＝kip * eid＋kii * e1id＋PIDoldid;
   if(PIDid＞5) PIDid=5;
   if(PIDid＜-5) PIDid=-5;
   PIDoldid＝PIDid;
   e2id＝e1id;
   e1iq＝iqref-iqL;  //电感电流 iqL 的 PI 控制
     if(e1iq＞0.2) e1iq=0.2;
     if(e1iq＜-0.2) e1iq=-0.2;
```

```
    eiq＝e1iq-e2iq；
  PIDiq＝kip ＊ eiq＋kii ＊ e1iq＋PIDoldiq；
      if(PIDiq＞5) PIDiq＝5；
      if(PIDiq＜-5) PIDiq＝-5；
    PIDoldiq＝PIDiq；
    e2iq＝e1iq；

  ud1＝PIDid＋(314 ＊ 0.003 ＊ $I_m$/(Udc/2)) ＊ iqref＋(Um/(Udc/2)) ＊ udref；//电流内环前馈解耦
  uq1＝PIDiq-(314 ＊ 0.003 ＊ $I_m$/(Udc/2)) ＊ idref＋(Um/(Udc/2)) ＊ uqref；
      if(ud1＞1) ud1＝1；
      if(ud1＜-1) ud1＝-1；
      if(uq1＞1) uq1＝1；
      if(uq1＜-1) uq1＝-1；
  if(close==1)
    {
        Ualfa＝ud1 ＊ cosne[ConversionCount]-uq1 ＊ sinne[ConversionCount]；
        Ubeta＝ud1 ＊ sinne[ConversionCount]＋uq1 ＊ cosne[ConversionCount]；
    }
      else
      {
      Ualfa＝m ＊ cosne[j]；
      Ubeta＝m ＊ sinne[j]；
      }
          j++；
    if(j==256) j＝0；
  AdcRegs. ADCTRL2. bit. RST_SEQ1＝1；         // SEQ1 复位
  AdcRegs. ADCST. bit. INT_SEQ1_CLR＝1；       //清除中断标志位
  PieCtrlRegs. PIEACK. all＝PIEACK_GROUP1；    //清除应答位
  return；
}

interrupt void ISRepwm1(void)
{
    adc_isr()；//调用 ADC
    u1＝Ubeta；
......//SVPWM 参见第 2 章内容
}
```

思考与练习

1. 如图 4-9 所示电路,已知 U_{dc}＝400V,输出电压 U_o＝220±2V,频率为 50Hz,输出功率为 1kW,输出电流纹波幅值小于 20%,开关频率为 20kHz。要求分别利用阻抗匹配分析法和纹波电流分析法求输出电感 L 和电容 C。

2. 电路参数同上题。要求采用 SPWM 控制方法，用均方根法进行信号检测，采用电压电流双闭环控制，输出电压畸变率小于 5%。试搭建仿真模型并进行仿真，编写基于 TMS320F28335 的 C 语言程序。

3. 如图 4-15 所示电路，已知 $U_{dc}=540V$，输出相电压 $U_{po}=115\pm1V$，频率为 400Hz，输出功率为 5kW，输出电流纹波幅值小于 20%，开关频率为 20kHz。要求分别利用阻抗匹配分析法和纹波电流分析法求输出电感 L 和电容 C。

4. 已知参数同上题，要求采用 SPWM 控制方法，用坐标变换法进行信号采集，采用电压电流双闭环控制，输出电压畸变率小于 5%。试搭建仿真模型并进行仿真，编写基于 TMS320F28335 的 C 语言程序。

第5章　AC/DC 变换原理与控制

AC/DC 变换器(也称为变流器)同 DC/AC 变换器(也称为逆变器)一样,也是在电力电子技术的发展历程中应用非常广泛的电能变换设备。AC/DC 变换器已由传统的二极管整流和相控整流发展到了目前应用较为广泛的 PWM 整流。虽然传统的二极管整流和相控整流的技术应用比较成熟且被广泛使用,但是也存在比较突出的问题,如容易引起网侧电压波形畸变、网侧容易被注入谐波电流而对电网形成"污染"、电路系统功率因数比较低、引入反馈时系统动态响应相对比较慢等。此外,二极管整流的不足之处还有直流侧电压的不可控性。PWM 整流利用全控型开关器件,采用脉宽调制变流控制方法可以实现网侧电流正弦化且功率因数可控(如单位功率因数控制)、电能的双向传输等。PWM 整流器可以实现能量的双向传输,当它从电网获取电能时,其工作于整流状态,而当它向电网输送电能时,其工作于有源逆变状态。PWM 变流器实质上是一个交流侧和直流侧均可控的四象限运行的电能变换电路,它既可以实现 AC/DC 变换,也可以实现 DC/AC 变换,所以许多文献将 PWM 整流器统称为 PWM 变流器。本书为保持前后的一致性,将其称为 PWM 型 AC/DC 变换器,分析内容主要针对 PWM 整流器,但为了分析方便,有些地方未加严格区分。本章主要讲述 PWM 型 AC/DC 变换器的原理、结构和控制方法等。

5.1　PWM 型 AC/DC 变换器的工作原理

5.1.1　PWM 型 AC/DC 变换器的分类

随着 PWM 变流技术的发展,在应用领域已出现多种类型的 PWM 变流器。按照直流侧储能方式的不同,可分为电压型 PWM 变流器和电流型 PWM 变流器;按照接入电网的相数,可分为单相 PWM 变流器、三相 PWM 变流器及多相 PWM 变流器;按照 PWM 开关不同的调制方法,可分为硬开关调制和软开关调制;按照电路中所采用的桥路结构,可分为半桥和全桥 PWM变流器;按照调制电平,可分为二电平、三电平及多电平 PWM 变流器等。

可见,PWM 变流器的分类是多种多样的,但是最基本的分类方法是将 PWM 变流器分为电压型和电流型两大类,这主要是因为无论电压型或电流型 PWM 变流器,在主电路拓扑结构、PWM 信号产生及控制策略等方面均有各自的特点,并且两者间存在电路上的对偶性。其他的分类方法可根据主电路拓扑结构,均可以归类于电流型或电压型 PWM 变流器的类型中。

本节主要讲解三相电压型 PWM 变流器的原理及应用。

5.1.2　PWM 型 AC/DC 变换器的原理

PWM 变流器模型电路如图 5-1 所示,从图中可知,电路由交流侧回路、开关器件及直流侧回路组成。而交流侧回路包含电网电压 e、滤波电感 L 等;直流侧回路包含电路负载电阻 R_L、负载电动势 e_L 等;开关器件电路根据实际应用场合,一般分为电压型和电流型两种类型。

若忽略电路中元器件的损耗,根据图 5-1 所示模型电路,交流侧与直流侧存在的功率平衡关系有

$$iu = i_{dc} u_{dc} \tag{5-1}$$

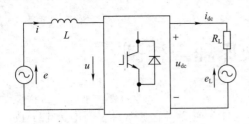

图 5-1　PWM 变流器模型电路

式中,u 是交流侧电压;i 是交流侧电流;u_{dc} 是直流侧电压;i_{dc} 是直流侧电流。

由式(5-1)可知,模型电路的交、直流侧可以相互控制,即通过控制交流侧的电流或电压,可实现对直流侧电压或电流的控制,反之亦然。

下面以模型电路的交流侧为例分析 PWM 变流器的工作原理。为了便于分析,画出相量图,如图 5-2 所示,该图表示电路处于稳态条件下 PWM 变流器交流侧各个相量间的关系。

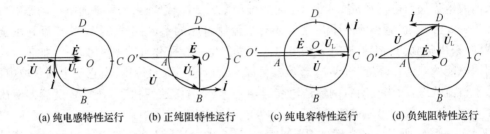

(a) 纯电感特性运行　　(b) 正纯阻特性运行　　(c) 纯电容特性运行　　(d) 负纯阻特性运行

图 5-2　PWM 变流器交流侧各个相量间的关系

图 5-2 中,$\dot{E}$ 是电网电压、$\dot{U}$ 是 PWM 变流器交流侧电压、$\dot{U}_L$ 是交流侧滤波电感两端的电压、$\dot{I}$ 是交流侧电流。假设只存在基波分量,不考虑谐波分量的影响,并且在不计交流侧电路电阻的条件下,对图 5-2 简化分析可知,当以电网电压 $\dot{E}$ 为参考相量时,通过对 PWM 变流器交流侧电压 $\dot{U}$ 的控制,就可实现 PWM 变流器在 4 个象限内的运行。若假设 $|\dot{I}|$ 不变,则 $|\dot{U}_L| = \omega L |\dot{I}|$ 也固定不变,则 PWM 变流器交流侧电压 $\dot{U}$ 的端点运动轨迹是一个以 $|\dot{U}_L|$ 为半径的圆。

图 5-2(a)、(b)、(c)、(d)中的 A、B、C、D 点分别是电压 $\dot{U}$ 在圆轨迹上的 4 个具有代表性的特殊工作点,也代表了 PWM 变流器运行于四象限的特殊状态点。

● 当 $\dot{U}$ 端点处于 A 点时,电流 $\dot{I}$ 滞后 $\dot{E}$ 90°,网侧呈纯感性。

● 当 $\dot{U}$ 端点处于 B 点时,电流 $\dot{I}$ 与 $\dot{E}$ 方向相同,网侧呈正纯阻性。

● 当 $\dot{U}$ 端点处于 C 点时,电流 $\dot{I}$ 超前 $\dot{E}$ 90°,网侧呈纯容性。

● 当 $\dot{U}$ 端点处于 D 点时,电流 $\dot{I}$ 与 $\dot{E}$ 方向相反,网侧呈负纯阻性。

进一步对 PWM 变流器模型电路的整个工作过程进行分析,可得到其四象限运行规律如下:

① 当 $\dot{U}$ 端点运行在 $\overset{\frown}{AB}$ 上时,PWM 变流器工作在整流状态。此时 PWM 变流器吸收电网电能,包括有功功率和感性无功功率,电能经由 PWM 变流器从电网提供给直流侧负载。当运行在 A 点时,PWM 变流器只吸收电网的感性无功功率,没有有功功率交换;当 PWM 变流器运行在 B 点时,实现了系统的单位功率因数整流控制。

② 当 $\dot{U}$ 端点运行在 $\overset{\frown}{BC}$ 上时,PWM 变流器仍然工作在整流状态。而此时 PWM 变流器仍然是吸收电能,包括有功功率和容性无功功率,电能经由 PWM 变流器从电网提供给直流侧负

载。而运行在 C 点时,只吸收电网的容性无功功率,同样没有有功功率交换。

③ 当 $\dot{U}$ 端点运行在 $\overset{\frown}{CD}$ 上时,PWM 变流器工作在有源逆变状态,此时 PWM 变流器内部的能量传输方向发生改变,即向电网传输有功功率和容性无功功率,电能通过直流侧回馈到电网,运行在 D 点时,即实现了单位功率因数的逆变控制。

④ 当 $\dot{U}$ 端点运行在 $\overset{\frown}{DA}$ 上时,PWM 变流器仍然工作在有源逆变状态。而此时 PWM 变流器还是向电网传输电能,包括有功功率和感性无功功率,电能由直流侧回馈到电网。

综上所述,$\dot{U}$ 运行于不同的工作点可以实现 PWM 变流器的四象限运行。要使 $\dot{U}$ 运行于不同的工作点,可以通过对 PWM 变流器交流侧电流的控制来实现。当电感 L 一定时,通过控制交流侧电流的大小与相位,可以使 PWM 变流器交流侧的电流与电网的电压同相或反相等,即 $\dot{U}$ 运行于不同的工作点,达到 PWM 变流器四象限运行的要求。因此对交流侧电流控制是实现 PWM 变流器四象限运行的关键,实现交流侧电流控制常用的方法主要有两种:其一,在系统中通过交流侧电压的控制来实现对网侧电流的控制,称为间接控制法;其二,在系统中引入网侧电流反馈直接控制 PWM 变流器的网侧电流,称为直接控制法。

5.1.3 PWM 型 AC/DC 变换器的数学模型

图 5-3 所示为三相电压型 PWM 变流器拓扑结构。图中 e_a、e_b、e_c 是 PWM 变流器交流侧电网电压瞬时值,i_a、i_b、i_c 是 PWM 变流器交流侧的三相电流瞬时值,L 和 R 分别是交流侧滤波电路的电感和等效电阻,C 是 PWM 变流器直流侧的储能电容,U_{dc}、i_{dc} 分别是直流侧电容两端电压和直流侧电流,VT_1、VT_3、VT_5 及与其上下对应的 VT_2、VT_4、VT_6 是 PWM 变流器开关器件的上下桥臂。为了便于对三相 PWM 变流器控制方法的理解,首先分析其数学模型。三相 PWM 变流器的数学模型包括三相静止坐标系、两相静止坐标系和旋转坐标系下的数学模型。

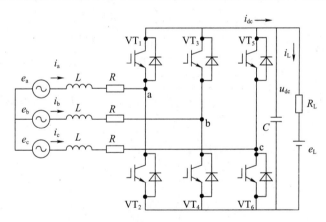

图 5-3 三相电压型 PWM 变流器拓扑结构

1. 三相静止坐标系下 PWM 变流器的数学模型

在三相静止坐标系 abc 中,根据基尔霍夫电压、电流定律对 PWM 变流器电路进行分析,建立其数学模型。

为了方便对电路的分析,将 PWM 变流器开关管的开关状态用单极性二值逻辑开关函数来表示,设 $S_x(x=a,b,c)$ 是所需要的开关函数,当 $S_x=1(x=a,b,c)$ 时,表示上桥臂导通、下桥臂关断;当 $S_x=0(x=a,b,c)$ 时,表示上桥臂关断、下桥臂导通。

根据基尔霍夫电压、电流定律和图 5-3,可得三相 PWM 变流器在三相静止坐标系 abc 下的一般数学模型为

$$L\frac{di_a}{dt}+Ri_a=e_a-\left(S_a-\frac{S_a+S_b+S_c}{3}\right)u_{dc} \tag{5-2}$$

$$L\frac{di_b}{dt}+Ri_b=e_b-\left(S_b-\frac{S_a+S_b+S_c}{3}\right)u_{dc} \tag{5-3}$$

$$L\frac{di_c}{dt}+Ri_c=e_c-\left(S_c-\frac{S_a+S_b+S_c}{3}\right)u_{dc} \tag{5-4}$$

图 5-3 中,任何时刻总有三个开关管处于导通状态,并且总的开关状态共有 $2^3=8$ 种,所以直流侧的电流为

$$i_{dc}=i_aS_a+i_bS_b+i_cS_c \tag{5-5}$$

此外,根据基尔霍夫电流定律,可得

$$C\frac{du_{dc}}{dt}=i_aS_a+i_bS_b+i_cS_c-i_L \tag{5-6}$$

三相静止坐标系 abc 中,PWM 变流器一般数学模型的物理意义清晰、直观、更容易理解。但是,在这种数学模型中,PWM 变流器交流侧均为时变的交流量,变量较多。为了便于控制,根据 1.1 节坐标变换的内容,可将三相静止坐标系下的数学模型变为两相静止坐标系下的数学模型。这样,PWM 变流器交流侧的交流量将会减少,其数学模型也将得到简化。

2. 两相静止坐标系下 PWM 变流器的数学模型

根据 1.1 节内容可知,若 PWM 变流器交流侧三相电流瞬时值为 i_a、i_b、i_c,三相静止坐标系 abc 变换到两相静止坐标系 $\alpha\beta$ 的电流量的关系为

$$\begin{bmatrix} i_\alpha \\ i_\beta \end{bmatrix}=\frac{2}{3}\begin{bmatrix} 1 & -\frac{1}{2} & -\frac{1}{2} \\ 0 & \frac{\sqrt{3}}{2} & -\frac{\sqrt{3}}{2} \end{bmatrix}\begin{bmatrix} i_a \\ i_b \\ i_c \end{bmatrix} \tag{5-7}$$

将式(5-7)求导并结合式(5-2)~式(5-6),得到三相电压型 PWM 变流器在两相静止坐标系 $\alpha\beta$ 下的数学模型为

$$L\frac{di_\alpha}{dt}=e_\alpha-Ri_\alpha-S_\alpha u_{dc} \tag{5-8}$$

$$L\frac{di_\beta}{dt}=e_\beta-Ri_\beta-S_\beta u_{dc} \tag{5-9}$$

$$C\frac{du_{dc}}{dt}=\frac{3}{2}(S_\alpha i_\alpha+S_\beta i_\beta)-i_L \tag{5-10}$$

PWM 变流器在两相静止坐标系 $\alpha\beta$ 中的数学模型同三相静止坐标系 abc 中的数学模型相比,同样其物理意义清晰,控制变量较少。但是这种数学模型中 PWM 变流器交流侧的变量也是瞬时变量,不利于控制系统的参数设计。

3. 两相旋转坐标系下 PWM 变流器的数学模型

三相静止坐标系 abc 下到两相旋转坐标系 dq 下的坐标变换关系为

$$\begin{bmatrix} i_{\mathrm{d}} \\ i_{\mathrm{q}} \\ i_{0} \end{bmatrix} = \frac{2}{3} \begin{bmatrix} \cos\theta & \cos(\theta-120°) & \cos(\theta+120°) \\ -\sin\theta & -\sin(\theta-120°) & -\sin(\theta+120°) \\ \dfrac{1}{2} & \dfrac{1}{2} & \dfrac{1}{2} \end{bmatrix} \begin{bmatrix} i_{\mathrm{a}} \\ i_{\mathrm{b}} \\ i_{\mathrm{c}} \end{bmatrix} \tag{5-11}$$

式中，i_0 表示两相旋转坐标系下零轴的电流分量。

参考 1.1 节内容可得到 PWM 变流器在两相旋转坐标系 dq 下的数学模型为

$$L\frac{\mathrm{d}i_{\mathrm{d}}}{\mathrm{d}t} = e_{\mathrm{d}} - Ri_{\mathrm{d}} - S_{\mathrm{d}}u_{\mathrm{dc}} + \omega Li_{\mathrm{q}} \tag{5-12}$$

$$L\frac{\mathrm{d}i_{\mathrm{q}}}{\mathrm{d}t} = e_{\mathrm{q}} - Ri_{\mathrm{q}} - S_{\mathrm{q}}u_{\mathrm{dc}} - \omega Li_{\mathrm{d}} \tag{5-13}$$

$$C\frac{\mathrm{d}u_{\mathrm{dc}}}{\mathrm{d}t} = \frac{3}{2}(S_{\mathrm{d}}i_{\mathrm{d}} + S_{\mathrm{q}}i_{\mathrm{q}}) - i_{\mathrm{L}} \tag{5-14}$$

由 PWM 变流器在两相旋转坐标系 dq 下的数学模型分析可知，经三相静止坐标系 abc 到两相旋转坐标系 dq 变换后，PWM 变流器交流侧的基波变量变换为两相旋转坐标系中的直流量，简化了控制系统的设计。

5.2 PWM 型 AC/DC 变换器的主电路设计

5.2.1 开关器件选型

同第 3 和 4 章一样，PWM 型 AC/DC 变换器开关器件的选型应考虑如耐受电压、电流、频率、效率和散热等因素，此处不再赘述。由于开关器件耐压的选取与直流侧电压有关，本节仅就 PWM 变流器交直流侧电压关系进行分析，为开关器件耐压及电感的选取等提供理论依据。

忽略 PWM 变流器交流侧电阻 R，且只讨论基波正弦量，稳态条件下 PWM 变流器交流侧 a 相的等效电路和相量图如图 5-4 所示。

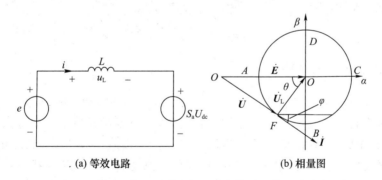

(a) 等效电路　　　　　　　(b) 相量图

图 5-4　PWM 变流器交流侧 a 相的等效电路和相量图

PWM 变流器直流侧电压 U_{dc} 与交流侧相电压幅值可参考第 4 章内容，也可由通式 (5-15) 确定

$$U_m = kmU_{\mathrm{dc}} \tag{5-15}$$

式中，对采用 SPWM 调制的单相 PWM 变流器，$k=1$；对采用 SPWM 调制的三相 PWM 变流器，$k=1/2$；对采用 SVPWM 调制的三相 PWM 变流器，$k=\sqrt{3}/3$。

考虑四象限运行时忽略电阻，根据图 5-4(b) 由余弦定理可得交流侧电压为

$$U^2 = E^2 + U_{\mathrm{L}}^2 - 2EU_{\mathrm{L}}\sin\varphi \tag{5-16}$$

式中，E 为电网电压有效值；U 为 PWM 变流器交流侧相电压有效值；U_L 为 PWM 变流器交流侧电感电压有效值。4 个特殊工作点 A、B、C、D 的电压关系为

$$\begin{cases} U^2 = E^2 + U_L^2 & \sin\varphi = 0 \\ U = E + U_L & \sin\varphi = -1 \\ U = E - U_L & \sin\varphi = +1 \end{cases} \tag{5-17}$$

式中，$\sin\varphi = 0$ 表示单位功率因数运行状态(对应图 5-2(b)中 B 点整流或 D 点逆变)，$\sin\varphi = -1$ 表示纯电容运行状态(对应图 5-2(b)中 C 点)，$\sin\varphi = 1$ 表示纯电感运行状态(对应图 5-2(b)中 A 点)。可见，四象限运行时交流侧电压的变化范围为

$$E - U_L \leqslant U \leqslant E + U_L \tag{5-18}$$

【例 5-1】电网线/相电压为 380/220V 的三相 PWM 变流器系统，采用 SPWM 调制。(1)若三相 PWM 变流器能四象限运行，求直流侧的最低电压；(2)若直流侧电压为 650V，三相 PWM 变流器能在单位功率因数下运行，求电感电压 U_L。

解：(1)根据题目可知，交流侧电网相电压峰值为 $E_m = 311V$。设 $m = 1$，U_{Lm} 可根据实际系统的要求计算，此处假设 $U_{Lm} = 50V$。

根据式(5-17)结合图 5-2(c)，PWM 变流器交流侧相电压幅值为

$$U_m = E_m + U_{Lm} = 361V$$

采用 SPWM 调制时，$k = 1/2$，则根据式(5-15)可得直流侧最低电压为

$$U_{dc} = U_m / km = 2 \times 361 / 1 \approx 722V$$

(2) 根据题目可知，交流侧电网电压有效值为 $E = 220V$，直流侧电压 $U_{dc} = 650V$。当系统处于单位功率因数运行状态，即 $\sin\varphi = 0$ 时，三相 PWM 变流器交流侧相电压有效值为

$$U = \frac{U_{dc} \cdot m}{2\sqrt{2}} = \frac{650}{2\sqrt{2}} \approx 230V$$

根据式(5-17)结合图 5-2(b)可计算出 U_L 有效值为

$$U_L = \sqrt{U^2 - E^2} = 67V$$

5.2.2　交流侧电感设计

在 PWM 变流系统中，交流侧电感的取值不仅影响电流环的动态响应，而且还与输出功率、功率因数及直流侧电压等相关。通常交流侧的电感设计需要考虑以下 3 个方面：①满足 PWM 变流器输出有功(无功)功率要求；②满足电流纹波(或 THD 值)的要求；③满足交流侧电流的快速跟踪要求。交流侧电感的设计方法较多，当 PWM 变流系统工作在逆变状态时，其功能相当于并网型 DC/AC 变换器，其电感值的计算可参考 4.2.2 节中"LCL 滤波器设计"的内容。本节对 PWM 变流器经常采用的方法展开分析。

1. 满足 PWM 变流器有功(无功)功率指标时电感值的计算

当电网电压、直流侧电压和电流的要求一定时，首先可根据式(5-16)求得电感电压 U_L。将 $U_L = \omega L I$ 代入式(5-16)，可得

$$U^2 = E^2 + (\omega L I)^2 - 2E(\omega L I)\sin\varphi \tag{5-19}$$

解得

$$L = \frac{E\sin\varphi + \sqrt{E^2 \sin^2\varphi + U^2 - E^2}}{\omega I} \tag{5-20}$$

将式(5-15)代入式(5-20)可得电感 L 的值为

$$L = \frac{E\sin\varphi + \sqrt{E^2\sin^2\varphi + (kmU_{dc})^2 - E^2}}{\omega I}$$ (5-21)

式中,φ 为电网电压与电感电流的相位差,其决定了系统的无功功率的大小及性质,具体分析见图 5-2 和式(5-17)。若网侧功率因数或无功功率已知,则可根据式(5-21)计算所需的电感值。

2. 满足交流侧电流跟踪指标时电感值的计算

设计的电感既要满足电流快速跟踪的要求,又要抑制电流的脉动,减少谐波。通常 PWM 变流器网侧电流控制为正弦波,在电流过零时,电流变化率最大,此时电感应足够小,以满足快速跟踪指令电流的需要;在正弦波电流峰值处,电流变化率最小,电流脉动却最为严重,此时电感应足够大,以满足抑制电流纹波的需要。若在电流变化率最大的过零处,能满足快速跟踪要求,在一个正弦周期的其他位置也能满足跟踪要求,可据此确定电感值的上限。同理,若在电流变化率最小的峰值处,能满足电流纹波的要求,在一个正弦周期的其他位置也能满足纹波的要求,可据此确定电感值的下限。本节主要针对这两个特殊点进行分析。

(1) 单相 PWM 变流器电感值的计算

单相 PWM 变流器电路图如图 5-5(a)所示,若忽略 PWM 变流器交流侧电阻,其交流侧等效电路如图 5-5(b)所示。图中 e 为电网电压,u_{ab} 为 PWM 变流器交流侧电压,i 为 PWM 变流器网侧通过电感 L 的电流。对于单相 PWM 变流器,可采用单极性或双极性 PWM 控制,不同调制方式下的 PWM 变流器交流侧电压 u_{ab} 的波形有所不同,但分析方法类似,本节仅就应用更为广泛的双极性控制展开讨论。

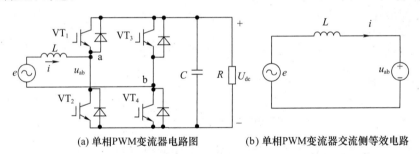

(a) 单相PWM变流器电路图   (b) 单相PWM变流器交流侧等效电路

图 5-5 单相 PWM 变流器电路图及其交流侧等效电路

当采用双极性调制时,无论在基波正半周还是负半周,u_{ab} 总是在 $-U_{dc}$ 与 U_{dc} 之间切换。根据前面的分析,PWM 变流器交流侧指令电流过零时的电流变化率最大,为满足交流侧电感电流能够快速跟踪指令的要求,电感值应足够小,据此可确定电感值的上限。一个开关周期电流过零处($\omega t = 0$)电流跟踪的瞬态过程波形如图 5-6(a)所示。

稳态时,当 $0 \le t \le T_1$ 时,$e = 0$,$u_{ab} = -U_{dc}$,则

$$e - u_{ab} = 0 + U_{dc} \approx L\frac{\Delta i_1}{T_1}$$ (5-22)

当 $T_1 \le t \le T_2$ 时,$e = 0$,$u_{ab} = U_{dc}$,则

$$e - u_{ab} = 0 - U_{dc} \approx L\frac{\Delta i_2}{T_2}$$ (5-23)

设需要跟踪的指令电流为 $i^* = I_m\sin\omega t$,若要满足快速电流跟踪的要求,则必须有

$$\frac{|\Delta i_1| - |\Delta i_2|}{T_s} \ge \frac{I_m\sin\omega T_s}{T_s} \approx \omega I_m$$ (5-24)

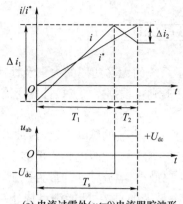 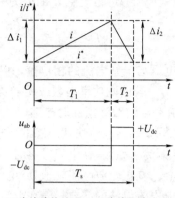

(a) 电流过零处($\omega t=0$)电流跟踪波形　　　(b) 电流峰值处($\omega t=\pi/2$)电流跟踪波形

图 5-6　双极性 PWM 变流器一个开关周期的电流跟踪波形

根据式(5-22)～式(5-24)并考虑最不利情况,即当 $T_1=T_s$,$T_2=0$ 时,将取得最小电流变化率,若该值仍能大于指令电流的变化率,则其他情况下实际电流都能满足跟踪指令电流的要求,因此电感值的上限为

$$L \leqslant \frac{U_{dc}}{I_m \omega} \tag{5-25}$$

电流纹波最大情况发生在正弦波电流峰值附近。一个开关周期电流峰值处($\omega t = \pi/2$)电流跟踪的瞬态过程波形如图 5-6(b)所示。

稳态时,当 $0 \leqslant t \leqslant T_1$ 时,$e=E_m$,$u_{ab}=-U_{dc}$,则

$$e-u_{ab}=E_m+U_{dc} \approx L \frac{\Delta i_1}{T_1} \tag{5-26}$$

当 $T_1 \leqslant t \leqslant T_2$ 时,$e=E_m$,$u_{ab}=U_{dc}$,则

$$e-u_{ab}=E_m-U_{dc} \approx L \frac{\Delta i_2}{T_2} \tag{5-27}$$

稳态时,在正弦波电流峰值附近一个 PWM 开关周期中,有

$$|\Delta i_1| = |\Delta i_2| \tag{5-28}$$

综合式(5-26)～式(5-28),有

$$(E_m+U_{dc})T_1 = (U_{dc}-E_m)T_2 \tag{5-29}$$

由 $T_1+T_2=T_s$,得

$$T_1 = \frac{T_s(U_{dc}-E_m)}{2U_{dc}} \tag{5-30}$$

若电流脉动幅值最大允许值为 Δi_{max},结合式(5-26)和式(5-30),则电感值的下限为

$$L \geqslant \frac{(E_m+U_{dc})T_1}{\Delta i_{max}} = \frac{(U_{dc}^2-E_m^2)T_s}{2\Delta i_{max}U_{dc}} \tag{5-31}$$

由式(5-25)和式(5-31)可知,当单相 PWM 变流器采用双极性 PWM 控制时,其电感取值范围为

$$\frac{(U_{dc}^2-E_m^2)T_s}{2\Delta i_{max}U_{dc}} \leqslant L \leqslant \frac{U_{dc}}{I_m \omega} \tag{5-32}$$

(2) 三相 PWM 变流器电感值的计算

同单相分析类似,指令电流过零点附近变化率最大,为了满足电流快速跟踪的要求,此时电感应足够小;指令电流幅值附近变化率最小,为了满足电流纹波的要求,此时电感应足够大。本节以 a 相为例进行分析,在三相电压型 PWM 变流器的数学模型中,a 相电压方程可以表示为式(5-2)。

为分析方便,取 $u_{dc} \approx U_{dc}$(稳态时),忽略等效电阻 R,则式(5-2)可以简化为

$$L \frac{di_a}{dt} = e_a - \left(S_a - \frac{S_a + S_b + S_c}{3}\right)U_{dc} \tag{5-33}$$

式中,$S_x(x=a,b,c)$ 为开关函数。

图 5-7(a)为交流侧电流在过零处($\omega t = 0$)一个开关周期的电流跟踪波形。

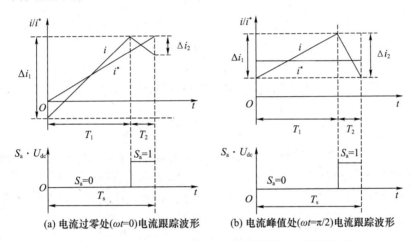

(a) 电流过零处($\omega t=0$)电流跟踪波形　(b) 电流峰值处($\omega t=\pi/2$)电流跟踪波形

图 5-7　a 相 PWM 变流器一个开关周期的电流跟踪波形

稳态时,在 $0 \leqslant t \leqslant T_1$ 时,$S_a = 0$,$e = 0$ 代入式(5-33)得

$$\frac{U_{dc}}{3}(S_b + S_c) \approx L \frac{\Delta i_1}{T_1} \tag{5-34}$$

当 $T_1 \leqslant t \leqslant T_2$ 时,$e=0$,$S_a = 1$,则

$$\frac{U_{dc}}{3}(-2 + S_b + S_c) \approx L \frac{\Delta i_2}{T_2} \tag{5-35}$$

若要满足快速电流跟踪要求,则必须有

$$\frac{|\Delta i_1| - |\Delta i_2|}{T_s} \geqslant \frac{I_m \sin\omega T_s}{T_s} \approx \omega I_m \tag{5-36}$$

综合式(5-34)～式(5-36)并考虑 S_b、S_c 取值($S_b = S_c = 1$),当 $T_1 = T_s$ 时,实际电流变化率最小(电感值最大),若该值仍能大于指令电流的变化率,则其他情况下实际交流侧电感电流都能满足跟踪指令电流的要求,此时的电感值为上限值,即

$$L \leqslant \frac{2U_{dc}}{3 I_m \omega} \tag{5-37}$$

电流纹波最大情况发生在正弦波电流峰值附近。一个开关周期电流峰值处($\omega t = \pi/2$)电流跟踪的瞬态过程波形如图 5-7(b)所示。

稳态时,在 $0 \leqslant t \leqslant T_1$ 时,$S_a = 0$,考虑 $S_b = S_c = 0$ 时电流上升最快,$e = E_m$ 代入式(5-33),得

$$E_m + 0 \approx L \frac{\Delta i_1}{T_1} \tag{5-38}$$

当 $T_1 \leqslant t \leqslant T_2$ 时，$e = E_m$，$S_a = 1$，考虑 $S_b = S_c = 0$ 时电流下降最快，则

$$E_m - \frac{2U_{dc}}{3} \approx L \frac{\Delta i_2}{T_2} \tag{5-39}$$

稳态时，在正弦波电流峰值附近一个开关周期中，有

$$|\Delta i_1| = |\Delta i_2| \tag{5-40}$$

由式(5-38)~式(5-40)且一般有 $U_{dc} \geqslant 1.5E_m$，可得

$$T_1 = \frac{(2U_{dc} - 3E_m)T_s}{2U_{dc}} \tag{5-41}$$

令允许的电流最大脉动幅值为 Δi_{max}，此时，由式(5-38)可得，满足纹波要求的电感下限值为

$$L \geqslant \frac{(2U_{dc} - 3E_m)E_m T_s}{2U_{dc}\Delta i_{max}} \tag{5-42}$$

因此，满足电流瞬态跟踪和纹波指标要求时三相 PWM 变流器电感的取值范围为

$$\frac{(2U_{dc} - 3E_m)E_m T_s}{2U_{dc}\Delta i_{max}} \leqslant L \leqslant \frac{2U_{dc}}{3I_m\omega} \tag{5-43}$$

上述只分析了某一相上、下桥臂的开关管对该相电流的影响，因此在一个开关周期内只存在导通和关断两种开关状态，电流波形也只波动两次。而实际上，在一个 PWM 开关周期内，因三相电路的三相对称性而存在 6 种开关状态，电流波形也会随之波动 6 次。对此有研究人员提出了另外一种分析方法，计算结果为

$$\frac{(2U_{dc} - 3E_m)E_m T_s}{4U_{dc}\Delta i_{max}} \leqslant L \leqslant \frac{U_{dc}}{3I_m\omega} \tag{5-44}$$

总之，电感的选取方法较多，但大多都存在一定程度的近似，不管采用哪种方法，经计算选取后都需要进行仿真和实验验证，最终确定能满足系统要求的电感值。

5.2.3 直流侧电容设计

在 PWM 变流器中，直流侧电容的主要作用是稳定输出直流电压，滤除直流电压中的高次谐波，缓冲变流器两端能量的交换。直流侧滤波电容取值的大小对 PWM 变流器的动态性能影响很大。如果直流侧电容的取值越小，电压外环的抗干扰性能越差，当负载发生变化时，直流电压动态变化范围也大，系统输出稳定性将变差；如果直流侧电容的取值过大，虽然抗扰动能力增强，但会影响电压外环的跟随性能，系统发生变化时不能快速跟踪给定直流电压。

1. 满足直流电压跟随性能的直流侧电容值计算

当电压型 PWM 变流器接入电网未进行调制时，由于开关管反并联续流二极管的存在，系统工作在三相不可控整流状态，此时，PWM 变流器直流侧电压平均值为

$$U_{dc\_D} = (1.35 \sim 1.414)U_1 \tag{5-45}$$

式中，U_1 为 PWM 变流器交流侧线电压有效值。

当三相电压型 PWM 变流器工作在额定状态时，直流电压输出为给定值，有

$$U_{dc} = \sqrt{P_o R_L} \tag{5-46}$$

式中，U_{dc} 为额定直流电压；P_o 为额定输出功率；R_L 为额定负载。

在三相电压型 PWM 变流器电压外环进行调节时,实际直流电压输出未达到给定值之前,调节器输出处于饱和状态,忽略电流内环的惯性,直流侧以最大电流 I_{dmax} 对直流侧电容及负载进行充供电,此时直流电压以最快速度上升。其等效电路如图 5-8 所示。

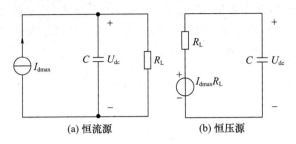

(a) 恒流源　　　　　　　　(b) 恒压源

图 5-8　直流电压跃变时直流侧等效电路

这个过程可以表示为

$$U_{dc}-U_{dc\_D}=(I_{dmax}R_L-U_{dc\_D})(1-e^{-\frac{t}{\tau}}) \tag{5-47}$$

式中,$\tau=R_LC$。

通过计算可以得到充电时间为

$$t=\tau\ln\left(\frac{I_{dmax}R_L-U_{dc\_D}}{I_{dmax}R_L-U_{dc}}\right) \tag{5-48}$$

根据电压跟随性能指标的要求,若三相 PWM 变流器直流电压以初始值 U_{dc_D} 跃变到额定直流电压 U_{dc} 时的上升时间不大于 T_{i_max},则

$$R_LC\ln\left(\frac{I_{dmax}R_L-U_{dc\_D}}{I_{dmax}R_L-U_{dc}}\right)\leqslant T_{i\_max} \tag{5-49}$$

可求得电容的上限值为

$$C\leqslant\frac{T_{i\_max}}{R_L\ln\left(\dfrac{I_{dmax}R_L-U_{dc\_D}}{I_{dmax}R_L-U_{dc}}\right)} \tag{5-50}$$

在实际的工程应用中,通常取 $I_{dmax}=1.2U_{dc}/R_L$,$U_{dc}=\sqrt{3}U_1$。因此上式可以简化为

$$C\leqslant\frac{T_{i\_max}}{0.74R_L} \tag{5-51}$$

若已知直流电压跟随性能指标 T_{i_max}(通常情况可取 $T_{i\_max}=20\mathrm{ms}$),则可由式(5-51)求出直流侧电容的上限值。

2. 考虑满足系统抗扰动性能时直流侧电容的计算

假定负载功率在稳态 $t=0$ 到 $t=t_1$ 时的变化量为 $\Delta P_o(t)$,则由负载变化引起电容存储能量的变化量可表示为

$$C\frac{U_{dc}^2(t_1)-U_{dc}^2(0)}{2}=\int_0^{t_1}\Delta P_o(t)\mathrm{d}t \tag{5-52}$$

假设 $U_{dc}(t_1)>U_{dc}(0)$,一般情况下有 $\Delta U_{dcmax}(t_1)\ll U_{dc}(0)$,$\Delta U_{dcmax}^2(t_1)\approx0$,则

$$U_{dc}^2(t_1)=[U_{dc}(0)+\Delta U_{dcmax}(t_1)]^2\approx U_{dc}^2(0)+2U_{dc}(0)\Delta U_{dcmax}(t_1) \tag{5-53}$$

$$\Delta U_{dcmax}(t_1)=\frac{1}{U_{dc}C}\int_0^{t_1}\Delta P_o(t)\mathrm{d}t \tag{5-54}$$

如果 PWM 变流器最大惯性时间常数为 T_{imax},负载功率最大变化量为 ΔP_{omax}(峰峰值),则由

式(5-54),电容应满足

$$C \geqslant \frac{T_{\text{imax}} \Delta P_{\text{omax}}}{2 U_{\text{dc}} \Delta U_{\text{dcmax}}} \tag{5-55}$$

利用式(5-55)计算电容时需要知道 T_{imax},而 T_{imax} 与系统的 PI 参数等有关,无法精确确定。文献[3]对此给出了考虑直流电压采用 PI 控制器,负载从空载到额定负载时的近似定量分析,由于分析过程相对复杂,在此仅给出结果为

$$C = \frac{(U_{\text{dc}} - \Delta U_{\text{max}})^2}{2 \Delta U_{\text{max}} I_{\text{dmax}} R_{\text{L}}^2} \approx \frac{U_{\text{dc}}^2}{2 \Delta U_{\text{max}} I_{\text{dmax}} R_{\text{L}}^2} \tag{5-56}$$

取 $I_{\text{dmax}} R_{\text{L}} = 1.2 U_{\text{dc}}$,则

$$C \approx \frac{U_{\text{dc}}}{2 \Delta U_{\text{max}} R_{\text{L}}} = \frac{1}{2 \Delta U_{\text{max}}^* R_{\text{L}}} \tag{5-57}$$

式中,ΔU_{max}^* 为 PWM 变流器直流电压最大动态降落相对值,且

$$\Delta U_{\text{max}}^* = \frac{\Delta U_{\text{max}}}{U_{\text{dc}}} \tag{5-58}$$

显然,若要求三相 PWM 变流器满足负载阶跃扰动时的抗扰动性能指标 ΔU_{max}^*,则 PWM 变流器直流侧电容应足够大,其电容下限值为

$$C > \frac{1}{2 \Delta U_{\text{max}}^* R_{\text{L}}} \tag{5-59}$$

【例 5-2】设三相电压型 PWM 变流器系统参数为:交流侧三相电网相电压有效值为 $E = 220\text{V}$,频率 $f = 50\text{Hz}$,直流侧输入电压 $U_{\text{dc}} = 650\text{V}$,负载 $R_{\text{L}} = 10\Omega$,输出直流电压最大动态降落相对值为 10%,交流电流的纹波系数小于 20%,开关频率 $f_s = 20\text{kHz}$,采用双极性 SVPWM 调制,系统运行于单位功率因数状态。试选取交流侧电感与直流侧电容。

解:系统功率为

$$P = \frac{U_{\text{dc}}^2}{R_{\text{L}}} = \frac{650^2}{10} = 42250\text{W}$$

忽略系统损耗,则交流侧电流为

$$I = \frac{P}{3E} = \frac{42250}{3 \times 220} = 64\text{A}$$

采用 SVPWM 调制,取 $m = 0.85$,由式(5-15)可得交流侧电压的幅值为

$$U_{\text{m}} = k m U_{\text{dc}} = \frac{\sqrt{3}}{3} \times 0.85 \times 650 = 319\text{V}$$

当系统运行于单位功率因数状态时,由式(5-16)可得

$$U_{\text{L}} = \sqrt{U^2 - E^2} = \sqrt{319^2/2 - 220^2} = 49.8\text{V}$$

满足无功功率要求交流侧电感为

$$L \leqslant \frac{U_{\text{L}}}{\omega I} = \frac{49.8}{314 \times 64} = 2.47\text{mH}$$

根据式(5-43)可求得满足动态跟踪和纹波要求时电感值为

$$L \leqslant \frac{2 U_{\text{dc}}}{3 I_{\text{m}} \omega} = \frac{2 \times 650}{3 \times 64 \sqrt{2} \times 314} = 15.25\text{mH}$$

$$L \geqslant \frac{(2 U_{\text{dc}} - 3 E_{\text{m}}) E_{\text{m}} T_s}{2 U_{\text{dc}} \Delta i_{\text{max}}} = \frac{(2 \times 650 - 3 \times 311) \times 311}{2 \times 650 \times 64 \sqrt{2} \times 0.2 \times 20 \times 10^3} = 0.24\text{mH}$$

综合上述三项要求可取电感值为 2mH。

根据式(5-51)，取 $T_{i\_max}=20ms$，满足直流电压跟随性能要求的电容为

$$C \leqslant \frac{T_{i\_max}}{0.74R_L} = \frac{20 \times 10^{-3}}{0.74 \times 10} = 2702\mu F$$

根据式(5-59)，取 $\Delta U_{max}^* = 10\%$，满足系统抗扰动性能时要求的电容为

$$C > \frac{1}{2\Delta U_{max}^* R_L} = \frac{1}{2 \times 0.1 \times 10} = 0.5F = 500000\mu F$$

由上述分析可知，直流电压跟随性能及抗扰动性能无法同时满足，可根据实际系统应用场合的要求进行选择。式(5-59)为空载到额定负载扰动时的分析结果，对于需要频繁从空载到负载切换的应用场合，可采用式(5-59)选取电容；若应用场合仅考虑在额定负载附近的扰动，则可采用式(5-55)选取电容；若考虑断电后输出电压的稳定时间，可采用 8.4.3 节的式(8-57)选取电容；若系统对跟踪性能的要求比较高，则可以式(5-51)为主选取电容。通常，不管采用哪种方法，选取电容后都需要经过仿真和实际验证，然后确定最终电容的值。另外，在电容型号的选取中，还要综合考虑动态性能、电容体积、重量、价格等多方面因素，可选用多个标称值电容并联的方式实现。

5.3 AC/DC 变换控制策略

5.3.1 PWM 型 AC/DC 变换器的控制策略

由三相电压型 PWM 变流器的工作原理及应用场合对其工作状态的要求可知，若要保证 PWM 变流器运行于四象限，控制策略有很多种。根据是否引入电流反馈可分为两大类：引入了网侧电流反馈的称为直接电流控制，没有引入网侧电流反馈的称为间接电流控制。

1. 间接电流控制

间接电流控制通常也称为相位和幅值控制，它通过图 5-2 所示的相量关系控制 PWM 变流器交流侧电压，使 PWM 变流器输入电流和电压同相位，达到单位功率因数的控制效果；也可控制为不同相位，达到功率因数可调的目的，从而实现四象限运行。

为了便于分析，根据图 5-3 画出其单相的 PWM 变流器等效电路，如图 5-9 所示。

由基尔霍夫电压定律可得

$$u_a = e_a - u_R - u_L = e_a - i_a R - L\frac{di_a}{dt} \qquad (5-60)$$

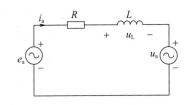

图 5-9 a 相 PWM 变流器等效电路

式中，e_a 是电网电压；u_L 是交流侧滤波电感两端电压；u_R 是交流侧等效电阻两端电压；u_a 是交流侧电压。

$$u_R = i_a R = RI_m \sin\omega t \qquad (5-61)$$

$$u_L = L\frac{di_a}{dt} = I_m \omega L \cos\omega t \qquad (5-62)$$

由式(5-1)所示的功率平衡关系可知，交、直流侧可以相互控制。由式(5-60)、式(5-61)和式(5-62)可得三相间接电流控制的系统原理图如图 5-10 所示。

电压环用来保持 PWM 变流器的直流侧电压稳定，具体工作过程如下：直流侧电压给定信号 U_{dc}^* 和实际的直流侧电压 U_{dc} 比较之后送入 PI 控制器，电压外环 PI 控制器的输出信号是指令电

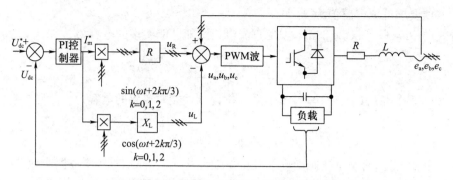

图 5-10　间接电流控制的系统原理图

流分量 I_m^*（其反映了交流侧电流幅值的大小），结合式（5-61）和式（5-62），可以得到所需要的 PWM 变流器交流输入端的各相电压 u_a、u_b 和 u_c，利用该电压和三角波进行比较即可得到控制 PWM 变流器的 PWM 波，从而完成系统的控制要求。间接电流控制系统中只有直流侧电压外环，电压 u_a、u_b 和 u_c 的获取需要依赖系统参数 L 和 R，当运算值与实际值有误差时，必将影响控制效果。此外，这种控制方法是基于静态模型设计的，其动态性能差，因此该方法在实际中较少使用。

2. 直接电流控制

在直接电流控制策略中，根据电网平衡条件下三相电流的关系，首先按控制系统的要求给出交流指令电流，然后与变流器交流侧的电流进行比较，使其跟踪指令电流。目前应用比较广泛的直接电流控制方法主要有滞环比较电流控制法、三角波比较电流控制法和调制法。

（1）滞环比较电流控制法

如图 5-11 所示为一种常用的滞环比较电流控制原理图。这是一个双闭环控制系统，由直流侧电压控制环构成电压外环，由交流侧电流控制环构成电流内环。

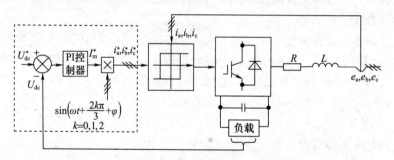

图 5-11　滞环比较电流控制原理图

在控制方法中，电压外环用来保持 PWM 变流器的直流侧电压稳定，而电流内环的作用主要是按电压外环输出的电流指令与网侧电流反馈信号进行滞环比较，实现单位功率因数（或可调功率因数）控制。具体工作过程如下：直流侧电压给定信号 U_{dc}^* 和实际的直流侧电压 U_{dc} 比较之后送入 PI 控制器，电压外环 PI 控制器的输出信号是指令电流分量 I_m^*（其反映了交流侧电流幅值的大小），I_m^* 分别与 a、b、c 三相单位正弦相电压信号相乘，即得到三相正弦交流指令电流 i_a^*、i_b^*、i_c^*。很容易看出，i_a^*、i_b^* 和 i_c^* 的相位分别与各自的电源电压相同，它们的幅值与 I_m^* 成正比，这就保证了 PWM 变流器运行在单位功率因数状态。当系统要求 PWM 变流器运行在非单位功率因数状态时，调整图 5-11 中三相电压同步正弦信号（虚线框）的相位角 φ 即可。这组三相交流电流指令信号与实际交流电流信号比较，再通过滞环控制环节，对（虚线框）开关器件进行控制，从而实现实际交流输入电流跟踪所给的指令电流,跟踪效果由系统所给的滞环环宽及开关器件所承受的开关频率等共同决定。

（2）三角波比较电流控制法

图 5-12 为三角波比较电流控制原理图。这种控制方法和滞环比较电流控制法有些类似,主要不同之处在于:先把交流侧电流的实际值与电流指令值进行比较,把偏差送入 PI 控制器,然后把 PI 控制器输出的信号和三角波做比较,根据比较结果,产生不同脉宽的 PWM 信号控制 PWM 变流器的 6 个开关器件,达到系统控制的要求。三角波比较电流控制法的优点是 PWM 变流器中 6 个开关器件的开关频率是固定的,这样的控制系统的动态响应速度快且易于实现。但不足之处在于如果开关频率选得不恰当,会造成 PWM 变流器输出的电流中含有大量与开关频率相同频率的谐波分量,且开关器件的损耗也比较大。

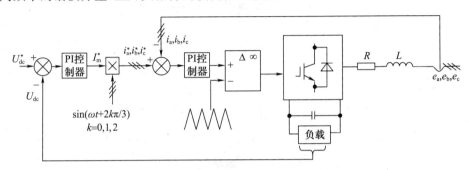

图 5-12　三角波比较电流控制原理图

（3）调制法

在直接电流控制的调制法策略中,根据 PWM 波产生方式的不同,常用的有正弦波脉宽调制（SPWM）方式和空间电压矢量调制（SVPWM）两种方式,本书主要讲述基于 SVPWM 的电流闭环控制的具体控制方法。

5.3.2　基于 SVPWM 的控制方法分析

1. 旋转坐标系 *dq* 轴分量的解耦

在这种控制方法中,将三相静止坐标系下的电流信号经过坐标变换,再经过 PI 调节变为电压信号,作为空间电压矢量指令,再采用 SVPWM 控制方法,使三相电压型 PWM 变流器的空间电压矢量与指令电流同步,以达到控制电流的目的。

由 1.1.3 节中含有导数的三相静止坐标系 *abc* 到两相旋转坐标系 *dq* 的变换内容可得

$$\begin{cases} L\dfrac{\mathrm{d}i_\mathrm{d}}{\mathrm{d}t}=e_\mathrm{d}-Ri_\mathrm{d}-u_\mathrm{d}+\omega Li_\mathrm{q} \\ L\dfrac{\mathrm{d}i_\mathrm{q}}{\mathrm{d}t}=e_\mathrm{q}-Ri_\mathrm{q}-u_\mathrm{q}-\omega Li_\mathrm{d} \end{cases} \tag{5-63}$$

由式（5-63）可以看出,d、q 轴电流除受控制量 u_d 和 u_q 的影响外,同时还受到电网扰动和 ωLi_q、$-\omega Li_\mathrm{d}$ 的影响,且 i_q 和 i_d 之间相互影响,即存在耦合现象,因此这就需要一种能够消除电网电压扰动和解除 d、q 轴间电流耦合的控制方法。

若系统采用 PI＋前馈解耦控制策略,u_d、u_q 的控制如下所示

$$\begin{cases} u_\mathrm{d}=-\left(k_\mathrm{ip}+\dfrac{k_\mathrm{ii}}{s}\right)(i_\mathrm{d}^*-i_\mathrm{d})+\omega Li_\mathrm{q}+e_\mathrm{d} \\ u_\mathrm{q}=-\left(k_\mathrm{ip}+\dfrac{k_\mathrm{ii}}{s}\right)(i_\mathrm{q}^*-i_\mathrm{q})-\omega Li_\mathrm{d}+e_\mathrm{q} \end{cases} \tag{5-64}$$

式中，k_{ip}、k_{ii}是比例系数和积分系数；i_d^*、i_q^* 是 i_d、i_q 的指令电流；$\omega L i_q$ 和 $\omega L i_d$ 为解耦项；e_d 和 e_q 为电网的扰动。

将式(5-64)代入式(5-63)中，得

$$\begin{cases} L\dfrac{\mathrm{d}i_d}{\mathrm{d}t} = -Ri_d - \left(k_{ip} + \dfrac{k_{ii}}{s}\right)(i_d^* - i_d) \\ L\dfrac{\mathrm{d}i_q}{\mathrm{d}t} = -Ri_q - \left(k_{ip} + \dfrac{k_{ii}}{s}\right)(i_q^* - i_q) \end{cases} \tag{5-65}$$

由式(5-65)可见，基于前馈的控制算法使三相 PWM 变流器实现了解耦控制。具体的控制过程如图 5-13 所示。

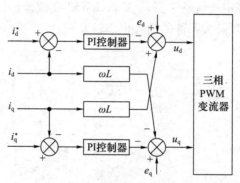

图 5-13 前馈解耦控制框图

前馈解耦的过程实际上是在 d 轴和 q 轴电流 PI 调节结果里注入含有其他轴电流信息的分量，注入的分量与控制对象产生的耦合量大小相等、方向相反。同时对电网电压 e_d 和 e_q 引起的扰动进行了前馈补偿。基于 SVPWM 控制策略的电流闭环原理图如图 5-14 所示。

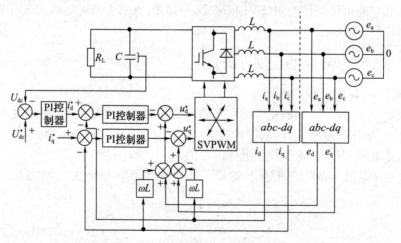

图 5-14 基于 SVPWM 控制策略的电流闭环原理图

如图 5-14 所示，具体的控制过程如下：先采集电网电压 e_a、e_b、e_c 及网侧三相电流 i_a、i_b、i_c，经过 $abc\text{-}dq$ 坐标转换，转换成有功分量 e_d、i_d 和无功分量 e_q、i_q；采集直流侧电压信号 u_{dc}，与直流侧指令电压 U_{dc}^* 做比较后，经第一级 PI 调节的输出信号作为电流有功分量的指令 i_d^*；i_d、i_q 分别与 i_d^*、i_q^*（根据系统的功率因数而定，若要求单位功率因数，则 $i_q^* = 0$）做差后送入第二级 PI 调节，这一级的输出与解耦环节的输出做代数运算，输出两个电压信号 u_d^*、u_q^*；最后将这两个电压信号送入 SVPWM 的扇区判断等环节产生 PWM 波，控制开关器件的开关状态及开关时间，进而实现系统控制的目标。

2. 电流内环的设计

dq 坐标系下的电流内环包括 i_d 和 i_q 两个电流内环,由于其对称性,下面仅就 d 轴电流内环进行分析。假设三相 PWM 型 AC/DC 变换器控制系统电流内环电流的采样周期为 T_s(亦是 PWM 开关周期),由于电流采样具有延迟性,因此电流采样环节可以看作惯性环节 $1/(T_s s+1)$。此外,AC/DC 变换也可以看作一个小惯性环节 $K_{PWM}/(0.5T_s s+1)$,其中,K_{PWM} 为 AC/DC 变换器的等效增益。忽略 AC/DC 变换器的等效电阻,则交流侧可简化为一个积分环节。这样,解耦后的 AC/DC 变换器的电流内环结构如图 5-15 所示。

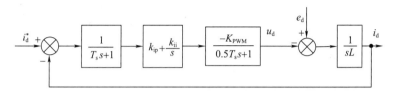

图 5-15 电流内环结构图

将图 5-15 中的小时间常数 T_s 和 $0.5T_s$ 合并,得到 $K_{PWM}/(1.5T_s s+1)$,然后将 PI 控制器变换为零极点的形式,则图 5-15 可以简化为图 5-16。

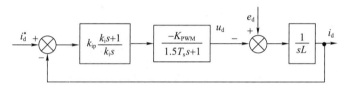

图 5-16 电流内环简化结构图

PI 控制器转化为零极点形式

$$k_{ip}+\frac{k_{ii}}{s}=k_{ip}\frac{k_i s+1}{k_i s} \tag{5-66}$$

式中,$k_i=k_{ip}/k_{ii}$。

忽略电网电压的扰动,由图 5-16 可得无电网电压扰动的电流内环开环传递函数为

$$G_o(s)=\frac{k_{ip}K_{PWM}(k_i s+1)}{k_i L s^2(1.5T_s s+1)} \tag{5-67}$$

按典型系统设计电流内环有两种方法,即典型 I 型系统和典型 II 型系统。典型 I 型系统设计的特点是具有良好的电流跟踪性能,但当出现电网电压的扰动时电流的抗干扰恢复时间较长。典型 II 型系统虽然阶跃响应的超调量大,但抗电网扰动能力强。本节主要把系统开环传递函数近似作为典型 II 型系统处理,然后针对 II 型系统选择合适的控制器参数来校正系统,使系统满足性能指标要求。

典型 II 型系统的传递函数为

$$G(s)=\frac{K(\tau s+1)}{s^2(T_s+1)} \tag{5-68}$$

式中,T_s 一般为固有参数(对于变流器系统,T_s 为采样周期);K 和 τ 为需要选定的参数。

根据传递函数可以画出典型 II 型系统的波特图,如图 5-17 所示。

在设计控制器参数时,需根据校正准则的要求来进行计算选择。工程中常用的 II 型系统校

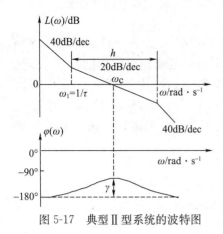

图 5-17 典型Ⅱ型系统的波特图

正准则有：

① $M_r = M_{min}$ 准则，即使得系统闭环幅频特性的谐振峰值 M_r 为最小的准则。这是因为 $M_r \downarrow \rightarrow \sigma \downarrow$ 和 $t_s \downarrow$，即 M_r 最小，使得超调量和调节时间最小。

② $\gamma = \gamma_{max}$ 准则，即使得系统开环频率特性中的相位余量为最大的准则。这是因为相位余量最大，超调量最小。

由式(5-68)可以求得系统的相位余量为

$$\begin{aligned}\gamma &= 180° - 180° + \arctan(\omega_c \tau) - \arctan(\omega_c T_s)\\&= \arctan(\omega_c \tau) - \arctan(\omega_c T_s)\end{aligned}\tag{5-69}$$

要使 $\gamma = \gamma_{max}$，可令 $\dfrac{d\gamma}{d\omega_c} = 0$，由此求得

$$\omega_c = \sqrt{\frac{1}{\tau T_s}} = \sqrt{\omega_1 \omega_2}\tag{5-70}$$

由图 5-17 可见，ω_1 为 -40dB/dec 线与 -20dB/dec 线相交处所对应的 ω，故有

$$20\lg K - 20\lg\omega_1^2 = 20\lg\omega_c - 20\lg\omega_1\tag{5-71}$$

即

$$K = \omega_1 \omega_c\tag{5-72}$$

考虑到 $\omega_1 = 1/\tau$，以及式(5-76)、式(5-77)和式(5-79)，可得

$$K = \omega_1 \omega_2 = \frac{1}{h\sqrt{hT_s^2}}\tag{5-73}$$

由式(5-71)和式(5-73)可见，由 $\gamma = \gamma_{max}$ 准则出发，可将 K 和 τ 两个参数的确定转化成 h 的选择。

对于不同的 h 值，系统的输出响应将不相同，对应的动态指标也不一样。表 5-1 给出了典型Ⅱ型系统在不同中频带宽 h 时的系统性能指标。

表 5-1 典型Ⅱ型系统在不同中频带宽 h 时的性能指标

中频带宽 h/kHz	2.5	3	4	5	7.5	10
最大超调量 $\sigma/\%$	58	53	43	37	28	23
上升时间 t_r/s	$2.5T_s$	$2.7T_s$	$3.1T_s$	$3.5T_s$	$4.4T_s$	$5.2T_s$
调节时间 t_s/s	$21T_s$	$19T_s$	$16.6T_s$	$17.5T_s$	$19T_s$	$26T_s$
相位余量 γ	25°	30°	37°	42°	50°	55°

为了提高电流响应速度，选择合适的中频带宽 $h_i(h_i = k_i/1.5T_s)$。一般情况下取 $h_i = 5$，则 $k_i = 7.5T_s$。由系统的参数关系可得

$$\frac{k_{ip}K_{PWM}}{k_i L} = \frac{h_i + 1}{2k_i^2}\tag{5-74}$$

将 $h_i = 5, k_i = 7.5T_s$ 代入得

$$\begin{cases}k_{ip} = \dfrac{(h_i + 1)L}{2k_i K_{PWM}} = \dfrac{2L}{5T_s K_{PWM}}\\[2mm]k_{ii} = \dfrac{k_{ip}}{k_i} = \dfrac{4L}{75T_s^2 K_{PWM}}\end{cases}\tag{5-75}$$

采用近似的典型Ⅱ型系统设计方案虽然具有较好的电流抗干扰能力，但增加了超调量。为抑制超调量，可采用增加滤波、微分反馈、PID 控制和复合控制。由于篇幅所限，其中复合控制请参阅第 4 章内容，其他请读者查阅相关文献。

3. 电压外环的设计

电压外环的设计可采用 dq 坐标系复合控制的方法,具体参见第 4 章。本节主要介绍基于一般低频模型的电压外环设计方法。采用经典的 PI 控制器的电压外环,主要作用是实现直流电压的稳定输出,同时控制器的输出作为系统交流侧的指令电流。下面讨论电压外环 PI 控制器的参数设计。

三相交流电网电压为

$$\begin{cases} u_a = U_m \cos\omega t \\ u_b = U_m \cos(\omega t - 120°) \\ u_c = U_m \cos(\omega t + 120°) \end{cases} \tag{5-76}$$

当系统处于单位功率因数状态时,交流侧电流应与电网电压同相,为

$$\begin{cases} i_a = I_m \cos\omega t \\ i_b = I_m \cos(\omega t - 120°) \\ i_c = I_m \cos(\omega t + 120°) \end{cases} \tag{5-77}$$

直流侧电流 i_{dc} 与交流侧电流 i_a、i_b、i_c 的关系可由开关函数 S_a、S_b、S_c 描述为

$$i_{dc} = i_a S_a + i_b S_b + i_c S_c \tag{5-78}$$

当系统的控制开关频率足够高时,只考虑开关函数的低频分量,则

$$\begin{cases} S_a = 0.5m\cos(\omega t - \varphi) + 0.5 \\ S_b = 0.5m\cos(\omega t - \varphi - 120°) + 0.5 \\ S_c = 0.5m\cos(\omega t - \varphi + 120°) + 0.5 \end{cases} \tag{5-79}$$

式中,φ 为初始相位角,m 为调制度($m \leqslant 1$)。

由式(5-77)~式(5-79)可得

$$i_{dc} = 0.75 m I_m \cos\varphi \tag{5-80}$$

由于电压、电流的采样具有延迟性,因此,控制系统中相当于增加了电压采样延时环节 $1/(T_s s + 1)$,电流内环为三倍时间延时的惯性环节 $1/(3T_s s + 1)$,综合考虑电压外环和直流侧滤波电容等多方面因素,基于 dq 坐标系的前馈解耦控制中电压外环结构图如图 5-18 所示。

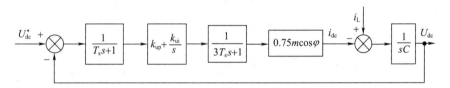

图 5-18　电压外环结构图

忽略网侧电感电流 i_L 的扰动,电压 PI 控制器传递函数的零极点表达式为

$$k_{up} + \frac{k_{ui}}{s} = k_{up} \frac{k_u s + 1}{k_u s} \tag{5-81}$$

式中,$k_u = k_{up}/k_{ui}$。

由于 $0.75m\cos\varphi(m \leqslant 1)$ 随时间变化,用最大值 0.75 取代,并将小时间常数 T_s 项进行合并,得到了电压外环简化结构图,如图 5-19 所示。

电压外环开环传递函数 $G_u(s)$ 为

$$G_u(s) = \frac{0.75 k_{up}(k_u s + 1)}{C k_u s^2 (4T_s s + 1)} \tag{5-82}$$

三相 PWM 型 AC/DC 变换电路系统的电压外环的主要作用是稳定直流电压输出,应考虑系统电压外环的抗干扰性能,因此和电流内环一样采用典型 II 型系统进行电压外环 PI 控制器的

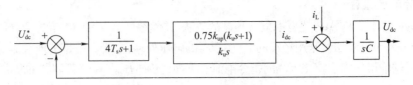

图 5-19　电压外环简化结构图

设计,则有

$$\frac{0.75k_{up}}{Ck_u}=\frac{h_u+1}{32h_u^2T_s^2} \tag{5-83}$$

式中,$h_u=k_u/4T_s$ 为电压外环的中频带宽,一般情况下,$h_u=5$,即

$$k_u=20T_s \tag{5-84}$$

由于 $k_{ui}=k_{up}/20T_s$,因此可以得到电压外环 PI 控制器的设计参数为

$$k_{up}=\frac{C}{5T_s},k_{ui}=\frac{k_{up}}{20T_s} \tag{5-85}$$

在 PI 控制器的设计中,可以根据上面的参数计算方法确定基本参数,再通过在实际系统中的调整得到最佳的 PI 控制器参数,从而避免参数选择的盲目性。

5.3.3　PWM 型 AC/DC 变换器仿真及软件编程

1. PWM 型 AC/DC 变换器仿真

已知三相 PWM 型 AC/DC 变换器电路系统参数及性能指标为:三相电网 380V/50Hz;线路等效电阻 $R=0.5\Omega$;直流侧负载 $R_L=10\Omega$;直流侧电压 $U_{dc}=650$V,开关频率 $f_s=20$kHz。网侧电流纹波要求小于 20%,输出直流侧电压纹波系数小于 5%。根据前面章节的参数计算公式及系统性能指标要求,计算得到滤波电感 $L=2$mH,直流稳压电容 $C=2200\mu$F,电压外环参数为 $k_{up}=0.1$、$k_{ui}=100$,电流内环的参数为 $k_{ip}=400$、$k_{ii}=3.2\times10^5$。图 5-20 为基于 SVPWM 调制的仿真模型。图 5-21 是直流侧电压仿真结果,图 5-22 是交流侧电流跟踪电网电压的仿真结果图。

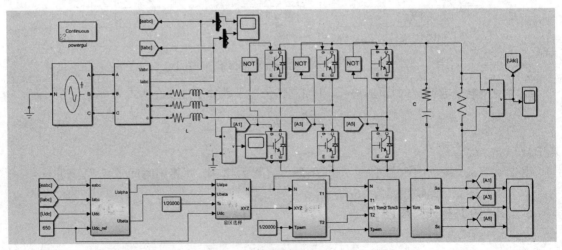

(a) 系统模型图

图 5-20　基于 SVPWM 调制的仿真模型

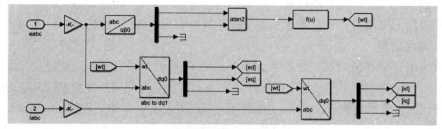

(b) 坐标变换数据及锁相模块

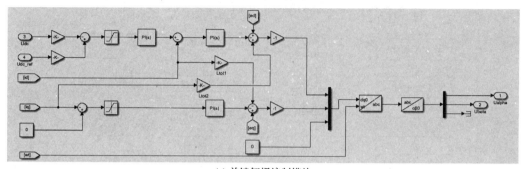

(c) 前馈解耦控制模块

图 5-20　基于 SVPWM 调制的仿真模型(续)

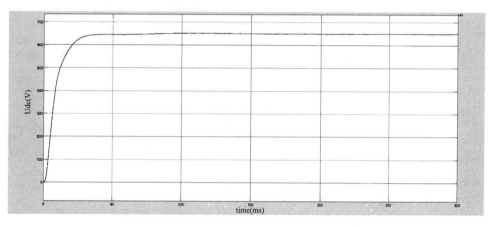

图 5-21　直流侧电压仿真结果

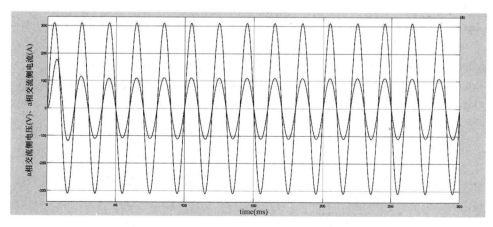

图 5-22　交流侧电流跟踪电网电压的结果图

从图 5-21 可知,0.15s 后,电压基本稳定在所指定的 650V。图 5-22 显示交流侧电流在两个周期后完成对电网电压的跟踪。要想获得更优的控制效果,需对参数做进一步的调整。

2. DSP 程序实现

本系统采用 TMS320F28335 为主控器件,软件代码采用 C 语言编写。程序由主程序、EPWM中断、程序、A/D 采样子程序和捕获中断程序组成。主程序主要完成系统的初始化工作;捕获中断程序主要完成同步信号的获取;EPWM 中断程序主要完成 A/D 采样子程序的调用和 SVPWM 波的产生;A/D 采样子程序主要完成采集、运算和 PI 控制等功能。程序流程图如图 5-23 所示。

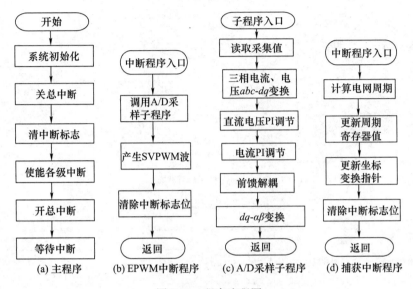

图 5-23 程序流程图

思考与练习

1. 试说明 PWM 变流器的特点。

2. 试说明电压型 PWM 变流器三种坐标系下数学模型的特点。

3. 如图 5-3 所示,忽略主电路的损耗。已知交流输入三相对称相电压为 220V,直流电压 $U_{dc}=650V$,$R_L=65\Omega$。交流电流的纹波系数小于 20%,输出直流电压波动小于 ±0.2V,开关频率为 12.8kHz。(1)求交流侧电感 L 和直流侧电容 C 的值;(2)使 PWM 变流器输入电流和电压同相位,即达到单位功率因数控制效果,试推导交、直流侧电压的关系。

4. 如图 5-3 所示,参数要求同上题,分别利用 SPWM、滞环比较法、三角波比较法搭建仿真模型并进行仿真。

5. 画出基于 TMS320F28335 采用 C 语言实现上题的程序流程图,编写程序并进行调试。

6. 如图 5-24 所示的单相 AC/DC 变换电路。参数为:输出直流电压稳定在 36V,输出电流额定值为 2A,交流侧为单位功率因数运行,交流电流的纹波系数小于 20%,输出直流电压波动小于 ±0.1V,开关频率为 12.8kHz。要求:(1)计算主电路参数并进行仿真;(2)编写基于 TMS320F28335 的 C 语言程序,并进行调试。

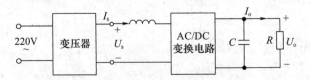

图 5-24 单相 AC/DC 变换电路原理框图

第6章 磁性元件的设计

6.1 磁性元件概述

在各类电能变换电路中,变压器和电感是非常重要的元件,这类元件通常都带有磁芯,因此称为磁性元件。除磁芯外,磁性元件的另一主要组成部分是绕组,根据实际需要,绕组可以做成一个、两个或多个。磁性元件是电能储存、转换及隔离的必备元件,作为变压器使用时,其主要作用为:电气隔离;变换电压达到电压升降的目的;应用于大功率整流,有利于纹波系数减小;磁耦合传送能量;测量电压、电流等。作为电感使用时,其主要作用为储能、平波、滤波;抑制尖峰电压或电流,保护相关电子元件;与电容构成谐振,产生方向交变的电压或电流等。

本章首先介绍磁性材料的一般特性及磁芯的结构形式,然后结合实例介绍变压器、电感的设计方法。

1. 磁性元件

不像其他的电子元件有现成产品可供选择,磁性元件往往需要进行单独设计。这是因为变压器和电感涉及的参数太多,而磁性材料的非线性特性易受工作条件的影响,使得生产厂家不可能提供种类繁多的现成产品供用户选择。以 Magnetics 公司生产的一种名为 MPP 铁芯材料来说,它有 10 种 μ(磁导率)值,26 种尺寸,能在 5 种温升限额下稳定工作。这样就有 $10 \times 26 \times 5 = 1300$ 种组合,加上额定参数的不同组合,将有不计其数的规格,厂家为用户备好现成产品是不可能的。假如有现成产品供应,介绍磁性元件的特性、参数、使用条件的数据会非常烦琐,也将使挑选者无从下手。因此,绝大多数磁性元件要自行设计或提供参数委托设计、加工。

磁性元件的设计与其在电子线路中的作用密切相关,不同的电路对变压器、电感的要求不同,但不论磁性元件的类型、作用如何,通常都包括电磁参数计算和结构设计两部分。电磁参数计算主要是根据其额定容量、电压、电流、频率、温升等要求来选择合适的导电、导磁材料及电磁负载,确定铁芯、线圈等组件的规格、尺寸;结构设计主要是根据设计参数来合理地布置线圈、铁芯、绝缘、引线等。

2. 磁性元件的发展趋势

科学技术的发展加快了磁性元件小型化的进程,磁性元件新技术、新材料、新工艺的发展又带动了工业的发展。由于能源、资源的日益缺乏和电子设备的小型化、集成化的要求,磁性元件的小型化势在必行。各国都致力于磁性元件的小型化和节能化,并取得了可喜成果。

在节约能源方法上,电力变压器行业早已提出了变压器的生产成本和运行成本是构成变压器总成本(10 年变电成本)的观点。在电子变压器行业,这一观点也受到了越来越多的关注。虽然小功率电源变压器功率损耗的绝对值很小,但大量的小功率变压器的应用,其总损耗足以消耗一个或数个大型发电厂的发电量。因此,工频变压器的空载损耗和效率应作为一个重要的技术经济指标。价格低廉但单位损耗大的硅钢片应停止使用。在高频变压器领域,提高效率、降低损耗同样是优先考虑的课题。磁性元件小型化主要从以下几个方面进行。

(1) 高频化

提高电源频率可以缩小变压器的体积,从而减轻重量。目前,开关电源的频率可高达 10MHz 左右,开关变压器每瓦的质量数在 1g 以下。在高频具有低损耗的非晶态合金和超微晶合金的问世,以及新型铁氧体材料的开发为磁性元件高频化开创了良好条件的情况下,功率器件的模块化又使高频化磁性元件走向实用阶段。

(2) 提高绝缘耐热等级

大功率变压器的体积、质量受温升的制约,提高变压器的绝缘耐热等级可大大缩小变压器的体积。目前,H 级绝缘材料和导线均已实用化生产,为 H 级变压器的工业生产创造了良好条件。

(3) 采用新材料、新工艺、新结构

目前,高磁感低损耗硅钢的铁损 P1.7/50 在 1W 以下,为磁性元件小型化提供了性能优良的铁芯材料。无纺玻璃布、复合绝缘材料、纤维纸、低介电常数薄膜材料的出现减薄了磁性元件绝缘层厚度,既提高了磁性元件的性能,又缩小了体积。

新材料的出现促进了新工艺的发展,新工艺的发展又使磁性元件新的结构得以实施,R 形铁芯的生产技术就是一个典型的例子。由于表面贴装技术的发展,片状变压器、片状电感也应运而生。新工艺在提高磁性元件质量和效率、降低成本等方面更是硕果累累。

同任何事物一样,一种新材料、新结构的出现均与其对应的应用领域相适应,不可能包罗万象,就像 R 形变压器的出现不能替代所有领域的变压器一样。在品种众多的电子应用领域,随着技术的进步,磁性元件及其技术性能将会获得更大的发展。

6.2　磁性材料及磁芯结构

6.2.1　磁性材料的基本特性

不同的材料在磁场中磁化的特征不同,通常用磁导率 μ 或相对磁导率 μ_r 表示材料磁化能力(导通磁通能力)的大小。$\mu=B/H$,是磁感应强度 B 与磁场强度 H 的比值;$\mu_r=\mu/\mu_0$,是相对磁导率,其中 $\mu_0=4\pi\times10^{-7}$ H/m 为真空磁导率。一般根据磁化特性将材料分为顺磁材料、逆磁材料和铁磁材料,顺磁材料($\mu_r>1$)、逆磁材料($\mu_r<1$)的相对磁导率 μ_r 都接近于 1,铁磁材料(或称磁性材料)的相对磁导率 μ_r 远远大于 1 而被广泛应用于各种磁性元件中。选择磁性材料做磁芯,一方面可以提高磁导率,增强各类电磁装置的磁场能量密度和能量转换效率,另一方面又可以明确磁通的路径,为设计、分析磁性元件性能提供了方便。磁性材料的基本特性可通过以下方面来描述。

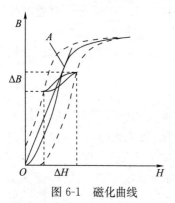

图 6-1　磁化曲线

1. 磁化曲线

磁性材料的特性可用 $B\text{-}H$ 平面上的一条磁化曲线来描述,如图 6-1 所示。根据曲线我们可以定义一些磁性材料的特征参数。

初始磁导率 μ_i:即磁化曲线初始段的斜率,表示为

$$\mu_i=\lim_{H\to0}\frac{B}{H} \tag{6-1}$$

最大磁导率 μ_{max}:如曲线 A 点处。

增量磁导率 μ_Δ:在有附加直流磁化的情况下,磁感应强度 B 的峰峰值对应磁化曲线的斜率,表示为

$$\mu_\Delta=\frac{\Delta B}{\Delta H} \tag{6-2}$$

有效磁导率 μ_e：如果磁路不是单一材料（包括气隙），则有效磁导率 μ_e 表示为一个假想的由单一材料（无气隙）构成磁路的磁导率。

2. 磁滞回线

磁性材料的磁滞回线表示磁性材料被完全磁化和完全去磁化这一过程的磁特性变化。若将磁性材料进行周期性磁化，B 和 H 之间的变化关系就会变成如图 6-2 所示曲线。由图可见，当 H 从零开始增加时，B 相应地从零开始增加；以后如逐渐减小 H，B 将沿曲线 ab 下降。当 $H=0$ 时，B 并不等于零，而等于 B_r，这种去掉外磁场之后磁性材料内仍然保留的磁感应强度 B_r，称为剩余磁感应强度，简称剩磁。要使 B 从 B_r 减小到零，必须加上相应的反向外磁场，此反向磁场强度称为矫顽力，用 H_c 表示。B_r 和 H_c 是磁性材料的两个重要参数。磁性材料所具有的这种磁感应强度 B 的变化滞后于磁场强度 H 变化的现象，称为磁滞现象。呈现磁滞现象的 B-H 闭合回线称为磁滞回线，磁滞现象是磁性材料的另一个特性。

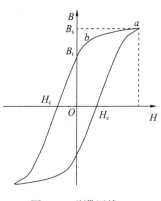

图 6-2　磁滞回线

饱和磁感应强度 B_s：随着磁芯中磁场强度 H 的增加，磁感应强度出现饱和时的 B，称饱和磁感应强度 B_s。

剩余磁感应强度 B_r：磁芯从磁饱和状态去除磁场后剩余的磁感应强度（或称残留磁通密度）。

矫顽力 H_c：磁芯从饱和状态去除磁场后，继续反向磁化，直至磁感应强度减小到零，此时的磁场强度称为矫顽力（或保磁力）。

根据磁畴理论，材料达到饱和点时，所有的磁畴基本都以相同的方向排列好，磁感应强度 B 接近最大值，再增加励磁，B 基本不变，磁化曲线只是按真空中的状态线性变化。因此，在选择磁感应强度 B 时，一般不超过饱和磁感应强度 B_s。

3. 磁芯损耗（铁损）

磁芯在工作过程中，会产生各种损耗，从而引起发热，这也是磁性材料的特性之一。磁芯损耗通常包括磁滞损耗、涡流损耗和残留损耗。

磁性材料置于交变磁场中，材料被反复交变磁化，与此同时，磁畴相互间不停地摩擦、消耗能量、造成损耗，这种损耗称为磁滞损耗。分析表明，磁滞损耗与磁场交变的频率、磁芯的体积和磁滞回线的面积成正比。工程计算用式为

$$P_h = K_h \cdot f \cdot B_m^{1.6} \tag{6-3}$$

式中，f 是频率（Hz）；B_m 是工作磁感应强度（T）；K_h 是比例系数，因材料而异。

当磁芯中通过的磁通随时间变化时，根据电磁感应定律，磁芯中将产生感应电动势，并引起环流，这些环流在磁芯内部围绕磁通作旋涡状流动，称为涡流，由涡流在磁芯中引起的损耗称为涡流损耗。

可以证明，频率越高，磁感应强度越大，感应电动势就越大，涡流损耗亦越大；磁芯的电阻率越大，涡流所流过的路径越长，涡流损耗就越小。表示为

$$P_e = \frac{1}{6\rho} \pi^2 d^2 B_m^2 f^2 \tag{6-4}$$

式中，d 是材料密度，即单位体积材料的重量，单位为 g/cm^3；ρ 是电阻率，单位为 $\Omega \cdot m$。

残留损耗是由磁化延迟及磁矩共振等造成的损耗。

磁滞损耗、涡流损耗为主要损耗，通常所说的铁芯损耗（铁损）主要是指这两项之和，用 P_{Fe} 表示。P_{Fe} 是指磁芯在工作磁感应强度时的损耗。

$$P_{Fe} = P_h + P_e \tag{6-5}$$

该工作磁感应强度可表示为

$$B_m = \frac{U_s}{4.44fNA_c} \times 10^6 \, (mT) \tag{6-6}$$

式中，B_m 是工作磁感应强度（mT）；U_s 是线圈两端的电压（V）；f 是频率（Hz）；N 是线圈匝数；A_c 是磁芯有效截面积（mm^2）。

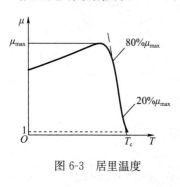

图 6-3　居里温度

4. 居里温度 T_c

其定义见图 6-3，即在 μ-T 曲线上，$80\%\mu_{max}$ 与 $20\%\mu_{max}$ 的连线和 $\mu=1$ 的交叉点相对应的温度，即为居里温度 T_c。在该温度下，磁芯的磁状态由铁磁性转变成顺磁性。

5. 磁路的基本定律

在工程设计时，往往将电机、变压器中的三维磁场简化为一维的磁路，这样处理计算结果不会带来很大的偏差。有关磁路计算的定理有：

安培环路定理

$$\oint H \cdot dl = \sum I \tag{6-7}$$

可简化为

$$H \cdot MPL = NI \tag{6-8}$$

式中，H 是磁场强度（A/m）；MPL 是磁路等效长度（m）；N 是线圈匝数（匝）；I 是线圈电流（A）。

磁路的磁动势 F_m 定义为

$$F_m = NI \tag{6-9}$$

磁路中的欧姆定律

$$F_m = \Phi R_m \tag{6-10}$$

式中，Φ 是磁通（Wb）；R_m 是磁阻，可表示为

$$R_m = \frac{MPL}{\mu_r \mu_0 A_c} \tag{6-11}$$

6.2.2　磁性材料的分类

按照磁滞回线形状的不同，磁性材料可分为硬磁（永磁）材料和软磁材料两大类。

硬磁材料的磁滞回线宽、剩磁 B_r 和矫顽力 H_c 都大。剩磁大，可用来制成永久磁铁，因而硬磁材料亦称为永磁材料。通常，硬磁材料的磁性能用剩磁 B_r、矫顽力 H_c 和最大磁能积 $(BH)_{max}$ 三项指标来表征。一般来说，三项指标愈大，表示材料的磁性能愈好。此外，还需考虑其工作温度、稳定性和价格等。硬磁材料的磁滞回线如图 6-4(a) 所示。

软磁材料的磁滞回线窄，即 B_r 和 H_c 都小，如图 6-4(b) 所示，但其磁导率较高，故用来制造电机、变压器的铁芯。软磁材料包括金属软磁性材料、软磁铁氧体材料和磁性粉末材料。

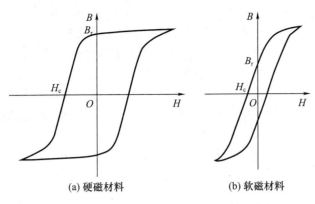

(a) 硬磁材料　　　　　　(b) 软磁材料

图 6-4　硬磁材料和软磁材料的磁滞回线

1. 金属软磁性材料

金属软磁性材料有硅钢、精密软磁合金、非晶态和超微晶合金等。

（1）硅钢

硅钢是一种含硅量在 5％以下的铁硅合金，通常其含硅量为 2.3％～3.6％。目前常用的硅钢材料是冷轧无取向硅钢片和冷轧取向硅钢片。

冷轧无取向硅钢片含硅量最低，一般为 0.5％～2.5％。厚度分为 0.35mm、0.50mm 和 0.65mm 三种，以 0.50mm 使用最多。冷轧无取向硅钢片在其轧制方向与垂直于轧制方向的磁性能差异不大，即采用冲制与采用卷绕工艺的磁性能差别不大。冷轧无取向硅钢片的磁感应强度较高、磁导率较高，但铁损大，一般用于小功率工频电源变压器和音频变压器中。冷轧无取向硅钢片价格便宜，多数冲制成 EI 形铁芯片使用。

冷轧取向硅钢片含硅量较高，一般为 2.5％～3％。厚度分为 0.27mm、0.30mm 和 0.35mm 三种，以 0.35mm 使用最多。冷轧取向硅钢片在其轧制方向与垂直于轧制方向的磁性能差别较大，即采用冲制铁芯与卷绕铁芯会有不同的磁性能。冷轧取向硅钢片的磁感应强度高、铁损小，是中大功率工频变压器的首选材料。它既可采用冲、剪，也可采用卷绕的方法来制造铁芯。提高硅钢片的饱和磁感应强度，降低铁损是当今硅钢片的发展方向。

在中高频领域，冷轧取向硅钢片应用很多。硅钢片的厚度有 0.20mm、0.15mm、0.10mm、0.08mm、0.05mm、0.03mm、0.025mm 等多种规格，以适应不同的工作频率，主要用于中频电源、音频和超音频、脉冲等变压器中。

（2）精密软磁合金

精密软磁合金主要包括铁镍系软磁合金、铁铝系软磁合金、铁硅铝系软磁合金和耐蚀系软磁合金等，是一种传统的结晶态材料。精密软磁合金按磁特性可分为高磁导率合金、高矩形比合金和低剩磁（高 ΔB）合金三种形式，以适应不同的需要。此外，恒磁导率材料、高频低损耗材料等也得到广泛的应用。

精密软磁合金主要应用于音频和超音频变压器、高频变压器、电流互感器、脉冲变压器、磁放大器、变换器变压器等领域。一般均卷绕成环形铁芯来使用，为提高和恢复铁芯的磁性能，铁芯应进行高温热处理。另外，铁芯一般要装入保护盒中，以防止绕线时所产生的机械应力对铁芯磁性能的影响。

（3）非晶态和超微晶合金

非晶态合金是一种没有结晶组织和晶界的亚稳态软磁合金材料，通常由处于无序状态的熔融液体，经高于某一临界值的冷却速度快冷（防止结晶）而制成的一种合金材料。超微晶的晶粒很小，一般在 100nm 以下，故又称纳米晶。纳米晶软磁合金也是用熔融液体快淬法先获得非晶态合金，再经过晶化退火处理后得到超微晶合金。非晶态和超微晶合金由于制法简便，成分和结构特殊，物理性能和磁性能优良，是当今最有发展前途的新型软磁性材料之一。

非晶态合金可分为铁基非晶态软磁合金、铁镍基非晶态软磁合金和钴基非晶态软磁合金三种形式。铁基非晶态软磁合金的饱和磁感应强度高，损耗比冷轧取向硅钢片低得多，用于配电变压器可大大降低铁损。铁镍基非晶态软磁合金和钴基非晶态软磁合金的磁性能与精密软磁合金相仿，可用在原精密软磁合金使用的领域。

铁基超微晶合金既有与钴基非晶态合金相似的高磁导率、低损耗，又有铁基非晶态软磁合金高的饱和磁感应强度，是当今软磁材料领域综合性能最佳的材料，可应用在高频等各种变压器中。

2. 软磁铁氧体材料

软磁铁氧体材料是一种由金属氧化物组成的均匀陶瓷材料，铁氧化物是其主要成分，通常经高温烧结后可制成各种形状的磁芯。软磁铁氧体材料的主要特点是初始磁导率高，矫顽力低，磁滞回线呈细长形状。软磁铁氧体材料分为 Mn-Zn 系铁氧体材料、Ni-Zn 系铁氧体材料和Mg-Zn系铁氧体材料。

Mn-Zn 系铁氧体材料的初始磁导率高，有较高的饱和磁感应强度，在无线电中低频范围内具有低的损耗，是 1MHz 以下频段磁性能最优良的铁氧体材料。常用的 Mn-Zn 系铁氧体材料，其相对磁导率为 400～18000，饱和磁感应强度为 400～530mT，广泛用于制作开关电源变压器、回扫变压器、宽带变压器、变换器变压器、高频功率变压器、抗干扰滤波电感和扼流圈等，是软磁铁氧体材料中产量最大的一种材料。

Ni-Zn 系铁氧体材料的频率使用范围为 100kHz～100MHz，最高可达 300MHz。Ni-Zn 系铁氧体材料的初始磁导率较低，但电阻率很高。在高频时涡流损耗小，是 1MHz 以上高频段磁性能最优良的铁氧体材料。常用的 Ni-Zn 系铁氧体材料的相对磁导率为 5～1500，广泛用于制作各种高频固定电感、可调电感、谐振线圈、高频宽带匹配变压器、抗干扰线圈等。

Mg-Zn 系铁氧体材料的电阻率较高，主要用于制作各种显像管的偏转线圈磁芯。

软磁铁氧体材料按磁性能可分为高磁导率材料，高磁感、低损耗材料，高频材料和高电阻率材料。

3. 磁性粉末材料

磁性粉末本身是一种磁性能优异的软磁材料，颗粒很小，将其经粉末冶金工艺加工可制成粉末磁芯（或称金属磁粉芯）。粉末磁芯具有很好的磁特性：电阻率高，高频涡流损耗小；磁导率低，在较强的磁场下和很宽的频率范围内有良好的恒定性；磁导率温度特性优良，居里温度高，磁导率温度系数小。由于以上特点，粉末磁芯作为一种区别于其他磁芯的特殊磁芯得到了广泛的应用。

粉末磁芯主要用于开关电源中的储能电感、直流滤波电感、高 Q 谐振电感、EMI/RFI 滤波电感、调光电感、功率因数校准电感、宽带变压器、逆变与变换器电感等场合。

粉末磁芯材料包括铁粉、羰基铁、铁镍钼、铁镍 50 和铁硅铝五大类。铁粉磁芯（包括羰基铁粉磁芯）使用频率范围为 10kHz～100MHz，相对磁导率为 10～100；铁镍钼磁芯（MPP）使用频率范围为 10kHz～1MHz，相对磁导率为 14～550；铁镍 50 磁芯（又称高磁通铁镍磁芯）使用频率范围为 10～600kHz，相对磁导率为 14～150；铁硅铝磁芯使用频率范围为 10kHz～10MHz，相对磁导率为 14～150。

目前,较为常用的铁硅铝磁芯具有饱和磁感应强度高、磁导率高、价格低、在高频情况下损耗低等特点,具体如下:

① 高饱和磁感应强度,可以达到 1.05T 以上,因此可在大电流下工作而不饱和,这也使其具有优异的直流叠加特性;

② 良好的稳定性和可靠性,非常好的磁导率频率特性;

③ 相对磁导率包括 26、60、75、90、125 等,可以满足不同的使用要求;

④ 产品可以为环形、E 形、片状等复杂形状;

⑤ 有着良好的温度特性,可以在-65~125℃范围内正常工作;

⑥ 高温高频损耗小,由于该材料的磁滞损耗几乎为零,因此不会像铁粉磁芯和硅钢一样产生音频噪声;

⑦ 原材料为 Fe、Si、Al,价格相对低廉,民用性价比最高。

铁硅铝粉末磁芯材料的标准磁化曲线如图 6-5 所示。

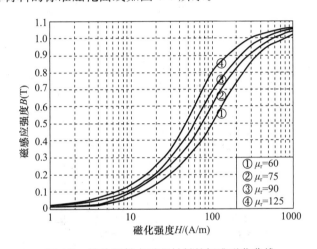

图 6-5 铁硅铝粉末磁芯材料的标准磁化曲线

6.2.3 磁芯材料的选择

磁性材料是磁器件设计中最重要的角色。在设计时要从成本、体积和性能等方面来考虑,要达到所有要求几乎是不可能的。目前磁器件都工作在从音频以下到兆频范围,可用的磁性材料有硅钢、镍铁(坡莫合金)、钴铁、非晶态合金和铁氧体等,还有派生的变种,如钼坡莫合金粉末、铁硅铝磁合金粉末等。设计师应从中选出最能满足其磁特性要求的一种,这些磁特性包括饱和磁感应强度、磁导率、电阻率、剩磁和矫顽力。

各种磁芯材质外形虽相似,但磁性能可能有极大差别。开关电源变压器磁芯多是低磁场下使用的软磁材料,它有较高的磁导率,低的矫顽力,高的电阻率。磁导率高,在一定线圈匝数时,通过较小的激磁电流就能有较高的磁感应强度,线圈就能承受较高的外加电压,因此在输出一定功率要求下,可减小磁芯体积。磁芯矫顽力低,磁滞回环面积小,则磁滞损耗也小。磁芯有高的电阻率,可使涡流损耗减小。但在频率较高时其损耗较大,因此金属软磁材料在开关电源中用得较少。铁氧体是复合氧化物烧结体,电阻率很高,适合高频下使用,但饱和磁感应强度比金属软磁材料小得多,较普遍使用在开关电源中。设计时必须从选择合适的磁芯材料开始。各种磁芯材料的特性如表 6-1 和图 6-6 所示。

表 6-1　三类磁芯的基本特性参数

类型	名称	材料	μ_r	$B_s/10^{-4}\text{T}$	f_{max}/kHz	特点说明
金属磁芯	硅钢片	Si-Fe	1800 左右	20000	10 左右	除钴铁合金外,其余皆高磁感应强度。除非晶态合金外,适宜 30kHz 以下使用,这些材料电阻率低
	坡莫合金	Ni-Fe	20000 左右	7500	30 左右	
	超级坡莫合金	Ni-Fe	100000 左右	7800	30 左右	
	钴铁合金	Co-Fe	800 左右	24500	30 左右	
	非晶态合金	Fe(Ni,Co)	100000 左右	15000	1000 左右	
铁粉磁芯	碳基铁粉	Fe	3～120	9000	3000000 左右	低磁导率,高磁感应强度,低损耗,宜中、高频使用
	铝硅铁粉	Al,Si,Fe	10～80	9000	1000 左右	
	钼坡莫合金铁粉	Mo,Ni,Fe	14～145	8000	300 左右	
铁氧体磁芯	锰锌铁氧体	Mn,Zn,Fe	1000～18000	5000	1000 左右	锰锌铁氧体磁导率高,磁感应强度中等,电阻率高,损耗低,价格低,宜高频使用
	镍锌铁氧体	Ni,Zn,Fe	15～150	4000	100000 左右	
	铜镁锌铁氧体	Cu,Mg,Zn,Fe	10 左右	3000	200000 左右	

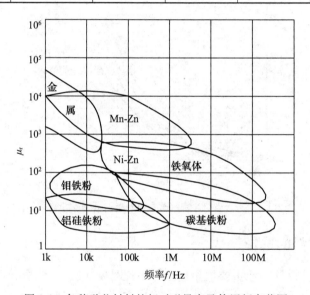

图 6-6　各种磁芯材料的相对磁导率及使用频率范围

各种磁芯特性比较见表 6-2。

表 6-2　各种磁芯特性比较表

特性	非晶态合金	薄硅钢片	坡莫合金	铁氧体
铁损耗	低	高	中	低
相对磁导率	高	低	高	中
饱和磁感应强度	高	高	中	低
温度影响	中	小	小	中
加工	难	易	易	易
价格	中	低	中	低

按应用在高、中、低频变压器或电感的特性要求来看,选用磁芯材料时可参考表 6-3 和表6-4。

表 6-3　各种材质磁芯应用场合表

应用场合	要求特性	适用材质	材质特点
中、低频大功率变压器	高 B_s，高 T_e，高热传导系数，低损耗	硅钢片	可有方向性，成本低
		钴铁合金	高价位
		镍铁合金薄带	可有方向性
		非晶态合金薄带	高电阻系数
高、中频变压器	中等 B_s，高 μ_r，磁回线高角形性，低损耗，高稳定性	镍铁合金薄带	可做不同形状卷绕，可成为极薄的薄带
		非晶态合金薄带	高角形性，低磁伸缩
高频小功率变压器、滤波器	低 μ_r，中、低损耗，直流重叠性佳，温度、时间稳定性好	镍铁粉芯（80%～50%Ni）	低损耗，稳定性好，高 B_s
		铁粉芯	成本低，高 B_s

表 6-4　铁氧体磁芯适用的装置

铁氧体	使用装置	应用频率	特性要求
线性 B/H，低磁感应强度 B_s			
Mn-Zn，Ni-Zn	电感	1MHz(MnZn) 1～100 MHz(NiZn)	高 μ_r，高 Q 值 高 t，T_c 稳定性
Mn-Zn，Ni-Zn	脉冲变压器宽频带变压器	1MHz(MnZn) 1～500MHz(NiZn)	高 μ_r 低损耗
非线性 B/H，中到高磁感应强度 B_s			
Mn-Zn，Ni-Zn	反激变换器变压器	100MHz	高 μ_r，高 B_s，低损耗
Mn-Zn，Ni-Zn	滤波磁珠（尖峰抑制器）	250MHz 左右	高 μ_r，高 B_s，高损耗
Mn-Zn，Ni-Zn	电感（扼流圈）	250MHz 左右	高 μ_r，高 B_s，高损耗
Mn-Zn	功率变压器	1MHz 左右	高 B_s，低损耗

6.2.4　磁芯结构

构成磁芯的基本材料有金属散件（片、带）、粉末材料和铁氧体，由这些不同材料构成磁芯的基本结构。

① 叠片通常由硅钢或镍钢薄片冲剪成 E、I、F、O 等形状，叠成一个铁芯。

② 环形铁芯由 O 形薄片叠成，也可由窄长的硅钢、合金钢带卷绕而成，此种铁芯绕线困难。

③ C 形铁芯，此种铁芯可免去环状铁芯绕线困难的缺点，由两个 C 形铁芯对接而成。因此，可用机械绕线，线圈也可填满整个窗口。

④ 罐形铁芯，它是磁芯在外，铜线圈在里，免去环形线圈绕线不便的一种结构形式，可以减少 EMI。缺点是内部线圈散热不良，温升较高，因此只在小功率变换器中使用。

6.3　变压器的设计

6.3.1　变压器概述

变压器是一种实现电能变换的静止电磁装置，可以把电能从一个电路传递到另一电路。在交流电路中,借助变压器能够变换交流电压、电流和波形。变压器在电能变换装置及设备中占有很重要的地位,电源设备中交流电压和直流电压几乎都由变压器通过变换、整流而获得。在电路的隔离、匹配及阻抗变换等方面绝大多数是通过变压器来实现的。

电能变换中所用变压器按用途可分为电源变压器、音频变压器、脉冲变压器、开关电源变压器、高频变压器、特种变压器等,按工作频率可分为工频电源变压器(50Hz 或 60Hz)、中频电源变压器(400～1000Hz)、音频变压器(20Hz～20kHz)、高频变压器(20～100kHz 及以上)。另外,可根据变压器结构进行分类,分为壳式铁芯变压器、芯式铁芯变压器、环形变压器等。

通常情况下,变压器由闭合的铁芯和两个(或多个)通过铁芯耦合在一起的初级、次级绕组组成。当铁芯中有交变磁通通过时,会在两个绕组中感应出相应的电动势,根据电磁感应定律,感应电动势的有效值分别为

$$\begin{cases} E_1 = 4K_{\Phi}fN_1B_mA_c \times 10^{-4} \\ E_2 = 4K_{\Phi}fN_2B_mA_c \times 10^{-4} \end{cases} \tag{6-12}$$

式中,E_1、E_2 是初、次级感应电动势有效值(V);K_{Φ} 是电压的波形因数,对正弦波,$K_{\Phi}=1.11$,对方波,$K_{\Phi}=1$;f 是交流电源的频率(Hz);N_1、N_2 是初、次级绕组的匝数(匝);B_m 是磁感应强度幅值(T);A_c 是铁芯有效截面积(cm^2)。

由式(6-12)可见,绕组中的感应电动势正比于该绕组的匝数。将两式相除得

$$\frac{E_1}{E_2} = \frac{N_1}{N_2} \tag{6-13}$$

对于理想变压器,初、次级电压比、电流比、阻抗比分别为

$$\frac{U_1}{U_2} = \frac{N_1}{N_2}, \frac{I_1}{I_2} = \frac{N_2}{N_1}, \frac{Z_1}{Z_2} = \left(\frac{N_1}{N_2}\right)^2 \tag{6-14}$$

变压器正是利用上述关系实现电压、电流、阻抗变换的,而实际运行的变压器,由于存在铁芯饱和、各类损耗、应用电路形式及一些参数的影响,对上面的关系式要进行必要的修正,但其基本电磁关系是不变的。

6.3.2 变压器的设计方法

简单地说,变压器的设计就是根据一系列的技术要求、约束条件,选择合适的材料,确定铁芯、线圈等组件的尺寸并合理地进行布局,核算性能指标是否达到设计要求。这些技术要求包括变压器容量(包括输入、输出功率)、电压、电流、频率、调整率、效率、功率因数、温升等,还有一些变压器对体积、重量、成本、噪声等提出特殊要求。

鉴于设计参数间相互联系、相互影响,在设计中使所有的参数都最佳化是不可能的。在一定应用场合中,某些约束条件可能更为重要,而其他约束的参数就要折中处理,以达到满意结果。例如,如果体积和重量是最重要的,通过把变压器工作在较高的频率下,可以使这两个指标减小,但是要以效率为代价。当不能增加频率时,体积和重量的减小还可能通过选择更有效的铁芯材料来达到,但是,这要以增加成本为代价。这样,优化的折中对获得设计目标一定起很好的作用,这也使得变压器设计方法有很多种。下面仅介绍两种比较经济且准确的设计方法——A_p 法和 K_g 法。

1. A_p(变压器面积积)设计法

(1) 变压器面积积 A_p

通常用户最关心的是变压器的输出功率 P_o,而对设计者而言,与变压器的几何形状及尺寸

有关的计算功率 P_t 更为重要。计算功率 P_t 是指输入、输出功率的总和，即

$$P_t = P_{in} + P_o \tag{6-15}$$

变压器面积积 A_p 是指铁芯窗口面积 W_a 和铁芯有效截面积 A_c 的乘积，即

$$A_p = W_a A_c \tag{6-16}$$

当忽略线圈漏抗时，外加电压与感应电动势的关系为 $u = -e$，根据式(6-12)可得

$$U = K_f f N A_c B_m \times 10^{-4} \tag{6-17}$$

式中，U 是外加电压(V)；K_f 是波形系数，对方波，$K_f = 4.0$；对正弦波，$K_f = 4.44$。

变压器的绕组面积

$$K_u W_a = N_p A_{wp} + N_s A_{ws} \tag{6-18}$$

式中，K_u 是填充系数(绕组面积占铁芯窗口面积的比值)；W_a 是铁芯窗口面积(cm^2)；N_p、N_s 是初、次绕组匝数(匝)；A_{wp}、A_{ws} 是初、次绕组导线面积(cm^2)。

如果初、次级绕组采用相同的电流密度 J，则有

$$K_u W_a = N_p \frac{I_p}{J} + N_s \frac{I_s}{J} \tag{6-19}$$

式中，I_p、I_s 是初、次绕组电流(A)；J 是电流密度(A/cm^2)。

将式(6-17)代入式(6-19)得

$$K_u W_a = \frac{U_p \times 10^4}{A_c B_m f K_f} \times \frac{I_p}{J} + \frac{U_s \times 10^4}{A_c B_m f K_f} \times \frac{I_s}{J} \tag{6-20}$$

式中，U_p、U_s 是初、次绕组电压(V)。

将式(6-20)转化得

$$W_a A_c = \frac{(U_p I_p + U_s I_s) \times 10^4}{B_m f J K_f K_u} \, (cm^4) \tag{6-21}$$

由于输出功率 P_o 为

$$P_o = U_s I_s \, (W) \tag{6-22}$$

输入功率 P_{in} 为

$$P_{in} = U_p I_p \, (W) \tag{6-23}$$

根据式(6-15)，计算功率 $P_t = P_{in} + P_o$，因此

$$W_a A_c = A_p = \frac{P_t \times 10^4}{B_m f J K_f K_u} \, (cm^4) \tag{6-24}$$

式(6-24)表明变压器面积积 A_p 与计算功率、电磁负载、波形、频率及填充系数之间的关系，是 A_p 法设计变压器的基础。可以看出，在电磁负载、波形、频率一定的条件下，传输相同功率的变压器应具有相近的结构尺寸。

变压器面积积 A_p 是线性尺寸的 4 次方，即 $A_p \propto l^4$，而变压器的体积 $V \propto l^3$、表面积 $A_t \propto l^2$、重量 $W_t \propto l^3$，因此可以得到变压器面积积 A_p 与变压器的体积 V、表面积 A_t、重量 W_t 的关系为

$$\begin{cases} V = K_V A_p^{0.75} \\ A_t = K_s A_p^{0.5} \\ W_t = K_w A_p^{0.75} \end{cases} \tag{6-25}$$

式中，K_V、K_s、K_w是与磁芯结构有关的常数，见表6-5。另外，变压器面积积A_p还与电流密度J、磁芯几何常数K_g有关。

表 6-5　磁芯结构常数 K_V、K_s、K_w

磁芯类型	罐形	粉末	叠片	C形	单线圈C形	带绕
K_V	14.5	13.1	19.7	17.9	25.6	25.0
K_s	33.8	32.5	41.3	39.2	44.5	50.0
K_w	48.0	58.8	68.2	66.6	76.6	82.3

需要说明的是，计算时用到的填充系数K_u是指导体面积与铁心窗口面积之比，可按下式估算

$$K_u = S_1 \cdot S_2 \cdot S_3 \cdot S_4 \tag{6-26}$$

式中，S_1为裸线面积与绝缘面积的比值，约为0.8；S_2为绕线面积与可利用窗口面积的比值，约为0.6；S_3为可利用面积与基本窗口面积的比值，约为0.75；S_4为基本窗口面积与窗口面积的比值，取1。因此K_u的典型值取0.4。

（2）A_p设计法步骤

① 确定计算功率P_t。设计者一定要关注计算功率与变压器铁芯及绕组的功率处理能力。P_t可能在P_{in}的$2 \sim 2.828$倍范围内变化，具体值取决于所用变压器所处的电路类型。例如，在整流变压器中电流有间断，它的有效值要改变，这样变压器的尺寸不仅由负载要求来决定，而且与应用的场合有关。因为电流波形不同，变压器的铜损也不同。具有多输出的变压器，计算功率应包括所有绕组的功率总和。

计算功率随电路结构不同而不同，如图6-7所示。假定变压器的效率为η，则

对于图6-7(a)

$$P_t = P_o + \frac{P_o}{\eta} = P_o \left(1 + \frac{1}{\eta}\right) \tag{6-27}$$

对于图6-7(b)

$$P_t = P_o \left(\frac{1}{\eta} + \sqrt{2}\right) \tag{6-28}$$

对于图6-7(c)

$$P_t = P_o \left(\frac{1}{\eta} + 1\right)\sqrt{2} \tag{6-29}$$

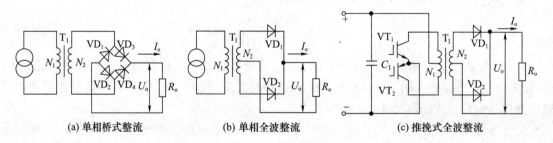

(a) 单相桥式整流　　　　(b) 单相全波整流　　　　(c) 推挽式全波整流

图 6-7　计算功率与电路结构关系

② 计算A_p值，选择磁芯。生产厂已经把A_p值与磁芯的相关尺寸列在一起供用户选择，因此，根据式（6-27）、式（6-28）、式（6-29）计算出P_t后，再根据式（6-24）计算A_p，然后选择磁芯。

③ 匝数计算。按式（6-17）计算初、次级绕组的匝数后结果取整。

$$N=\frac{U\times10^4}{K_f f B_m A_c}$$ (6-30)

式中，U 为加在变压器绕组上的实际电压。

④ 计算电流，选择导线。根据电流密度（估计）计算需要的导线面积，查线规（American Wire Gauge，AWG）表 6-6，选择合适的导线（可以多股并联）。表 6-6 中还列出了单位长度的电阻，供绕组损耗计算使用。

$$A_x=\frac{I}{J}$$ (6-31)

式中，J 为电流密度（A/cm²），一般选取 200～600A/cm²；I 是各绕组电流的有效值，即均方根值（A）。对于高频变压器，由于集肤效应和邻近效应的存在，一般选择导线的半径不超过材料的透入深度 σ。

$$\sigma=\frac{1}{\alpha}=\sqrt{\frac{2}{\omega\mu\gamma}}$$ (6-32)

式中，σ 是透入深度（m），指电流衰减到表面量值 $1/e$ 时的距离；α 是衰减常数；ω 是角频率，$\omega=2\pi f$(rad/s)；μ 是导线磁导率（H/m）；γ 是导线电导率（S/m）。

当导线为圆铜线时，取 $\mu=\mu_0=4\pi\times10^{-7}$H/m，$\gamma=5.8\times10^{-7}$S/m，式(6-32)可简化为

$$\sigma=\frac{66.1}{\sqrt{f}}\quad(\text{mm})$$ (6-33)

表 6-6　AWG10～44 号厚漆膜导线表

AWG	裸面积 ×10⁻³		单位长度电阻	厚漆膜绝缘								
				面积×10⁻³		直径		单位长度排列根数		单位面积根数		质量
	cm²	cir-mil	μΩ/cm	cm²	cir-mil	cm	in	cm	in	cm²	in²	mg/cm
10	52.61	10384	32.7	55.9	11046	0.267	0.105	3.9	10	11	69	0.468
11	41.68	8226	41.4	44.5	8798	0.238	0.094	4.4	11	13	90	0.375
12	33.08	6529	52.1	35.64	7022	0.213	0.084	4.9	12	17	108	0.2977
13	26.26	5184	65.6	28.36	5610	0.19	0.075	5.5	13	21	136	0.2367
14	20.82	4109	82.8	22.95	4556	0.171	0.068	6	14	26	169	0.1879
15	16.51	3260	104.3	18.37	3624	0.153	0.06	6.8	17	33	211	0.1492
16	13.07	2581	131.8	14.73	2905	0.137	0.054	7.3	19	41	263	0.1184
17	10.39	2052	165.8	11.68	2323	0.122	0.048	8.2	21	51	331	0.0943
18	8.228	1624	209.5	9.326	1857	0.109	0.043	9.1	23	64	415	0.07474
19	6.531	1289	263.9	7.539	1490	0.098	0.039	10.2	26	80	515	0.0594
20	5.188	1024	332.3	6.065	1197	0.0879	0.035	11.4	29	99	638	0.04726
21	4.116	812.3	418.9	4.837	954.8	0.0785	0.031	12.8	32	124	800	0.03757
22	3.243	640.1	531.4	3.857	761.7	0.0701	0.028	14.3	36	156	1003	0.02965
23	2.588	510.8	666	3.135	620	0.0632	0.025	15.8	40	191	1234	0.02372
24	2.047	404	842.1	2.514	497.3	0.0566	0.022	17.6	45	239	1539	0.01884
25	1.623	320.4	1062	2.002	396	0.0505	0.02	19.8	50	300	1933	0.01498
26	1.28	252.8	1345	1.603	316.8	0.0452	0.018	22.1	56	374	2414	0.01185
27	1.021	201.6	1687	1.313	259.2	0.0409	0.016	24.4	62	457	2947	0.00945
28	0.8046	158.8	2142	1.0515	207.3	0.0366	0.014	27.3	69	571	3680	0.00747
29	0.647	127.7	2664	0.8548	169	0.033	0.013	30.3	77	702	4527	0.00602

AWG	裸面积 $\times 10^{-3}$		单位长度电阻	厚漆膜绝缘								
				面积$\times 10^{-3}$		直径		单位长度排列根数		单位面积根数		质量
	cm²	cir-mil	$\mu\Omega$/cm	cm²	cir-mil	cm	in	cm	in	cm²	in²	mg/cm
30	0.5067	100	3402	0.6785	134.5	0.0294	0.012	33.9	86	884	5703	0.00472
31	0.4013	79.21	4294	0.5596	110.2	0.0267	0.011	37.5	95	1072	6914	0.00372
32	0.3242	64	5315	0.4559	90.25	0.0241	0.01	41.5	105	1316	8488	0.00305
33	0.2554	50.41	6748	0.3662	72.25	0.0216	0.009	46.3	118	1638	10565	0.00241
34	0.2011	39.69	8572	0.2863	56.25	0.0191	0.008	52.5	133	2095	13512	0.00189
35	0.1589	31.36	10849	0.2268	44.89	0.017	0.007	58.8	149	2645	17060	0.0015
36	0.1266	25	13608	0.1813	36	0.0152	0.006	62.5	167	3309	21343	0.00119
37	0.1026	20.25	16801	0.1538	30.25	0.014	0.006	71.6	182	3901	25161	0.00098
38	0.0811	16	21266	0.1207	24.01	0.0124	0.005	80.4	204	4971	32062	0.00077
39	0.0621	12.25	27775	0.0932	18.49	0.0109	0.004	91.6	233	6437	41518	0.00059
40	0.0487	9.61	35400	0.0723	14.44	0.0096	0.004	103.6	263	8298	53522	0.00046
41	0.0397	7.84	43405	0.0584	11.56	0.0086	0.003	115.7	294	10273	66260	0.00038
42	0.0317	6.25	54429	0.0456	9	0.0076	0.003	131.2	333	13163	84901	0.0003
43	0.0245	4.84	70308	0.0368	7.29	0.0069	0.003	145.8	370	16291	105076	0.00023
44	0.0202	4	85072	0.0316	6.25	0.0064	0.003	157.4	400	18957	122272	0.0002

注：cir-mil 是面积单位，即直径为 1mil(密耳)(1mil=0.001in=0.0254mm)的金属圆导线的面积。本书所提供参数表仅作为分析学习使用，读者在设计产品时请参考厂商提供的最新样本，下同。

⑤ 损耗计算。变压器损耗的计算主要包括铁芯损耗和导线损耗两部分。

铁芯损耗：铁芯损耗与所选铁芯材料、频率、磁感应强度和尺寸大小有关。一般可根据制造商提供的磁芯损耗曲线查得单位重量的损耗值 p_{Fe}，然后按下式计算

$$P_{Fe}=p_{Fe}\times W_{tFe} \tag{6-34}$$

式中，P_{Fe} 是铁芯损耗；W_{tFe} 是铁芯重量；p_{Fe} 是单位重量的损耗值。

另外，p_{Fe} 也可利用推荐公式计算

$$p_{Fe}=kf^mB_m^n \tag{6-35}$$

式中系数由表 6-7～表 6-9 查得。

表 6-7　铁合金磁芯损耗系数

材料	厚度/mil	k	m	n
50/50 镍铁	1	0.00281	1.21	1.38
	2	0.000559	1.41	1.27
	4	0.000618	1.48	1.44
坡莫合金80	1	0.0000774	1.5	1.8
	2	0.000165	1.41	1.77
	4	0.000241	1.54	1.99
镍铁钼超导磁合金	1	0.000246	1.35	1.91
	2	0.000179	1.48	2.15
	4	0.0000936	1.66	2.06

材料	厚度/mil	k	m	n
硅钢	1	0.0593	0.993	1.74
	2	0.00597	1.26	1.73
	4	0.00357	1.32	1.71
	12	0.00149	1.55	1.87
	14	0.000557	1.68	1.86

表 6-8　铁氧体材料磁芯损耗系数

材料	频率范围	k	m	n
K	$f < 500\text{kHz}$	2.524×10^{-4}	1.6	3.15
	$500\text{kHz} \leqslant f < 1.0\text{MHz}$	8.147×10^{-8}	2.19	3.1
	$f \geqslant 1.0\text{MHz}$	1.465×10^{-19}	4.13	2.98
R	$f < 100\text{kHz}$	5.597×10^{-4}	1.43	2.85
	$100\text{kHz} \leqslant f < 500\text{kHz}$	4.316×10^{-5}	1.64	2.68
	$f \geqslant 500\text{kHz}$	1.678×10^{-6}	1.84	2.28
P	$f < 100\text{kHz}$	1.983×10^{-3}	1.36	2.86
	$100\text{kHz} \leqslant f < 500\text{kHz}$	4.885×10^{-5}	1.63	2.62
	$f \geqslant 500\text{kHz}$	2.068×10^{-15}	3.47	2.54
F	$f < 10\text{kHz}$	7.698×10^{-2}	1.06	2.85
	$10\text{kHz} \leqslant f < 100\text{kHz}$	4.724×10^{-5}	1.72	2.66
	$100\text{kHz} \leqslant f < 500\text{kHz}$	5.983×10^{-5}	1.66	2.68
	$f \geqslant 500\text{kHz}$	1.173×10^{-6}	1.88	2.29
J	$f \leqslant 20\text{kHz}$	1.091×10^{-3}	1.39	2.5
	$f \geqslant 20\text{kHz}$	1.658×10^{-8}	2.42	2.5
W	$f \leqslant 20\text{kHz}$	4.194×10^{-3}	1.26	2.6
	$f \geqslant 20\text{kHz}$	3.638×10^{-8}	2.32	2.62
H	$f \leqslant 20\text{kHz}$	1.698×10^{-4}	1.5	2.25
	$f \geqslant 20\text{kHz}$	5.372×10^{-5}	1.62	2.15

表 6-9　MPP、高磁通、铁硅铝粉末磁芯损耗系数

材料	μ_r	k	m	n
MPP	14	0.005980	1.32	2.21
	26	0.001190	1.41	2.18
	60	0.000788	1.41	2.24
	125	0.001780	1.40	2.31
	147~173	0.000489	1.50	2.25
	200~300	0.000250	1.64	2.27
	550	0.001320	1.59	2.36
高磁通	14	4.8667×10^{-7}	1.26	2.52
	26	3.0702×10^{-7}	1.25	2.55
	60	2.0304×10^{-7}	1.23	2.56

材料	μ_τ	k	m	n
高磁通	125	1.1627×10^{-7}	1.32	2.59
	147	2.3209×10^{-7}	1.41	2.56
	160	2.3209×10^{-7}	1.41	2.56
铁硅铝	26	0.000693		
	60	0.000634		
	75	0.000620	1.46	2.00
	90	0.000614		
	125	0.000596		

导线损耗:导线一般采用铜线,所以导线损耗也称铜耗。首先计算绕组的电阻,然后计算铜耗,各绕组应分别计算。导线的电阻

$$R=\text{MLT}\cdot N\left[\frac{\mu\Omega}{\text{cm}}\right]\times10^{-6} \tag{6-36}$$

式中,MLT 是线圈平均匝长(cm);$\left[\dfrac{\mu\Omega}{\text{cm}}\right]$ 表示单位长度电阻,下同。

导线的损耗

$$P_{\text{Cu}}=I^2R \tag{6-37}$$

总损耗:总损耗为铁芯损耗和导线损耗之和,即

$$P_\Sigma=P_{\text{Fe}}+P_{\text{Cu}} \tag{6-38}$$

⑥ 温升计算。变压器温升的计算,一般根据总损耗和散热面计算单位热负载,然后计算温升;也可以根据制造商提供的热阻数据计算。

单位热负载

$$\psi=\frac{P_\Sigma}{A_\text{t}} \tag{6-39}$$

式中,ψ 是单位热负载(W/cm^2),指单位面积散发的平均功率;P_Σ 是总损耗,由式(6-38)计算得到;A_t 是变压器总散热面积,可查制造商提供的磁芯几何尺寸数据。

温升 T_r 为

$$T_\text{r}=450\psi^{0.826} \tag{6-40}$$

(3) 设计举例

【例 6-1】某开关电源以推挽方式工作,如图 6-7(c)所示,初级绕组接 $U_\text{s}=24$V,次级绕组带中心抽头,输出电压 $U_\text{o}=15$V,$I_\text{o}=6$A,工作频率 f 为 40kHz,效率 $\eta=0.98$(变压器),允许温升 50℃,采用坡莫合金 80(2mil)材质带绕 C 形铁芯,工作磁感应强度 $B_\text{m}=0.3$T,试用 A_p 法设计高频变压器的各参数。设计步骤如下:

1) 计算总的计算功率 P_t

若采用肖特基二极管,其压降 $U_{\text{DF}}=0.6$V,则

$$P_\text{t}=P_\text{o}\left(\frac{1}{\eta}+1\right)\sqrt2=(U_\text{o}+U_{\text{DF}})I_\text{o}\left(\frac{1}{\eta}+1\right)\sqrt2=(15+0.6)\times6\times\left(\frac{1}{0.98}+1\right)\times\sqrt2=267\text{W}$$

2) 计算 A_p 值

取 $K_\text{u}=0.4$,$K_\text{f}=4.0$(方波),$B_\text{m}=0.3$T,$f=40$kHz,$J=500$A/cm^2,根据式(6-24)计算得

$$A_\text{p}=\frac{P_\text{t}\times10^4}{K_\text{o}K_\text{f}fB_\text{m}J}=\frac{267\times10^4}{0.4\times4.0\times40\times10^3\times0.3\times500}=0.417\ \text{cm}^4$$

考虑到 10％ 的余量，由表 6-10 查得型号为 ML-004 磁芯，其参数为：$A_p=0.507\text{cm}^4$，$MLT=3.9\text{cm}$，$A_c=0.359\text{cm}^2$，$W_a=1.412\text{cm}^2$，$A_t=29.8\text{cm}^2$，$MPL=8.3\text{cm}$，$W_{tFe}=226\text{g}$。

表 6-10　带绕 C 形磁芯设计数据

磁芯型号	W_{tCu}	W_{tFe}	MLT	MPL	A_c	W_a	A_p	K_g	A_t
	g	g	cm	cm	cm²	cm²	cm⁴	cm⁵	cm²
ML-002	13.0	13.0	3.6	6.4	0.269	1.008	0.271	0.0080	21.0
ML-004	19.8	22.6	3.9	8.3	0.359	1.412	0.507	0.0184	29.8
ML-006	27.2	45.2	5.4	8.3	0.718	1.412	1.013	0.0537	37.5
ML-008	58.4	72.5	5.7	11.8	0.808	2.874	2.323	0.1314	63.6
ML-010	73.5	120.8	7.2	11.8	1.347	2.874	3.871	0.2902	74.7
ML-012	95.1	121.7	7.4	12.7	1.256	3.630	4.558	0.3109	87.1
ML-014	137.7	170.4	7.7	15.6	1.435	5.041	7.236	0.5408	112.1
ML-016	160.5	255.6	9.0	15.6	2.153	5.041	10.854	1.0443	126.8
ML-018	176.2	149.1	7.9	15.6	1.256	6.303	7.915	0.5056	118.9
ML-020	254.5	478.4	11.4	17.5	3.590	6.303	22.626	2.8607	182.0
ML-022	315.6	530.5	11.4	19.4	3.590	7.815	28.053	3.5469	202.0
ML-024	471.7	600.1	11.9	21.9	3.590	11.190	40.170	4.8656	244.8

注：MPL 为磁路等效长度。

3）计算匝数

初级绕组（中心抽头至两端）：根据式(6-30)，$U_1=U_s=24\text{V}$，则

$$N_p=\frac{U_1\times10^4}{K_f f B_m A_c}=\frac{24\times10^4}{4.0\times40\times10^3\times0.3\times0.359}=13.9\text{ 匝}$$

取整为 14 匝。

次级绕组匝数（中心抽头至某一端）按变比计算

$$U'_s=15+0.6=15.6\text{V}$$

$$N_s=\frac{N_p U'_s}{U_p}=\frac{14\times15.6}{24}=9.1\text{ 匝}$$

取整为 10 匝。

4）选择导线

① 初级绕组

电流为

$$I_p=\frac{P_o}{\eta U_s}=\frac{(15+0.6)\times6}{24\times0.98}=3.98\text{A}$$

选取 $J=500\text{A/cm}^2$。裸线面积计算时要注意，电路有中间抽头，I_p 需乘上 0.707 校正因数，即

$$A_{xp}=\frac{I_p\times0.707}{J}=\frac{3.98\times0.707}{500}=0.00563\text{ cm}^2$$

由于频率较高，需考虑集肤效应，这时透入深度为

$$\sigma=\frac{66.1}{\sqrt{f}}=\frac{66.1}{\sqrt{40000}}=0.3305\text{mm}$$

选择线径最大不能超过 $2\sigma=0.0661\text{cm}$，即线号不小于线规表中 AWG23。

选取 AWG23，导线面积 $A_{xp}=0.002588\text{cm}^2$，单位长度电阻为 $666\mu\Omega/\text{cm}$，取两根并联。

② 次级绕组

采用和初级绕组相同的电流密度 J，则

$$A_{xs} = \frac{I_o \times 0.707}{J} = \frac{6 \times 0.707}{500} = 0.008484 \text{ cm}^2$$

选取 AWG21，导线面积 $A_{xs} = 0.004116\text{cm}^2$，单位长度电阻为 $418.9\mu\Omega/\text{cm}$，取两根并联。

5）损耗计算

铁芯损耗：由表 6-7 查出坡莫合金 80(2mil)材料损耗系数，代入式(6-35)可求出 40kHz 时单位重量的损耗值为

$$p_{Fe} = 0.165 \times 10^{-3} f^{1.41} B_m^{1.77} = 0.165 \times 10^{-3} \times 40000^{1.41} \times 0.3^{1.77} = 60.38 \text{W/kg}$$

则铁芯损耗为

$$P_{Fe} = p_{Fe} \times W_{tFe} = 60.38 \times 0.0226 = 1.364 \text{W}$$

导线损耗计算如下：

① 初级绕组

电阻为

$$R_p = MLT \cdot N\left[\frac{\mu\Omega}{cm}\right] \times 10^{-6} = 3.9 \times 14 \times \frac{666}{2} \times 10^{-6} = 0.018\Omega$$

铜耗为

$$P_{pCu} = I_p^2 R_p = (3.98)^2 \times 0.018 = 0.285 \text{W}$$

② 次级绕组

电阻为

$$R_s = MLT \cdot N\left[\frac{\mu\Omega}{cm}\right] \times 10^{-6} = 3.9 \times 10 \times \frac{418.9}{2} \times 10^{-6} = 0.00817\Omega$$

铜耗为

$$P_{sCu} = I_o^2 R_s = 6^2 \times 0.00817 = 0.294 \text{W}$$

总铜耗为

$$P_{Cu} = P_{pCu} + P_{sCu} = 0.285 + 0.294 = 0.579 \text{W}$$

变压器总损耗为

$$P_\Sigma = P_{Fe} + P_{Cu} = 1.364 + 0.579 = 1.943 \text{W}$$

变压器效率为

$$\eta = \frac{P_o}{P_o + P_\Sigma} \times 100\% = \frac{(15 + 0.6) \times 6}{(15 + 0.6) \times 6 + 1.943} = 98.0\%$$

6）温升计算

单位热负载为

$$\psi = \frac{P_\Sigma}{A_t} = \frac{1.943}{29.8} = 0.0651 (\text{W/cm}^2)$$

温升为

$$T_r = 450\psi^{0.826} = 450 \times 0.0651^{0.826} = 47.1\text{K}$$

满足要求。

2. K_g(变压器磁芯几何常数)设计法

(1) K_g设计过程

多数变压器是根据给定温升来进行设计的，但也可根据变压器的电压调整率来进行设计。变压器的电压调整率是指变压器空载到满载时的电压变化率 α，即

$$\alpha = \frac{U_0 - U_1}{U_1} \times 100\% = \frac{\Delta U}{U_1} \times 100\% \tag{6-41}$$

式中，U_0 是空载电压(V)；U_1 是满载电压(V)；ΔU 是电压增量(V)。

电压变化率 α 与磁芯的功率处理能力、电磁参量及几何尺寸有关。

假定有一个两绕组隔离变压器(变比为 1：1)，一次侧和二次侧的电压调整率相同，其原理图如图 6-8 所示，其中初级绕组电阻为 R_p，次级绕组电阻为 R_s。则

$$\alpha = \frac{\Delta U_p}{U_p} \times 100\% = \frac{\Delta U_s}{U_s} \times 100\% \tag{6-42}$$

如果忽略漏磁和磁芯损耗，则输入、输出的电流相等，即 $I_i = I_o$。按上述原则有

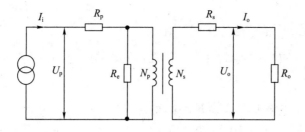

图 6-8　隔离变压器

$$\Delta U_p = I_p R_p = \Delta U_s = I_s R_s \tag{6-43}$$

则有

$$\alpha = 2\frac{I_p R_p}{U_p} \times 100\% = 2\frac{I_p R_p}{U_p}\frac{U_p}{U_p} \times 100\% = 200\frac{R_p P_{tp}}{U_p^2}\% \tag{6-44}$$

式中，初级计算功率 P_{tp} 表示为

$$P_{tp} = \frac{U_p^2}{200 R_p}\alpha \tag{6-45}$$

式中，电阻可表示为

$$R_p = \frac{(\text{MLT})N_p^2}{W_a K_p}\rho \tag{6-46}$$

式中，K_p 为一次窗口利用系数，且有 $K_p = K_s = K_u/2$。

将式(6-17)和式(6-46)代入式(6-45)得

$$P_{tp} = \frac{K_f f N_p A_c B_m \times 10^{-4} \times K_f f N_p A_c B_m \times 10^{-4}}{200 \times \dfrac{(\text{MLT})N_p^2}{W_a K_p}\rho}\alpha = \frac{K_f^2 f^2 A_c^2 B_m^2 W_a K_p \times 10^{-10}}{2(\text{MLT})\rho}\alpha \tag{6-47}$$

将铜的电阻率 $\rho = 1.724 \times 10^{-6}\,\Omega \cdot \text{cm}$ 代入式(6-47)，得

$$P_{tp} = \frac{0.29 K_f^2 f^2 A_c^2 B_m^2 W_a K_p \times 10^{-4}}{\text{MLT}}\alpha \tag{6-48}$$

令

$$\begin{cases} K_e = 0.29 K_f^2 f^2 B_m^2 \times 10^{-4} \\ K_g = \dfrac{W_a A_c^2 K_u}{\text{MLT}}\ (\text{cm}^5) \end{cases} \tag{6-49}$$

则有

$$P_{tp} = K_e K_g \alpha \tag{6-50}$$

或

$$P_t = 2K_e K_g \alpha \tag{6-51}$$

式中，K_e、K_g 分别称为电磁状态常数和磁芯几何常数。变压器的电压调整率与铜耗有关，为

$$\alpha = \frac{P_{Cu}}{P_o} \times 100\% \tag{6-52}$$

以下通过具体实例介绍 K_g 法设计变压器的过程。

(2) 设计举例

【例 6-2】开关电源参数同例 6-1，要求电压调整率 $\alpha \leqslant 1\%$，试设计 EI 形铁芯的高频变压器。

设计步骤如下：

1) 计算功率

设整流电路二极管的压降 $U_{DF}=0.6V$，则

$$P_t=P_o\left(\frac{1}{\eta}+1\right)\sqrt{2}=(U_o+U_{DF})I_o\left(\frac{1}{\eta}+1\right)\sqrt{2}=(15+0.6)\times6\times\left(\frac{1}{0.98}+1\right)\times\sqrt{2}=267W$$

2) 计算 K_e 和 K_g

根据式(6-49)，其中方波波形系数 $K_f=4$，得

$$K_e=0.145K_f^2f^2B_m^2\times10^{-4}=0.145\times4^2\times(40\times10^3)^2\times0.3^2\times10^{-4}=33408$$

$$K_g=\frac{P_t}{2\alpha K_e}=\frac{267}{2\times1\times33408}=0.004cm^5$$

一般加 20%～30% 的余量，设 $K_g=0.004\times(1+30\%)=0.0052$，在表 6-11 中选择最接近 K_g 值的磁芯型号，并记下对应的其他参数为：型号 1-186-188EE，$K_g=0.005783cm^5$，$A_p=0.24cm^4$，MPL=6.4cm，$A_c=0.23cm^2$，$W_a=1.06cm^2$，MLT=3.8cm，$W_{tFe}=0.011kg$。

表 6-11　磁性材料 EI 与 EE 叠片

磁芯型号	W_{tCu}	W_{tFe}	MLT	MPL	A_c	W_a	A_p	K_g	A_t
	g	g	cm	cm	cm²	cm²	cm⁴	cm⁵	cm²
1-30-31EE	1	1	2.1	2.4	0.06	0.17	0.01	0.000101	4.1
2-30-31EE	170	110	0.02	2.4	0.00033	5.0			
3-30-31EE	2	3	3.0	2.4	0.17	0.03	0.000627	5.9	
1-186-167EE	11	9	3.6	5.4	0.23	0.63	0.19	0.004547	18.5
2-186EI	4800	5	0.46	3.2	0.30	0.14	0.005286	13.9	
1-186-188EE	14	11	3.8	6.4	0.23	1.06	0.24	0.005783	21.7
2-186-188EE	10	11	4.8	6.4	0.46	1.06	0.46	0.016502	26.1
3-186-188EE	22	33	5.9	6.4	0.68	1.06	0.73	0.033499	30.5
2-312EI	56	72	8.4	7.5	1.26	1.89	2.39	0.144254	57.2
1-50EI	33	94	7.7	7.6	1.61	1.21	1.95	0.163800	53.2

3) 计算初级匝数 N_p

根据式(6-30)，其中 $U_1=U_s=24V$，得

$$N_p=\frac{U_1\times10^4}{K_fB_mfA_c}=\frac{24\times10^4}{4\times0.3\times40\times10^3\times0.23}=21.7 \text{ 匝}$$

取整为 22 匝。

4) 求初级电流 I_p

$$I_p=\frac{P_o}{U_s\eta}=\frac{15.6\times6}{24\times0.98}=3.32A$$

5) 求电流密度

由式(6-21)有

$$J=\frac{P_t\times10^4}{K_0K_ffB_mA_p}=\frac{267\times10^4}{4\times0.4\times40\times10^3\times0.3\times0.24}=579A/cm^2$$

6) 计算初级绕组裸线面积

参考例 6-1 要做 0.707 的折算，得

$$A_{xp}=\frac{I_p\times0.707}{J}=\frac{3.32\times0.707}{579}=0.0041cm^2$$

考虑集肤效应,由表 6-6 选取编号为 AWG20 导线,导线面积 $A_{xp}=0.002047\,cm^2$,单位长度电阻为 $842.1\mu\Omega/cm$,取两根并联。

计算初级绕组电阻为

$$R_p=MLT\cdot N_p\left[\frac{\mu\Omega}{cm}\right]\times10^{-6}=3.8\times22\times\frac{842.1}{2}\times10^{-6}=0.0352\Omega$$

计算初级绕组铜耗为

$$P_{pCu}=I_p^2R_p=3.32^2\times0.0352=0.388W$$

7)求次级绕组匝数

次级绕组电压为 $U_s'=15.6V$,则

$$N_s=\frac{N_pU_s'}{U_p}\left(1+\frac{\alpha}{100}\right)=\frac{22\times15.6}{24}\times\left(1+\frac{1}{100}\right)=14.4\ \text{匝}$$

取整数 14 匝。

计算次级绕组裸线面积

$$A_{xs}=\frac{I_o\times0.707}{J}=\frac{6\times0.707}{579}=0.0073\ cm^2$$

由表 6-6 选取编号为 AWG 23 导线,导线面积 $A_{xs}=0.002588cm^2$,单位长度电阻为 $666\mu\Omega/cm$,取 3 根并联。

计算次级绕组电阻值为

$$R_s=MLT\cdot N_s\left[\frac{\mu\Omega}{cm}\right]\times10^{-6}=3.8\times14\times\frac{666}{3}\times10^{-6}=0.012\Omega$$

计算次级绕组铜耗

$$P_{sCu}=I_o^2R_s=6^2\times0.012=0.432W$$

8)求电压调整率 α

电压调整率是导线内阻的反映,也是铜耗的反映,故有

$$\alpha=\frac{P_{Cu}\times100}{P_o}=\frac{P_{pCu}+P_{sCu}}{P_o}\times100\%=\frac{0.388+0.432}{15.6\times6}\times100\%=0.88\%$$

符合调整率 $\alpha\leqslant1\%$ 的要求,设计通过。有关铁芯损耗、温升的计算不再讨论。

6.4 电感的设计

6.4.1 电感的种类与特性

电感有时又被称为扼流圈、电抗器,通常分为空心电感和铁芯电感。在电子设备中应用最为广泛,品种也很繁多的是铁芯电感。铁芯电感可分为电源滤波扼流圈、交流扼流圈(包括电感线圈)和饱和扼流圈三种,其中前两种用量较大。

1. 电源滤波扼流圈

电源滤波扼流圈用于平滑整流后的直流成分,减小其纹波电压,以满足电子设备对直流电源的要求。

电源滤波扼流圈的主要技术指标为电感量和直流压降。电感量由所要求的纹波系数在进行整流器和滤波器计算时确定,而直流压降主要影响整流器输出电压和负载调整率。

通过电源滤波扼流圈线圈的电流有直流和交流两种成分,并以直流成分为主。因此在扼流圈铁芯中存在着交、直流两种磁化场,其中直流分量是主要部分。

根据滤波器的种类,电源滤波扼流圈可分为电感输入式和电容输入式两种。电感输入式电源滤波扼流圈具有较高的纹波电压,铁芯中交流磁感应强度一般在0.1T以上;电容输入式电源滤波扼流圈具有较低的纹波电压,铁芯中交流磁感应强度一般在0.1T以下。

电源滤波扼流圈的电感量随着直流磁化电流的增加而降低,这是由于随着直流磁化电流的增大,铁芯越来越接近饱和状态。可以通过在扼流圈铁芯磁路中引入非磁性间隙来减小电感随直流磁化电流增大而产生的下降量。对于给定的直流磁化电流,有一个最佳的非磁性间隙,相应于这个最佳间隙,电源滤波扼流圈可获得最大的电感量。

2. 交流扼流圈

交流扼流圈用于交流回路中,作为平稳、镇流、限流和滤波等感性元件来使用。

交流扼流圈工作于交流状态,无直流磁化,类似于单线圈变压器,其电磁过程与变压器的主要区别是:变压器铁芯中的磁感应强度的确定取决于外施电压,与实际的负载电流无关;而对大多数交流扼流圈来说,铁芯中磁感应强度的确定主要取决于负载电流,与电路的外施电压无关。

交流扼流圈的电感量一般随交流磁场的变化而变化,而且是非线性的,只有在铁芯未达到饱和时,磁化曲线近似线性,这时,可以认为电感量近似恒定。在交流扼流圈铁芯中插入非磁性间隙将减小其电感量,并且调节非磁性间隙的大小可改变电感量。当铁芯中非磁性间隙增大至一定值时,在磁场变化时,电感量将基本保持不变,这时的交流扼流圈将具有线性的伏安特性。大多数交流扼流圈都具有接近于线性的伏安特性。

交流扼流圈的主要技术指标是,在某一交流电流(固定的或有一定的变化范围)作用下的电感量。对某些工作于高频的交流扼流圈,品质因数 Q 也是一个重要的技术指标。

3. 电感线圈

电感线圈多用于高频电路中,如滤波器用电感线圈、振荡回路电感线圈、陷波器线圈、高频扼流圈、匹配线圈、噪声滤波线圈等。多数电感线圈工作于交流状态,因此,它属于交流扼流圈范畴,是交流扼流圈的一个分支。

电感线圈的铁芯以铁氧体磁芯为主,也有采用钼坡莫粉末磁芯、铁粉芯、铝硅铁粉芯、非晶态或超微晶粉末磁芯及精密软磁合金等。

电感线圈的主要技术指标为电感量和品质因数。在某些场合,对电感的温度稳定性也有一定的要求。

4. 饱和扼流圈

饱和扼流圈用于稳压和调压电路中,通过调节电路中的感抗来达到稳压或调节电压的目的。饱和扼流圈至少有两个绕组,一个绕组(工作绕组)接入调节交流电路,另一个绕组(控制绕组)接入直流电路。和电源滤波扼流圈及交流扼流圈不同,饱和扼流圈的铁芯是无气隙的。

饱和扼流圈铁芯中存在着交、直流两种磁化状态,而且交流成分很大,由于铁芯磁化曲线的非线性,工作绕组中电流波形是失真的,这在接近铁芯饱和时特别明显。

饱和扼流圈的主要技术指标是:电感量调节范围或输出电压调节范围,负载功率的最大值与最小值,控制电流(功率)的最大值与最小值,功率因数最小值等。

由于晶闸管调压装置、磁性调压器、可调稳压变压器技术的发展,饱和扼流圈应用范围逐步缩小,只有在大功率或特殊要求场合才使用。

6.4.2 电感量计算

1. 基本计算式

电感线圈中通以电流后,所产生的磁通分为两部分:一部分是通过铁芯磁路(包括在铁芯磁路中插入非磁性气隙)的主磁通,另一部分是通过线圈与铁芯柱间空隙的漏磁通。根据电感的基本定义,将主磁通产生的电感称为主电感 L_L,将漏磁通产生的电感称为漏电感 L_S。铁芯电感 L 应为这两部分电感之和,即

$$L = L_L + L_S \tag{6-53}$$

多数情况下,$L_L \gg L_S$,故

$$L \approx L_L \tag{6-54}$$

除特殊情况外,一般只需计算主电感。

根据 $L = \dfrac{\psi}{I}$,$\psi = N\Phi$,$\Phi = BA_c$,可得

$$L = \frac{NBA_c}{I} = \frac{N\mu HA_c}{I} = \frac{N\mu_0 \mu_r HA_c}{I} \tag{6-55}$$

又 $F_m = NI = H \cdot \text{MPL}$,即 $I = H \cdot \text{MPL}/N$,代入上式

$$L = \frac{N^2 \mu_0 \mu_r HA_c}{H \cdot \text{MPL}} = \frac{0.4\pi\mu_r N^2 A_c}{\text{MPL}} \times 10^{-8} \tag{6-56}$$

式中,μ_r 是相对磁导率;A_c 是磁芯有效面积(cm^2);MPL 是磁路等效长度(cm)。

2. 铁芯中无气隙时的电感量计算

电感铁芯中无气隙时,其漏电感可忽略不计,电感量按下式计算

$$L = L_L = \frac{0.4\pi\mu_r N^2 A_c}{\text{MPL}} \times 10^{-8} \tag{6-57}$$

铁芯交流磁导率随铁芯材料、形式(尺寸)、工作磁感应强度 B 或磁场强度 H 及工作频率 f 而变化。对一些电阻率很高的磁芯材料,如铁氧体磁芯、粉末磁芯,在其允许的工作频率和磁场范围内,其磁导率基本不随频率变化。

3. 铁芯中有气隙时的电感量计算

电感铁芯中有气隙时,若忽略漏电感,其电感量按下式计算

$$L = L_L = \frac{0.4\pi N^2 A_c}{l_g + \dfrac{\text{MPL}}{\mu_r}} \times 10^{-8} \tag{6-58}$$

或

$$L = \frac{0.4\pi\mu_e N^2 A_c}{\text{MPL}} \times 10^{-8} \tag{6-59}$$

式中,μ_e 是等效磁导率;l_g 是气隙长度(mm)。

在磁芯中引入气隙具有很强的去磁作用,导致磁滞回线的剪切(倾斜)及高磁导率材料磁导率的明显减小,这样可以使剩磁 B_r 降低,增加了可利用的磁感应强度范围,在大的直流偏磁情况下可消除或显著减小由饱和及由漏抗引起的电压尖峰。

4. 大气隙电感量计算

一般认为,当气隙长度超过磁路总长度的 3% 时,铁芯磁路中的整个磁阻由气隙磁阻决定,

故电感量主要取决于气隙长度。

（1）忽略漏电感时的电感量计算

$$L=L_{\mathrm{L}}=\frac{0.4\pi N^2 A_{\mathrm{c}}}{l_{\mathrm{g}}}\times 10^{-8} \tag{6-60}$$

（2）考虑漏电感影响时的电感量计算

当漏电感不能忽略时，必须按以下公式计算漏电感 L_{S}。

① 壳式或单线圈心式铁芯电感的漏电感按下式计算

$$L_{\mathrm{S}}=\frac{0.4\pi\rho_{\mathrm{S}} N^2 S_{\mathrm{c}}}{h_{\mathrm{m}}}\times 10^{-8} \tag{6-61}$$

式中，L_{S} 是漏电感（H）；N 是电感线圈匝数（匝）；ρ_{S} 是洛氏系数；S_{c} 是线圈漏磁等效面积（cm^2）；h_{m} 是线圈绕线宽度（cm）。

② 双线圈心式铁芯电感的漏电感按下式计算

$$L_{\mathrm{S}}=\frac{0.4\pi\rho_{\mathrm{S}} N^2 S_{\mathrm{c}}}{2h_{\mathrm{m}}}\times 10^{-8} \tag{6-62}$$

这时电感量为两者之和，即

$$L=L_{\mathrm{L}}+L_{\mathrm{S}} \tag{6-63}$$

6.4.3　电感的设计

对线性电感的设计通常要考虑：要求的电感量、直流电流 I_{DC}、电流波动 ΔI、功率损耗和温升、电压、频率、工作磁感应强度等。

同变压器一样，电感的设计方法也有很多，这里介绍 A_{p} 法和 K_{g} 法。

1. A_{p}（电感面积积）法

（1）A_{p} 推导

电感的能量计算公式为

$$W=\frac{1}{2}LI^2 \tag{6-64}$$

式中，电感量可由式（6-65）确定

$$L=N\frac{\mathrm{d}\Phi}{\mathrm{d}i}=\frac{\mu_0 N^2 A_{\mathrm{c}}}{l_{\mathrm{g}}+\dfrac{\mathrm{MPL}}{\mu_{\mathrm{r}}}} \tag{6-65}$$

电感电流可由 B_{m} 确定

$$B_{\mathrm{m}}=\mu_0\mu_{\mathrm{r}}H=\mu_0\mu_{\mathrm{r}}\frac{NI}{\mathrm{MPL}}=\frac{\mu_0 NI}{l_{\mathrm{g}}+\dfrac{\mathrm{MPL}}{\mu_{\mathrm{r}}}} \tag{6-66}$$

$$I=\frac{1}{\mu_0 N}B_{\mathrm{m}}\left(l_{\mathrm{g}}+\frac{\mathrm{MPL}}{\mu_{\mathrm{r}}}\right) \tag{6-67}$$

因此，电感的能量可表示为

$$W=\frac{1}{2}LI^2=\frac{1}{2}\cdot\frac{\mu_0 N^2 A_{\mathrm{c}}}{\left(l_{\mathrm{g}}+\dfrac{\mathrm{MPL}}{\mu_{\mathrm{r}}}\right)}\cdot\left[\frac{1}{\mu_0 N}B_{\mathrm{m}}\left(l_{\mathrm{g}}+\frac{\mathrm{MPL}}{\mu_{\mathrm{r}}}\right)\right]^2=\frac{1}{2\mu_0}A_{\mathrm{c}}B_{\mathrm{m}}^2\left(l_{\mathrm{g}}+\frac{\mathrm{MPL}}{\mu_{\mathrm{r}}}\right) \tag{6-68}$$

当电感的绕组面积被完全利用时,有

$$K_u W_a = N A_w = N \frac{I}{J} \tag{6-69}$$

则有

$$I = \frac{K_u W_a J}{N} = \frac{1}{\mu_0 N} B_m \left(l_g + \frac{MPL}{\mu_r} \right) \tag{6-70}$$

由此

$$l_g + \frac{MPL}{\mu_r} = \frac{\mu_0 K_u W_a J}{B_m} \tag{6-71}$$

代入式(6-64)得

$$W = \frac{1}{2\mu_0} A_c B_m^2 \frac{\mu_0 K_u W_a J}{B_m} = \frac{1}{2} B_m K_u J W_a A_c \tag{6-72}$$

换成常用的厘米-克-秒制得

$$W = \frac{1}{2} B_m K_u J W_a A_c \times 10^{-4} = \frac{1}{2} B_m K_u J A_p \times 10^{-4} \tag{6-73}$$

则 A_p 为

$$A_p = \frac{2W \times 10^4}{B_m J K_u} \quad (\text{cm}^4) \tag{6-74}$$

由此可见,电感的能量处理能力由电感面积积 A_p 来决定,或者说可以根据电感的能量处理能力来选择磁芯的规格。下面通过实例来说明采用 A_p 法进行电感设计的具体步骤。

(2)设计举例

【例6-3】根据下列要求设计线性直流(DC)电感:电感量 $L=0.004$ H,直流电流 $I_o=1.5$ A,电流波动 $\Delta I = 0.2$ A,输出功率 $P_o = 120$ W,电流密度 $J=300$ A/cm^2,纹波频率为 200kHz,工作磁感应强度 $B=0.3$ T,磁芯材料为铁氧体,窗口利用系数 $K_u=0.4$,温升目标 T_r 为 25℃。

设计步骤如下:

1)计算电流峰值 I_{pk}

$$I_{pk} = I_o + \frac{\Delta I}{2} = 1.5 + \frac{0.2}{2} = 1.6 \text{A}$$

2)计算能量处理能力

$$W = \frac{L I_{pk}^2}{2} = \frac{0.004 \times 1.6^2}{2} = 0.00512 \text{J}$$

3)计算面积积 A_p

$$A_p = \frac{2W \times 10^4}{B_m J K_u} = \frac{2 \times 0.00512 \times 10^4}{0.3 \times 300 \times 0.4} = 2.844 \text{ cm}^4$$

4)选择磁芯

根据计算出的 A_p,查表6-12,选择最接近的 ETD-39 铁氧体磁芯,对应该磁芯的参数为:磁路等效长度 MPL$=9.22$cm;磁芯质量 $W_{tFe}=60.0$g;平均匝长 MLT$=8.3$cm;铁芯面积 $A_c=1.252$ cm^2;窗口面积 $W_a=2.343$cm^2;$A_p=2.933$cm^4;磁芯几何常数 $K_g=0.1766$cm^5;表面面积 $A_t=69.9$cm^2。材料 P 型相对磁导率 μ_r 为 2500;千匝毫亨数 $A_L=3295$mH($=2.5 \times 1318$)。

表 6-12　ETD 铁氧体磁芯设计数据

磁芯型号	W_{tCu}	W_{tFe}	MLT	MPL	A_c	W_a	A_p	K_g	A_t
	g	g	cm	cm	cm²	cm²	cm⁴	cm⁵	cm²
ETD-29	32.1	28.0	6.4	7.2	0.761	1.419	1.0800	0.0517	42.5
ETD-34	43.4	40.0	7.1	7.87	0.974	1.711	1.6665	0.0911	53.4
ETD-39	69.3	60.0	8.3	9.22	1.252	2.343	2.9330	0.1766	69.9
ETD-44	93.2	94.0	9.4	10.30	1.742	2.785	4.8520	0.3595	87.9
ETD-49	126.2	124.0	10.3	11.40	2.110	3.434	7.2453	0.5917	107.9
ETD-54	186.9	180.0	11.7	12.70	2.800	4.505	12.6129	1.2104	133.7
ETD-59	237.7	260.0	12.9	13.90	3.677	5.186	19.0698	2.1271	163.1

5) 计算电流有效值 I_{rms}

$$I_{rms}=\sqrt{I_o^2+\Delta I^2}=\sqrt{1.5^2+0.2^2}=1.51A$$

6) 计算所需导线裸面积

$$A_{xp}=\frac{I_{rms}}{J}=\frac{1.51}{300}=0.00503\ cm^2$$

7) 选择线规

查表 6-6 选 AWG20，导线裸面积 $A_{w(b)}$ 为 0.005188cm²，带绝缘面积 A_w 为 0.006065cm²，单位长度电阻为 332.3$\mu\Omega$/cm。

8) 计算有效窗口面积 $W_{a(eff)}$

利用第 4 步给出的窗口面积及 S_3 的典型值 0.75 得

$$W_{a(eff)}=W_aS_3=2.343\times0.75=1.76\ cm^2$$

9) 计算可能的绕组匝数 N

利用带绝缘的导线面积及 S_2 的典型值 0.6 得

$$N=\frac{W_{a(eff)}S_2}{A_w}=\frac{1.76\times0.6}{0.006065}=174\ \text{匝}$$

10) 计算所需要的气隙

$$l_g=\frac{0.4\pi N^2A_c\times10^{-8}}{L}-\frac{MPL}{\mu_r}=\frac{1.26\times174^2\times1.252\times10^{-8}}{0.004}-\frac{9.22}{2500}=0.115cm$$

11) 计算边缘磁通系数 F

$$F=1+\frac{l_g}{\sqrt{A_c}}\ln\left(\frac{2G}{l_g}\right)=1+\frac{0.115}{\sqrt{1.252}}\ln\left(\frac{2\times2.84}{0.115}\right)=1.40$$

12) 修正绕组匝数 N

$$N=\sqrt{\frac{l_gL}{0.4\pi A_cF\times10^{-8}}}=\sqrt{\frac{0.115\times0.004}{1.26\times1.252\times1.40\times10^{-8}}}=145\ \text{匝}$$

13) 计算绕组电阻 R_L

$$R_L=MLT\cdot N\left[\frac{\mu\Omega}{cm}\right]\times10^{-6}=8.3\times145\times332.3\times10^{-6}=0.400\Omega$$

14) 计算铜损 P_{Cu}

$$P_{Cu}=I_{rms}^2R_L=1.51^2\times0.400=0.911W$$

15）计算调整率 α

$$\alpha = \frac{P_{Cu}}{P_o} \times 100\% = \frac{0.911}{120} \times 100\% = 0.759\%$$

16）计算交流（AC）磁通密度 B_{AC}

$$B_{AC} = \frac{0.4\pi NF \frac{\Delta I}{2} \times 10^{-4}}{l_g + \frac{MPL}{\mu_r}} = \frac{1.26 \times 145 \times 1.40 \times \frac{0.2}{2} \times 10^{-4}}{0.115 + \frac{9.22}{2500}} = 0.0215T$$

17）计算单位重量的损耗值

查表 6-8 中 P 型铁氧体材料的系数，有

$$p_{Fe} = kf^m B_{AC}^n = 4.855 \times 10^{-5} \times (200 \times 10^3)^{1.63} \times 0.0215^{2.62} = 0.907$$

18）计算铁芯损耗 P_{Fe}

$$P_{Fe} = p_{Fe} W_{tFe} \times 10^{-3} = 0.907 \times 60 \times 10^{-3} = 0.0544W$$

19）计算总损耗

$$P_{\Sigma} = P_{Fe} + P_{Cu} = 0.0544 + 0.911 = 0.965W$$

20）计算单位热负荷

$$\psi = \frac{P_{\Sigma}}{A_t} = \frac{0.965}{69.9} = 0.0138W/cm^2$$

21）计算温升

$$T_r = 450\psi^{0.826} = 450 \times 0.0138^{0.826} = 13.09\,℃$$

22）计算磁感应强度峰值

$$B_{pk} = \frac{0.4\pi NF \left(I_{DC} + \frac{\Delta I}{2}\right) \times 10^{-4}}{l_g + \frac{MPL}{\mu_r}} = \frac{1.26 \times 145 \times 1.40 \times 1.6 \times 10^{-4}}{0.115 + \frac{9.22}{2500}} = 0.344T$$

23）计算等效磁导率 μ_e

$$\mu_e = \frac{\mu_r}{1 + \frac{l_g}{MPL}\mu_r} = \frac{2500}{1 + \frac{0.115}{9.22} \times 2500} = 77.7$$

取 $\mu_e = 75$。

24）计算窗口利用系数 K_u

$$K_u = \frac{NA_{w(B)}}{W_a} = \frac{145 \times 0.005188}{2.34} = 0.321$$

2. K_g 法

（1）电感磁芯几何常数 K_g 的推导

像变压器一样，电感也可以针对给定的调整率 α 来设计。调整率和磁芯能量处理能力的关系与两个常数 K_g 和 K_e 通过下式相关

$$W^2 = K_g K_e \alpha \tag{6-75}$$

式中，常数 K_g、K_e 是磁芯几何形状与尺寸、磁和电的工作状况的函数，即

$$K_g = f(A_c, W_a, MLT) \tag{6-76}$$

$$K_e = g(P_o, B_m) \tag{6-77}$$

K_g 和 K_e 具体函数的推导如下：首先，假定直流（DC）电感的电阻为 R_L。

输出功率为 $P_o = I_{DC} U_o$，则

$$\alpha = \frac{I_{DC} R_L}{U_o} \times 100\% \tag{6-78}$$

式中，I_{DC} 和 U_o 分别为 DC/DC 变换器输出的电流和电压。

电感公式为

$$L = \frac{0.4\pi N^2 A_c \times 10^{-8}}{l_g} \quad (H) \tag{6-79}$$

电感的磁感应强度为

$$B_{DC} = \frac{0.4\pi N I_{DC} \times 10^{-4}}{l_g} \quad (T) \tag{6-80}$$

联立式(6-79)与式(6-80)解出 N 为

$$N = \frac{L I_{DC} \times 10^4}{B_{DC} A_c} \quad (匝) \tag{6-81}$$

电阻公式为

$$R_L = \frac{MLT \cdot N_p^2}{W_a K_u} \rho \quad (\Omega) \tag{6-82}$$

联立式(6-78)与式(6-82)

$$\alpha = \frac{I_{DC}}{U_o} \times \frac{MLT \cdot N_p^2}{W_a K_u} \rho \times 100\% \tag{6-83}$$

将式(6-71)代入

$$\alpha = \left[\frac{I_{DC} \cdot MLT}{U_o W_a K_u} \rho \right] \left(\frac{L I_{DC}}{B_{DC} A_c} \right)^2 \times 10^{10} = \left[\frac{I_{DC} \cdot MLT \cdot (L I_{DC})^2}{U_o W_a K_u B_{DC}^2 A_c^2} \rho \right] \times 10^{10}$$

用 I_{DC}/I_{DC} 乘上式并组合得

$$\alpha = \left[\frac{MLT \cdot (L I_{DC}^2)^2}{U_o I_{DC} W_a K_u B_{DC}^2 A_c^2} \rho \right] \times 10^{10} \tag{6-84}$$

由能量计算公式可得 $L I_{DC}^2 = 2W$，因此

$$\alpha = \left[\frac{(2W)^2}{P_o B_{DC}^2} \right] \left[\frac{\rho \cdot MLT}{W_a K_u A_c^2} \right] \times 10^{10} \tag{6-85}$$

将电阻率 $\rho = 1.724 \times 10^{-6} \Omega \cdot cm$ 代入得

$$\alpha = \left[\frac{6.89 (W)^2}{P_o B_{DC}^2} \right] \left(\frac{MLT}{W_a K_u A_c^2} \right) \times 10^4$$

解出能量 W

$$W^2 = 0.145 P_o B_{DC}^2 \frac{W_a A_c^2 K_u}{MLT} \times 10^{-4} \alpha \tag{6-86}$$

令

$$K_g = \frac{W_a A_c^2 K_u}{MLT} \quad (cm^5) \tag{6-87}$$

$$K_e = 0.145 P_o B_{DC}^2 \times 10^{-4} \tag{6-88}$$

式中，K_g 称为磁芯几何常数；K_e 称为电磁状况系数。则调整率和能量处理能力的关系为

$$W^2 = K_g K_e \alpha \tag{6-89}$$

调整率与铜耗的关系为

$$\alpha = \frac{P_{Cu}}{P_o} \times 100\% \tag{6-90}$$

（2）设计举例

【例 6-4】采用电感磁芯几何常数 K_g 设计法的参数要求同例 6-3。具体的设计步骤如下：

1）计算电流峰值 I_{pk}

$$I_{pk} = I_o + \frac{\Delta I}{2} = 1.5 + \frac{0.2}{2} = 1.6\text{A}$$

2）计算能量处理能力

$$W = \frac{L I_{pk}^2}{2} = \frac{0.004 \times 1.6^2}{2} = 0.00512\text{J}$$

3）计算电磁状况系数 K_e

$$K_e = 0.145 P_o B_m^2 \times 10^{-4} = 0.145 \times 120 \times 0.3^2 \times 10^{-4} = 0.0001566$$

4）计算磁芯几何常数 K_g

$$K_g = \frac{W^2}{K_e \alpha} = \frac{0.00512^2}{0.0001566 \times 1.0} = 0.167\text{cm}^5$$

5）选择磁芯

根据计算出的磁芯几何常数 K_g，查找表 6-12，选择最接近的 ETD-39 铁氧体磁芯，对应该磁芯的其他参数为：磁路等效长度 MPL＝9.22cm；磁芯质量 W_{tFe}＝60g；平均匝长 MLT＝8.3cm；铁芯面积 A_c＝1.252cm²；窗口面积 W_a＝2.343cm²；A_p＝2.933cm⁴；磁芯几何常数 K_g＝0.1766cm⁵；表面面积 A_t＝69.9cm²；材料 P 型相对磁导率为 25000。

6）计算电流密度 J

根据面积积计算公式得

$$J = \frac{2W \times 10^4}{B_m A_p K_u} = \frac{2 \times 0.00512 \times 10^4}{0.3 \times 2.933 \times 0.4} = 291\text{A/cm}^4$$

7）计算电流有效值

$$I_{rms} = \sqrt{I_o^2 + \Delta I^2} = \sqrt{1.5^2 + 0.2^2} = 1.51\text{A}$$

8）计算所需导线裸面积

$$A_{xp} = \frac{I_{rms}}{J} = \frac{1.51}{291} = 0.005189\text{cm}^2$$

9）选择线规

查表 6-6 选 AWG 20，导线裸面积 $A_{w(B)}$＝0.005188cm²，带绝缘面积 A_w＝0.006065cm²，单位长度电阻为 332.3$\mu\Omega$/cm。

10）计算有效窗口面积 $W_{a(eff)}$

利用第 5 步给出的窗口面积及 S_3 的典型值 0.75 得

$$W_{a(eff)} = W_a S_3 = 2.34 \times 0.75 = 1.76\text{cm}^2$$

11）计算可能的绕组匝数 N

利用带绝缘的导线面积及 S_2 的典型值 0.6 得

$$N = \frac{W_{a(eff)} S_2}{A_w} = \frac{1.76 \times 0.6}{0.006065} = 174 \text{ 匝}$$

12) 计算所需要的气隙

$$l_g = \frac{0.4\pi N^2 A_c \times 10^{-8}}{L} - \frac{MPL}{\mu_r} = \frac{1.26 \times 174^2 \times 1.25 \times 10^{-8}}{0.004} - \frac{9.22}{2500} = 0.115 \text{cm}$$

13) 计算边缘磁通系数 F

$$F = 1 + \frac{l_g}{\sqrt{A_c}} \ln\left(\frac{2G}{l_g}\right) = 1 + \frac{0.115}{\sqrt{1.25}} \ln\left(\frac{2 \times 2.84}{0.115}\right) = 1.40$$

14) 修正绕组匝数 N

$$N = \sqrt{\frac{l_g L}{0.4\pi A_c F \times 10^{-8}}} = \sqrt{\frac{0.115 \times 0.004}{1.26 \times 1.25 \times 1.40 \times 10^{-8}}} = 145 \text{ 匝}$$

15) 计算绕组电阻 R_L

$$R_L = MLT \cdot N \left[\frac{\mu\Omega}{cm}\right] \times 10^{-6} = 8.3 \times 145 \times 332.3 \times 10^{-6} = 0.400\Omega$$

16) 计算铜损 P_{Cu}

$$P_{Cu} = I_{rms}^2 R_L = 1.51^2 \times 0.400 = 0.911W$$

17) 计算调整率 α

$$\alpha = \frac{P_{Cu}}{P_o} \times 100\% = \frac{0.911}{120} \times 100\% = 0.759\%$$

满足要求。以下步骤同例 6-3,在此略去。

从上面两个例子可以看出,两种方法计算的过程基本相同,只不过磁芯几何常数法依据 K_g 选择磁芯,而面积积法根据 A_p 来选择。但采用磁芯几何常数法设计的一个突出优点是电流密度是计算出来的,而面积积法的电流密度是估计的。

3. 无气隙(粉末磁芯)电感的设计

无气隙(粉末磁芯)电感的设计过程与有气隙电感的设计过程略有不同,在初步估算出匝数后,需要计算需要的磁导率,然后根据磁芯参数 A_L 值重新计算匝数。而上述有气隙电感,这时要计算气隙尺寸 l_g 及边缘磁通系数 F,进一步修正匝数。其他计算过程相同。

下面以铁硅铝粉芯电感的设计为例,具体说明计算步骤。

某一逆变电源,输出电流峰值为 10A,工作频率为 50Hz,开关管的工作频率为 12.8kHz。

根据分析得到电感值为 2.4mH,选取铁硅铝作为磁粉芯材料。设计流程如图 6-9 所示。

首先根据 A_p 法确定铁芯的选型。铁芯窗口面积与铁芯截面积的乘积 A_p 与电感储存的能量有关。

1) 电感储存的能量 W

考虑输入电流脉动时,最大瞬时输入电流峰值 $I_{pk} = 10A$,则

$$W = \frac{1}{2} L I_{pk}^2 = 0.12J$$

2) 计算铁芯面积积 A_p

$$A_p = \frac{2W \times 10^4}{K_u B_m J} = \frac{2 \times 0.12 \times 10^4}{0.45 \times 0.85 \times 500} = 12.55 \text{cm}^4$$

其中变量 K_u,为窗口利用系数,在此取 0.45(一般为 0.3~0.6);J 为电流密度,取 500A/cm²;最大工作磁感应强度 B_m 在不超出饱和磁感应强度 B_s(查相关手册为 1.05T)范围内选取,取

$B_m=0.85\text{T}$。查产品资料,选取铁硅铝磁粉芯 DNS467060。

DNS467060 的 $A_p=4.56\times2.034=9.27\text{ cm}^2$,小于计算值,所以选择双环并列。此时 $A_p=4.56\times2.034\times2=18.54\text{ cm}^2$,满足要求,并有一定的余量。

3) 铁芯的有关电磁参数

DNS467060 的相对磁导率为60,电感因数 $A_L=0.135\mu\text{H}/N^2$,磁路有效长度 $l=10.74\text{cm}$,铁芯截面积 $A_c=2.034\text{cm}^2$,铁芯窗口面积 $W_a=4.56\text{cm}^2=456\text{mm}^2$。

4) 线圈计算

电感线圈匝数直接影响电感量的大小。线圈的匝数为

$$N=\sqrt{\frac{L_{m1}}{A_L}}=\sqrt{\frac{2400}{0.135}}=133\text{ 匝}$$

输入电流有效值为

$$I=10/\sqrt{2}=7.07\text{A}$$

选取电流密度 $J=5\text{A}/\text{mm}^2$,则所需导线面积为

$$A_s=\frac{I}{J}=\frac{7.07}{5}\approx1.414\text{mm}^2$$

5) 导线线径的选取

选择导线时,为了减少集肤效应的影响,经常用多根线并联。要求导线直径小于两倍集肤深度,即 $d<2\sigma=2\times1.19=2.38\text{mm}$。

查表 6-6 得 AGW20,导线标称直径 $d=0.879\text{mm}$,导线裸面积 $A_{w(B)}=0.5188\text{mm}^2$。故需要导线根数为 $n=\frac{A_s}{A_{w(B)}}=\frac{1.414}{0.5188}=2.73$。取整数 3,即 3 根导线并绕。

导线所占总面积为 $S=A_{w(B)}\times3\times N=0.5188\times3\times133=204.8<456\times0.45$(456 为铁芯窗口面积),满足要求。

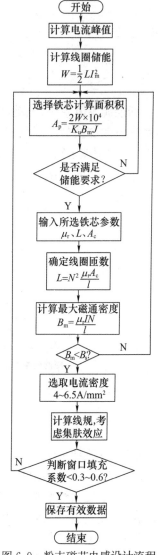

图 6.9 粉末磁芯电感设计流程

思考与练习

1. 简述磁性元件的发展趋势。
2. 软磁性材料包括哪些?简述其各自特点。
3. 变压器、电感的面积积 A_p 与哪些参数有关?
4. 简述变压器面积积 A_p 设计法的基本流程。
5. 有气隙和无气隙电感的设计有何不同?
6. 试用 K_g 法设计一台 250W 隔离变压器。基本参数要求如下:输入电压 $U_{in}=115\text{V}$,输出电压 $U_o=115\text{V}$,输出电流 $I_o=2.17\text{A}$,输出功率 $P_o=250\text{W}$,频率 $f=47\text{kHz}$,效率 $\eta=95\%$,工作磁感应强度 $B_{AC}=1.6\text{T}$,窗口利用系数 $K_u=0.4$,温升 30℃。
7. 用 A_P 法设计一个用于 DC/AC 变换的滤波电感,铁芯要求选用环形硅铝磁粉芯材料,给定参数为:输出交流电流 $I_o=5\pm0.1\text{A}$,开关频率 $f_s=20\text{kHz}$,最大工作磁感应强度 $B_m=1.05\text{T}$,需求设计电感量 $L=2\text{mH}$。

第7章 硬件电路

新能源发电系统、电动汽车系统、变频调速系统、轨道交通系统和柔性输电系统等，其核心组成都是电能变换与控制系统，其系统硬件虽各有特点，但组成类似，主要包括控制器、变流器、滤波器、检测调理电路、A/D 转换电路、保护电路和辅助电源电路等单元，如图 7-1 所示，实际应用中各单元之间的连接方式视具体情况而定。

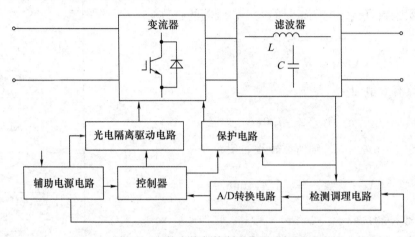

图 7-1　电能变换与控制系统组成框图

其中变流器可能是 DC/DC、AC/DC、DC/AC 变换电路或它们的组合，滤波器一般有 LC 和 LCL 等结构，检测调理电路主要完成待测电流、电压的检测与调理，再通过 A/D 转换电路转化为数字信号提供给控制器，控制器采集信息后通过运算产生 PWM 信号，经光电隔离驱动电路放大后控制变流器完成相应的功能。本章主要就检测调理电路、光电隔离驱动电路、保护电路和辅助电源电路的原理与设计展开分析。相似功能的硬件单元，其具体电路却是多种多样的，本章针对不同单元，仅就 1~2 种典型电路展开分析，目的是使初学者掌握硬件电路设计的方法，且能搭建样机系统，对所学系统原理与控制方法进行实验研究。

7.1　检测调理电路设计

检测调理电路常见的结构如图 7-2 所示，由检测电路、偏置电路、滤波电路和限幅电路等组成。检测调理电路用于待测电流或电压的检测并完成相关处理，以适应 A/D 转换器对输入电压的要求。图 7-2 中，偏置电路通常为加法器，通过加入直流偏置电压实现信号整体向上移动的目的；滤波电路用来滤除信号中的干扰；限幅电路用以确保信号不超过 A/D 转换器要求的电压。检测电路、偏置电路和滤波电路都可以通过改变电压增益来控制信号的大小。本章以 TMS320F28335 片上 A/D 转换器为例，将 A/D 转换器的输入电压设定为 0~3V。当检测的信号为交流信号或双向流动的直流信号时，可通过加法器加入直流 1.5V 偏置电压将信号整体向上移动后，实现 A/D 转换器的输入在 0~3V 以内，并能充分利用 A/D 转换器的量程。若在限幅电路的前级电路使用 3.3V 单电源，则限幅电路可以省略。

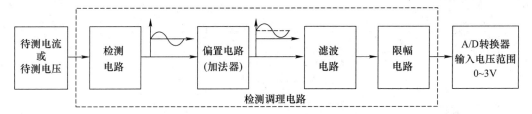

图 7-2　检测调理电路常见的结构

7.1.1　检测元件及电路

常用于电流检测的元件有采样电阻、电流互感器、磁场平衡式霍尔电流传感器和单芯片霍尔效应电流传感器等。用于电压检测的元件有电阻网络、电压互感器、磁场平衡式霍尔电压传感器等。相应的电压、电流检测的方法有:电阻串联分压法、电阻采样隔离法、互感器检测法和霍尔传感器检测法等。下面简要介绍检测元件的原理与检测方法。

1. 电阻采样及相关隔离检测电路

电阻采样法是一种原理最简单的方法,如图 7-3(a) 所示。单一采样电阻没有隔离,不便于将信号直接用于控制,一般仅用于示波器观察波形等应用。图 7-3(b)为一种带隔离功能的电阻采样电流检测电路,它可用于检测直流电压和电流,该电路的传输特性为

$$U_o = \frac{\beta R R_2}{R + R_1} I_L - \frac{\beta R_2}{R + R_1} U_D \tag{7-1}$$

式中,U_D 为发光二极管的压降;$\beta = I_o / I_L^*$ 为光耦合器(光耦)的电流传输比。

图 7-3 中采样电阻 R 一般由康铜或锰铜丝组成,R_1 和 R_2 由所选择的线性光耦的参数决定。

常用的线性光耦可分为无反馈型和反馈型两种。开关电源的电压隔离反馈电路中经常使用的 PC816A 和 NEC2501H 等是无反馈型线性光耦。这种光耦器件只是在有限的范围内线性度较高,所以不适合使用在对测量精度及范围要求较高的场合。反馈型线性光耦增加一个光接收电路,可以通过反馈通路的非线性来抵消直通通路的非线性,从而达到线性隔离和提

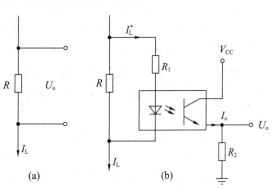

图 7-3　电阻采样与电流检测

高性能的目的。常用的型号有 HCNR200、HCNR201 和 LOC110 等。

与采样电阻配合使用实现隔离测量的器件还有线性隔离放大器,也可以实现电流或电压的隔离测量,如 ACPL-C790、AMC1311 和 Si8921 等。

2. 霍尔传感器原理及相关检测电路

(1)霍尔传感器原理

磁场平衡式霍尔电流传感器如图 7-4 所示,图中有一个软磁材料制成的带有缝隙的聚磁环,缝隙中放置一个霍尔元件。霍尔元件中通有一个固定的电流 I_C,待测电流 I_N 流过绕在聚磁环上的初级绕组。I_N 在聚磁环及其缝隙中产生磁场,磁场强度为 H_N,磁感应强度为 B。因此霍尔元件产生的霍尔电位差 U_H 为

$$U_H = K \times B \times I_C \tag{7-2}$$

式中，K 为霍尔系数。

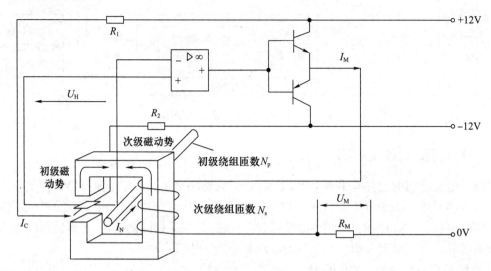

图 7-4　磁场平衡式霍尔电流传感器

U_H 经放大器放大，获得一个补偿电流 I_M。I_M 流过绕在聚磁环上的多匝次级绕组，其产生的磁动势和待测电流产生的磁动势方向相反，因而产生补偿作用，使磁场减小，U_H 随之减小。因为放大器的放大倍数很大，最后的结果为 $U_H \approx 0$，$B \approx 0$，此时有

$$I_N N_p \approx I_M N_s \tag{7-3}$$

式中，N_p 为待测电流流过的初级绕组匝数；N_s 为补偿电流流过的次级绕组匝数。

因此，在已知 N_p 与 N_s 的情况下，只要测得 I_M，即可求出待测电流 I_N。同时，霍尔电流传感器的待测电流 I_N 和输出电流 I_M 通过磁耦合实现了电气隔离。

此外，一般的霍尔传感器的测量误差绝对值可小于额定值的 1%，测量线性度的绝对值为额定值的 0.2% 以下，反应时间小于 1μs，待测电流的频率范围可达 0～150kHz，精度和响应速度都比较高。

（2）使用霍尔传感器的检测电路

1）电流检测电路

这里以霍尔电流传感器 LA-50P 为例，介绍使用 LA-50P 的电流检测电路，其电气连接图如图 7-5 所示。LA-50P 的参数为：初级、次级绕组匝数比为 1∶1000，初级额定电流 $I_N = 50A$，对应次级输出电流 $I_M = 50mA$。LA-50P 可用于测量直流、交流和脉冲电流。

由于调理电路的输入电阻远大于测量电阻 R_M，所以将调理电路对霍尔电流传感器的影响忽略，则次级输出电流 I_M 经测量电阻 R_M 产生电压 U_M，其关系式为

$$U_M \approx I_M R_M \tag{7-4}$$

由式（7-4）可推出

$$R_M \approx \frac{U_M}{I_M} \tag{7-5}$$

测量电阻 R_M 可依据后向所连接的调理电路及 A/D 转换器参数来确定。A/D 转换器输入电压范围为 0～3V，当调理电路电压增益设为 1、M 端输出为交流电压时，其峰峰值应不大于 3V，峰值应不大于 1.5V，其有效值 $U_M \leqslant 1.5/\sqrt{2} \approx 1V$。LA-50P 次级额定电流 $I_M = 50mA$，代入式（7-5）得

$$R_M \leqslant \frac{1V}{50mA} = 20\Omega$$

LA-50P 初级额定电流为 50A，图 7-5 所示传感器初级绕组匝数为 2 匝，初级电流 I_N 应不大于 50A/2＝25A，在实际应用中应考虑过载等因素后留有一定的余量。

2）电压检测电路

霍尔电压传感器可用于测量直流、交流和脉冲电压，其初级被测电压与次级输出电流电气隔离，与霍尔电流传感器所不同的是，霍尔电压传感器的初级需要串入一个限流功率电阻 R_1，将待测电压变为待测电流，其初级待测电流与次级输出电流的关系仍然由式(7-3)确定。下面以霍尔电压传感器 CHV-25P 为例介绍电压检测电路，其电气连接图如图 7-6 所示。CHV-25P 参数为：初级、次级绕组匝数比为 2500∶1000，初级输入额定电流 I_N＝10mA，对应次级输出电流 I_m＝25mA，初级内阻为 R_S＝250Ω。

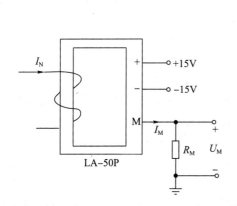

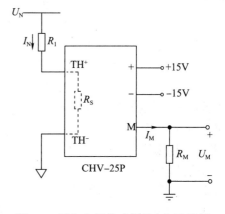

图 7-5　霍尔电流传感器的电气连接图　　　图 7-6　霍尔电压传感器的电气连接图

R_M 的计算方法同霍尔电流传感器，U_M 有效值应不大于 1V。CHV-25P 的次级额定电流为 I_M＝25mA。由式(7-5)得

$$R_M \leqslant \frac{1V}{25mA} = 40\Omega$$

初级与待测电压相连接，限流功率电阻 R_1 和初级内阻 R_S 串联，将待测电压变为待测电流，限流功率电阻 R_1 的计算公式为

$$R_1 = \frac{U_N}{I_N} - R_S \tag{7-6}$$

式中，U_N 为待测电压；R_1 为输入侧的限流电阻；I_N 为霍尔电压传感器的初级额定电流；R_S 为霍尔电压传感器的初级内阻。

CHV-25P 的初级内阻为 R_S＝250Ω，初级额定电流为 I_N＝10mA。若输入交流电压的有效值 U_N＝220V，代入式(7-6)得

$$R_1 \geqslant \frac{220V}{10mA} - 250\Omega = 21.75k\Omega$$

R_1 消耗的功率 $P＝220 \times 0.01＝2.2W$，如果选取一个电阻来实现，其阻值为 22kΩ，功率为 3W。若为了减小电阻承受的电压，选择电阻串联来实现，可选两个阻值为 11kΩ、功率为 2W 的电阻，在实际应用中应考虑过压等因素后留有一定的余量。

霍尔电流、电压传感器具有如下特点：

① 霍尔电压、电流传感器可以测量任意波形的电流和电压，如直流、交流和脉冲；也可以对瞬态峰值参数进行测量，其次级电流可以如实地反映初级电流的波形。这一点是普通互感器无法与其相比的，因为普通互感器一般只适用于工频正弦波。

② 精度高，一般的霍尔电流、电压传感器在工作区域内的精度优于 1%，该精度适合于任何波形的测量，而普通互感器的精度一般为 3%～5%，且只适合于工频正弦波。

③ 线性度优于 0.5%，动态性能好，工作频带宽，可在 0～20kHz 频率范围内很好地工作，过载能力强，测量范围大（0～±10000A）。

④ 可靠性高，尺寸小，重量轻，易于安装。

3. 互感器原理及相关检测电路

（1）互感器分类及原理

互感器又称为仪用变压器，是电流互感器和电压互感器的统称。互感器能将高电压变成低电压、大电流变成小电流，用于测量或保护系统。互感器分为电流互感器和电压互感器两大类；另外按用途可分为测量互感器和保护互感器，按介质可分为干式互感器、浇注绝缘互感器、油浸式互感器和气体绝缘互感器等。互感器的工作原理与变压器类似，也是根据电磁感应原理工作的，对电压、电流和阻抗进行变换。互感器将交流电压和电流按比例降到可以用仪表直接测量的数值，同时为继电保护和自动装置提供电源。这里主要以小型测量用互感器为例进行分析。

（2）使用互感器的检测电路

1）电流检测电路

电流互感器的电气连接图如图 7-7 所示，其中电流互感器以 HCT204KFH 为例，其输入电流为 5A 时，次级输出 2.5mA，即变比为 2000:1。图 7-7 中两个电路均可用于电流测量，待测电流 I_N 通过中间孔穿过互感器，与待测电流 I_N 成比例的电流 I_M 从互感器次级输出。

图 7-7(a) 中，输出电流 I_M 经测量电阻 R 转化为电压 $U_M = I_M R$，这种电路简单，但要求测量电阻 $R \leqslant 50\Omega$，且输出接后级电路后相移会变大，相移变化的大小与等效负载电阻有关。

图 7-7(b) 中，由运算放大器构成的有源检测电路避免了相移随负载的变化，输出电压仍然为 $U_M = I_M R$，其中，运算放大器选 OP07，其电源电压通常取 ±15V 或 ±12V，二极管 VD 用于防止运算放大器输入端之间电压过大而损坏，消振滤波电容 C 选用 1000pF 左右，反馈电阻 R 要求温度系数优于 $2.5 \times 10^{-5}/℃$。

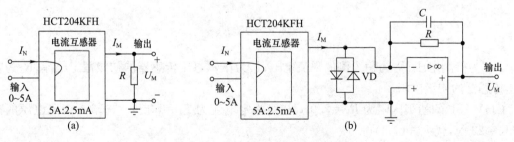

图 7-7　电流互感器的电气连接图

图 7-7 中，测量电阻 $R \leqslant 50\Omega$，选取 50Ω，次级额定输出电流为 2.5mA，则 U_M 有效值不超过 2.5mA×50Ω=125mV，可通过设置调理电路的增益充分利用 A/D 转换器的 0～3V 电压量程。

HCT204KFH 的初级额定电流 5A，由图 7-7 所示，初级导线缠绕匝数为 1 匝，在此工况下，I_N 应不大于 5A，同样应考虑过载等因素后留有一定的余量。

2) 电压检测电路

电压互感器的电气连接图如图 7-8 所示,其中电流型电压互感器以 HPT205AD 为例,其输入电流为 2mA 时,次级输出 2mA。电流型电压互感器本质是一个电流互感器,首先通过串入功率限流电阻 R_1,将待测电压 U_N 转化为待测电流 $I_N = U_M/(R_1 + 内阻)$,然后将待测电流 I_N 成比例地转换为互感器次级输出电流 I_M。图 7-8 中两个电路均可用于电压测量,反馈电阻 R 要求温度系数优于 $5 \times 10^{-5}/℃$。

图 7-8(a)中,输出电流 I_M 经测量电阻 R 转化为电压 $U_M = I_M R$,这种电路简单,但要求测量电阻 $R \leqslant 250\Omega$,且输出接后级电路后相移会变大,相移的变化值与等效负载电阻有关。

图 7-8(b)中,由运算放大器构成的有源检测电路避免了相移随负载的变化,输出电压仍然为 $U_M = I_M R$。

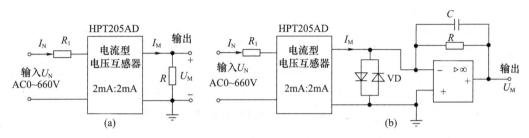

图 7-8 电压互感器的电气连接图

图 7-8 中,测量电阻 $R \leqslant 250\Omega$,选取 250Ω,次级额定输出电流为 2mA,则 U_M 有效值不超过 $2mA \times 250\Omega = 500mV$,可通过合理设置调理电路的增益,从而充分利用 A/D 转换器的 0~3V 电压量程。

初级额定电流为 $I_N = 2mA$,若待测交流电压有效值不大于 660V,代入式(7-6)并忽略内阻,则限流电阻 $R_1 \geqslant 660V/2mA = 330k\Omega$。$R_1$ 消耗的功率为 $P = 660 \times 0.002 = 1.32W$,所以选择阻值为 $330k\Omega$、功率为 2W 的标称电阻,同样应考虑过压等因素后留有一定的余量。

7.1.2 调理电路

1. 调理电路的作用

调理电路的作用是把检测电路输出的信号进行变换,变成 A/D 转换器所能测量的信号。针对不同应用中特定的输入和输出,调理电路也需要有针对性地设计,因此种类众多。调理电路通常由偏置、滤波和限幅电路组成。

在实际电能变换应用中,检测电路输出的信号中含有由变流器产生的高次谐波,会影响到 A/D 转换后的数据处理与计算。为了滤除高次谐波,根据具体情况选用滤波电路,常用的有 RC 低通滤波电路和二阶巴特沃思低通滤波电路。滤波电路会引起信号的相位滞后,在设计时需要针对具体应用综合考虑,其详细设计分析过程请参见 1.2 节。

限幅电路起限制信号幅度的作用,用以确保前级输出不超过 A/D 转换器的参考电压。常见的限幅电路如图 7-9 所示,图 7-9(a)中 VD_Z 为稳压管,可选取 MM1Z3B3,其稳压值为 3.3V,功率为 500mW;R 为限流电阻,可选取为 200Ω。当 U_i 小于 3.3V 时,$U_o = U_i$,电流 I_Z 非常小(微安级别);当 U_i 超过 3.3V 时,$U_o \approx 3.3V$,VD_Z 反向击穿,电流 I_Z 突然变大,电阻 R 上的压降增大,只要发热功率小于 500mW,稳压管就正常工作。图 7-9(b)中 VD_1 和 VD_2 为二极管,可选取 BTA54S;R 为限流电阻,可选取为 200Ω。一般选取导通压降小的二极管,从而在 U_i 超出 0~3.3V 的范围后二极管能尽快导通以实现限幅。

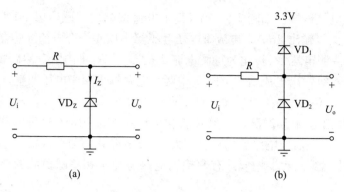

(a)   (b)

图 7-9　常见的限幅电路

2. 调理电路的设计

（1）基于霍尔传感器的调理电路的设计

针对工频 50Hz 交流电压、交流电流或双向流动直流电流，若按图 7-5 或图 7-6 所示使用霍尔传感器检测，偏置电路和滤波电路可按图 7-10 设计，采用 3.3V 单电源供电的轨对轨运算放大器，可省去限幅电路。下面主要介绍偏置电路和滤波电路的参数选取过程。

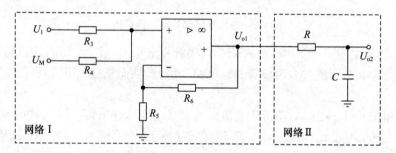

图 7-10　偏置电路和滤波电路

图 7-10 网络 I 为同相加法电路。在检测电路的设计中，霍尔传感器 M 端的输出电压 U_M 峰峰值不超过 3V（范围为 $-1.5\sim1.5$V）。偏置电路的 U_1 端接 1.5V 的基准电压，令 $R_3=R_4=R_5=R_6$，则同相比例加法器的增益为 1，其输出 $U_{o1}=U_1+U_M=1.5+U_M$，满足 A/D 转换器的输入在 $0\sim3$V 范围内的要求。通常运算放大器外围电阻的阻值在 $1\sim100$kΩ 之间选择，取 $R_3=R_4=R_5=R_6=10$kΩ 即可满足要求。

网络 II 为 RC 一阶低通滤波器，截止频率为

$$f_c=\frac{1}{2\pi RC} \tag{7-7}$$

其幅值增益为

$$|H(j\omega)|=\left|\frac{U_{o2}}{U_{o1}}\right|=\left|\frac{\dfrac{1}{j\omega C}}{R+\dfrac{1}{j\omega C}}\right|=\left|\frac{1}{1+j\omega RC}\right| \tag{7-8}$$

当变流器的开关频率选为 20kHz 时，滤波器截止频率 f_c 选取 10kHz，C 选取 0.22μF 电容，由式(7-7)得 $R\approx72.4$Ω，实际选取 68Ω 标称电阻。滤波器在截止频率处的幅值增益为 0.707，当输入频率远小于截止频率时，滤波器幅值增益约等于 1。

（2）基于互感器的调理电路的设计

1）交流电流测量

针对工频 50Hz 交流电流,若使用电流互感器检测,偏置电路、滤波电路和限幅电路可按图 7-11 进行设计。

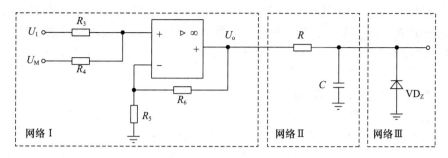

图 7-11　电流检测调理电路

若将图 7-7(b)输出 U_M 与图 7-11 输入 U_M 相连接,图 7-7(b)中测量电阻 R 选取 50Ω,U_M 有效值不超过 125mV,U_M 峰峰值不超过 $2\sqrt{2}\times125\text{mV}=0.3535\text{V}$,为充分利用 A/D 转换器的 0～3V 电压量程,调理电路中 U_M 的增益应不大于 3V/0.353V≈8.5,选取增益为 6。将低通滤波器的增益近似认为 1,偏置电路中 U_M 增益需设为 6。

图 7-11 中,网络 I 中偏置电路的输出与输入的关系为

$$U_o = \frac{R_5+R_6}{R_5}\times\frac{R_4}{R_3+R_4}\cdot U_1 + \frac{R_5+R_6}{R_5}\times\frac{R_3}{R_3+R_4}\cdot U_M \tag{7-9}$$

令 $R_5+R_6=R_3+R_4$,$R_4=R_5=2\text{k}\Omega$,$R_3=R_6=12\text{k}\Omega$,将偏置电路的 U_1 端接 1.5V 的电压,即可实现 $U_o=1.5+6U_M$ 的要求。

网络 II 为滤波电路,当变流器的开关频率选为 10kHz 时,滤波器截止频率 f_c 选取为 5kHz,C 选取 $0.22\mu\text{F}$ 电容,由式(7-7)反推得,$R≈144.7\Omega$,R 选取 150Ω 标称电阻。

网络 III 为限幅电路,由于网络 II 中已有电阻 R,不再为稳压管配备限流电阻。如果网络 II 为有源滤波,则需加入限流电阻。

2）交流电压测量

针对工频 50Hz 交流电压,若使用电压互感器检测,偏置电路和滤波电路可按图 7-12 设计。下面主要介绍偏置电路和滤波电路的参数选取过程。

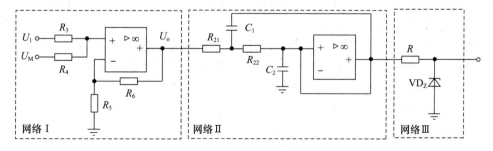

图 7-12　电压检测调理电路

若将图 7-8(a)输出 U_M 与图 7-12 输入 U_M 相连接,图 7-8(a)中测量电阻 R 选取 250Ω,U_M 有效值不超过 500mV,U_M 峰峰值不超过 $2\sqrt{2}\times500\text{mV}≈1.4\text{V}$,为充分利用 A/D 转换器的 0～3V 电压量程,调理电路中 U_M 的增益应不大于 3V/1.4V≈2.1,选取增益为 2,将偏置电路中 U_M 增

益设为 2,滤波电路的增益设为 1。

图 7-12 中网络 I 为偏置电路,按照式(7-9),令 $R_4=R_5=10\text{k}\Omega$, $R_3=R_6=20\text{k}\Omega$, U_1 端接 1.5V 固定的偏置电压,其输出 $U_o=U_1+2U_M=1.5+2U_M$。

网络 II 为二阶巴特沃思低通滤波电路(Sallen Key 结构)。选取增益为 1,当变流器的开关频率选为 10kHz 时,截止频率选取 $f_c=5\text{kHz}$,其远低于开关频率又高于工频 50Hz,不仅滤除变流器引起的干扰信号,又不对工频信号产生大的影响。参考 1.2 节使用滤波器设计工具完成参数计算,电阻设置为 5% 精度,电容设置为 10% 精度,得到 $C_1=22\text{nF}$, $C_2=10\text{nF}$, $R_{21}=1.6\text{k}\Omega$, $R_{22}=3\text{k}\Omega$。

3. 其他电流和电压检测调理电路

(1) 差动检测调理电路

如图 7-13 所示,通过测量采样电阻的电压差,能够测量电流,同时加 1.5V 偏置电压,以适应 A/D 转换器的 0~3V 电压量程。运算放大器后面接一阶低通滤波电路,其设计参见式(7-7)。采用 3.3V 单电源供电的轨对轨运算放大器,可省去限幅电路。

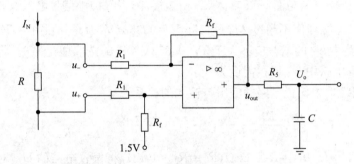

图 7-13 差动检测调理电路

图 7-13 为差动反相放大电路,运算放大器的输出电压为

$$u_{out}=-(u_- - u_+)\cdot\frac{R_f}{R_1}+1.5=-I_N R\cdot\frac{R_f}{R_1}+1.5 \tag{7-10}$$

若 I_N 为峰峰值不超过 10A 的交流电流,R 为 20mΩ 的采样电阻,则

$$(u_- - u_+)=I_N R\leqslant 10\text{A}\times 20\text{m}\Omega=0.2\text{V}$$

由于 A/D 转换器的电压量程为 0~3V,($u_- - u_+$) 的增益应不大于 3V/0.2V=15,选取电压增益为 10,取 $R_1=10\text{k}\Omega$, $R_f=100\text{k}\Omega$,同样应考虑过载等因素后留有一定的余量。

(2) 串联电阻检测调理电路的设计

串联电阻检测调理电路如图 7-14 所示,与差动检测调理电路结构非常类似,是同一种电路的两种不同用法。运算放大器后面接一阶低通滤波电路,其设计参见式(7-7)。采用 3.3V 单电源供电的轨对轨运算放大器,可省去限幅电路。

图 7-14 中运算放大器的输出电压为

$$u_{out}=-u_1\cdot\frac{R_f}{R_1+R_2+R_3}+1.5 \tag{7-11}$$

可根据检测电压 u_1 和输出电压 u_{out} 的范围选取 R_1、R_2、R_3 和 R_f 的大小。R_1、R_2、R_3 三个电阻串联在一起,是为安全起见减小单个电阻的耐压值,不一定是三个电阻,根据需要可用多个电阻串联。对于要求测量输出和待测电压隔离的场合,可以将输出电压接入线性光耦或线性隔离放大器进行隔离。

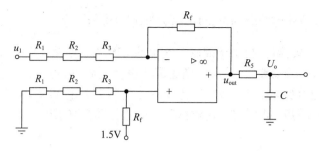

图 7-14 串联电阻检测调理电路

若 u_1 为峰峰值不超过 300V 的交流电压,由于 A/D 转换器的电压量程为 0~3V,则 u_1 的增益 $R_f/(R_1+R_2+R_3)$ 应不大于 3V/300V,选取电压增益为 1/100,所以选取 $R_f=3\text{k}\Omega$,$R_1=R_2=R_3=100\text{k}\Omega$,串联电阻中每个电阻的耐压值需要达到 100V,同样应考虑过压等因素后留有一定的余量。

7.2 光电隔离驱动电路设计

7.2.1 基于智能模块的光电隔离电路

当系统选用智能功率模块如英飞凌或三菱的 IPM 模块时,由于模块内部集成了驱动和保护等电路,所以不用设计驱动等电路,若需要电气隔离,只需要设计隔离电路即可。由于驱动信号一般频率较高,所以隔离电路通常采用高速光耦实现,如 HCPL-4661-500E、ACPL-P480 和 6N137 等,由 6N137 光耦组成的隔离电路如图 7-15 所示。

光耦 6N137 不仅完成信号的电气隔离,而且还可利用其 VE 使能端来控制驱动信号的通断,从而控制变流器启停。R_4 是输入侧限流电阻,将 PWM 脉冲与 6N137 的输入端连接起来;6N137 的引脚 6 是输出端,将与 IPM 模块的 PWM 输入端连接;R_1 为输出侧上拉电阻,电容 C_4 用来抑制高频干扰,电容 C_3 是去耦电容,用于抑制电源干扰。

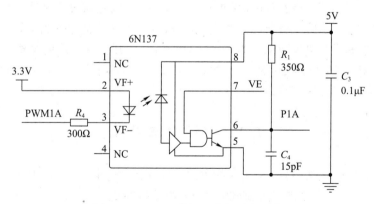

图 7-15 6N137 光耦组成的隔离电路

由 6N137 光耦的技术手册可知,部分元件典型值为:$R_1=350\Omega$,$C_4=15\text{pF}$,$C_3=0.1\mu\text{F}$。输入二极管导通时,输入电流 I_F 范围为 $5\text{mA} \leqslant I_F \leqslant 10\text{mA}$,二极管导通压降 V_F 的典型值为 1.4V;当输入二极管阳极 VF+ 接 3.3V 电源,输入电流 I_F 选取为 6mA 时,输入电阻计算值为(3.3V-1.4V)/6mA≈316Ω,选取 $R_4=300\Omega$。

7.2.2 基于分立开关器件的光电隔离驱动电路设计

当系统选用分立开关器件时,由于控制器输出的 PWM 信号无法直接驱动开关器件,此时需要设计驱动电路。另外,若需要电气隔离,则还需要设计隔离电路。隔离电路设计与上节相同,所以本节仅介绍驱动电路的设计。能完成驱动功能的芯片有很多,如 EG2104、TPS2812 和 IR2110 等。下面主要以 IR2110 为例进行分析,其电路如图 7-16 所示。

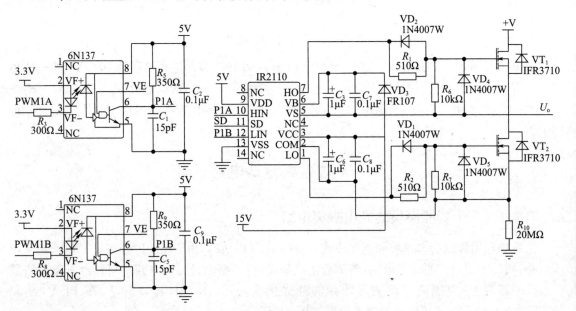

图 7-16 IR2110 电路图

IR2110 是大功率 MOSFET 和 IGBT 专用栅极驱动集成电路,已在电源变换、电机调速等功率驱动领域中获得了广泛的应用。该电路芯片体积小,集成度高(可驱动同一桥臂上下路),响应快($t_{on}/t_{off}=120/94ns$),偏置电压高(<600V),驱动能力强,内设欠压封锁,而且技术成熟,应用广泛,成本低,易于调试,并设有外部保护封锁端 SD。特别是通过快恢复二极管 VD_3 给外部自举电容 C_3 充电,再由 C_3 给上管驱动电路供电,从而无须使用隔离电源为上管驱动供电,使得驱动电源数目较其他非自举供电驱动大为减小。对于由 6 个开关管构成的全桥电路,需采用 3 片 IR2110 驱动 3 个桥臂,但仅需要一路 15V 驱动电源,从而减小了驱动电源的数目和电源体积,降低了产品成本,提高了系统的可靠性。

7.3 保护电路设计

保护电路种类众多,一般可分为软件保护电路和硬件保护电路。软件保护电路一般通过软件将采集到的实际值与保护值做比较,当检测到的电流或电压超过设定的保护值时,通过控制器 I/O 口输出保护信号关闭或切断故障电路,从而达到保护的目的。硬件保护电路是将采集到的实际值通过硬件电路与设定的保护值做比较,由硬件电路直接输出保护信号关闭或切断故障电路达到保护的目的。

7.3.1 软件保护电路设计

本节基于 TMS320F28335 控制为例进行分析。当 TMS320F28335 通过 A/D 转换检测到的电流或电压超过设定的保护值时,通过其 I/O 口输出保护信号切断故障电路,从而达到保护的目的。有多种切断故障电路的方法,例如将驱动电路中的外部保护封锁端置低来关断开关器件,或通过继电器切断主电源。驱动继电器及投切电路如图7-17所示。

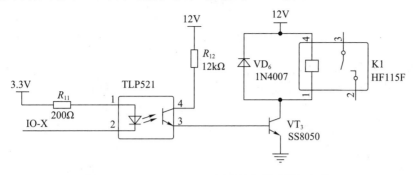

图 7-17　TMS320F28335 驱动继电器及投切电路

图 7-17 中,将 TMS320F28335 的输出信号 IO-X,通过光耦 TLP521 与继电器驱动电路进行电气隔离,光耦输出电流经三极管 VT_3 放大后,驱动继电器 K1 工作,从而切断故障电路实现保护功能。与继电器线圈并联的二极管 VD_6,在三极管 VT_3 关断时提供续流通道。

由 TLP521 光耦的技术手册可知,输入二极管导通时:输入电流 I_F 推荐典型值为 16mA,集电极电流 I_C 推荐典型值为 1mA;当输入二极管阳极接 3.3V 电源,输入电流 I_F 选取为 16mA 时,输入电阻计算值为 3.3V/16mA≈206Ω,选取 R_{11}=200Ω;集电极接 12V 电源,电阻 R_{12} 计算值为 12V/1mA=12kΩ,选取 R_{12}=12kΩ。

7.3.2 硬件保护电路设计

硬件保护电路中,切断故障电路的方法与软件保护电路中类似,下面主要分析硬件故障检测电路。

（1）交流过压保护电路

当交流侧电压过高时,将会造成用电设备或器件等损坏。当交流侧电压超过设定值时,过压保护电路触发保护流程,切断用电设备从而对其保护。图 7-18(a) 为交流过压保护电路,其中比较器选用漏极开路输出比较器 TLC372,在输出端需要有一个上拉电阻 R_4 和 TLC372 的去耦电容 C_2=0.1μF,R_1、R_2、R_3 组成电阻分压网络用于阈值设定,电阻分压网络的去耦电容 C_1=0.1μF。U_o 为保护输出信号。

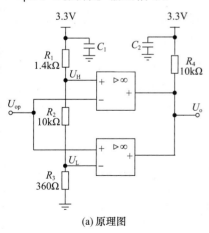

(a) 原理图

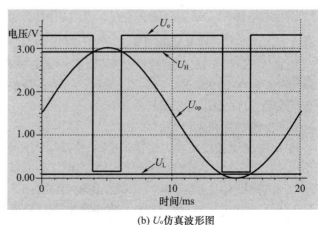

(b) U_o 仿真波形图

图 7-18　交流过压保护电路

图 7-18 中,阈值为

$$\begin{cases} U_H = 3.3 \times \dfrac{R_2 + R_3}{R_1 + R_2 + R_3} \\ U_L = 3.3 \times \dfrac{R_3}{R_1 + R_2 + R_3} \end{cases} \tag{7-12}$$

按照图中参数,计算可得 $U_H \approx 2.9V$,$U_L \approx 0.1V$。

交流电压经电压检测环节输出交流信号 U_M,通过调理电路时加 1.5V 偏置电压输出为 U_{op},U_{op} 中不仅含有交流成分,而且含有幅度为 1.5V 的直流成分。如果 U_{op} 大于 2.9V 或小于 0.1V,均视为过压,U_o 输出低脉冲信号,如图 7-18(b) 所示,该信号可输入微处理器及逻辑门使能输入端或保护投切电路实现过压保护功能。

按照上述原理,适当修改此电路和参数后,也可做交流过流保护电路。

(2) 直流过压保护电路

在电能变换过程中,当直流侧电压过高时,也会造成开关管(如 MOSFET、IGBT)等器件损坏。因此,在实际工作中必须实时监测直流侧电压,当它超过设定值时,触发泄放电路工作,通过释放能量从而降低电压或切断电路。可采用改进型的半迟滞比较电路实现直流侧电压的监测并产生触发信号的功能。如图 7-19 所示,直流过压保护电路由比较器、电阻和二极管构成。图中

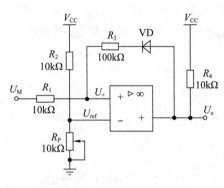

图 7-19　直流过压保护电路

U_M 为直流侧电压的测量值,比较参考电压 $U_{ref} = V_{CC} \cdot R_P/(R_P + R_2)$。半迟滞比较电路既可以在 U_M 大于 U_{ref} 时 U_o 立即变为高电平从而触发保护,又避免了在临近 U_{ref} 时 U_M 的小波动导致的 U_o 振荡。另外,由于比较器的输出级通常为集电极开路结构,为了能输出高电平,比较器输出 U_o 处需接上拉电阻 R_4。

当比较器输出 U_o 为低电平时,二极管 VD 截止,电阻 R_3 不起作用,电路相当于常规比较器,当 $V_{CC} = 5V$,$R_2 = R_P = 10k\Omega$ 时,$U_{ref} = V_{CC} \cdot R_P/(R_2 + R_P) = 2.5V$,如果测量值 U_M 上升且大于 2.5V,输出会立即由低电平转变为高电平,发出过压保护触发电平。

当比较器输出 U_o 为高电平时,二极管 VD 导通,其管压降为 U_D,则流过电阻 R_3 的电流为

$$I = (V_{CC} - U_D - U_M)/(R_1 + R_3 + R_4) \tag{7-13}$$

同相端电压 $U_+ = U_M + IR_1$,当 $U_+ = U_{ref}$ 时,比较器临界改变输出状态,可算得临界电压为

$$U_{Mth} = U_{ref} - (V_{CC} - U_D - U_{ref}) \cdot R_1/(R_3 + R_4) \tag{7-14}$$

由式(7-14)可知,U_{Mth} 通常是小于 U_{ref} 的。设二极管 VD 的管压降为 $U_D = 0.3V$,选取 $R_1 = R_4 = 10k\Omega$,$R_3 = 100k\Omega$ 时,可得 $U_{Mth} = 2.3V$,即测量值 U_M 下降且小于 2.3V 时,输出会由高电平转变为低电平,退出过压保护触发状态。

(3) 交流过压和欠压保护电路

图 7-20 为交流过压和欠压保护电路,交流输入先通过变压器降压,再经整流桥变为直流,为了 U_M 不受负载影响,通过电阻分压后,需接电压跟随器 U_3,最后接入两个半迟滞比较器,比较器 U_1 用于过压比较,比较器 U_2 用于欠压比较,其中二极管 VD_2 的方向与 VD_1 相反,目的是在 U_M 下降且小于设定电压时,输出 U_{acL} 立即由高电平转变为低电平。

图 7-20 中变压器变比 $n = 20:1$,整流二极管压降设为 $U_D = 0.7V$,整流输出直流电压 U_{dc} 与交流输入电压有效值 U_{ac} 的关系为

$$U_{dc}=\sqrt{2}U_{ac}/n-2U_D\approx0.0707U_{ac}-1.4 \tag{7-15}$$

图 7-20 中，$R_{f1}=39\text{k}\Omega$，$R_{f2}=10\text{k}\Omega$，跟随器输出电压 U_M 和整流输出电压 U_{dc} 的关系为

$$U_M=U_{dc}\times R_{f2}/(R_{f1}+R_{f2})=U_{dc}/4.9 \tag{7-16}$$

将式(7-15)代入式(7-16)得，跟随器输出电压 U_M 与交流输入电压有效值 U_{ac} 的关系为

$$U_M=(0.0707U_{ac}-1.4)/4.9 \tag{7-17}$$

当 U_{ac} 变化范围设为 $100\sim265\text{V}$ 时，可算得跟随器输出电压 U_M 变化范围为 $1.16\sim3.54\text{V}$。通过调节 R_{P1} 将参考电压 U_{ref1} 设为 3.54V，通过调节 R_{P2} 将参考电压 U_{ref2} 设为 1.16V，即可实现过压和欠压保护。当 $U_{ac}>265\text{V}$ 时，保护电路的输出信号 U_{acH}、U_{acL} 均为高电平；当 U_{ac} 处于 $100\sim265\text{V}$ 之间时，保护电路的输出信号 U_{acH} 为低电平，U_{acL} 为高电平；当 $U_{ac}<100\text{V}$ 时，保护电路的输出信号 U_{acH}、U_{acL} 均为低电平。通过一个同或门电路，可将过压和欠压两种状态合并为一个过欠压状态，当电压处在允许范围时，同或门输出低电平，否则输出高电平。

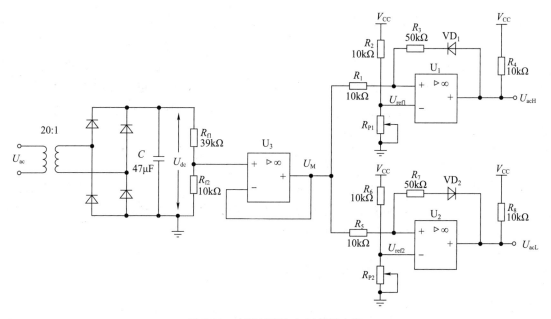

图 7-20 交流过压和欠压保护电路

（4）交流过流保护电路

图 7-21 为交流过流保护电路，图中的 u_i 为交流电流检测电路的输出。当发生交流过流故障时，保护电路的输出信号 U_o 变成高电平，触发相应的保护动作。

图 7-21 中，运放 U_1 与电阻 R_1、R_2、R_3 和二极管 VD_1、VD_2 构成精密检波电路，运放 U_2 与电阻 R_4、R_5、R_6、R_7 构成加法器。精密检波电路工作原理为：

当 $u_i<0$ 时，其接在运放 U_1 的反相输入端，运放 U_1 输出 $u_{1o}>0$，VD_1 截止，VD_2 导通，VD_2 的导通为 U_1 提供深度负反馈，运放反相输入端为虚地点，从虚地点经 R_3 输出 $u_A=0$。

当 $u_i>0$ 时，$u_{1o}<0$，VD_1 导通，VD_2 截止，此时电路为反相比例放大电路，令 $R_3=R_2$，$u_A=-u_i$。

图 7-21 中，以运放 U_2 为中心的加法器输出为

$$u_{2o}=-u_i\frac{R_7}{R_4}-u_A\frac{R_7}{R_6} \tag{7-18}$$

令 $R_7=R_4=2R_6$，并考虑到 u_A 有两种情况，可得

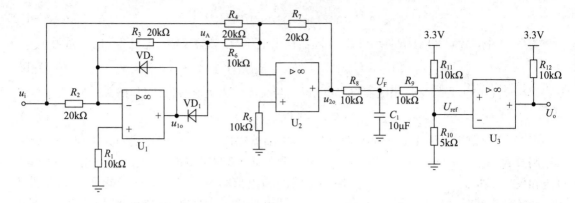

图 7-21 交流过流保护电路

$$u_{2o} = -u_i - 2u_A = \begin{cases} -u_i, u_i < 0 \\ u_i, u_i > 0 \end{cases} \tag{7-19}$$

因此以 U_1 与 U_2 为中心构成绝对值检测电路,也可以写为

$$u_{2o} = |u_i| \tag{7-20}$$

图 7-21 中,如果待检测电流为工频 50Hz 电流,经过绝对值检测电路后,运放 U_2 输出 u_{2o} 的频率为 100Hz。电阻 R_8 和电容 C_1 构成的低通滤波器的截止频率根据式(7-7)计算为:$f_c = 1/(2\pi R_8 C_1) \approx 0.03Hz$,由于其远低于 100Hz,运放 U_2 的输出 u_{2o} 通过低通滤波器后,滤去交流分量得到其平均值 U_F,U_F 与 u_{2o} 峰值的比值为

$$\int_0^\pi \sin\theta d\theta / \pi = 2/\pi \approx 0.637 \tag{7-21}$$

图 7-21 中,$U_{ref} = 3.3 \times 5k\Omega/(5k\Omega + 10k\Omega) \approx 1.1V$。$U_F$ 接入比较器 U_3,与过流设定值 U_{ref} 比较,如果 U_F 大于 U_{ref},u_{2o} 的峰值同时也是 u_i 的峰值,应大于 $1.1V/0.637 \approx 1.732V$,此时,比较器 U_3 的输出 U_o 变为高电平,触发相应的保护动作。

7.4　辅助电源电路设计

根据电能变换系统的设计要求,一般需要 ±15V 模拟电源、1.5V 基准电源、3.3V 数字电源、5V 光电隔离电源和 12/24V 继电器电源等。在实际应用中,辅助电源的形式种类繁多,本节仅介绍两种运行稳定且易于实现的电源结构。

7.4.1　基于三端稳压器的辅助电源系统

该电源系统主要由工频变压器、桥式整流和三端稳压器组成,如图 7-22 所示。

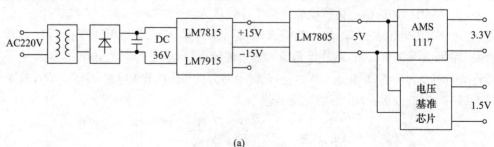

(a)

图 7-22　基于三端稳压器的辅助电源系统

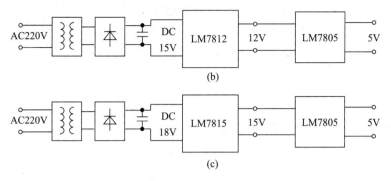

图 7-22　基于三端稳压器的辅助电源系统(续)

图 7-22 中,通过降压工频变压器和整流滤波电路,将 220V 交流电转变为直流电。通过图 7-22(a) 中的 LM7815/LM7915 产生 ±15V 电压为检测调理电路供电,通过 LM7805、AMS1117 输出 5V、3.3V 电压为 TMS320F28335 及外围电路供电,通过电压基准芯片输出 1.5V 用于偏置电路;通过图 7-22(b) 中 LM7812 输出 12V 电压为保护电路中的继电器供电,通过 LM7805 输出 5V 电压为保护电路中的光耦供电;通过图 7-22(c) 中 LM7815 输出 15V 电压为驱动电路供电、通过 LM7805 输出 5V 电压为驱动电路中的光耦供电。

图 7-23 和图 7-24 分别为 LM7815/LM7915 和 LM7805 相应电路原理图,其结构简明,易于调试。

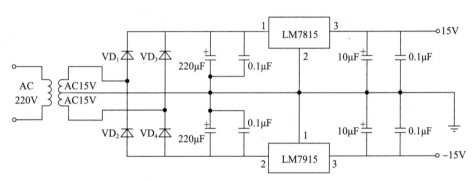

图 7-23　LM7815/LM7915 相应电路原理图

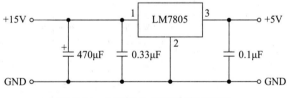

图 7-24　LM7805 相应电路原理图

图 7-23 和 7-24 中的电容主要用于滤波,其值为三端稳压器要求的典型值。

基准电压芯片具有极低的动态阻抗和良好的温度稳定性,其输出的基准电压常用于偏置电路中,三种典型芯片对应电路图如图 7-25 所示。图 7-25(a)用 TLV431A 产生 1.5V 基准电压,TLV431A 是微功率基准电压二极管,其可调输出电压 u_o 为 1.24~6V。TLV431A 输出电流较小,可接电压跟随器增强带载能力。若产生 1.5V 基准电压,可根据下式计算

$$u_o = 1.24\left(1 + \frac{R_2}{R_3}\right) \tag{7-22}$$

图 7-25（b）中，用 ISL21010-15 产生 1.5V 基准电压，其在 2.2～5.5V 电源下工作，最高提供 25mA 的输出电流。ISL21010 有 1.5V、2.5V 和 3.3V 等多个型号。图 7-25（c）中用 REF2030AIDDCR 产生 3.0V 和 1.5V 基准电压，最高输出电流为 ±20mA。

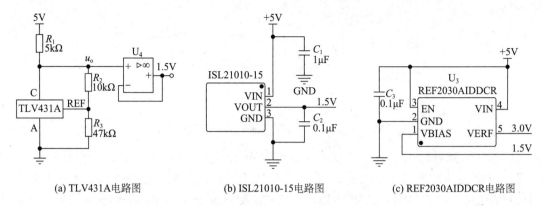

(a) TLV431A电路图　　　　　(b) ISL21010-15电路图　　　　　(c) REF2030AIDDCR电路图

图 7-25　基准电压芯片对应电路图

7.4.2　基于 DC/DC 模块构成辅助电源系统

从上节分析可知，采用基于三端稳压器的辅助电源系统需要三个工频变压器，体积和重量都比较大，且由于三端稳压器为线性电源，损耗大，所以在实际的工业产品中应用不多。目前 DC/DC 模块由于体积小、效率高等优点得到了广泛的应用，市场上提供的 DC/DC 模块的种类丰富，性能稳定。DC/DC 模块分为隔离型和非隔离型两大类，可根据需要进行选取。用其组成的辅助电源系统结构如图 7-26 所示。

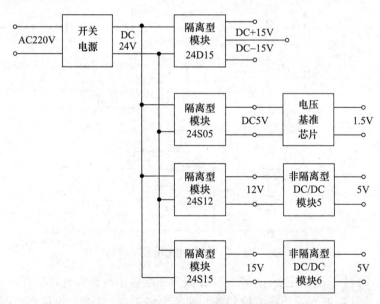

图 7-26　基于 DC/DC 模块构成的辅助电源系统

图 7-26 中，通过开关电源将 220V 交流电转变为 24V 直流电。隔离型模块 24D15 将 24V 转化为 ±15V 为检测调理电路供电。通过隔离型模块 24S05 输出 5V 电压为 TMS320F28335 及其外围电路供电、通过电压基准芯片输出 1.5V 用于偏置电路。通过隔离型模块 24S12 输出 12V 电压为保护电路中的继电器供电、通过非隔离型 DC/DC 模块 5 输出 5V 电压为保护电路中

的光耦电路供电。通过隔离型模块 24S15 输出 15V 电压为驱动电路供电、通过非隔离型 DC/DC 模块 6 输出 5V 电压为驱动电路中的光耦供电。

思考与练习

1. 如图 7-5 所示,霍尔电流传感器的具体参数如下:初级额定电流 $I_N = 50A$,对应次级的输出电流 $I_M = 50mA$,即初级与次级的电流比为 1000:1。

(1) 初级绕组匝数 $N = 10$,输入电流有效值为 4A,M 端输出电压有效值为 1V 时,求 M 端电阻 R_M 的值。

(2) 初级绕组匝数 $N = 5$,输入电流最大值为 7A,M 端输出电压最大值为 1.5V 时,求 M 端电阻 R_M 的值。

2. 如图 7-6 所示,霍尔电压传感器的具体参数如下:初级输入额定电流 $I_N = 10mA$,对应次级的输出电流 $I_M = 25mA$,即初级与次级电流比为 10:25。试求:

(1) 初级电压最大值为 220V,次级输出电压最大值为 5V 时,初级功率电阻 R_1 和 M 端电阻 R_M 的值;

(2) 初级电压有效值为 36V,次级输出电压有效值为 1V 时,初级功率电阻 R_1 和 M 端电阻 R_M 的值。

3. 采用如图 7-14 串联电阻检测调理电路,并级联如图 7-18 交流过压保护电路。若图 7-14 中待测电压有效值为 380V,输出电压交流成分有效值为 1V。

(1) 试求检测电路中串联电阻 R_1、R_2 和 R_3 的值;

(2) 当过压 1.2 倍时,过压保护电路发出保护信号,试确定保护电路中 R_{10} 和 R_{11} 的值。

4. 采用如图 7-13 差动检测调理电路,并级联如图 7-21 交流过流保护电路,设系统额定电流的有效值为 100A,检测电路中采样电阻 R 为 20mΩ,低通滤波器截止频率设为 1kHz,要求充分利用 A/D 转换器的 0～3V 电压量程。

(1) 试求检测电路中电阻 R_1、R_f、R_5 和 C 的值;

(2) 当过载 1.2 倍时,过流保护电路发出保护信号,试确定保护电路中 R_{10}、R_{11} 的值。

5. 采用如图 7-7(b) 电流检测电路,设系统额定电流有效值为 3A。

(1) 检测电路后级联图 7-12 调理电路,要求充分利用 A/D 转换器的 0～3V 电压量程,试求检测电路中电阻 R 及调理电路中所有电阻和电容的值;

(2) 检测电路后级联图 7-21 过流保护电路,当过载 1.5 倍时,过流保护电路发出保护信号,试确定过流保护电路中 R_{10} 和 R_{11} 的值。

第8章　电能变换的其他应用

随着电力电子技术的发展,电能变换的应用也越来越广泛,本章选择了几个典型的应用实例加以分析。本章所采用的检测方法和控制策略并非最优,具体采用哪种检测方法和控制策略可根据具体情况确定。

8.1　静止无功发生器(SVG)

在电力系统中,由于感性负载的普遍存在,电网中含有大量的感性无功功率。无功功率会导致供电线路的总电流变大,使供电系统损耗增加;造成发电、输配电设备的利用率降低;供电系统输电线路的电压降变大,导致用户端电压降低;如果大容量无功负载突然加到电网中,则会对电网形成冲击,使电网电压大幅波动,严重影响供电质量。

迄今为止,无功补偿技术的发展主要经历了4个不同的阶段:同步调相机、开关投切固定电容、静止无功补偿器(Static Var Compensator,SVC)和静止无功发生器(Static Var Generator,SVG)。同步调相机的响应速度慢、噪声和损耗大,其技术陈旧,属于淘汰的技术。开关投切固定电容也存在响应速度慢,且连续可控能力差等缺点。静止无功补偿器(SVC)是目前相对先进实用的技术,在输配电系统中得到了广泛应用。根据结构原理的不同,SVC又分为饱和电抗器型(Saturated Reactor,SR)SVC、晶闸管相控电抗器型(Thyristor Controlled Reactor,TCR)SVC、晶闸管投切电容器型(Thyristor Switched Capacitor,TSC)SVC和具有TCR和TSC的混合型等。随着电力电子技术,特别是大功率可关断器件技术的发展和日益完善,国内外研究了一种更为先进的静止无功补偿装置——静止无功发生器(SVG)。在国外SVG的理论研究起步较早,目前已步入工业化应用阶段。另外,SVG的工业化应用对理论研究起了非常大的推动作用,新的理论研究成果也在不断出现。

本节主要分析SVG系统的工作原理、分类、结构组成、无功指令信号的检测和控制策略等,最后给出SVG滞环控制的仿真。

8.1.1　SVG的工作原理及系统组成

1. SVG工作原理及分类

SVG实质上是运行于容性或感性状态的PWM变流器,其电路结构及分类与PWM变流器类似。实际中应用较多的结构为电压型桥式结构。电压型桥式SVG的主电路主要由直流侧电容、三相变流器和输出滤波器(或耦合变压器)组成。直流侧电容的主要作用是为SVG提供一个稳定的直流工作电压。下面以电压型三相三线制SVG为例进行分析,即直流侧电压中点与电网中点没有连接,如图8-1所示。

PWM变流器原理详见5.1节,如图5-1和图5-2所示,当$\dot{U}$端点运行在不同象限时,PWM变流器可以工作在整流、逆变、感性、阻性和容性状态。为了进一步分析,可用如图8-2所示的单相等效电路来说明SVG的工作原理。

SVG可以等效为一个可控的交流电流源,其频率与电网相同,相位与电网电压相差90°,幅值可根据需要补偿的无功电流的大小进行调整。SVG通过电感与电网相连。如图8-2(a)所示,

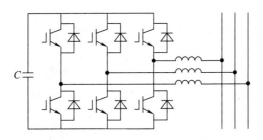

图 8-1　电压型三相三线制 SVG 基本电路结构

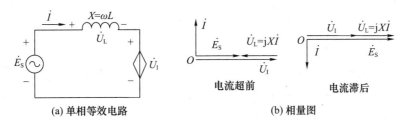

(a) 单相等效电路　　　　　　　　　　(b) 相量图

图 8-2　SVG 的单相等效电路及工作原理

当 SVG 输出电压幅值超过电网电压幅值时,电感上的电压会与电网电压反相,根据电感的电流滞后电压 90°的性质,可以得到超前于电网电压的电流,这时,SVG 发出容性电流;同理,当 SVG 输出电压幅值小于电网电压幅值时,电感上的电压会与电网电压同相,根据电感的电流滞后电压 90°的性质,可以得到滞后于电网电压的电流,这时,SVG 发出感性电流。可以看出,改变 SVG 输出电压的大小,就可以使 SVG 发出感性或容性电流,从而达到补偿感性或容性无功负载的要求。

2. SVG 系统组成

SVG 系统组成如图 8-3 所示,这里采用的是电压型桥式电路结构,主要由主电路、检测调理电路、DSP 控制器、光电隔离电路和驱动电路等组成。主电路包括直流侧电容、变流器和输出滤波电路。检测调理电路包括直流电压、负载电流、SVG 输出电流和电网电压检测调理电路。本例的控制器件选用 DSP,变流器采用 IGBT。工作过程为:对负载电流、SVG 输出电流、电网电压、直流侧电容电压进行检测,检测到的信号经过调理电路之后,送到控制器里进行运算处理,然后产生的 PWM 波信号经光电隔离电路和驱动电路送到变流器来驱动 IGBT,从而控制 IGBT 的导通与关断,产生无功补偿信号。图 8-3 中 i_L 为负载电流,i_s 为电网电流,i_c 为补偿电流。

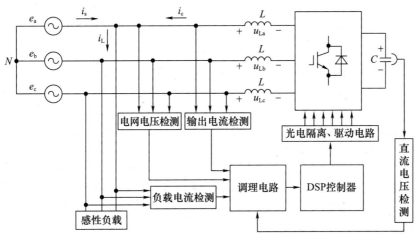

图 8-3　SVG 系统组成

（1）SVG 容量计算

如果忽略 SVG 系统的内部损耗，则 SVG 系统的容量可表示为

$$Q=3E(U_1-E)/X \tag{8-1}$$

式中，Q 是 SVG 系统的输出容量（VA）；E 是电网相电压有效值（V）；U_1 是 SVG 系统桥式变流器输出相电压的有效值（V）；X 是 SVG 系统输出连接电感的电抗值（Ω）。

（2）SVG 电路参数选取

为了在实际应用中使 SVG 系统既能满足性能要求，又能降低成本，需要对主电路的开关器件进行合理选择。SVG 实际是工作在阻感或阻容状态下的 PWM 变流器，其电路参数的选择可参考第 5 章的内容，在此不再展开分析。

8.1.2 SVG 的检测算法

1. 基于坐标变换的 i_p-i_q 检测方法

无功指令电流的实时检测在很大程度上决定了 SVG 系统的动态性能。因此，提高无功指令电流的实时检测速度，是提高 SVG 系统动态性能的关键。

由第 1 章检测方法的分析可知，基于坐标变换检测法能够快速检测负载的电压和电流信号，因此该方法在 SVG 系统中得到了广泛的应用。基于坐标变换的瞬时无功理论信号检测主要有 p-q 法和 i_p-i_q 法两种。其中 p-q 检测法的原理框图如图 8-4 所示。

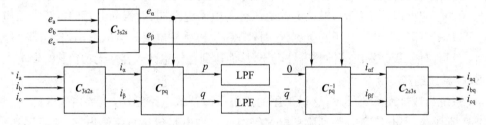

图 8-4　p-q 检测法的原理框图

图 8-4 中，C_{3s2s} 是从三相 abc 坐标系到 $\alpha\beta$ 坐标系的变换矩阵，C_{pq} 是 $\alpha\beta$ 坐标系下的瞬时功率定义矩阵，C_{pq}^{-1} 是 C_{pq} 的逆矩阵，LPF 是低通滤波器，C_{2s3s} 是从 $\alpha\beta$ 坐标系到三相 abc 坐标系的逆变换矩阵。

p-q 法检测原理是：根据瞬时功率理论，将待检测的三相电流和三相电压进行坐标变换，计算出瞬时功率 p、q，然后 p、q 经过 LPF 滤波后得到其基波对应的直流分量 $\overline{p}$、$\overline{q}$。这时，将 $\overline{p}$ 置 0，然后进行反变换可以计算出三相基波无功指令电流 i_{aq}、i_{bq} 和 i_{cq}。

利用 p-q 法检测三相基波无功指令电流时，三相电压也参与了运算。若电网电压发生畸变，p-q 法则不能准确地检测出无功电流分量。为了克服这种缺陷，在实际中一般采用 i_p-i_q 检测法。i_p-i_q 检测法的原理框图如图 8-5 所示。

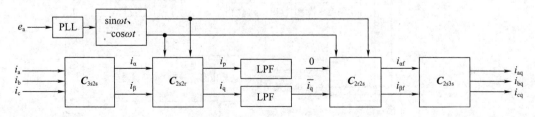

图 8-5　i_p-i_q 检测法的原理框图

图 8-5 中，PLL 是锁相环，$\sin\omega t$、$-\cos\omega t$ 是正弦和余弦信号发生器，$\boldsymbol{C}_{2s2r}$ 和 $\boldsymbol{C}_{2r2s}$ 是旋转坐标系下的变换矩阵。

在 i_p-i_q 检测法中，经过对电网电压 e_a 进行锁相，得到了同步的正、余弦信号，然后采用基于 dq 变换的方法得到 i_p、i_q 瞬时值。i_p、i_q 通过 LPF 滤波后得到对应的基波直流分量 $\overline{i_p}$、$\overline{i_q}$，取 $\overline{i_p}=0$，然后经过反变换得到相应的三相无功电流分量 i_{aq}、i_{bq}、i_{cq}，即三相基波无功指令电流。

由于在 i_p-i_q 检测法中只需要检测电网电压的相位信息，即使电网电压发生畸变，对检测结果的影响不大。所以在电网电压发生畸变时，i_p-i_q 检测法的检测精度更高，在实际中用得更为广泛。

2. 数字低通滤波器参数的选取

不论是 p-q 法还是 i_p-i_q 法，在检测含有谐波成分的负载电流时，因为经过坐标变换得到的电流成分中均含有高次谐波电流，所以需要将坐标变换后的结果经过 LPF 滤波后，才能得到准确的基波无功电流。目前，坐标变换及低通滤波都是在 DSP 或 FPGA 中完成的。为了编写程序代码，需要研究 LPF 的数字实现方法，这部分内容可参考 1.2.3 节的相关内容。

例如，采样频率 f_s 为 12800Hz，通频带截止频率 f_c 为 30Hz。把上述设计参数代入 Filter Designer 中，Response Type 选择 Lowpass，Design Method 选择 IIR（Butterworth），如图 8-6 所示。设计完成后，输出参数如下：

SOS Matrix: $\begin{bmatrix} 1 & 2 & 1 & 1 & -1.97\ 917\ 472\ 731\ 009 & 0.979\ 389\ 350\ 028\ 798 \end{bmatrix}$
Scale values: $\begin{bmatrix} 5.36\ 556\ 796\ 777\ 882\text{e-}005; & 1 \end{bmatrix}$

将以上相关参数代入式(8-2)，得到二阶巴特沃思滤波器的传递函数为

$$H(z)=\frac{Y(z)}{X(z)}=\frac{b_0+b_1 z^{-1}+b_2 z^{-2}}{a_0+a_1 z^{-1}+a_2 z^{-2}} \tag{8-2}$$

式中，$b_0=5.36\ 556\ 796\ 777\ 882\text{e-}005$，$b_1=2b_0$，$b_2=b_0$，$a_0=1$，$a_1=-1.97\ 917\ 472\ 731\ 009$，$a_2=0.979\ 389\ 350\ 028\ 798$。

将式(8-2)用差分方程表示，得

$$y(n)=b_0 x(n)+b_1 x(n-1)+b_2 x(n-2)-a_1 y(n-1)-a_2 y(n-2) \tag{8-3}$$

式(8-3)可以很方便地用 C 语言编程来实现。如图 8-7 所示，最终得到的频率响应曲线在 30Hz 处衰减 -3dB，在 50Hz 处，幅值衰减 $-9.403\ 691$，满足系统设计要求。

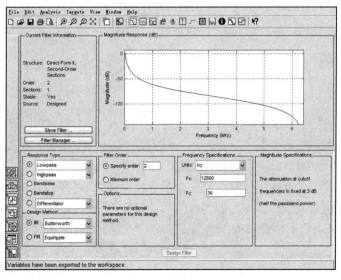

图 8-6　数字滤波器设计

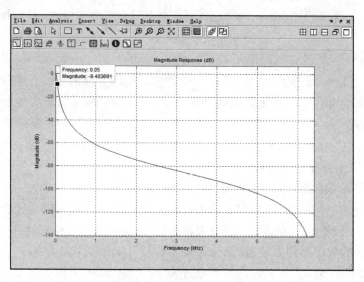

图 8-7　所设计数字滤波器的频率响应曲线

在软件编程实现低通滤波器时,要注意把定义的数组初始化,如果不进行初始化,可能造成初始数据的异常,导致滤波结果溢出,从而引发振荡。

8.1.3　SVG 的控制策略

从控制方法上看,SVG 系统的控制和 PWM 型变流器类似,根据是否存在电流反馈,可以分为直接电流控制和间接电流控制两种方法。直接电流控制法是将 SVG 系统等效成一个可控的交流电流源,而间接电流控制法是将 SVG 系统等效成一个可控的交流电压源。间接电流控制法是通过控制三相变流器输出电压的幅值和相位来实现的。本节主要讨论应用更为广泛的直接电流控制法。直接电流控制包括滞环比较、三角波比较和调制(SPWM 或 SVPWM)三种,其控制原理与第 5 章 PWM 整流类似。

另外,直流侧电压由于实时补偿电流的变动和系统损耗的产生,不能保持为一个稳定值。为了使直流侧电压保持稳定,需要直流侧从电网吸收有功电流。这个有功电流可由以下方法实现,通过直流侧电压给定值和实际反馈值进行比较,两者之差经 PI 调节得到调节信号 Δi_p,将这个分量作为瞬时有功电流的直流分量,经反变换后使交流侧的电流中含有有功电流分量,这样就能实现交流侧和直流侧的能量交换,将直流侧电容电压 U_dc 调节至给定值,从而保持直流侧电压的稳定。

1. 调制控制

基于坐标变换的 SVG 控制框图如图 8-8 所示,图中,e_a、e_b、e_c 为三相电网电压瞬时值,L 为输出连接电感,C 为直流侧电容,u_a、u_b、u_c 为 SVG 桥式变流器交流侧输出相电压,i_a、i_b、i_c 为 SVG 的输出电流,U_dc 为直流侧母线电压,i_d 为直流侧母线电流。

SVG 系统的交流侧电流中不仅包含要产生的无功电流,同时还包含用以稳定直流侧电压和 SVG 系统损耗的有功电流。直流侧电容为直流母线提供一个稳定的直流电压,以保证变流器补偿时的良好性能。影响直流侧母线电压的因素有很多。首先,SVG 的线路损耗和变流器中的损耗会降低直流侧母线电压;其次,电网电压中有负序分量或三相电压、电流不平衡也会影响直流侧电压的稳定;同时,电网系统中存在的电压及电流谐波也会和直流侧电容交换能量,引起直流侧母线电压不稳定。

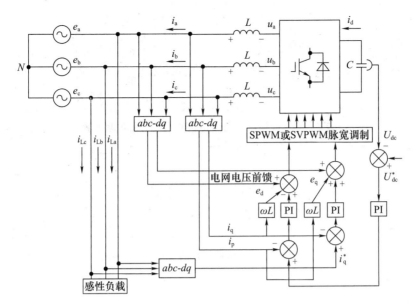

图 8-8　基于坐标变换的 SVG 控制框图

直流侧母线电压对 SVG 的性能有很大的影响。如果直流侧母线电压波动较大,则 SVG 在补偿无功电流时,就可能会出现过补偿或补偿不足的问题。因此,对直流侧母线电压进行有效控制,保持其上电压的稳定性,对提高 SVG 的补偿性能有很重要的意义。

目前,对直流侧母线电压的控制主要有两种方法。一种是将电网电压经调压器或变压器改变电压,经二极管整流得到直流电给直流侧电容供电,这种方法一般在实验调试或产品开发时使用。这种方法增加了 SVG 系统的成本和体积,在实际中一般不采用。第二种方法是通过采用适当的控制策略,在交流侧增加有功电流分量为直流侧电容充放电,保持直流侧电网电压不变。第二种方法的控制策略是将直流侧母线电压的指令值与实际测量值做差,然后通过对差值进行 PI 调节控制,得到有功指令电流 i_p^*,从而通过变流器补偿电流中含有的有功分量来使 SVG 的直流侧从电网获取一定的能量,维持直流侧母线电压的稳定。

由前述我们可以利用坐标变换很方便地从检测到的负载电流中得到无功指令电流,这里设为 i_q^*。同时,直流侧指令电压 U_{dc}^* 与实际检测的直流侧母线电压进行比较,通过 PI 调节后得到有功指令电流 i_p^*。然后分别将这两个指令值与实际检测值进行比较,经过 PI 调节、d、q 轴解耦处理后,得到在 dq 坐标系中的 SVG 交流侧输出电压。该交流侧输出电压经过调制后得到 PWM 信号来驱动变流器,这样就完成了 SVG 控制的整个过程。其具体的控制方法请参考 5.2.2 节的相关内容,此处不再赘述。

2. 三角波比较控制

SVG 采用三角波比较的直流电流控制框图如图 8-9 所示,其中有功和无功指令电流的获取与调制控制一样,图中 U_{dc}^* 为直流侧电容电压的给定信号,其与反馈信号比较后,经 PI 调节产生有功指令电流。基于坐标变换可获取无功电流指令。将变换后的实际电流与指令电流做差并进行 PI 调节,再反变换后与三角波进行比较,产生 PWM 信号驱动变流器,使输出信号跟随指令信号变化,达到补偿无功电流的目的。

3. 滞环控制

SVG 采用滞环比较的直接电流控制框图如图 8-10 所示,其指令电流的产生同上,滞环控制是将指令电流与实际反馈的电流做差并与设定的环宽进行比较,产生 PWM 信号驱动变流器,使输出信号跟随指令信号变化,达到补偿无功电流的目的。

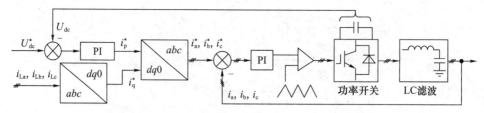

图 8-9　SVG 采用三角波比较的直接电流控制框图

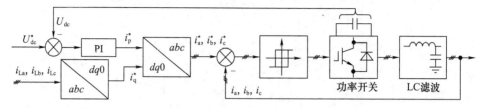

图 8-10　SVG 采用滞环比较的直接电流控制框图

8.1.4　SVG 仿真

为了验证滞环比较控制在三相三线制 SVG 系统中的使用,设系统中电网相电压有效值为 220V,负载感性无功功率为 20kVar,阻性有功功率为 20kW,设计滞环宽度为 0.01A,直流侧电压为 665V,连接电感 L 为 1.47mH,直流侧电容 C 为 $4700\mu F$,$k_p = 8$,$k_i = 0.5$。

采用 MATLAB/Simulink 仿真软件对基于滞环比较控制的 SVG 进行仿真,仿真模型如图 8-11(a)所示,其中滞环比较控制模块如图 8-11(b)所示。SVG 的主要仿真波形如图 8-12 所示,其中图 8-12(a)是变流器直流侧电压 U_{dc} 的波形。仿真波形表明,SVG 启动后,可以使直流侧电压保持稳定。图 8-12(b)是 SVG 直流侧电压稳定后变流器交流侧 a 相电压和电流的波形,表明 SVG 能很好地补偿无功负载,使电网侧的功率因数接近 1。图 8-13 为电网侧 a 相电流谐波分析图,其表明基于滞环比较控制的 SVG 能使电流的谐波总量很低,THD 为 0.6%,但从图 8-13 中也发现,虽然滞环比较控制的总谐波含量比较低,但是电流波形中所含的高次谐波分布比较随机,不利于输出滤波器的设计。仿真验证了滞环比较控制在三相三线制 SVG 系统中的应用。

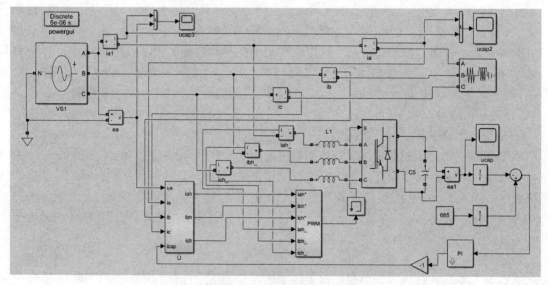

(a)基于滞环比较控制的SVG仿真模型

图 8-11　SVG 系统仿真模型图

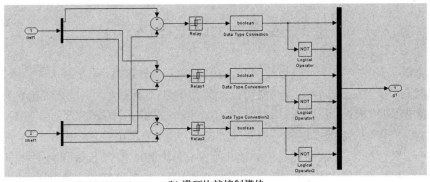

(b) 滞环比较控制模块

图 8-11　SVG 系统仿真模型图(续)

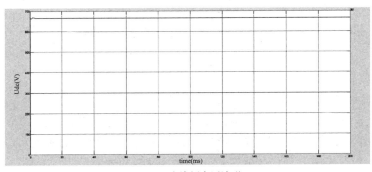

(a) SVG直流侧电压波形

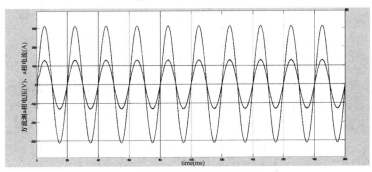

(b) SVG交流侧a相电压和电流波形

图 8-12　SVG 模型的主要仿真波形图

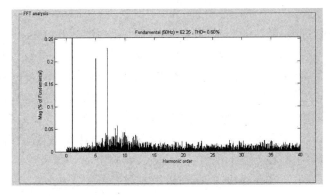

图 8-13　SVG 电网侧 a 相电流谐波分析图

8.2 有源电力滤波器(APF)

目前越来越多的电力电子设备被应用到国民经济的各个方面,一方面这些设备对电能质量的要求越来越高,另一方面这些设备的使用也会向公用电网中注入大量的谐波电流,使电网中的电压和电流波形发生畸变,污染了公用电网,降低了电能质量。对供电方而言,这势必会增加输变电设备的容量、传输线路的损耗和电压调节设备的数量,使供电系统中的电容器组、电动机、变压器发热,甚至发生事故;还会使发电机的损耗增加,使电能的生产、传输和利用效率降低。对用户来说,这会造成保护系统和控制电路的误动作,影响用户设备运行的安全性和稳定性;另外,还会干扰通信线路,降低通信质量,严重时可造成通信系统无法正常工作。

由谐波引起的故障、事故时有发生,造成的危害也越来越严重,电网谐波畸变问题越来越引起人们的关注。谐波源有很多种,所有非线性的设备都会产生谐波。因为当正弦波电压施加到非线性设备上时产生的电流是非正弦的,正弦波电流经过非线性设备时产生的电压也是非正弦的。

常见的谐波源有:

① 变压器、旋转电机、电弧炉等传统的非线性设备;

② 电力电子非线性设备,包括开关电源、变频器、变流器和荧光灯等。

解决谐波问题有两种方法:一是改造产生谐波的用电设备,主动抑制谐波,使其不产生或减少谐波的产生,比如可采用第 5 章介绍的 PWM 型变流器和 8.4 节将要介绍的有源功率因数校正电路等,来抑制非线性设备本身谐波的产生;二是被动抑制谐波,即安装谐波补偿装置,如有源电力滤波器(Active Power Filter,APF)。

APF 是一种用于动态抑制谐波的新型电力电子装置,它能对大小和频率都变化的谐波进行补偿,其应用可克服无源 LC 滤波器等传统的谐波抑制装置的缺点。在 APF 中,谐波电流检测和电流跟踪控制是影响 APF 性能的两个关键环节。随着各种理论的不断发展和应用,APF 的性能也有了很大的改善,逐渐在电能质量的改善方面起到越来越大的作用,APF 目前被认为是最有效的谐波治理方法之一。

本节主要讨论 APF 的原理、分类、结构、谐波电流检测算法和控制策略的相关理论,最后对APF 的 MATLAB/Simulink 仿真进行分析。

8.2.1 APF 的工作原理及系统组成

1. APF 原理及分类

APF 是一种能动态抑制谐波的装置,其克服了传统无源滤波器(Passive Power Filter,PPF)的缺点,能够取得比 PPF 更好的补偿效果。APF 的基本原理是检测非线性负载的电压和电流,通过指令电流运算电路计算出有源滤波装置补偿电流的指令信号,结合相应的控制方法产生PWM 信号并驱动主电路 PWM 变流器中的开关器件后得到补偿电流,消除负载谐波电流对电网的影响,从而减轻非线性负载对电网电流产生的污染。由上述可知,APF 主要由指令电流检测调理电路、电流跟踪控制电路、驱动电路及主电路组成。与 PPF 相比,APF 有以下优点:

① 能够对频率和大小都在变化的谐波进行补偿,响应快;

② 能同时补偿谐波电流和负序电流,也可以分别单独补偿;

③ 公用电网参数的变化对 APF 的补偿效果影响较小;

④ 可以跟踪公用电网周期的变化;

⑤ 理想情况下,补偿谐波时 APF 直流侧储能元件的容量不大;

⑥ APF 不会发生过载,可根据软件的设定提供补偿电流或电压。

根据应用场合区分,APF 可分为交流 APF 和直流 APF;根据直流侧储能元件区分,APF 可分为电流型 APF 和电压型 APF;根据连接电网的方式区分,APF 可分为串联型 APF、并联型 APF 和串并联混合型 APF,如图 8-14 所示。

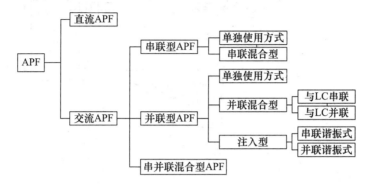

图 8-14　APF 的分类

图 8-15 分别为单独使用的并联型 APF 和串联型 APF 的系统构成图。

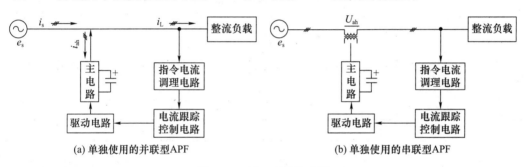

图 8-15　APF 系统构成图

串/并联混合型 APF(Hybrid Active Power-Filter,HAPF)是 APF 和 PPF 的混合使用,具备两者的优点,其中 PPF 分担大部分的滤波任务。根据混合使用的方式区分,HAPF 可分为串联混合型 APF、并联混合型 APF 和注入型 APF。注入型 APF 又可以分为串联谐振注入型 APF 和并联谐振注入型 APF。几种 HAPF 的基本结构如图 8-16 所示。

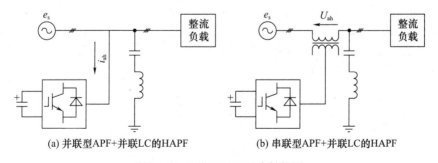

图 8-16　几种 HAPF 基本结构图

2. APF 系统组成

串联型 APF 采用串联变压器或电容串入电网与非线性负载之间,若其发生故障,可能会对整个系统的使用造成影响。而并联型 APF 并联在电路中,不存在此类问题,不会因为它的故障造成整个系统不能使用。这种电路没有过载的危险,必要时,还可以对位移功率因数进行补偿。并联型 APF 主要由两部分组成,即指令检测调理电路和电流补偿电路。APF 系统组成如图 8-17 所示,其指令电流检测调理电路包括网侧电压、负载电流、输出电流和直流侧电压检测和调理电路;其电流补偿电路包括 DSP、驱动电路、功率变流器、交流侧连接电感等。

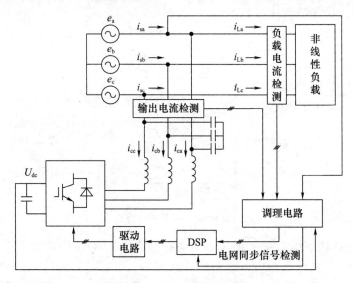

图 8-17　APF 系统组成

APF 系统的工作情况由 6 个开关器件的开关状态组合所决定,称之为开关函数,如表 8-1 所示。

表 8-1　开关函数表

k	a	b	c	S_a	S_b	S_c
0	0	0	0	0	0	0
1	0	0	1	$-1/3$	$-1/3$	$2/3$
2	0	1	0	$-1/3$	$2/3$	$-1/3$
3	0	1	1	$-2/3$	$1/3$	$1/3$
4	1	0	0	$2/3$	$-1/3$	$-1/3$
5	1	0	1	$1/3$	$-2/3$	$1/3$
6	1	1	0	$1/3$	$1/3$	$-2/3$
7	1	1	1	0	0	0

假设三相电网电压之和 $e_a + e_b + e_c = 0$,并且三相谐波补偿电流满足 $i_{ca} + i_{cb} + i_{cc} = 0$,可得 APF 系统工作情况的微分方程为

$$\begin{cases} L\dfrac{\mathrm{d}i_{ca}}{\mathrm{d}t} = e_a - u_a \\[2mm] L\dfrac{\mathrm{d}i_{cb}}{\mathrm{d}t} = e_b - u_b \\[2mm] L\dfrac{\mathrm{d}i_{cc}}{\mathrm{d}t} = e_c - u_c \end{cases} \tag{8-4}$$

式中,u_a、u_b、u_c 是 PWM 变流器 3 个桥臂的中点分别与电网电压中点之间的电压,$u_a = S_a \cdot U_{dc}$,$u_b = S_b \cdot U_{dc}$,$u_c = S_c \cdot U_{dc}$,S_a、S_b 和 S_c 是开关系数。

（1）APF 容量计算及开关器件的选取

并联型 APF 的容量由下式确定

$$S = 3EI_c \tag{8-5}$$

式中，E 是 APF 交流侧相电压的有效值（V）；I_c 是 APF 输出的谐波补偿电流的有效值（A）。

由此可知，APF 的容量和谐波补偿电流的大小相关，与补偿对象的容量和补偿的目标相关。

为了在实际应用中使 APF 系统既能满足性能要求，又能降低成本，需要对 PWM 变流器的开关器件进行合理选择。和 SVG 一样，其选取主要涉及器件的耐压等级、额定电流和工作频率等参数。开关器件的耐压等级的选择取决于 APF 系统的电路拓扑结构和直流侧母线电压 U_{dc}。对两电平的桥式电路而言，IGBT 承受的最大电压为直流侧母线电压 U_{dc}，一般要留一定的电压余量；IGBT 的额定电流取决于 APF 系统的补偿电流峰值 I_{cmax}，也要留一定的电流余量，以满足 APF 系统的安全运行要求。开关频率的高低会影响 APF 系统的性能和损耗，开关频率越高，补偿性能越好，但损耗越大，在实际中可根据系统的要求进行选取。

正常工作时，APF 输出的补偿电流应能实时准确地跟随负载谐波指令电流的变化。忽略线路的阻抗，对 a 相输出补偿电流分析后可得

$$\frac{\mathrm{d}i_{ca}}{\mathrm{d}t} = \frac{1}{L}(e_a - S_a U_{dc}) \tag{8-6}$$

式中，S_a 是开关系数，取 1/3 或 2/3。

$\mathrm{d}i_{ca}/\mathrm{d}t$ 是并联型 APF 输出补偿电流的变化率，其值应大于或等于负载电流的变化率，这样 APF 输出的补偿电流才能够实时准确地跟踪变化的负载谐波指令电流。

假设 $i_{ca} > i_{ca}^*$，i_{ca}^* 是 a 相补偿电流的指令值，PWM 变流器 a 相的上桥臂开关应关断，下桥臂开关应导通，此时 $S_a = 1/3$，式（8-6）可写为

$$\frac{\mathrm{d}i_{ca}}{\mathrm{d}t} = \frac{1}{L}\left(e_a - \frac{1}{3}U_{dc}\right) \tag{8-7}$$

为了使 APF 的补偿电流 i_{ca} 能够跟踪指令电流 i_{ca}^*，此时 i_{ca} 应该减小。

$$\frac{\mathrm{d}i_{ca}}{\mathrm{d}t} < 0 \tag{8-8}$$

由式（8-7）、式（8-8）可得

$$U_{dc} > 3e_a \tag{8-9}$$

考虑到电网电压最大值时也能顺利补偿，则有

$$U_{dc} > 3E_m \tag{8-10}$$

式（8-10）表明 APF 的直流侧电压应大于 APF 与电网连接点相电压峰值的 3 倍。在此基础之上，直流侧电压 U_{dc} 越大，APF 输出的补偿电流的跟随性能越好。但是 U_{dc} 越大，对开关器件的耐压要求也就越高，实际应用中应根据系统的需要综合考虑。

（2）直流侧电容选取

电容在控制系统中相当于一个大惯性环节，从提高控制性能的角度来看，电容容量越小越好，这样可以保证电压外环的快速跟随性，但从抗干扰性能的角度来说，电容容量越大，抗干扰能力越强，从而越容易有效抑制电网或负载扰动对直流侧电压的影响。

在实际运行时，APF 很难把直流侧电压 U_{dc} 控制在恒定值。因为 APF 会从电网吸收或者释放有功功率：APF 吸收有功功率时，直流侧电压 U_{dc} 会升高；当 APF 释放有功功率时，直流侧电压 U_{dc} 则会降低。此外，变流器电路本身存在的开关损耗和其他损耗也会使直流侧电压 U_{dc} 降

低。如果电容容量过小，APF 直流侧电压 U_{dc} 的波动就会变大，影响 APF 的补偿性能；如果电容容量太大，APF 直流侧电压 U_{dc} 的动态响应会变慢，系统的成本也会增加。

APF 系统直流侧电容的选取可参照 5.2.3 节的相关内容。

（3）交流侧连接电感选取

正常工作时，如果实际输出的谐波补偿电流不能实时准确地跟踪谐波指令电流的变化，APF 的动态补偿性能就会受到严重的影响。并联型 APF 通过串接电感方式接入电网，连接电感的选取影响着 APF 输出谐波补偿电流的变化率，因此电感的选取需要能够保证 APF 输出的谐波补偿电流具有跟随谐波指令电流最大变化率的能力。电感值不能太大，否则谐波补偿电流的变化率会变低从而影响 APF 的动态补偿性能，还会增加系统的成本；电感值过小，谐波补偿电流的变化率太快，相对于期望的谐波补偿电流，APF 实际输出的谐波补偿电流会有较大的超调。

要使 APF 实际输出的谐波补偿电流能跟随谐波指令电流的变化，则在每一个调制周期内，谐波补偿电流的斜率应比谐波指令电流的斜率大。

当 APF 长时间工作时，式(8-4)中的电网相电压 e_a 的平均作用为 0，S_a 的均值为 4/9，则式(8-4)中 a 相可表示为

$$L = \frac{4U_{dc}}{9di/dt} \tag{8-11}$$

采用三角波比较控制方式时，为了使误差信号在每个指令周期内都和三角载波信号有交点，APF 输出谐波补偿电流的最大斜率要小于三角载波的斜率。设三角载波的斜率 $\lambda = 4U_c f c$，U_c 是三角载波的幅值，f 是三角载波的频率，则有

$$L > \frac{4U_{dc}}{9 \times 4U_c f_c} = \frac{U_{dc}}{9U_c f_c} \tag{8-12}$$

由谐波补偿电流的斜率应大于谐波指令电流的斜率可得

$$L < \frac{4U_{dc}}{9\omega i_{cmax}^*} \tag{8-13}$$

式中，ω 是谐波指令电流的角频率(rad/s)；i_{cmax}^* 是谐波指令电流的幅值(A)。

则由式(8-12)、式(8-13)可得，采用三角波比较控制方式时，电感 L 的取值范围为

$$\frac{U_{dc}}{9U_c f_c} < L < \frac{4U_{dc}}{9\omega i_{cmax}^*} \tag{8-14}$$

8.2.2 APF 的指令电流检测方法

APF 的补偿指令电流的获取是 APF 设计的重点内容之一，这一检测环节的快速性和准确性将直接影响到 APF 的补偿性能。根据需要补偿的目标，可以对目标电流进行不同的运算，计算出相应的补偿指令电流。目前指令电流检测方法有基于频域分析的模拟带通或带阻滤波器检测法、基于神经网络的自适应电流检测法、基于傅里叶变换的谐波检测法和基于坐标变换的谐波电流检测法，它们各有特点。本节着重讨论基于坐标变换的谐波电流检测法，并对该方法的原理进行分析。

与 SVG 检测无功电流类似，APF 基于坐标变换的谐波电流检测法主要采用 i_p-i_q 检测法。与 SVG 中的 i_p-i_q 检测法不同的是，不必断开 $\overline{i_p}$ 通道，直接进行反变换得到基波电流 i_{af}、i_{bf} 和 i_{cf}，将基波电流分别和相应的被检测电流相减，就可以得到相应的谐波指令电流 i_{ah}、i_{bh} 和 i_{ch}，如图 8-18 所示。

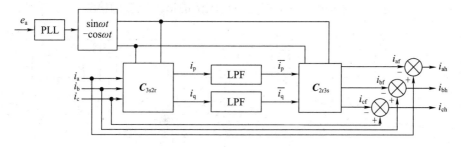

图 8-18 i_p-i_q 检测法原理框图

如图 8-19 所示为针对 i_p-i_q 检测法的仿真模型，图 8-20 是在电网电压没有发生畸变时采用 i_p-i_q 检测法的谐波电流的检测结果，谐波源为典型的三相桥式不可控整流负载。

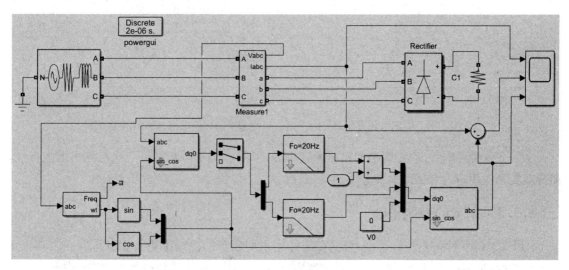

图 8-19 i_p-i_q 检测法仿真模型

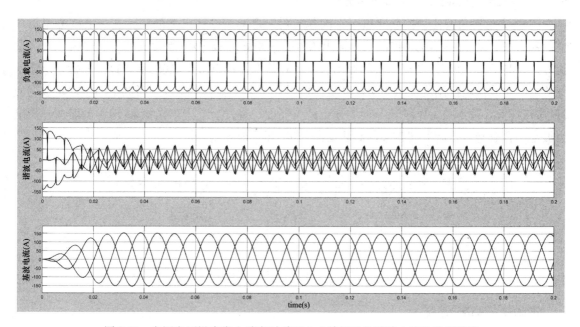

图 8-20 电网电压没有发生畸变时采用 i_p-i_q 检测法的谐波电流的检测结果

图 8-21 是当电网电压发生畸变时采用 i_p-i_q 检测法的谐波电流的检测结果,谐波源同上。

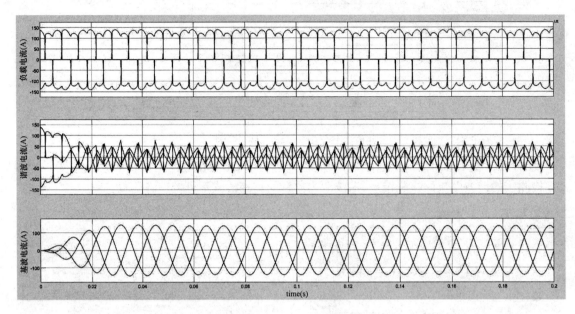

图 8-21　电网电压发生畸变时采用 i_p-i_q 检测法的谐波电流的检测结果

从以上分析可以看出,不管电网电压畸变与否,采用 i_p-i_q 检测法都能准确检测出谐波电流,通常在实际应用中大多采用这种方法。

8.2.3　APF 的控制策略

APF 的控制策略与 SVG 类似,目前在实际中采用较多的控制策略主要有滞环控制和三角波比较控制,根据第 2 章介绍的控制方法的特点,这里选用三角波比较控制为例进行分析。直流电压稳定控制方法同 SVG,本节不再分析。

图 8-22 为三角波比较控制原理图。该方法是先把谐波补偿电流的实际值与谐波电流指令值的偏差做 P 或 PI 调节,PI 控制器的输出信号和三角载波做比较,将得到的 PWM 信号作为变流器的控制信号,进而使变流器实际输出的谐波补偿电流能够准确、实时地跟踪谐波指令电流的变化。三角波比较控制的优点是 PWM 变流器中 6 个开关器件的开关频率是固定的,动态响应好,实现简单。缺点是 PWM 变流器中 6 个开关器件一直处于高频工作状态,输出的谐波补偿电流波形中含有与三角载波同频率的高频谐波分量,开关损耗较大。

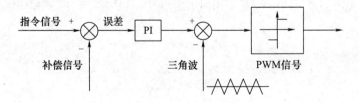

图 8-22　三角波比较控制原理图

8.2.4　APF 仿真

图 8-23(a)为并联型 APF 系统的仿真模型。仿真模型中电路的参数如下:三相电网线电压

为 400V,频率为 50Hz,直流侧电容为 4700μF,直流侧电压设定值为 900V,直流电阻 $R=4\Omega$,交流侧连接电感设定值根据不同控制方式确定,负载为典型的三相桥式不可控整流装置。低通滤波器选择二阶巴特沃思滤波器,截止频率为 20Hz。仿真模型中有 3 个封装模块,分别如图 8-23 (b)、(c)、(d)所示,Sub1 是指令电流检测模块,Sub2 是三角波比较模块,$k_{ip}=40$,$k_{ii}=0$,Sub3 是直流电压 PI 控制模块,$k_{up}=1.9$,$k_{ui}=50$。

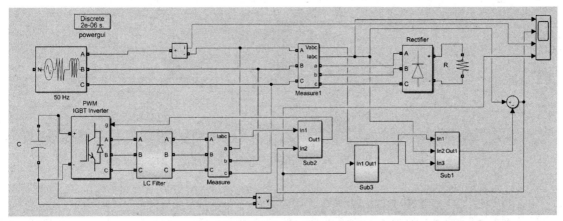

(a) 并联型APF系统的仿真模型

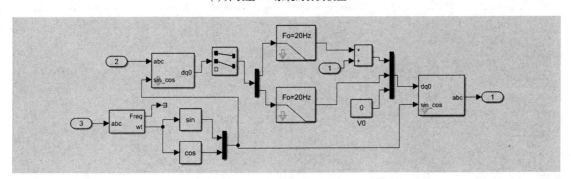

(b) Sub1内部结构

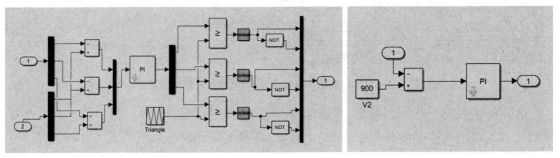

(c) Sub2内部结构   (d) Sub3内部结构

图 8-23　APF 系统的仿真模型

系统中使用的三角载波的频率为 12.8kHz,连接电感为 0.5mH。

电网电压没有发生畸变时,系统中负载电流、指令电流和补偿后的电流波形如图 8-24 所示。

电网电压有畸变时,系统中负载电流、指令电流和补偿后的电流波形如图 8-25 所示。

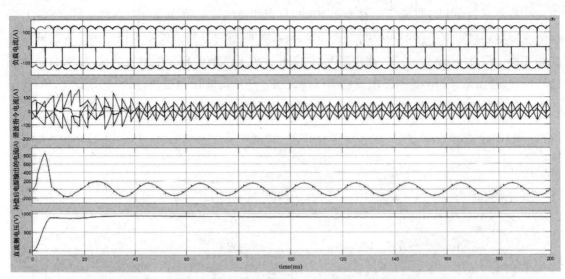

图 8-24　电网电压无畸变时负载电流、指令电流和补偿后的电流波形

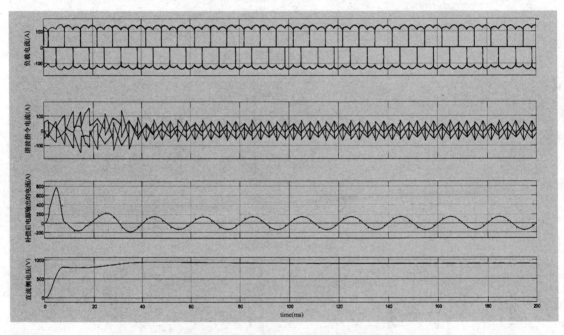

图 8-25　电网电压畸变时负载电流、指令电流和补偿后的电流波形

由图 8-24 和图 8-25 可以看出,不论电网电压畸变与否,都能准确检测出谐波指令电流,并通过 APF 系统产生补偿电流补偿到电网中,最终都能得到较好的正弦波形,纹波和毛刺都较小。

8.3　动态电压恢复器(DVR)

随着计算机技术的广泛应用,越来越多的生产过程和流水线依赖于对电能质量十分敏感的微处理器芯片,这使得用户对电能质量的要求越来越高。电压偏差、频率偏差、电压波动与闪变、三相不平衡、波形畸变、电压暂降或突升等都是电能质量问题,其中由电压暂降问题引起的用户投诉占整个电能质量问题投诉数量的80%左右。

动态电压恢复器(Dynamic Voltage Regulator,DVR)是一种较晚出现的串联型补偿电压装置,能有效解决用户端电压暂降问题。1988年,N. G. Hingorani博士提出了用户电力(Custom Power)技术的概念,其后近10年时间内基于VSI(Voltage Source Inverter)的电能质量控制技术得到了迅速发展,建立了DVR的理论及实践基础。1996年8月,第一台工业应用的DVR是西屋公司的,并安装在Duke电力公司的12.47kV系统上,装置容量为2MVA,主要用于抑制纺织厂供应电压的骤升和骤降。随后ABB、西门子等公司也相继开发出各自的相关产品来保证敏感负载对电压质量的要求。目前,DVR得到了广泛的应用,美国的OrianRugs、澳大利亚的Bonlac Foods和英国的Caledonian Paper等公司的供电网络中都使用了DVR。

DVR是带有储能装置的串联补偿设备。当系统电压受到干扰,造成负载侧电压短时跌落(几个周期至几十个周期)时,DVR在短时间内产生补偿电压,抵消系统电压所受干扰,使负载侧电压感受不到扰动,保证了敏感负载的安全可靠运行。DVR的响应速度快,可以保证负载侧电压波形为标准正弦波,消除电压谐波和电压波动与闪变等对负载的影响。

本节主要分析DVR的工作原理、分类、结构、系统仿真、检测算法和控制策略等。

8.3.1 DVR的工作原理及分类

现有DVR的拓扑结构很多。根据应用场合的不同,DVR可分为中压DVR和低压DVR。中压DVR主要应用于三相三线制电路中,而低压DVR主要应用于三相四相制电路中。针对不平衡电压暂降问题,中压DVR只需补偿正序和负序电压,而低压DVR还需要额外补偿零序电压。根据变流器结构不同,DVR可以分为由三个单相变流器组成的DVR和由单个三相全桥变流器组成的DVR。由三个单相变流器组成的DVR,其每相输出的补偿电压完全独立,可向电路补偿正序、零序和负序电压。按结构组成的不同,DVR又可分为两电平半桥、两电平全桥和三电平半桥的DVR等,拓扑结构如图8-26(a)、(b)和(c)所示。采用三相逆变桥时,三相脉冲需要统一控制,无法补偿零序电压,其拓扑结构如图8-26(d)所示。

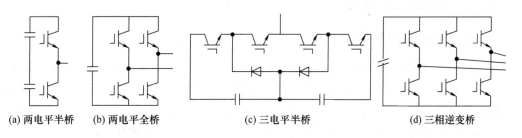

(a) 两电平半桥   (b) 两电平全桥   (c) 三电平半桥   (d) 三相逆变桥

图 8-26 不同的DVR拓扑结构

按DVR接入电网方式的不同,DVR还可分为串联变压器型和无串联变压器型。串联变压器型DVR可以通过调整变压器的变比,从而调整直流侧电压等级,达到优化参数提高系统性价比的目的;此外,变压器还起到隔离变流器和电网的作用。无串联变压器型DVR通常应用在低压系统中,需要复杂的缓冲电路和驱动电路。如图8-27和图8-28所示。

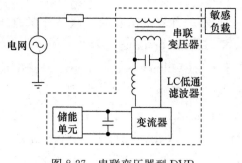

图 8-27　串联变压器型 DVR

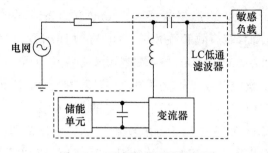

图 8-28　无串联变压器型 DVR

　　DVR 的滤波电路通常采用 LC 滤波电路,根据滤波电路安装的位置不同,可以分为变流器侧(图中位置 A)、线路侧(图中位置 B)和负载侧(图中位置 C)三种。如图 8-29 所示。

　　本节以串联变压器型 DVR 为例来介绍 DVR 的工作原理。串联变压器型 DVR 主要由 4 部分组成,即能量储存装置、电压型变流器、滤波器和串联补偿变压器,其系统组成如图 8-30 所示。

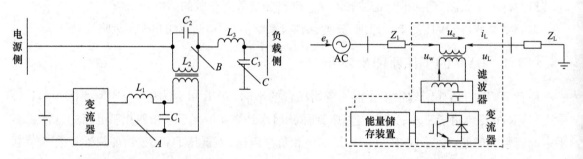

图 8-29　滤波器的安装位置　　　　　　图 8-30　串联变压器型 DVR 的工作原理

　　DVR 首先通过检测电网供电电压 e_s,然后经过数字信号处理系统,根据一定的补偿策略生成指令信号,来控制变流器的输出电压 u_w。该电压经滤波器和串联补偿变压器后产生补偿电压 u_c 叠加到电网和负载之间,从而可以动态地补偿跌落的电网电压,使负载电压保持不变。补偿变压器的次级线圈串联在输电线路上,初级线圈通过滤波器和变流器相连。滤波器主要用于滤除变流器开关频率附近的高次谐波。

8.3.2　DVR 的检测方法

　　DVR 对电压检测的实时性要求很高,这就要求所采用的电压检测方法能快速准确地检测出电压的变化,关键是要检测出电压变化的起始时刻的幅值和随之会出现的相角变化。目前这方面的研究比较多,主要方法有电压有效值法、峰值电压法、傅里叶法、小波变换法、状态空间矩阵法和基于坐标变换检测法。下面主要介绍电压有效值法和基于坐标变换检测法。

1. 电压有效值法(均方根值法)

　　电压有效值法是利用时域一个周期数字均方根的运算来实现的。为了实时检测电压有效值突变,实际中常采用一个周期数据序列的滑动平均计算,即

$$U(k) = \sqrt{\frac{1}{N}\sum_{i=k-N+1}^{i=k} u_i^2} \tag{8-15}$$

式中，N 是每个周期的采样次数；u_i 是时域采样电压值。

为了加速检测过程，可取半个周期的采样数据量进行滑动平均处理。但此方法只能取半个周期整数倍的采样数据，否则将受到频移振荡分量的影响。该方法只注重对电压有效值的监测，且至少需要半个周期的历史数据，将引起一定的延时，因此它不能准确地给出电压骤降的起止时刻，更不能反映电压骤降时可能出现的相角跳变和三相不对称等情况。

2. 基于坐标变换检测法

该方法是目前 DVR 中常采用的方法，很多其他方法也是在其基础上的改进。其基本原理是对三相电压进行坐标变换，将 abc 坐标系下的三相电压转换成 dq 坐标系下的相应分量，如图 8-31 所示。

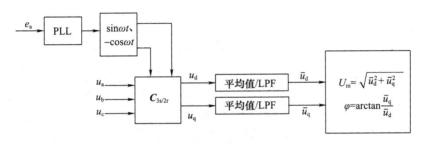

图 8-31　基波幅值信号检测的坐标变换

假设待检测电压为 $u_s(t)=u_1+u_h$，其中 $u_1=U_m\sin(\omega t+\varphi)$ 为基波分量，u_h 为谐波等成分的畸变分量。经过变换之后，dq 坐标系下的直流分量对应的即为 abc 坐标系下的基波分量 u_1。通过低通滤波器得到 dq 坐标系下的直流分量，再经过反变换，便可得到所需的电压骤降基波特征量。但上述方法只适用于三相对称扰动，同时没有考虑电压骤降时可能随之出现的相位跳变问题。

综上所述，检测方法应根据不同的应用场合来合理选择。均方根值法相对较简单，适用于实时性要求较低的场合；基于坐标变换的检测方法更加灵活，精度更高，并且能更方便地用于补偿电压的产生，因此得到了最广泛的应用。

为弥补上述检测方法的不足，也为其他环节提供电压实时信息的参考，并获得电源侧电压的相位，可采用锁相技术跟踪电网电压相角的变化，其方法通常有硬件锁相和软件锁相，具体内容可参考 1.4.2 节。

8.3.3　DVR 的补偿策略

电压补偿能力是指 DVR 能提供的最大补偿电压和补偿时间等，其将直接影响 DVR 的成本。如何在不提高 DVR 容量的前提下获得最大的补偿范围是提高经济性的另一重要内容。下面介绍几种常见的补偿策略。

1. 完全补偿

系统发生电压突变时，通常电压幅值的变化伴随着电压相位的改变。为了能使电压恢复到突变前的状况，一般应考虑系统补偿突变前后的电压差值和相位，使补偿后电压和突变前电压保持一致。这就是完全补偿的思想。这种方法的优点是补偿后电压的幅值、相位和补偿前完全一致。完全补偿示意图如图 8-32 所示。

但当突变幅值过大或相角偏移过大时，完全补偿很难实现，并且通常负载都有一定的抗幅值和相位扰动的能力，一般情况下没有必要进行完全电压补偿。此外，由于故障后的电网电压可能

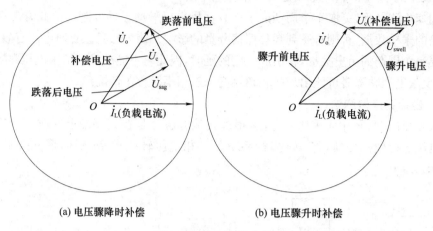

(a) 电压骤降时补偿　　　　　　　(b) 电压骤升时补偿

图 8-32　完全补偿示意图

依然不会恢复到故障前的状态,此时完全补偿在理论上无法实现,同时其经济性也较差,实际中很少采用。

2. 同相位补偿

同相位电压补偿策略输出的补偿电压与电网电压同相位,只能进行幅值的补偿,不能补偿相角变化,其补偿示意图如图 8-33 所示。同相位补偿策略的优点是补偿一定的电压突变所需的电压幅值最小,实现简单,补偿速度快,所需 DVR 容量较小,当 DVR 容量一定时,可输出的补偿电压范围最大,因此,在对相位波动不敏感的场合应用广泛。其缺点是由于突变电压相位的偏差,使补偿后电压会出现电压的不连续。

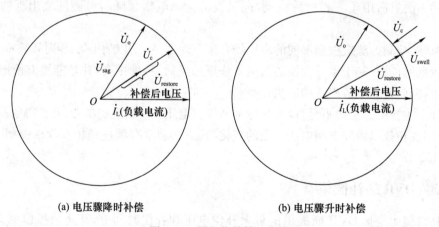

(a) 电压骤降时补偿　　　　　　　(b) 电压骤升时补偿

图 8-33　同相位补偿示意图

3. 最小能量补偿

当 DVR 直流侧采用蓄能装置提供能量时,由于蓄能装置提供的能量有限,可以采用注入超前电网电压的方法,减少有功交换,因此这类方式也称为相位超前法。此方法能最大限度地利用储能设备,使补偿器提供的有功功率最小化,实现电网提供的有功功率最大化,使电网的功率因数提高,补偿器的功率因数减小。对于储能容量固定的 DVR,注入能量的减少意味着补偿时间和范围的增加。然而注入超前相位的电压需要更大的注入电压,且由此带来的电压相移也可能导致电压波形不连续、过零点不准确和负载功率摆动等问题。其补偿示意图如图 8-34所示。

图 8-34 中，$\dot{U}_o$、$\dot{U}_1$ 分别为补偿前、后负载端电压相量，$\dot{U}_{sag}$ 是跌落后电网电压相量；$\dot{I}_p$、$\dot{I}$ 分别为补偿前、后的电流相量；δ 为 $\dot{U}_{sag}$ 跳变角；φ 为功率因数角；$\dot{U}_{DVR}$ 为采用最小能量补偿方式时 DVR 的注入电压相量。如采用传统的补偿方法，需将 $\dot{U}_{sag}$ 补偿到 $\dot{U}_o$，补偿前 $\dot{U}_{sag}$ 和 $\dot{I}_p$ 之间的夹角为 $\theta=\varphi+\delta$。而采用最小能量补偿策略，只需把跌落后负载端电压相量补偿到跌落前水平，其相位可以改变，补偿后 $\dot{U}_{sag}$ 和 $\dot{I}$ 之间的夹角 $\theta'=\varphi+\delta-\alpha$。

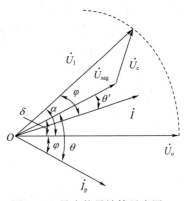

图 8-34 最小能量补偿示意图

由图 8-34 可看出，$\theta>\theta'$，$U_{sag}I\cos\theta<U_{sag}I\cos\theta'$，与传统的补偿方式比较，采用最小能量补偿方式电网系统提供的有功功率更多，即 DVR 提供有功功率更少，延长了补偿时间，降低了设备的容量和成本。表 8-2 给出了三种补偿方法的优缺点和适应性比较。

表 8-2 三种补偿方法的优缺点及适应性比较

补偿策略	优点	缺点	适用负载
完全补偿	负载电压与跌落前完全一致	需要较大的电压补偿能力和能量支撑	对电压跌落特别敏感的负载
同相位补偿	所需补偿电压最小，提高电压利用率	有相位跳变，电压不连续	对相位跳变不明显的负载
最小能量补偿	DVR 输出有功功率最小，降低储能元件的成本	有相位跳变，过零点不准确，负载功率摆动	对相位跳变不明显的负载

8.3.4 DVR 的系统组成及主要参数的确定

系统框图如图 8-35 所示。电压检测模块 1 检测电网电压，经调理电路的偏置和滤波后电压信号送达 DSP。若检测到的电网电压等于给定值，则 DSP 不会产生补偿信号；反之，DSP 会产生补偿信号，信号经光电隔离电路隔离和驱动电路放大后控制变流器的输出电压。电压检测模块 2 检测滤波以后的电压，经调理电路也送入 DSP，电网跌落电压值与补偿电压值比较，并进行 PI 调节，进一步减小输出的误差，并提高补偿精度。电压检测模块 3 检测直流侧电压，主要用于保

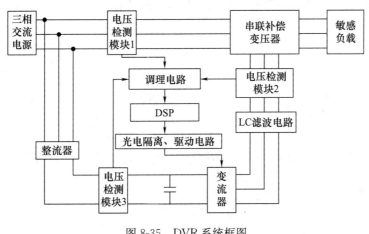

图 8-35 DVR 系统框图

护。本系统采用整流器为 DVR 直流侧提供能量。

1. 不同补偿策略下 DVR 容量的确定

为了便于分析 DVR 的工作状态,可将其等效为一个受控电压源,DVR 单相等效电路如图 8-36 所示。

根据图 8-36 可知,如果忽略电网的线路阻抗和 DVR 的自身阻抗,可得

$$\dot{U}_{c} = \dot{U}_{L} - \dot{E} \tag{8-16}$$

式中,$\dot{U}_{L}$ 是负载额定电压(V);$\dot{E}$ 为电网额定电压(V)。当电网电压和负载额定电压相等时,DVR 不补偿;当电网电压发生跌落时,DVR 产生补偿电压,使负载电压保持不变。

DVR 的容量要根据补偿对象进行选取。如果负载的额定工作电流为 I_L,需要补偿的电压为 U_c,则 DVR 的容量为

$$S = 3U_c I_L \tag{8-17}$$

从式(8-17)可知,对同一敏感负载,DVR 容量主要由 U_c 确定。当 DVR 的补偿策略不同时,U_c 不同。因此,可根据不同补偿策略确定 DVR 容量。

(1) 完全补偿策略

完全补偿是将负载电压的幅值和相位完全恢复为正常时的状态。完全补偿相量图如图 8-37 所示。

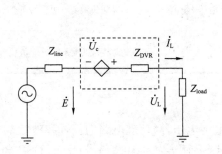

图 8-36 DVR 单相等效电路

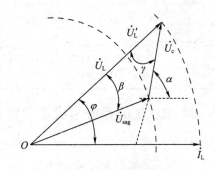

图 8-37 完全补偿相量图

图 8-37 中,$\dot{U}'_L$ 为补偿后的负载电压,$\dot{U}_{sag}$ 为发生跌落后的电网电压,$\dot{U}_c$ 为补偿电压,φ 为待补偿负载的功率因数角。假设为感性负载,$\dot{U}'_L$ 与补偿前负载电压 $\dot{U}_L$ 完全一致。由图 8-37 可知 DVR 的容量 S 为

$$S = 3U_c I_L \tag{8-18}$$

有功功率 P 为

$$P = 3I_L U_c \cos\alpha \tag{8-19}$$

无功功率 Q 为

$$Q = 3I_L U_c \sin\alpha \tag{8-20}$$

式中,α 为 DVR 的功率因数角,由补偿策略决定。在完全补偿策略下,功率因数角 α 为补偿电压 $\dot{U}_c$ 的相角。U_c 可以用 U'_L 和 U_{sag} 表示为

$$U_c = \sqrt{U'^2_L + U^2_{sag} - 2U'_L U_{sag} \cos\beta} \tag{8-21}$$

式中,β 为补偿后负载电压 $\dot{U}'_L$ 与跌落后电网电压 $\dot{U}_{sag}$ 的夹角。因为在完全补偿策略中,$\dot{U}_L$ 与 $\dot{U}'_L$

完全一致,所以 β 就等同于跳变角(跌落前的电网电压与跌落后的电网电压的夹角)。通过统计导致电网电压发生跌落的各事故频率,取最高频率事故的数据,可得到事故发生时的跳变角和跌落电压的幅值 ΔU。计算 DVR 的容量 S 时,应选取 U_{c} 为频率最高事故的补偿电压值,故 DVR 的容量就可以确定了。

$$\alpha = \varphi + \gamma = \varphi + \arccos\left(\frac{U_{L}'^{2} + U_{c}^{2} - U_{sag}^{2}}{2U_{L}'U_{c}}\right) \tag{8-22}$$

$$S = 3U_{c}I_{L} = 3I_{L}\sqrt{U_{L}'^{2} + U_{sag}^{2} - 2U_{L}'U_{sag}\cos\beta} \tag{8-23}$$

$$P = 3U_{c}I_{L}\cos\left(\varphi + \arccos\left(\frac{U_{L}'^{2} + U_{c}^{2} - U_{sag}^{2}}{2U_{L}'U_{c}}\right)\right) \tag{8-24}$$

(2) 同相位补偿策略

同相位电压补偿只能进行幅值的补偿,不能补偿相角变化,其补偿相量图如图 8-38 所示。

图 8-38 中,$\dot{U}_{L}'$ 与 $\dot{U}_{sag}$ 相位相同,假设为感性负载,因负载不变则阻抗角 φ 不变,可以看出,DVR 的功率因数角 α 等于负载阻抗角 φ。同相位补偿策略的 DVR 容量 S 和有功功率 P 分别为

$$S = 3U_{c}I_{L}' \tag{8-25}$$

式中,$U_{c} = \Delta U = U_{L}' - U_{sag}$。

$$P = 3U_{c}I_{L}'\cos\alpha = 3U_{c}I_{L}'\cos\varphi \tag{8-26}$$

(3) 最小能量补偿策略

最小能量补偿能最大限度地利用储能设备,通过检测电压变化的不同情况,使补偿器提供的有功功率最小,即补偿器的功率因数最小。

分析:最小能量补偿时,以补偿后负载电流 I_{L}' 为参考相量,建立如图 8-39(a)所示的相量图。

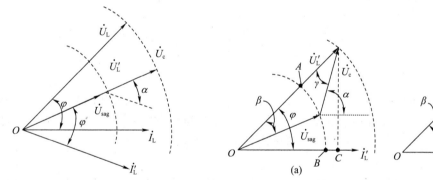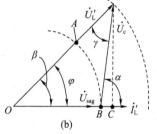

图 8-38 同相位补偿相量图   图 8-39 最小能量补偿相量图

定义以原点 O 为圆心,$\dot{U}_{sag}$ 为半径作圆,与 $\dot{U}_{L}'$ 和 $\dot{I}_{L}'$ 分别相交于点 A 和点 B,从 $\dot{U}_{L}'$ 的终点向 $\dot{I}_{L}'$ 作垂线,与 $\dot{I}_{L}'$ 所在相量方向相交于点 C。由图可知,若调节 $\dot{U}_{c}$ 使 $\dot{U}_{sag}$ 工作于 B 点,β 等于阻抗角 φ(情况 1),此时 $\dot{U}_{sag}$ 与负载电流 $\dot{I}_{L}'$ 同相,电网提供的有功功率最大,根据有功功率平衡原则,DVR 需提供的有功功率最小,DVR 达到最小能量补偿。当点 B 与点 C 重合(情况 2)时,DVR 可达到零有功功率输入。

分析情况 1,由 8-39(b)可知

$$\alpha = \arctan\left(\frac{U_{L}'\sin\varphi}{U_{L}'\cos\varphi - U_{sag}}\right) \tag{8-27}$$

$$U_c = \sqrt{U_L'^2 + U_{sag}^2 - 2U_L' U_{sag} \cos\varphi} \tag{8-28}$$

故在最小能量补偿策略下 DVR 的单相容量 S 和有功功率 P 分别为

$$S = U_c I_L' = I_L' \sqrt{U_L'^2 + U_{sag}^2 - 2U_L' U_{sag} \cos\varphi} \tag{8-29}$$

$$P = U_c I_L' \cos\alpha = U_c I_L' \cos\left(\arctan\left(\frac{U_L' \sin\varphi}{U_L' \cos\varphi - U_{sag}}\right)\right) \tag{8-30}$$

情况 1 的补偿因子 k 为

$$k = \frac{U_c}{U_L' - U_{sag}} = \frac{\sqrt{U_L'^2 + U_{sag}^2 - 2U_L' U_{sag} \cos\varphi}}{U_L' - U_{sag}} \tag{8-31}$$

分析情况 2,可知 $\alpha = 90°$,有 $U_c = U_L' \sin\varphi$。

在此特殊情况下,DVR 的单相容量 S 和有功功率 P 分别为

$$S = U_c I_L' = I_L' U_L' \sin\varphi \tag{8-32}$$

$$P = U_c I_L' \cos\alpha = 0 \tag{8-33}$$

2. DVR 主电路的参数确定

DVR 的主电路由储能装置(或整流器)、变流器、滤波器和补偿变压器组成,下面详细介绍各组成部分的选取原则。

(1) 直流侧电容的选取

DVR 可采用的直流储能系统有蓄电池、超级电容、超导储能装置及飞轮储能装置,这些系统的补偿时间有限,在实际中经常选取不可控整流器为直流侧提供能量,它可以不受时间的限制为DVR 提供能量。直流侧采用整流器作为直流电源时,交直流侧电压的关系为

$$U_{dc} = \begin{cases} 1.2U_s & \text{(单相全桥不可控整流)} \\ 2.45U_s & \text{(三相桥式不可控整流)} \\ \geqslant 620\text{V} & \text{(SPWM 整流,电压可调)} \\ \geqslant 540\text{V} & \text{(SVPWM 整流,电压可调)} \end{cases} \tag{8-34}$$

式中,U_s 为电网电压;当电网发生电压跌落时,U_s 等于 U_{sag}。

直流侧电容 C 的容量由补偿系统的有功功率 P 确定。当系统电压发生突变时,引起 DVR 主电路传递的有功功率和损耗都将发生变化,导致直流侧电压也将发生波动。因此,必须选取合适的电容来将直流侧电压波动维持在限定的范围内。具体计算可参考相关文献。

(2) 开关器件的选取

由 4.2 节的内容可知,选取变流器型号的关键是确定直流侧的额定电压、额定电流、开关频率等参数。变流器额定电压根据直流侧电压的大小,按式(8-34)确定;变流器额定电流根据不同补偿策略确定的容量 S 进行计算,实际选取时要留有一定的余量;开关频率的高低不仅影响补偿性能优劣,而且影响 IGBT 的损耗。IGBT 损耗可按以下分析计算。

1) 单桥臂 IGBT 管的开关损耗

$$P_{1ds} = f_s \cdot (E_{on} + E_{off}) \cdot I_s / I_{nom} \tag{8-35}$$

式中,f_s 为 IGBT 的开关频率(Hz);E_{on} 为开通能量(J)(由所选器件厂商参数表提供);E_{off} 为关断能量(J)(由所选器件厂商参数表提供);I_s 为实际工作电流(A);I_{nom} 为额定工作电流(A)。

2) 单桥臂 IGBT 管的导通损耗

$$P_{1ss} = V_{cesat} \cdot I_s \tag{8-36}$$

式中,V_{cesat} 为饱和压降(V)(由所选器件厂商参数表提供);I_s 为集电极电流(A)。

3）单桥臂续流二极管的开关损耗

$$P_{2ds} = f_s \cdot E_{rec} \cdot I_F / I_{nom} \tag{8-37}$$

式中，f_s 为 IGBT 的开关频率（Hz）；E_{rec} 为续流能量（J）（由所选器件厂商参数表提供）；I_F 为实际工作电流（A）；I_{nom} 为额定工作电流（A）。

4）单桥臂续流二极管的导通损耗

$$P_{2ss} = V_F \cdot I_F \tag{8-38}$$

式中，V_F 为导通压降（V）（由所选器件厂商参数表提供）；I_F 为实际工作电流（A）。

5）变流器的总损耗 $P_\text{总}$

$$P_\text{总} = 3P_{1ds} + 3P_{1ss} + 3P_{2ds} + 3P_{2ss} \tag{8-39}$$

由式（8-35）~式（8-39）可知，在实际工作电流不变时，开关频率越高，开关损耗越大，可见在实际应用中，变流器的开关频率不能过高。在开关频率不变时，实际工作电流越小，变流器的总损耗就越小。在能保证补偿性能和准确性的前提下，适当降低开关频率和实际工作电流，可以降低 IGBT 的损耗。

（3）滤波电路的参数设计

LC 滤波器用于滤除变流器产生的高频开关噪声。滤波电感 L 和滤波电容 C 的值越大，滤波效果越好，但若 L、C 取值较大，会造成装置体积增大，且使系统响应速度变慢，跟踪性能变差，从而影响补偿效果。DVR 滤波器的参数设计原则是：使变流器输出的基波电压衰减最小，同时使其他高次谐波得到最大程度的衰减。在此我们采用阻抗匹配法确定电感值，使基波衰减最小。图 8-40 的虚线框内为串联补偿变压器的 T 形简化电路。

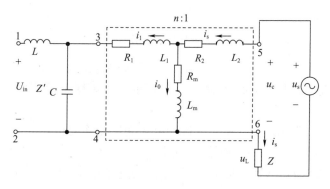

图 8-40　滤波电路阻抗匹配分析

从图 8-40 分析可知，5、6 端的等效阻抗为 Z，假设变压器为理想变压器，则 3、4 两端的等效阻抗为 $n^2 Z$，阻抗匹配条件下，LC 滤波后基波电压不衰减，则

$$Z' = n^2 Z = j\omega_0 L + \frac{(1/j\omega_0 C) \times n^2 Z}{(1/j\omega_0 C) + n^2 Z} \tag{8-40}$$

当截止频率 $\omega_0 = 1/\sqrt{LC}$ 时，则

$$n^2 |Z| = \sqrt{\frac{L}{C}} \tag{8-41}$$

继而可得

$$L = \frac{n^2 |Z|}{\omega_0} \tag{8-42}$$

$$C = \frac{1}{n^2 |Z| \omega_0}$$

(8-43)

可见,滤波电感 L 与变压器变比 n 的平方成正比,滤波电容 C 与变压器变比 n 的平方成反比。因此,确定滤波电路参数时要考虑补偿变压器的变比值。

(4) 补偿变压器参数的确定

补偿变压器的主要参数为容量、变比、阻抗压降和损耗等。变压器的容量可根据不同补偿策略下 DVR 容量确定。补偿变压器原边(变流器侧)有三角形和星形两种不同的接线方法。

1) 变压器连接方式

当变压器按三角形连接时,如图 8-41 所示,DVR 变流器交流侧输出的相电压 U_{PC} 为

$$U_{PC} \geqslant nU_c / \sqrt{3}$$

(8-44)

式中,n 为补偿变压器的变比;U_c 为补偿相电压。

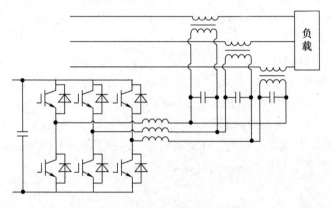

图 8-41　变压器三角形连接方式

因此,在补偿电压一定的情况下,这种结构的 DVR 降低了直流侧电压和对开关器件耐压的要求,从而也降低了造价。但是,由于三角形连接不能产生零序分量,因此,DVR 将不能补偿电路中电压零序分量。

变压器星形连接方式如图 8-42 所示。这种补偿变压器连接形式的 DVR,如果在直流侧应用两个电容,并将其中点与星形中点连接,则这个电路又可以等效为分别对三个单相电路进行补偿。因此,应用这种结构的 DVR 可以对单相的故障迅速补偿,并且能补偿三相系统的电压零序分量。

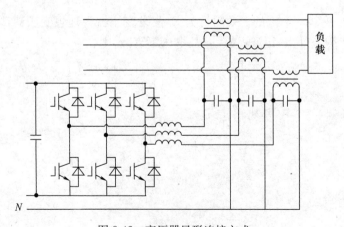

图 8-42　变压器星形连接方式

在星形连接法中，DVR 变流器交流侧输出的相电压 U_{PC} 为

$$U_{PC} \geqslant nU_c \tag{8-45}$$

式中，n 为补偿变压器的变比；U_c 为补偿相电压。星形连接与三角形连接相比，增大了 DVR 主电路中各个器件的耐压要求和整个系统的成本。

2）变压器变比的确定

如果变压器变比为 $n:1$（假定串联在供电系统中的一边为变压器副边），当 $n>1$ 时，DVR 的电流为负载电流的 $1/n$，从而降低对开关器件的电流要求。但是，变流器需要产生的补偿电压增大为系统电压跌落的 n 倍，这就会使 DVR 直流侧电压也相应增高，从而使开关器件承受的电压增高。当 $n<1$ 时，情况则相反。因此，需要结合系统电压跌落的情况对变压器变比进行选择。

变流器能输出的最大补偿相电压 U_{PC} 为（三相系统当采用 SPWM 控制方法时）

$$U_{PC} = \frac{mU_{dc}}{2\sqrt{2}} \tag{8-46}$$

式中，m 为当采用 SPWM 控制方法时的调制度；U_{dc} 为变流器直流侧电压。

若电网最大波动的百分比为 d，按同相位补偿，则有

$$U_{PC} \geqslant nU_L d \tag{8-47}$$

式中，U_L 是负载电压。

由以上两式可得变压器的变比为

$$n \leqslant \frac{mU_{dc}}{2\sqrt{2}U_L d} \tag{8-48}$$

上述分析是在忽略变流器开关损耗、变压器损耗及阻抗压降等理想情况下得出的。考虑上述因素的影响，在实际选择补偿变压器时应留有一定余量。

3）阻抗压降的确定

根据图 8-40 可得变压器的阻抗压降为

$$\Delta U' = I_s \sqrt{(R_1+R_2)^2 + (L_1+L_2)^2 \omega^2} \tag{8-49}$$

为维持负载侧电压稳定，需尽量降低补偿变压器的阻抗压降。可根据控制策略、电压 THD（Total Harmonic Distortion）值和电压波动率确定。

4）损耗计算

变压器损耗的确定同十年变电成本 C 有关

$$C = C_0(1+p)^{10} + [T_0 P_0 + T_k P_k] \times e \times [(1+p)^{10} + (1+p)^9 + \cdots + (1+p)] \tag{8-50}$$

式中，C_0 为变压器售价（元）；p 为年利率；T_0 为空载损耗运行等效时间（h）；P_0 为空载损耗（W）；T_k 为负载等效运行时间（h）；P_k 为负载损耗（W）；e 为每千瓦时电费（元）。对普通电力变压器来说，只要通电，不管是否达到额定状态，空载损耗都存在，所以 $T_0 = 8600h$，即相当于空载率为 100%。而负载率一般为 25%，所以 $T_k = 2200h$。对于 DVR 中使用的补偿变压器，采用副边投切方式时，一直运行在短路状态。因而，工作情况和普通电力变压器有很大不同，其负载率为 100%，此时空载损耗可以忽略不计。为了降低损耗，负载损耗应比同容量电力变压器低，而空载

率要视电网波动频率而定。对于波动频繁的电网,其空载率高,空载损耗宜选取比普通电力变压器较低的值,反之可适当增大。负载损耗参照同容量电力变压器的 1/4 选取,空载损耗参照同容量电力变压器的 2～3 倍选取。

8.3.5　DVR 仿真

在上述分析的基础上,利用 MATLAB/Simulink 搭建了如图 8-43 的仿真模型。通过可编程三相电源设置电压跌落幅值和跌落时间,来模拟电网中电压跌落。三相 DVR 的额定容量为 30kVA,负载容量为 90kVA,滤波电感为 5mH,滤波电容为 22μF,变压器容量为 30kVA,变比为 1.7∶1;在 0.1～0.3s 内电压跌落 30%,DVR 对负载侧进行补偿。DVR 补偿效果如图 8-44 所示。

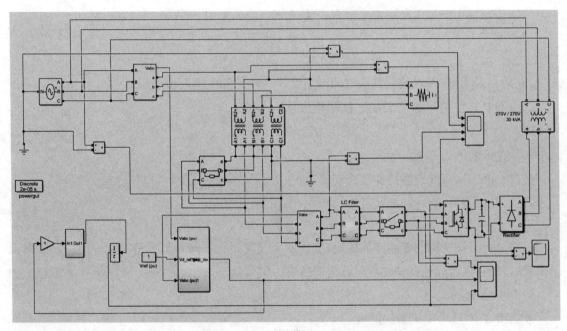

(a) 系统模型

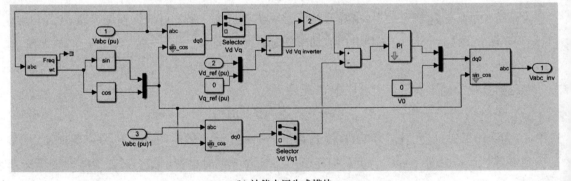

(b) 补偿电压生成模块

图 8-43　DVR 系统的仿真模型

图 8-44 可以验证串联、同相位补偿方式的 DVR 有较好的电压补偿效果。

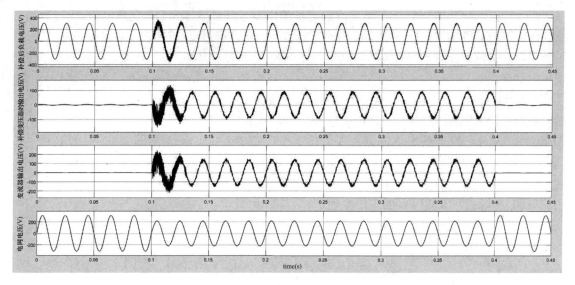

图 8-44　DVR 补偿效果图

8.4　有源功率因数校正器(APFC)

　　针对不可控整流装置对电网造成的谐波污染,除可采用 8.2 节所述的有源电力滤波器(APF)措施外,另一种方法是在不可控整流装置本身的整流器和滤波电容之间增加一个功率变换电路,它能将整流器的输入电流校正到与电网电压同相位的正弦波电流。在消除谐波电流的同时,还可将电网侧的功率因数提高到近似为 1,这就是有源功率因数校正器(Active Power Factor Corrector, APFC)。本节主要介绍 APFC 的原理、分类、控制方法、仿真和常用的专用控制芯片 UC3854。

8.4.1　APFC 的工作原理

1. 谐波产生的原因

　　图 8-45(a)是传统的不可控整流滤波电路,整流二极管只有在输入电压 u_i 大于负载电压 u_o 时才导通。由于储能滤波电容的存在,仅在电容 C 充电期间才有电网的输入电流 i_i 存在,其他时间输入电流为零,所以该电流为峰值很高的脉冲电流,如图 8-45(b)所示。由于输入电流存在波形畸变,因而也会导致电网侧功率因数下降,并产生高次谐波污染电网。

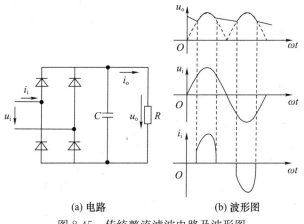

(a) 电路　　　　　　　　　　(b) 波形图

图 8-45　传统整流滤波电路及波形图

APFC 技术的基本思想是在整流电路与滤波电容之间加入 DC/DC 变换电路,通过适当的控制使整流电路的输出电流跟随它输出的直流脉动电压波形,且保持储能电容电压稳定,既保证了输入电流的波形能自动跟随输入电压的波形,在实现稳压输出的同时,也使电网侧达到单位功率因数状态。

2. APFC 分类

随着 APFC 技术的发展,APFC 的种类也越来越多,按相数可分为单相 APFC 和三相 APFC;按 DC/DC 变换的级数可分为双级式 APFC 和单级式 APFC,如图 8-46 所示;还可以按 DC/DC 变换的性质分为升压 APFC 和降压 APFC 等。由于升压斩波变换电路具有控制容易、输入电流可以连续且纹波电流较小等诸多优点,因而得到了广泛的应用。因此,本书主要讲述常用的单相、单级式升压 APFC 的工作原理。

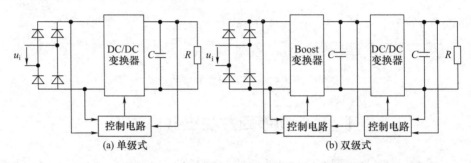

图 8-46　APFC 的结构

3. 单相、单级式升压 APFC 的工作原理

单相、单级式升压 APFC 的工作原理如图 8-47 所示。其工作过程为:通过调节升压斩波变换电路开关管 VT 的占空比,控制已整流后的电流,使之在对滤波电容充电之前能与整流后的电压波形相同,从而避免形成电流脉冲,达到改善功率因数的目的。APFC 的主电路是一个全桥整流器,实现 AC/DC 变换;在滤波电容 C 之前是一个升压斩波变换电路,实现升压式 DC/DC 变换。从控制回路来看,APFC 由一个电压外环和一个电流内环构成。在具体工作时,通过控制 VT 的开关频率或调节其 PWM 的占空比使整流后的电流跟随整流后电压的波形。

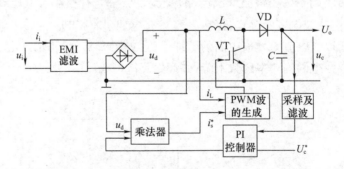

图 8-47　单相、单级式升压 APFC 的工作原理

升压斩波变换电路输出电压即电容电压 u_c 与给定电压 U_c^* 做差后进行 PI 调节,PI 控制器的输出与整流输出电压信号 u_d 相乘后生成电流指令信号 i_s^*、构成电压外环。电流指令信号 i_s^* 与电感支路的反馈电流做差形成电流内环,产生 PWM 波,使电感支路的电流随整流输出电压 u_d 变化而变化,从而电网侧的电流与电压同相且为正弦波,即功率因数为 1。

u_c 与 U_c^* 进行比较的目的是判断输出电压是否与给定电压相同,如果不相同,可以通过 PI 调节使之与给定电压相同,达到稳压的目的,这就是电压外环的作用。而整流器输出电压 u_d 的波形显然是正弦半波,它与 PI 控制器输出结果相乘后波形不变,所以很明显也是正弦半波且与 u_d 同相。将乘法器的输出作为电流内环的给定指令电流 i_s^*,保证了被控制的电感电流 i_L 与电压 u_d 波形一致。i_s^* 的幅值和输出电压 u_c 与给定电压 U_c^* 的差值有关,也与 u_d 的幅值有关。电感 L 中的电流 i_L 与 i_s^* 构成电流内环,根据所采用的控制方法产生 PWM 信号,即开关 VT 的驱动信号。VT 导通,电感电流 i_L 增加。当 i_L 增加到等于给定指令电流 i_s^* 时,VT 截止,这时 u_d+Ldi_L/dt 使二极管导通,电源和储能电感 L 释放能量,同时给电容 C 充电和向负载供电,这就是电流内环的作用。在电压外环和电流内环的共同作用下,完成 APFC 的功能。

8.4.2 APFC 的控制策略

由于 APFC 主功率变换结构不同,采用的控制方法也不一样。但所需控制的变量都有两个:①必须保证输出电压是恒定的直流电压;②必须使输入电流跟踪输入电压,使之与输入电压同频同相,保证输入端口针对交流电网呈现纯阻性。为达到上述控制目标,目前有多种不同的控制方案,以满足不同性质的整流器和不同应用场合的需要。根据电感电流是否连续,APFC 可分为不连续导电模式(DCM)和连续导电模式(CCM)两种控制,在 CCM 下用乘法器实现功率因数校正功能,而在 DCM 下,则可用电压跟随器实现功率因数校正功能。其中,在 CCM 控制中,根据是否选取瞬态电感电流作为反馈量和被控制量,又可分为间接电流控制和直接电流控制两大类,引入电流反馈的称为直接电流控制,没有引入电流反馈的称为间接电流控制。功率因数校正目前常用的控制方法主要有三种,即峰值电流控制法、滞环电流控制法和平均电流控制法,这三种控制方法的特点见表 8-3。

表 8-3　功率因数校正目前常用的三种控制方法的特点

控制方法	检测电流	适合工作模式	噪声	开关频率	适用拓扑	备注
峰值电流控制法	开关电流	CCM	敏感	固定	Boost 变换器	需斜波补偿
滞环电流控制法	电感电流	CCM	敏感	不固定	Boost 变换器	
平均电流控制法	电感电流	任意	不敏感	固定	任意	

1. 峰值电流控制法

图 8-48 为峰值电流控制法原理图。由图 8-49 的波形可知,VT 导通时,i_L 从零逐渐开始上升;i_L 的峰值刚好等于指令电流给定值 i_s^*。VT 截止时,电感电流 i_L 开始下降。也就是说,VT 导通时,电感电流上升;VT 截止时,电感电流下降。电感电流 i_L 的峰值包络线就是 i_s^*,因此,这种电流临界连续的控制方式又叫峰值电流控制法。

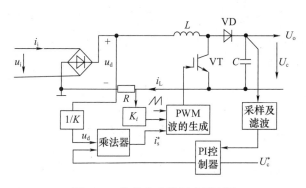

图 8-48　峰值电流控制法原理图

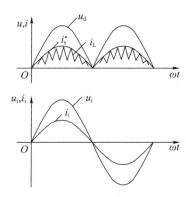

图 8-49　峰值电流控制法波形图

在峰值电流控制法中,电感电流峰值按工频变化。从零变化到最大值时,占空比由大逐渐变小;从最大值变化到零时,占空比由小逐渐变大,因此有可能产生次谐波振荡。为了防止该现象的发生,一般在比较器的输入端增加一个斜率补偿函数,以便在占空比变化较大时电路能稳定工作。有关次谐波振荡和斜率补偿函数进一步的知识请参阅相关文献。

2. 滞环电流控制法

滞环电流控制法的指令电流的生成方法和峰值电流控制法一样,输出电压与给定基准电压比较后,输入 PI 控制器,PI 控制器的输出和整流后的输入电压标幺值相乘作为指令电流。指令电流与检测的实际电流做差,然后进行滞环调节,使电感电流跟随电压变化,电网侧达到单位功率因数。滞环电流控制法原理图如图 8-50 所示,其波形图如图 8-51 所示。

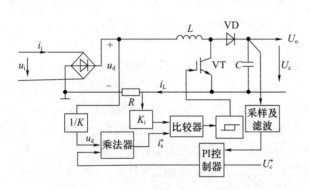

图 8-50　滞环电流控制法原理图

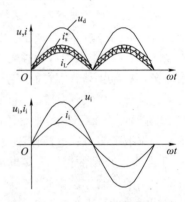

图 8-51　滞环电流控制法波形图

滞环电流控制法的频率不固定,对滤波器设计和开关器件选取都带来一定的困难。但采用微处理器控制时一般采用定时比较法,可以克服频率不固定的问题。

3. 平均电流控制法

平均电流控制法中指令电流的产生与峰值电流控制法、滞环电流控制法也一样,不同之处是用电流误差放大器或动态补偿器代替电流比较器,输出的结果与锯齿波或三角波比较,产生 PWM 波控制开关器件,达到稳定电压和控制输入电流与输入电压同相的目的。平均电流控制法原理图如图 8-52 所示,其波形图如图 8-53 所示。从图中的波形可知,这种方法可以控制电感电流 i_L 在给定指令电流 i_s^* 曲线上,由高频折线来逼近正弦曲线,i_s^* 反映的是电流的平均值,因此这种电流连续的控制方式又叫电流平均值控制法。这种方法和 2.4 节介绍的三角波比较法类似,利用 TMS320F28335 实现该控制方法时可采用增减计数或连续增计数模式来实现。

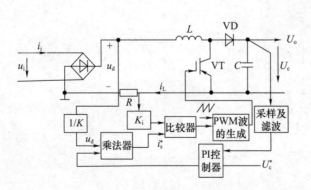

图 8-52　平均电流控制法原理图

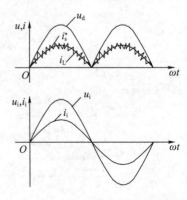

图 8-53　平均电流控制法波形图

平均电流控制法和滞环电流控制法相比,其开关频率固定,便于控制;和峰值电流控制法相比,其电流的纹波较小,THD值更低。它可应用于CCM和DCM模式,因此在实际中应用较多。但采用平均电流控制法时,在正弦半波内,电感电流不到零,每次VT导通之前,电感L和二极管VD中都有电流,因此VT导通的瞬间,L中的电流、二极管VD中的反向恢复电流对直流转换电路中的VT和VD的寿命会造成不利的影响,在选择元件时要特别注意。

8.4.3 APFC的实例分析与仿真

1. 主电路参数确定

APFC的主电路器件包括整流二极管、功率开关管、电感、串联二极管和电容。其中整流二极管、功率开关管和串联二极管的选取和其他应用电路一样,主要考虑的因素有耐压、电流、损耗和开关频率等,本节不再叙述。在CCM模式下,电感的选取与输出功率及开关频率有关。电感的大小决定了输入端高频纹波电流的大小,应按照限制电流脉动最小的原则进行升压电感的设计。参照3.2节相关内容分析如下。

1)升压电感的确定

电感电流的最大峰值I_{PK}出现在电网电压最低且负载最大时,其值为

$$I_{PK} = \frac{\sqrt{2} P_{in}}{U_{in(min)}} \tag{8-51}$$

式中,P_{in}是输入功率;$U_{in(min)}$是输入电压的最低值。

若允许电感电流有d的波动率,则电感电流最大波动量为

$$\Delta I_L = d \cdot I_{PK} \tag{8-52}$$

由式(3-68)可知

$$M = \frac{U_o}{U_{in}} = \frac{1}{1-D} \tag{8-53}$$

APFC在I_{PK}时的占空比(此时$U_{in(PK)}$是电网电压最低时整流桥输出电压的峰值)为

$$D = \frac{U_o - U_{in(PK)}}{U_o} \tag{8-54}$$

由式(4-64)可知

$$\Delta I_L = \frac{U_{in(PK)}}{L} D T_s \tag{8-55}$$

APFC的升压电感为

$$L = \frac{U_{in(PK)} D}{f_s \Delta I_L} \tag{8-56}$$

式中,$U_{in(PK)}$是电网电压最低时整流桥输出电压的峰值(V);D是占空比;ΔI_L是电感电流最大波动量(A);f_s是开关频率(Hz)。

2)滤波电容的确定

选择APFC输出电容时,主要考虑输出电压的大小及纹波值、电容允许流过的电流值、等效串联电阻的大小、容许温升等众多因素。此外,稳压电源还应要求在输入交流电断电的情况下,

电容容量足够大以保证一定的放电维持时间。通常 APFC 采用放电维持时间法确定电容,具体内容如下。

依据能量守恒有

$$P_\text{o}\Delta t = \frac{1}{2}CU_\text{o}^2 - \frac{1}{2}CU_\text{omin}^2 \tag{8-57}$$

则电容为

$$C = \frac{2P_\text{o}\Delta t}{U_\text{o}^2 - U_{\text{o(min)}}^2} \tag{8-58}$$

式中,P_o 是输出功率(W);Δt 是设定的维持时间(s);U_o、U_omin 分别是输出电压的最大值和最小值,单位为(V)。

2. 实例仿真

要求:输入电压为 220V/50Hz,输出电压为 400V,输出功率为 1000W,开关频率为 20kHz。效率为 90%,维持时间 Δt 取 20ms,输出电压纹波取 5%,根据式(8-56)~式(8-58)进行计算,并留有一定余量,取电感为 8mH,电容为 2200μF。

仿真环境采用 MATLAB/Simulink,采用平均电流控制法,单相 Boost AFPC 仿真模型如图 8-54 所示,电路仿真的具体参数为:电流内环参数 $k_{\text{pi}}=0.5$,$k_{\text{ii}}=10$;电压处环参数 $k_{\text{pu}}=30$,$k_{\text{iu}}=100$。

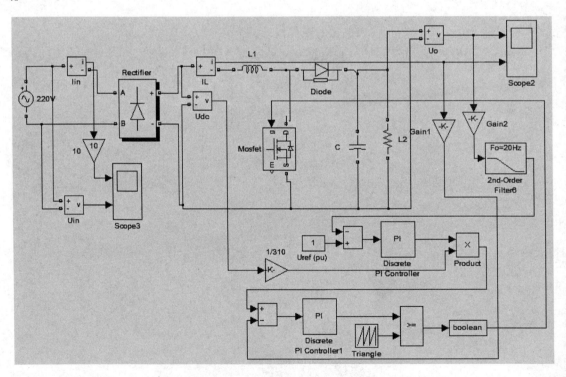

图 8-54 单相 Boost AFPC 仿真模型图(平均电流控制法)

采用平均电流控制法的仿真结果如图 8-55 和图 8-56 所示,图 8-55 为交流输入电流、电压波形,图 8-56 为输出电压和电感电流波形。可以看出,输入电流和电压相位保持同步,电流波形接近正弦,输出电压能够稳定在 400V,电压纹波在 ±1% 范围内,满足设计要求。若要取得更优效果,需进一步调整相关参数。

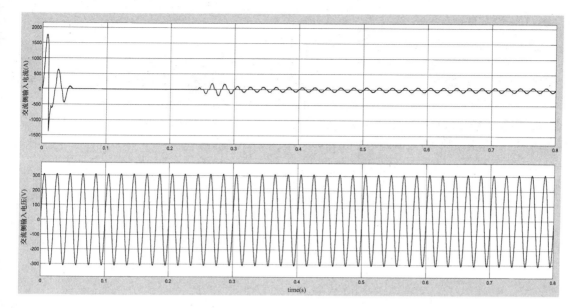

图 8-55　交流输入电流、电压波形

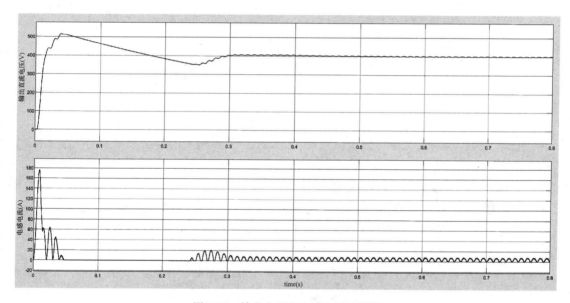

图 8-56　输出电压和电感电流波形图

8.4.4　UC3854 简介

APFC 专用控制芯片有很多种,其中 UC3854 是一种常用的有源功率因数校正专用控制芯片,它可以完成升压 APFC 所需的全部控制功能。该芯片采用平均电流控制法,控制精度高,开关噪声较低,可使功率因数达到 0.99 以上,输入电流波形失真小于 5%,满足国家标准对谐波的要求。当输入电压在 85～265V 之间变化时,由 UC3854 组成的 APFC 仍可使输出电压保持稳定,因此,由 UC3854 组成的 APFC 可以作为 AC/DC 稳压电源的控制电路使用。由于 UC3854 采用推拉输出级,输出电流可达 1A 以上,因此其输出固定频率的 PWM 信号可直接驱动大功率 MOSFET,与一般的微处理器控制相比,可以省略驱动电路的设计。本节主要介绍 UC3854 的基本组成、原理及应用。

1. UC3854 的基本组成

UC3854 内部框图如图 8-57 所示，它由以下部分组成。

① 欠压封锁比较器(UVLC)：主要完成低电压封锁功能。当电源电压 V_{CC} 高于 16V 时，且使能控制端(10 脚)输入电压高于 2.5V 时，基准电压建立，振荡器开始振荡，输出级输出 PWM 脉冲信号；当电源电压 V_{CC} 低于 10V 时，基准电压中断，振荡器停振，输出级被封锁。

② 使能比较器(EC)：主要完成输出使能功能。当使能控制端(10 脚)输入电压高于 2.5V 时，输出级输出驱动脉冲；当使能控制端输入电压低于 2.25V 时，输出级关断。与欠压封锁比较器(UVLC)一样，采用的是滞环比较逻辑。

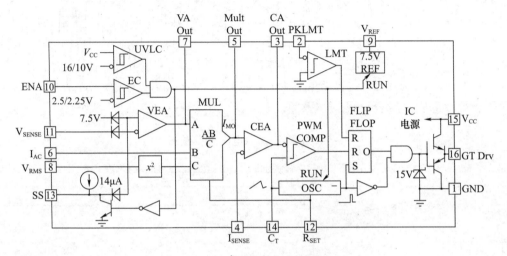

图 8-57 UC3854 内部框图

以上两个比较器的输出为"与"逻辑关系，如图 8-57 所示两者的输出都接到与门输入端，只有两个比较器都输出高电平时，基准电压才能建立，UC3854 才能输出脉冲。

③ 电压误差放大器(VEA)与乘法器(MUL)：主要产生指令电流的大小。输出电压经电阻分压后，接入 VEA 的反相输入端，与 7.5V 的基准电压进行比较，其差值经放大后加到 MUL 的一个输入端(A)。MUL 的另外两个输入分别来自与整流交流电压成正比的电流 I_{AC} 和前馈电压 V_{RMS}。MUL 的输出为控制所需的指令电流 I_{MO}。

④ 运算器 AB/C 是 UC3845 的关键，由图 8-58 可知，它有两个目的：一是能形成一个波形形状与 U_{in}(整流输出)相同且与电压调节器输出量 U_e 成正比的给定 U_i^*；二是使输入功率不随输出电压 U_{in} 的变化而变化。运算器的输入信号中，A 为电压调节器的输出 U_e，B 为整流输出电压 U_{in} 经过衰减后的信号，即 $B = K_B U_{in} = K_B \sqrt{2} U_{in} | \sin\omega t |$，C 为整流输出电压 U_{in} 经过衰减和滤波后信号的平方，即 $C = K_C U_{in}^2$，因此

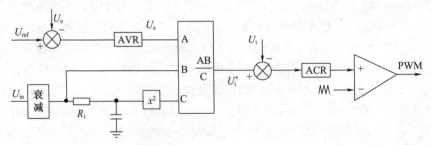

图 8-58 UC3845 局部内部工作电路图

$$U_i^* = \frac{AB}{C} = \frac{U_e K_B \sqrt{2} U_{in} |\sin\omega t|}{K_C U_{in}^2} = \frac{U_e K_B \sqrt{2} |\sin\omega t|}{K_C U_{in}} \tag{8-59}$$

由式(8-59)可见,在 U_{in} 不变的情况下,运算器实现了它的第一个目的。由于电流环使得电流反馈对应电压为 $u_i = K_i i_{in}$(为整流输出电流,等于 i_L)跟随其给定 U_{in},则 $i_{in} = \sqrt{2} I_{in} |\sin\omega t|$,$u_{in} = K_i \sqrt{2} I_{in} |\sin\omega t| = u_i^*$,则输入功率为

$$P_i = U_{in} I_{in} = U_{in} \frac{u_i}{K_i \sqrt{2} |\sin\omega t|} = U_{in} \frac{U_e K_B \sqrt{2} |\sin\omega t|}{K_C U_{in}} = \frac{U_e K_B}{K_C K_i} \tag{8-60}$$

由式(8-60)可见,输入功率 P_{in} 与 U_{in} 无关,这样做的目的是提高系统对 U_{in} 的抗干扰能力,即如果检测到 U_{in} 增大,由式(8-60)可知系统会主动减小 U_i^*,以避免 U_{in} 对 U_o 的影响。这样便可以实现全输入电压范围内的正常工作,并可使整个电路具有良好的动态响应和负载调整特性。

⑤ 电流误差放大器(CEA):主要完成指令电流与实际电流做差放大。乘法器输出的指令电流 I_{MO} 在 R_{MO} 两端产生基准电压。实际电流经电阻 R_s 产生的压降与指令电流 I_{MO} 在 R_{MO} 两端产生基准电压相减后作为电流取样信号,加到电流误差放大器的输入端,误差信号经放大后,与振荡器的锯齿波电压比较,产生输出脉冲的宽度可调的 PWM 信号。

⑥ 振荡器(OSC):主要产生系统所需锯齿波。振荡器只有基准电压建立后才能工作,振荡器的振荡频率由 14 脚和 12 脚外接电容 C_T 和电阻 R_{SET} 决定。

⑦ PWM 比较器(PWM COMP):主要产生输出脉冲的宽度可调整的 PWM 信号。电流误差放大器输出信号与振荡器的锯齿波电压经该比较器后,产生脉宽调制信号,该信号输出到触发器的 R 端。

⑧ 触发器(FLIP FLOP):与峰值电流限制比较器(LMT)配合可完成过流保护功能。振荡器和 PWM 比较器的输出信号分别加到触发器的 R、S 端,控制触发器输出脉冲,该脉冲经与门电路和推拉输出级后,驱动外接的功率 MOSFET。

⑨ 基准电源(REF):该基准电压受欠压封锁比较器(UVLC)和使能比较器(EC)的共同控制,当这两个比较器的输出都为高电平时,9 脚才能输出 7.5V 的基准电压。

⑩ 峰值电流限制比较器(LMT):电流取样信号加到该比较器的输入端,输出电流达到一定数值后,该比较器通过触发器关断输出脉冲,完成过流保护功能。

⑪ 软启动电路(SS):软启动过程可避免启动时对电路的冲击。UC3854 的软启动过程为,在基准电压建立后,由内部 $14\mu A$ 电流源对 SS 脚外接电容 C_{SS} 充电,软启动的时间与外接电容的大小有关,刚开始充电时,SS 脚处的电压为零,与 SS 脚相连的内部二极管导通,使电压误差放大器的基准电压为零,封锁了 UC3854 的输出脉冲。当 C_{SS} 的充电电压大于基准电压后,二极管关断,此时软启动电容与电压误差放大器隔离,软启动过程结束,UC3854 开始正常输出脉冲。当发生欠压封锁或使能关断时,与门输出信号除关断输出外,还可使并联在 C_{SS} 两端的内部晶体管导通,从而使 C_{SS} 放电,以保证下次启动时 C_{SS} 从零开始充电,重新开始新一次软启动过程。

2. 引脚排列及功能

UC3854 有多种封装形式,常用是 DIP-16 封装,这种封装的引脚排列如图 8-59 所示。

GND(1 脚):接地端,是所有电压的测试基准点。振荡器定时电容的放电电流也由该引脚返回。因此在制作电路板时定时电容到该引脚的距离应尽可能短。

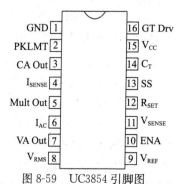

图 8-59 UC3854 引脚图

PKLMT(2 脚)：峰值电流限流端。峰值限流门限值为 0V。该引脚应接入电流取样电阻的负电压端。为了使电流取样电压上升到地电位，该引脚与基准电压输出端(9 脚)之间应接入一个合适的电阻。

CA Out(3 脚)：电流放大器输出端，该引脚是宽带运放的输出端。该放大器检测并放大电网输入电流，控制脉宽调制器，强制校正电网输入电流。

I_{SENSE}(4 脚)：电流取样负输入端。该引脚为电流放大器反相输入端。

Mult Out(5 脚)：乘法器的输出端和电流取样正输入端。乘法器的输出直接连接到电流放大器的同相输入端。

I_{AC}(6 脚)：输入交流电流信号取样输入端。电流取样信号从该引脚加到乘法器的输入端。

VA Out(7 脚)：电压放大器的输出端。该端电压可调整输出电压。

V_{RMS}(8 脚)：网侧电压有效值输入端，整流桥输出电压经分压后加到该引脚。为了实现最佳控制，该引脚电压应为 1.5～3.5V。

V_{REF}(9 脚)：基准电压输出端。该引脚输出 7.5V 基准电压，最大输出电流为 10mA，并且内部可以限流，当 V_{CC} 较低或 ENA 引脚为低电平时，该引脚输出电压为零。为抗干扰的需要，该引脚到地应接入 0.1μF 的电容。

ENA(10 脚)：使能控制端，是 UC3854 输出 PWM 驱动电压的逻辑控制信号输入端。该信号还可以控制基准电压、振荡器和软启动电路。当不需要使能控制时，该引脚应接 5V 电源或通过 100kΩ 电阻接 V_{CC} 引脚。

V_{SENSE}(11 脚)：电压放大器反相输入端。功率因数校正电路的输出电压经分压后加到该引脚。该引脚与 VA Out 引脚之间还应加入放大器 RC 补偿网络。

R_{SET}(12 脚)：振荡器定时电容充电电流和乘法器最大输出电流设定电阻接入端。该引脚到地之间接入一个电阻，可设定定时电容的充电电流和乘法器的最大输出电流。乘法器的最大输出电流为 3.75V/R_{SET}。

SS(13 脚)：软启动端。UC3854 停止工作或 V_{CC} 过低时，该引脚为零电位。开始工作后，14μA 电流对外接电容进行充电，当该引脚的电压逐渐上升到 7.5V 使 PWM 脉冲占空比逐渐增大时，输出电压逐渐升高从而实现软启动。

C_T(14 脚)：振荡器定时电容接入端。该引脚到地之间接入定时电容 C_T，C_T 与振荡器工作频率的关系为

$$f = \frac{1.25}{R_{SET}C_T} \tag{8-61}$$

V_{CC}(15 脚)：电源电压接入端。为了保证 UC3854 的正常工作，该引脚电压应高于 17V，为吸收外接 MOSFET 栅极电容充电时产生的电流尖峰，该引脚到地之间应接入一个旁路电容。

GT Drv(16 脚)：栅极驱动电压输出端。该引脚输出电压可直接驱动外接的 MOSFET。当驱动 IGBT 等大功率电路时，要根据情况添加功率放大电路。该引脚内部接有钳位电路，可将输出脉冲幅值钳位在 15V，因此当 V_{CC} 不超过 35V 时，UC3854 仍可正常工作。使用中，为避免驱动电容负载时发生输出电流过冲，该引脚到 MOSFET 的栅极之间应串入大于 5Ω 的电阻。

3. 实际应用电路

由 UC3854 组成的功率因数校正典型应用电路如图 8-60 所示。该电路由两部分组成：以 UC3854 为核心的控制电路和升压变换电路。升压变换电路由升压电感、功率 MOSFET、二极管和滤波电容等组成。升压电感工作于电流连续状态。在这种状态下，脉冲占空比决定输入与输出电压之比，输入电流的纹波很小，因此电网噪声很小。此外，升压变换电路的输出电压必须

高于电网输入电压的峰值。控制电路由 UC3854 及其外接元件组成。GT Drv 引脚输出的
PWM 脉冲加到功率 MOSFET 的栅极。

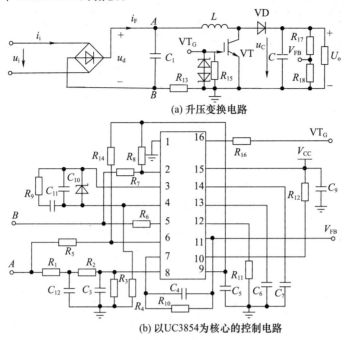

(a) 升压变换电路

(b) 以UC3854为核心的控制电路

图 8-60　由 UC3854 组成的功率因数校正典型应用电路

图 8-60 中升压电感、功率 MOSFET、二极管和滤波电容的计算参见式(8-56)～式(8-58)分
析,检测、控制和保护电路等的设计和参数选取,请参考 UC3854 用户手册,此处不再分析。

8.5　统一电能质量调节器(UPQC)

本章前面主要介绍了静止无功发生器(SVG)、有源电力滤波器(APF)和动态电压恢复器
(DVR),它们只能解决单一的电能质量问题。随着电网用户的多样化发展,多种电能质量问题
会同时出现在同一供电系统中,这时电压波动、谐波电流和无功补偿等问题都需要解决。若针对
每种电能质量问题都采用相应单一的调节装置,不仅会增加治理成本,还会增加设备运行维护的
难度。日本学者赤木泰文于 1996 年首次提出了统一电能质量调节器(Unified Power Quality
Conditioner,UPQC)的概念。在这种系统中,一对"背对背"的变流器通过公共的直流母线连到
一起,既可补偿电源电压骤升、骤降、不对称、闪变和波动等,又可补偿无功和谐波电流。UPQC
是一种具有综合功能的电能质量调节器,目前国内在该方面的研究也取得了一定的成果。本节
主要介绍 UPQC 的工作原理、拓扑结构、控制策略和仿真分析等。

8.5.1　UPQC 的工作原理

1. UPQC 的拓扑结构

UPQC 的拓扑结构有很多种,本节主要介绍两种常用的拓扑结构,即左串右并型 UPQC 和
左并右串型 UPQC。

(1) 左串右并型 UPQC

如图 8-61 所示,该拓扑结构由一对"背对背"的变流器、中间直流储能环节、补偿变压器和输

出电感组成。并联变流器连接于负载侧,用于完成谐波电流和无功电流的补偿,同时保证两个变流器之间的直流电压稳定;串联变流器通过补偿变压器接在系统侧,完成对电压质量问题的调节,如补偿电压跌落和不对称等。

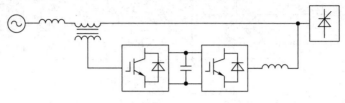

图 8-61　左串右并型 UPQC

（2）左并右串型 UPQC

如图 8-62 所示,该拓扑结构和左串右并型一样,由一对"背对背"的变流器、中间直流储能环节、输出变压器和输出电感组成。不同的是其并联变流器连接于系统侧,仅用于完成两个变流器之间的直流电压稳定。串联变流器通过变压器接在负载侧,完成对电压质量问题的调节。此外,在负载侧还并接一个 LC 无源滤波器,以滤除固定次数谐波。这种拓扑结构所需的并联侧变流器的容量较小。

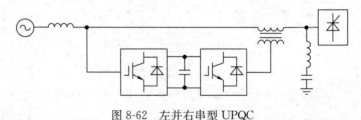

图 8-62　左并右串型 UPQC

由于 UPQC 串/并联变流器安装位置的不同,对其容量的要求也不一样。左并右串型 UPQC 虽然对并联变流器的容量要求较低,但是对谐波电流的补偿效果并不理想。左串右并型 UPQC 由于并联变流器处于串联变流器下游,电压已经得到串联变流器的补偿,不会干扰并联变流器的工作;同时,由于并联变流器对谐波及无功电流的补偿,经过串联变流器的电流得以减小,从而适度减小了串联变流器的容量。所以,目前 UPQC 电路大多采用左串右并结构,该结构又可分为单相、三相三线制和三相四线制等主要类型。

1）单相 UPQC

常见的 UPQC 由两个双向 H 桥变流器通过直流电容连接到公共直流母线构成,如图 8-63 所示。串联变流器通过 L_1、C_1 组成的低通滤波器和补偿变压器串联到系统侧线路上。并联变流器通过连接电感 L_2、C_2 连到负载侧线路上。L_1、C_1 组成的低通滤波器用于消除串联侧的高次谐波,L_2、C_2 组成的低通滤波器用于消除并联侧的高次谐波。

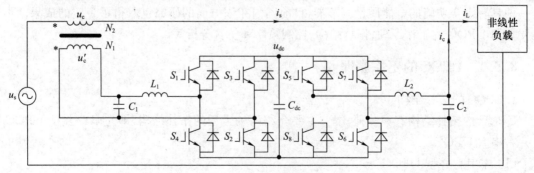

图 8-63　单相全桥型 UPQC

2）三相三线制 UPQC

三相三线制 UPQC 通过两个"背对背"的三相变流器和中间直流储能环节等构成，如图 8-64 所示。并联变流器通过电感 L_{2a}、L_{2b}、L_{2c} 连到负载侧交流线路上，用于补偿谐波和无功电流。L_{1x}、$C_{1x}(x=a,b,c)$ 和 L_{2x}、$C_{2x}(x=a,b,c)$ 组成的低通滤波器用于消除两个"背对背"变流器输出的高次谐波。串联变流器的补偿变压器输出补偿电压，解决电网中电压质量问题。补偿变压器可以是三相变压器，也可以用三个单相变压器组成。

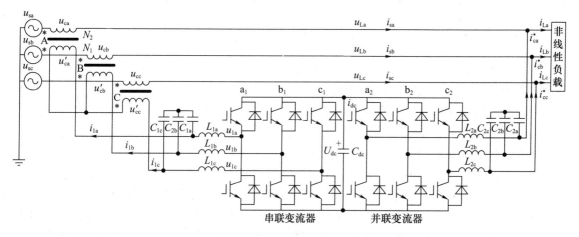

图 8-64　三相三线制 UPQC

3）三相四线制 UPQC

三相四线制 UPQC 适用于三相四线制供电系统中，如图 8-65 所示。串联变流器的补偿变压器采用星形连接法。将三相四线制中的中线与直流侧电压中点相连，为不平衡电压补偿时提供零序电流的通路，直流侧中点（见图 8-65）通常为两个电容串联的节点。为了补偿不对称分量，变流器有时也采用三个 H 桥或四桥臂组成的电路拓扑结构等。本书不再讨论，其内容请参阅相关文献。

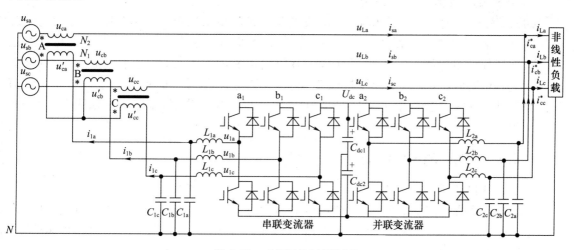

图 8-65　三相四线制 UPQC

2. UPQC 工作原理

虽然 UPQC 的结构形式有多种，但其工作原理大致相同，下面以常用的左串右并型 UPQC 为例对其原理进行分析。如图 8-66 所示。

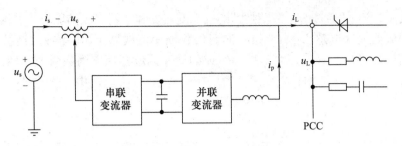

图 8-66　UPQC 主电路拓扑

图 8-66 中，u_s、u_L 分别表示电网与负载电压；u_c 表示串联侧补偿的电压；i_s、i_L 分别表示电网与负载电流；i_P 表示并联变流器输出电流。

串联变流器用于调节电压质量问题，补偿电网电压突升、骤降等波动；并联变流器除用于消除负载谐波电流和补偿无功电流外，另一个主要功能是在控制过程中加入有功电流分量，为直流侧储能电容充电，使直流侧电压维持不变，保证系统能正常工作。对图 8-66 所示的 UPQC 主电路拓扑，串联侧用于补偿电压，其输出的电压大小由电网电压控制，其实质为一个受控电压源；而并联侧输出电流，主要由三部分组成，即负载谐波电流、负载无功电流和维持直流电压稳定的有功电流，其实质为一个受控电流源。补偿过程为：当电网电压波动时，UPQC 控制部分将检测到的实际电网电压与负载要求电压进行比较，根据采用的控制补偿策略使 UPQC 的串联侧输出相应的补偿电压，以保持负载电压满足要求；同样，并联侧以负载电流中的谐波电流、无功电流分量及通过直流检测电路检测到的有功电流分量作为指令电流，通过该指令电流控制并联变流器。最终，使并联变流器注入与其相反的电流，消除谐波电流和无功电流分量，并使直流电压稳定。由此 UPQC 既保证电网电流为标准正弦波且与电网电压同相位，又抑制非负载产生的畸变电流对电网的污染，同时也提高了功率因数，实现改善系统电能质量的目的。

3. UPQC 的检测方法

UPQC 要实时地补偿电流和电压，解决电能存在的质量问题，对谐波电流、无功电流及电压跌落等信号检测的准确性、实时性及相移是否准确关系到 UPQC 能否可靠高效地工作。目前周期信号检测的方法主要有基于有效值定义的均方根法、基于整流的交/直流变换法、傅里叶级数法和基于坐标变换法等，鉴于 UPQC 对信号实时性的要求，串/并联侧信号的检测选用基于坐标变换法，其串联侧的具体实现同 8.3 节，并联侧的实现同 8.2 节，此处不再赘述。

8.5.2　UPQC 的系统组成

1. 系统组成

除选择合适的检测方法外，硬件电路的科学合理设计也影响着 UPQC 的补偿性能。UPQC 系统主要包括数据采集、补偿量检测、计算、输出等环节，其总体结构图如图 8-67 所示。检测、调理等电路的设计请参阅第 7 章的内容。

2. 参数设计

UPQC 主电路参数设计主要包括开关器件选择、串/并联侧滤波电感和电容设计等，其中串联侧请参阅 8.3 节内容，并联侧请参阅 8.2 节内容，本节不再讨论分析。

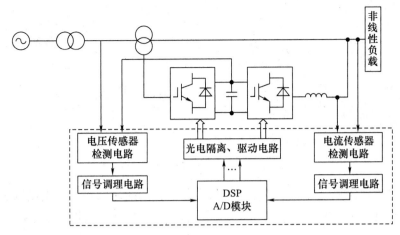

图 8-67　UPQC 系统的总体结构图

8.5.3　UPQC 的控制策略

1. 不同补偿策略的能量流动分析

左串右并型 UPQC 如图 8-61 所示,为了分析方便,假设补偿变压器为理想变压器,忽略开关管的功率损耗,并联侧对负载谐波电流、无功电流分量能进行了完全补偿,保证电网电流为纯正弦且电网侧功率因数为 1,则 UPQC 串联侧可等效为一个受电网电压控制的电压源,并联侧可等效为一个受负载谐波电流、无功电流控制的可控电流源,其单相等效电路原理图如图 8-68 所示,单相基波相量图如图 8-69 所示。本节的分析均以上述假设为前提条件。

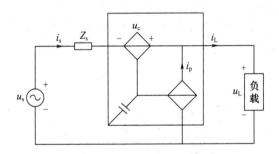

图 8-68　UPQC 单相等效电路图

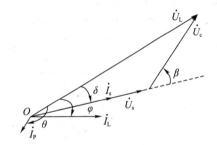

图 8-69　电网电压波动时 UPQC 单相基波相量图

根据 UPQC 直流侧提供补偿能量及负载电压补偿前后的相位不同,可将电压补偿控制策略分为完全补偿、同相位补偿和最小能量补偿。完全补偿策略可使补偿后的负载电压与电网电压波动前的电压完全一致,即幅值与相位一样。波动造成幅值与相位变化较大时,这种补偿方法很难完成。在实际中,负载一般不为纯阻性,因此它们都有一定的迟滞性,对幅值和相位扰动有一定的抗扰动能力,没有必要进行完全电压补偿。实际中很少采用完全补偿,故本节只对同相位补偿和最小能量补偿做重点讨论。

（1）基于同相位补偿策略的能量流动分析

同相位补偿策略指的是补偿电压的相位与电网波动后的电压同相,即只对波动的幅值进行补偿,而不考虑相位的变化。它们的相量关系如图 8-70 所示。其优点是运算简单,补偿迅速,可补偿的范围最大,但无法控制有功功率的输出,不能补偿相位的变化,因此该补偿策略多用于对相位变化要求不敏感的场合。

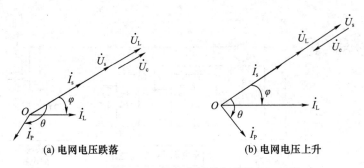

图 8-70　同相位补偿相量图

同相位补偿策略的要求是输出的补偿电压始终与电网电压同相位。根据图 8-70 可计算出采用同相位补偿策略时的串联侧有功功率 P_c 和无功功率 Q_c、并联侧有功功率 P_P 和无功功率 Q_P 分别为

$$\begin{cases} P_c = I_s(U_L - U_s) = I_s U_L - P_L \\ Q_c = 0 \end{cases} \tag{8-62}$$

$$\begin{cases} P_P = U_L(I_L \cos\varphi - I_s) = P_L - U_L I_s \\ Q_P = U_L I_L \sin\varphi = Q_L \end{cases} \tag{8-63}$$

式中，负载有功功率 $P_L = U_L I_L \cos\varphi$，无功功率 $Q_L = U_L I_L \sin\varphi$。

式(8-62)和式(8-63)中的绝对值符号表示与电网电压是跌落还是突升有关。当电网电压发生跌落($U_s < U_L$)时，UPQC 并联侧吸收有功功率，并通过中间直流储能环节传递给串联侧，而负载所需的无功功率始终由并联侧提供。能量传递方向如图 8-71(a)所示。当电网电压发生突升($U_s > U_L$)时，则由 UPQC 串联侧吸收有功功率，并通过中间直流储能环节传递给并联侧，有功功率的传递与电网电压跌落时正好相反。能量传递方向如图 8-71(b)所示。

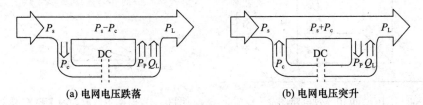

图 8-71　采用同相位补偿的能量传递图

(2) 基于最小能量补偿策略的能量流动分析

最小能量补偿策略要求串联变流器不仅能提供有功功率，同时也要提供无功功率。即提供的补偿电压比电网电压有一个合适的相位超前角，从而减少有功交换。最小能量补偿通过使补偿器提供的有功功率最小化来实现电网提供的有功功率最大化，使电网的功率因数增加，补偿器的功率因数减小。图 8-72 为采用最小能量补偿时的相量图。电网电压和串联变流器能提供的最大补偿电压决定了串联侧最小能量补偿的运行点。图 8-72(a)为电网电压波动范围为 $U_s \leqslant U_L \cos\varphi$ 时的相量图，图 8-72(b)为电网电压波动范围为 $U_L \cos\varphi < U_s \leqslant U_L$ 的相量图，图 8-72(c)为电网电压波动范围为 $U_s \geqslant U_L$ 时的相量图。

① 当 $U_s \leqslant U_L \cos\varphi, 0 \leqslant \delta \leqslant \varphi$，如图 8-6(a)所示，在 $\delta = \varphi$ 时，B 点处 P_c 最小，即 B 点为最小能量补偿点，有

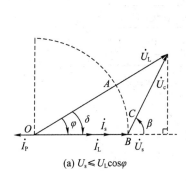
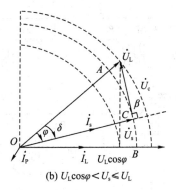
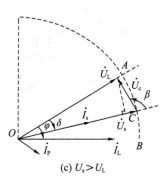

(a) $U_s \leqslant U_L\cos\varphi$ (b) $U_L\cos\varphi < U_s \leqslant U_L$ (c) $U_s > U_L$

图 8-72　最小能量补偿相量图

$$\begin{cases} P_c = I_s(U_L\cos\varphi - U_s) = I_sU_L\cos\varphi - P_L \\ Q_c = I_sU_L\sin\varphi \end{cases} \tag{8-64}$$

$$\begin{cases} P_P = U_L(I_L\cos\varphi - I_s\cos\varphi) = P_L - U_LI_s\cos\varphi \\ Q_P = U_L(I_L\sin\varphi - I_s\sin\varphi) = Q_L - U_LI_s\sin\varphi \end{cases} \tag{8-65}$$

当电网电压为 $U_s \leqslant U_L\cos\varphi, 0 \leqslant \delta \leqslant \varphi$ 时，UPQC 并联侧吸收的有功功率通过中间直流储能环节传递给串联侧，经串联侧回馈给电网，此时负载所需要的无功功率则由串联侧和并联侧共同提供。其能量传递图如图 8-73（a）所示。

② 当 $U_L\cos\varphi < U_s \leqslant U_L$ 且 $\beta = 90°$ 时，图 8-73（b）中 C 点为最小能量补偿点。此时，P_c 为零，$\delta = \arccos\dfrac{U_s}{U_L}$，有

$$\begin{cases} P_c = 0 \\ Q_c = I_s\sqrt{U_L^2 - U_s^2} \end{cases} \tag{8-66}$$

$$\begin{cases} P_P = 0 \\ Q_P = Q_L - Q_c \end{cases} \tag{8-67}$$

当电网电压为 $U_s \leqslant U_L\cos\varphi, 0 \leqslant \delta \leqslant \varphi$ 时，UPQC 串联侧与并联侧之间没有有功功率流动，负载所需的无功功率由串联侧和并联侧共同提供。如图 8-73（b）所示。

③ 当 $U_s > U_L, 0 \leqslant \delta \leqslant \varphi$ 时，如图 8-86（c）所示，在 $\delta = 0$ 时，最小能量补偿位于 A 点，此时 P_c 最小，即串联侧吸收有功功率最小。由下式可计算出基于最小能量补偿策略的串联侧有功功率 P_c 和无功功率 Q_c 分别为

$$\begin{cases} P_c = I_s(U_s - U_L) = P_L - I_sU_L \\ Q_c = 0 \end{cases} \tag{8-68}$$

并联侧有功功率 P_P 和无功功率 Q_P 的计算公式为

$$\begin{cases} P_P = U_L(I_L\cos\varphi - I_s) = P_L - U_LI_s \\ Q_P = U_LI_L\sin\varphi = Q_L \end{cases} \tag{8-69}$$

UPQC 串联侧吸收有功功率通过中间直流储能环节传递给并联侧，并联侧向负载同时提供无功功率。如图 8-73（c）所示。

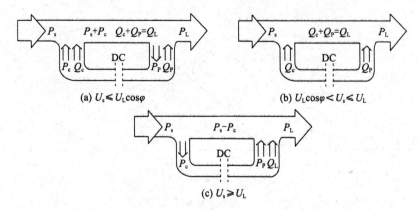

(a) $U_s \leqslant U_L \cos\varphi$　　(b) $U_L \cos\varphi < U_s \leqslant U_L$

(c) $U_s \geqslant U_L$

图 8-73　电网电压波动时采用最小能量补偿的能量传递方向

2. 最优补偿角的确定

同相位补偿和最小能量补偿各有特点,最小能量补偿能将提供的有功功率最小化来实现电网提供的有功功率最大化,但是由于增加了无功电流,使 UPQC 的总容量变大,这对 UPQC 的经济指标影响较大。所以下面讨论总容量最小的控制策略。如图 8-74 所示,U_{L1}、U_{s1} 和 U_{L2}、U_{s2} 分别表示电压跌落前后负载与电网的电压;I_{L1}、I_{s2} 和 I_{L2}、I_{s2} 分别表示电压跌落前后负载与电网的电流;I_P 表示并联变流器的输出电流;φ 为负载的等效功率因数角。则其基波相量图可表示为如图 8-74 所示,显然有

$$U_{L1} = U_{L2} = U_L \tag{8-70}$$

$$I_{L1} = I_{L2} = I_L \tag{8-71}$$

$$U_{s1} I_{s1} = U_{s2} I_{s2} \tag{8-72}$$

$$I_{s2} = \frac{I_L \cos\varphi}{1-d} \tag{8-73}$$

式中,d 为电网电压的波动率。

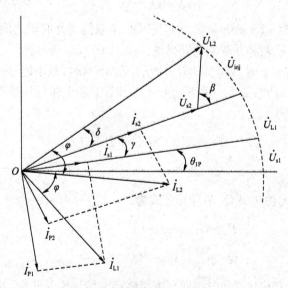

图 8-74　UPQC 基波相量图

由图 8-74 可得串联变流器补偿电压的表达式为

$$U_{\mathrm{inj}} = \sqrt{U_{\mathrm{L2}}^2 + U_{s2}^2 - 2U_{\mathrm{L2}}U_{s2}\cos\beta} = U_{\mathrm{L}}\sqrt{1+(1-d)^2 - 2\cos\beta(1-d)} \tag{8-74}$$

并联侧无功基波电流的表达式为

$$I_{\mathrm{P2}} = \sqrt{I_{\mathrm{L2}}^2 + I_{s2}^2 - 2I_{\mathrm{L2}}I_{s2}\cos(\varphi-\beta)} = \frac{I_{\mathrm{L}}}{1-d}\sqrt{(1-d)^2 + \cos^2\varphi - 2\cos\varphi\cos(\varphi-\beta)(1-d)} \tag{8-75}$$

则串联侧需要的容量为

$$S_{\mathrm{c}} = U_{\mathrm{inj}}I_{s2} = \frac{U_{\mathrm{L}}I_{\mathrm{L}}\cos\varphi}{1-d}\sqrt{1+(1-d)^2 - 2\cos\beta(1-d)} \tag{8-76}$$

并联侧基波的能量关系为

$$S_{\mathrm{P1}} = I_{\mathrm{P2}}U_{\mathrm{L2}} = \frac{U_{\mathrm{L}}I_{\mathrm{L}}}{1-d}\sqrt{(1-d)^2 + \cos^2\varphi - 2\cos\varphi\cos(\varphi-\beta)(1-d)} \tag{8-77}$$

在考虑电流为非正弦情况下不同频率的正弦电压与电流之间的能量关系时,并联侧容量可表示为

$$S_{\mathrm{P}}^2 = P_{\mathrm{P}}^2 + Q_{\mathrm{P}}^2 + D^2 = S_{\mathrm{P1}}^2 + D^2 \tag{8-78}$$

式中,S_{P} 为并联侧电路考虑谐波电流时的总容量;P_{P} 为并联侧的有功功率;Q_{P} 为并联侧的基波无功功率;D 为谐波电流产生的无功功率。公共电网中,一般电压畸变很小,在此作为纯正弦处理,设电源电压的有效值为 U,而负载电流畸变则可能很大,则有

$$D^2 = U^2 \sum_{n=2}^{\infty} I_n^2 \tag{8-79}$$

由此可得到 UPQC 的总容量为

$$S = S_{\mathrm{c}} + S_{\mathrm{P1}} + D \tag{8-80}$$

由此可见,UPQC 的总容量为 d、φ、β 的函数,可表示为 $S=f(d,\varphi,\beta)$。$\cos\varphi$ 为负载基波的功率因数,针对不同的负载和电网的波动,只要选择合适的 β 角,就可以使总容量达到最小。上述方程直接求解比较困难,可采用计算机进行辅助求解。

3. 补偿电压的计算

若电网电压波动且带有相位跳变时,可采用坐标更换求取电网电压初始相位和跳变角,依据上述 UPQC 总容量最小原则的控制策略确定最优补偿角,并根据最终确定的补偿电压的目标函数,对电网的电压波动做相应的补偿。其原理如图 8-75 所示。

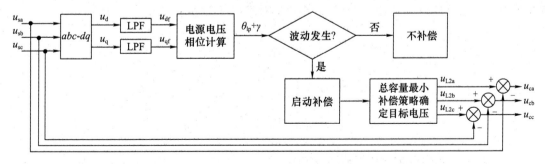

图 8-75　能补偿相位跳变且总容量最小补偿算法原理图

(1) 补偿电压值和相位的计算

将三相电压进行 abc 坐标系到 dq 坐标系的变换,得

$$\begin{bmatrix} u_{\mathrm{d}} \\ u_{\mathrm{q}} \\ 0 \end{bmatrix} = \frac{2}{3} \begin{bmatrix} \cos\omega t & \cos\left(\omega t - \dfrac{2}{3}\pi\right) & \cos\left(\omega t + \dfrac{2}{3}\pi\right) \\ -\sin\omega t & -\sin\left(\omega t - \dfrac{2}{3}\pi\right) & -\sin\left(\omega t + \dfrac{2}{3}\pi\right) \\ \dfrac{1}{\sqrt{2}} & \dfrac{1}{\sqrt{2}} & \dfrac{1}{\sqrt{2}} \end{bmatrix} \begin{bmatrix} u_{\mathrm{sa}} \\ u_{\mathrm{sb}} \\ u_{\mathrm{sc}} \end{bmatrix} \tag{8-81}$$

经过坐标变换后,三相电网电压除基波正序分量外,其他仍为交流量,可通过巴特沃思低通滤波器将其滤除,从而得到基波分量。基波分量 u_{df} 和 u_{qf} 在 dq 坐标系中对应为直流分量,且数值上与 abc 坐标系中的三相电网电压基波的峰值 U_{ms}、初相角 θ_{lp} 及电网电压相位突变角 γ 之间存在如下关系

$$\begin{cases} u_{\mathrm{sa}} = U_{\mathrm{sm}}\sin(\omega t + \theta_{\mathrm{lp}} + \gamma) \\ u_{\mathrm{sb}} = U_{\mathrm{sm}}\sin\left(\omega t + \theta_{\mathrm{lp}} + \gamma - \dfrac{2\pi}{3}\right) \\ u_{\mathrm{sc}} = U_{\mathrm{sm}}\sin\left(\omega t + \theta_{\mathrm{lp}} + \gamma + \dfrac{2\pi}{3}\right) \end{cases} \tag{8-82}$$

$$\begin{cases} U_{\mathrm{sm}} = \sqrt{u_{\mathrm{df}}^2 + u_{\mathrm{dq}}^2} \\ \theta_{\mathrm{lp}} + \gamma = -\arctan\left(\dfrac{u_{\mathrm{qf}}}{u_{\mathrm{df}}}\right) \end{cases} \tag{8-83}$$

(2) 目标电压函数的求取

目标电压函数是敏感负载正常工作时所需要的电压,即当电网波动时经 UPQC 串联侧补偿后要达到的电压。本节设目标电压的幅值为 $220\sqrt{2}\,\mathrm{V}$,相角由电网电压波动前基波电压初相角 θ_{lp}、波动引起的电网电压相位跳变角 γ 及总容量最小补偿策略求取的最优角 β 共同确定。三相目标电压函数为

$$\begin{cases} u_{\mathrm{L2a}} = 220\sqrt{2}\sin(\omega t + \theta_{\mathrm{lp}} + \gamma + \beta) \\ u_{\mathrm{L2b}} = 220\sqrt{2}\sin\left(\omega t + \theta_{\mathrm{lp}} + \gamma + \beta - \dfrac{2\pi}{3}\right) \\ u_{\mathrm{L2c}} = 220\sqrt{2}\sin\left(\omega t + \theta_{\mathrm{lp}} + \gamma + \beta + \dfrac{2\pi}{3}\right) \end{cases} \tag{8-84}$$

串联侧的补偿电压为目标电压与实际波动后的电压之差,考虑串联侧输出滤波器及变压器变比等因素,最终可求得 UPQC 串联侧需提供的补偿电压的表达式为

$$\begin{cases} u_{\mathrm{1a}} = R_{\mathrm{1a}}i_{\mathrm{1a}} + L_{\mathrm{1a}}\dfrac{\mathrm{d}i_{\mathrm{1a}}}{\mathrm{d}t} + \dfrac{N_1}{N_2}(u_{\mathrm{L2a}} - u_{\mathrm{sa}}) \\ u_{\mathrm{1b}} = R_{\mathrm{1b}}i_{\mathrm{1b}} + L_{\mathrm{1b}}\dfrac{\mathrm{d}i_{\mathrm{1b}}}{\mathrm{d}t} + \dfrac{N_1}{N_2}(u_{\mathrm{L2b}} - u_{\mathrm{sb}}) \\ u_{\mathrm{1c}} = R_{\mathrm{1c}}i_{\mathrm{1c}} + L_{\mathrm{1c}}\dfrac{\mathrm{d}i_{\mathrm{1c}}}{\mathrm{d}t} + \dfrac{N_1}{N_2}(u_{\mathrm{L2c}} - u_{\mathrm{sc}}) \end{cases} \tag{8-85}$$

式中,N_1、N_2 分别为串联侧变压器原边、副边匝数。

4. 直流侧稳压控制策略

要使 UPQC 正常工作,直流电压必须维持恒定。对于 UPQC,无须增加额外的直流电源环节,只需对主电路直流侧电容电压加以适当的控制即可实现。如图 8-76 虚线框所示。将需稳定

的直流电压作为给定值,U_{cf}为反馈值,将两者做差,然后进行 PI 调节。将 PI 调节的结果叠加在瞬时有功电流分量上,这样经反变换后生成的指令电流包含了基波有功分量,从而使并联侧跟随指令电流变化的补偿电流中存在有功分量。该有功分量的存在使并联变流器交、直流两侧产生有功交换,保证了直流侧电容两端电压的稳定。

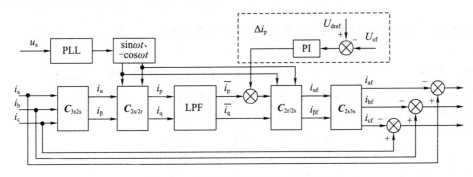

图 8-76　直流侧电容电压控制原理图

5. 输出 PWM 控制方法

目前在 UPQC 补偿方法中应用最广泛的波形调制技术主要有正弦脉宽调制(SPWM)方法、空间矢量脉宽调制方法(SVPWM)、滞环控制方法及三角波比较法等,串联侧大多采用 SPWM 方法、SVPWM 方法输出 PWM 控制信号补偿电压,并联侧一般采用滞环控制方法或者三角波比较法等产生 PWM 信号补偿谐波和无功电流。有关 UPQC 仿真本节不再讨论,详细内容可参见 8.1 节和 8.2 节。

参 考 文 献

[1] 王兆安,杨君,刘进军编著. 谐波抑制和无功功率补偿[M].2 版. 北京:机械工业出版社,2006.

[2] 张占松,蔡宣三. 开关电源的原理与设计[M]. 北京:电子工业出版社,2002.

[3] 张崇巍,张兴. PWM 整流器及其控制[M]. 北京:机械工业出版社,2003.

[4] 王兆安,刘进军. 电力电子技术[M].5 版. 北京:机械工业出版社,2013.

[5] 陈坚. 电力电子学[M]. 北京:高等教育出版社,2004.

[6] 林渭勋. 现代电力电子技术[M]. 北京:机械工业出版社,2006.

[7] 程夕明. 功率电子学原理及其应用[M]. 北京:电子工业出版社,2011.

[8] 王晓明. 电动机的 DSP 控制[M]. 北京:北京航天航空大学出版社,2003.

[9] 赵光宙. 信号分析与处理[M].2 版. 北京:机械工业出版社,2006.

[10] 陈伯时. 电力拖动自动控制系统[M].2 版. 北京:机械工业出版社,2005.

[11] 徐德鸿. 电力电子系统建模及控制[M]. 北京:机械工业出版社,2005.

[12] 杜少武. 现代电源技术[M]. 合肥:合肥工业大学出版社,2010.

[13] 李宏,王崇武. 现代电力电子技术基础[M]. 北京:机械工业出版社,2008.

[14] 巫付专. TMS320F28335 原理及其在电气工程中的应用[M]. 北京:电子工业出版社,2020.

[15] 许爱国,谢少军. 电容电流瞬时值反馈控制逆变器的数字控制技术研究[J]. 中国电机工程学报,2005,25(1):49-53.

[16] 李仁定. 电机的微机控制[M]. 北京:机械工业出版社,1999.

[17] 程善美,蔡凯,龚搏. DSP 在电气传动中的应用[M]. 北京:机械工业出版社,2010.

[18] 周晖,齐智平. 动态电压恢复器检测方法和补偿策略综述[J]. 电网技术,2006,30(6):23-29.

[19] 顾浩瀚,蔡旭,李征. 基于改进型电网电压前馈的光伏电站低电压穿越控制策略[J]. 电力自动化设备,2017,37(7).

[20] 巫付专,万健如,沈虹. 基于不同电流跟踪方式 APF 连接电感选取与设计[J]. 电力电子技术,2009.8.

[21] 巫付专,万健如,沈虹. 不同补偿策略下 UPQC 主电路参数确定方法[J]. 电机与控制学报,2005,14(6):70-76.

[22] 袁川,杨洪耕. 动态电压恢复器的改进最小能量控制[J]. 电力系统自动化,2004,28(21):49-53.

[23] 肖湘宁,徐永海. 考虑相位跳变的电压凹陷动态补偿控制器研究[J]. 中国电机工程学报,2002,22(1):64-69.

[24] 王斌斌. 电力有源滤波器(APF)的电流跟踪策略研究与实现[D]. 中原工学院硕士学位论文,2007.

[25] 沈虹. UPQC 电流谐波与电压跌落补偿技术研究[D]. 天津大学博士学位论文,2009.

[26] 李明,王兆安,卓放. 基于瞬时无功功率理论的高次谐波和无功功率检测[J]. 电力电子技

术,1992,26(2):14-17.

[27] [美]麦克莱曼著,龚绍文译. 变压器与电感器设计手册[M]. 北京:中国电力出版社,2009.

[28] 王全保. 新编电子变压器手册[M]. 沈阳:辽宁科学技术出版社,2007.

[29] 沈传文,刘玮. 基于前馈解耦的三相整流器研制[J]. 电力电子技术,2006,40(2):8-30.

[30] 陈兵. 基于DSP的三相高频整流器[D]. 华中科技大学博士学位论文,2006.

[31] 颜毅. 三相电压型整流器及其控制策略的研究[D]. 华东交通大学博士学位论文,2009.

[32] 郑忠玖. 三相电压型整流器控制策略及应用研究[D]. 大连理工大学博士学位论文,2011.

[33] 熊慧洪,裴云庆,杨旭. 采用电感电流内环的UPS控制策略研究[J]. 电力电子技术,2003,37(4):25-27.

[34] 马琳,金新民,唐芬. 小功率单相并网逆变器并网电流的比例谐振控制[J]. 北京交通大学学报,2010,34(2):127-132.

[35] 刘刚,潘李云,孙前刚. 电压型PWM整流器直流链支撑电容的容值设计[J]. 舰船电子对抗,2017,40(1):90-94.

[36] 钱坤,高格,盛志才. 三相PWM整流器交流侧电感的设计[J]. 电力电子技术,2017,51(5):25-27.

[37] 史伟伟,蒋全,胡敏强. 三相电压型PWM整流器的数学模型和主电路设计[J]. 东南大学学报,2002,32(1):50-55.

[38] 王要强,吴凤江,孙力. 带LCL输出滤波器的并网逆变器控制策略研究[J]. 中国电机工程学报,2011,31(12).

[39] 张海洋,李继方,熊军华. 基于扩张状态观测器的永磁同步电机二自由度PI控制[J]. 电机与控制应用,2021,48(05).

[40] 李玉东,李鹏,葛敬涛. 基于DSP的永磁同步电机变频系统设计与研究[J]. 制造业自动化,2014,36(23).

[41] 何国锋,徐德鸿. 基于有源阻尼的多逆变器并网谐振抑制[J]. 电机与控制学报,2017,21(10).

[42] 王玉斌. 先进电力电子技术原理、设计与工程实践[M]. 济南:山东大学出版社,2020.

[43] 吴浙勋. 基于虚拟同步发电机的储能功率变换系统研究[D]. 安徽工程大学硕士学位论文,2018.

[44] 张莹文,刘亚琳,王贤立. 开关电源原理与设计课程教学改革[J]. 电气电子教学学报,2021,43(01).

[45] 谢孟,蔡昆,胜晓松. 400Hz中频单相逆变电压源逆变器的输出控制及其并联运行控制[J]. 中国电机工程学报,2006,26(6):78-82.

[46] A. Reznik, M. G. Simoes, A. Al-Durra, etc. LCL Filter Design and Performance Analysis for Grid-Interconnected Systems. IEEE Transactions on Industry Applications,2014,50(2),1225-1232.